context is all

spot

SPOT 35
神聖生態學
Sacred Ecology

作　　　者：費克雷特·伯克斯（Fikret Berkes）
譯　　　者：黃懿翎
責 任 編 輯：李清瑞
美 術 設 計：簡廷昇
內 頁 排 版：宸遠彩藝
出　　　版：英屬蓋曼群島商網路與書股份有限公司臺灣分公司
發　　　行：大塊文化出版股份有限公司
　　　　　　105022 台北市松山區南京東路四段 25 號 11 樓
　　　　　　www.locuspublishing.com
　　　　　　locus@locuspublishing.com
　　　　　　讀者服務專線：0800-006-689
　　　　　　電話：02-87123898
　　　　　　傳真：02-87123897
　　　　　　郵政劃撥帳號：18955675
　　　　　　戶名：大塊文化出版股份有限公司
法 律 顧 問：董安丹律師、顧慕堯律師

總 經 銷：大和書報圖書股份有限公司
　　　　　新北市新莊區五工五路 2 號
　　　　　電話：02-89902588
　　　　　傳真：02-22901658

初版一刷：2023 年 12 月
初版三刷：2024 年 3 月
定　　價：580 元
I S B N：978-626-7063-49-1

本書獲農業部林業及自然保育署
（行政院農業委員會林務局）
及社團法人臺灣共用資源治理學會補助出版發行

神聖生態學/費克雷特.伯克斯(Fikret Berkes)著；黃懿翎
譯. -- 初版. -- 臺北市：英屬蓋曼群島商網路與書股份有限
公司臺灣分公司出版：大塊文化出版股份有限公司發行,
2023.12
440面；14.8×21公分. -- (Spot；35)
譯自：Sacred ecology
ISBN 978-626-7063-49-1(平裝)

1.CST: 環境倫理學 2.CST: 原住民族 3.CST: 人類生態學

367.016　　　　　　　　　　　　　　　112017270

Fikret Berkes

SACRED
ECOLOGY

神聖
生態學

作者 ── 費克雷特·伯克斯　　譯者 ── 黃懿翎

目錄

圖表目錄

圖

表

學習方塊

照片

為中文世界讀者帶來原民知識行動的邀請

林益仁

臺北藝術大學博物館研究所教授

這一篇推薦序一方面介紹我如何認識伯克斯教授以及他的這本經典作，另一方面則是提供此一生態人文思想是如何引介至臺灣學界的一段社會歷程。

1999 年 9 月，我在倫敦完成博士學位，預定回到世新大學的社會發展研究所任教。當時擔心臺灣在關於生態人文論述的學術資料不多，於是徵得圖書館同意，為圖書館在國外購得相關圖書，其中一本就是當時剛出版的《神聖生態學》第一版。初看書名，我以為是在博士論文中所處理的「宗教與生態」學術論述，後來才知道是對於「傳統生態知識」（traditional ecological knowledge, TEK）的扛鼎經典大作。

「神聖」一詞用於形容生態學，確實跟這門學科的自然科學屬性有些格格不入，因為一般人會認為「神聖」的範疇應該屬於宗教人文領域的研究，而非自然科學。但剛好相反，伯克斯教授的論述主張從傳統生態知識的角度來看，自然與人文社會領域應是彼此互融，相得益彰的。放在當今學界講求跨領域研究的重要性來看，這本書的論述與內容可說是非常適切的例證。於是，這本書就成了我在世新研究所教授關於生態論述時給學生的重要閱讀文本。不僅如此，它更在二十世紀末的臺灣社會有關原民狩獵文化與野生動物保育法的矛盾爭議

中，提供了一條可供互相對話的知識途徑。同樣地，在馬告國家公園的共管爭議以及後來在司馬庫斯發生的櫸木事件中，這本書的內容都支持了原住民族知識對於自然保育的價值與應用性。值得一提的是，當時在臺灣還沒有很多自己的研究例證的年代，《神聖生態學》書中所提的論述與例證如果說是臺灣相關研究者的指路明燈，是一點也不為過的。

2003 年在英國肯特大學（University of Kent）舉辦的國際保育生物學年會中，我第一次聽到伯克斯教授的主題演說，他的演講內容正是強調在世界上不同的民族所擁有的在地傳統生態知識是非常可貴的，這些文化資產對於保育世界上的自然資源具有非常關鍵的地位，同時這些知識亦能帶來在地社群的生計福祉與可持續發展的前景。他的一席演講對於正遭受馬告國家公園推動共管機制挫敗的我與一些原民夥伴而言，真是打了一劑強心針。同時，也鼓舞了我們繼續在原民部落中推動傳統生態知識的認識與建構，不知不覺就已經過了二十多年了。伯克斯教授的研究貢獻，除了提出傳統生態知識的重要性之外，同時對於「共有地」（commons）的理論化以及如何在共有地或是共有資源中透過共管的機制，得到互蒙其利的效果做出了貢獻。前者，是跟已過世的諾貝爾經濟學獎得主歐斯壯（Elinor Ostrom）一起合作，在許多自然資源管理的個案中找出原則，後者則是延伸到當代面對氣候變遷與環境衝擊時，如何展開韌性與可持續性的社會制度建構。其實，共有或是共管，都有一種內在的邏輯，就是任何生命（包括人類在內）與大地的連結性，可惜的是現代性的思潮、工業社會的發展以及將人與自然二分的當代科學觀將這樣的連結給破壞了。

其實，《神聖生態學》這本書的真正價值，是試圖將這種連結性找回來，同時力陳一種有別於「化約論」（reductionism）且具有「整全觀點」（holism）的科學觀。這種科學觀，正如生態神學家貝里（Thomas Berry）所說，是蘊含著生態靈性的內涵。他說：「生態靈

性，是頌揚人類與自然世界連結的一種信仰取向。生態靈性，在任何世界宗教中都得以彰顯，常常可見於獨特信仰系統內涵與大地神聖性的之間連結。」在此，宗教與科學並未對立，也不應該切割成不同且不相干的知識範疇。在這本書中，伯克斯教授透過一個簡明的圖示，將一個民族對世界萬物的命名與分類、運用自然資源的科技、相應的社會分工與制度、以及世界觀與信仰系統連結起來，認為這些面向都是彼此關聯且環環相扣的。在相當意義上，《神聖生態學》這本書是一個在自然與人文社會知識間尋求對話與連結的嘗試。如果我們在定義上，再延伸解釋「生態學」是一門 Oikos（希臘文「家園」的意思）的學問，這本書基本上就是闡釋家園營造各個面向知識彼此相連的一些民族學觀點，因為每一個民族的文化生成都必然蘊含了這些在地的知識。因此，這本書對於原住民族的知識主體性有一定的助力。

2013 年，我有幸進入北醫的醫文所任教，在一次受派到加拿大的參訪中，我主動去拜訪了伯克斯教授以及他在曼尼托巴大學（University of Manitoba）的研究中心。印象中，在他研究室的公告欄上看到新近發表的期刊論文，不管是作為單一或是共同作者，在在都展現出他作為「以社區為本」（community-based）的自然資源管理研究的優秀資深研究學者風範。同時，更證明了他代表曼尼托巴大學擔任地位崇高的「加拿大國家研究講座」（Canadian Research Chair）的名譽絕非浪得虛名。他非常親和友善，不斷地詢問我的研究需求，想要盡可能地協助我，並且毫不吝嗇地跟我分享他的學術資源，當然對臺灣的傳統生態知識的發展現狀也保持著高度的興趣。看到他的布告欄文章，完全涵蓋我過去的研究興趣，不管是李奧波（Aldo Leopold）的土地倫理觀、宗教傳統與生態關懷、生態與社會文化體系的整合、氣候變遷與原民處境、與社區保育等，都讓我相當肯定來對了地方，並且找對了人。

因為這樣，在往後的時日中我一共邀請他三度來到臺灣。其中

在 2013 與 2017 年這兩次分別都用將近一週的時間，走入了泰雅族與魯凱族的傳統領域，與部落族人以及相關單位的官員們進行經驗分享與政策的交流。另外一次是 2019 年接受國科會的國際研討會邀請擔任主題演說者，這個研討會的成果後來還因為他的協助成為國際期刊 *Sustainability* 的臺灣專刊，並且出版專書。

對我而言，《神聖生態學》這本書中文版的出版，真的並非只是一本書帶來的知識價值而已。回顧來看，這本書的內容連結到臺灣這二、三十年來關於自然資源管理背後的價值與理念的轉變，這個轉變的關鍵緊緊地與原住民族的文化與知識建構相連。更進一步說，這樣的轉變引導著臺灣社會從專家主導的管理模式逐步地朝向原民參與或是更尊重以原民為主體的共管方向，這本書從理論到實際提供了豐富的素材，促進了這個關鍵的轉變。接下來是，如果我們前瞻來看，目前臺灣原住民族的知識建構工作方興未艾，這些工作所影響的層面已經不再僅止於自然資源的利用與管理，它可廣及到教育、文化、經濟、醫療等各方面的福祉，究竟傳統的知識在當代是否仍然有用？原住民族的知識能夠為當前世界面對的挑戰與危機，提供如何的解方？這是這本書仍能靄靄發光，持續展露智慧啟發的地方，我有幸參與在此一過程當中，並衷心地期盼這本書能為中文世界的讀者帶來此一知識行動的邀請。

值得一提的是，在幾年前的一場晚宴中，當時林務局（現在已經升格為林務署）的林華慶局長提出翻譯的邀請，於是點燃了這本書翻譯的初衷。當時，我協助林務局帶著伯克斯教授以及林務局各林管處的同仁代表，首度與魯凱族民族議會合作，以「當我們同在一起」的標題在魯凱族的傳統領域裡進行走動式工作坊，探討自然資源的共管機制可行性。伯克斯教授在旅途中，始終保持著謹慎與留意的態度，適時地給予建議與促進彼此對話的鼓勵，讓我印象深刻。也是因為這趟走動式的工作坊，後來催生了如今的林務署與各原民部落的狩獵共

管相關討論與機制。這本《神聖生態學》承載了伯克斯教授畢生的學術精華，但更難得的是他親自在臺灣原民部落走動時所體現的學者風範。

這本中文版的《神聖生態學》出版，首先感謝林務署署長林華慶博士的大力支持，同時也感謝翻譯者黃懿翎優異且流暢的譯筆，她是我指導的研究生，也是長期協助翻譯的夥伴，曾經合作翻譯《像山一樣思考》（*Thinking Like a Mountain: Toward a Council of All Beings*）以及《野犬傳命》（*Wild Dog Dreaming: Love and Extinction*）等生態名著，這本書的出版也感謝「臺灣共用資源治理學會」理事長顏愛靜教授在申請經費上的協助。最後，要感謝的是大塊文化出版社願意不計代價地支持這樣的學術經典作品在中文書市上流通。

神聖生態學

初學者可以入門的生態學巨著

顏愛靜

臺灣共用資源治理學會理事長、政治大學地政系
原碩專班兼任教授

伯克斯教授是位國際知名的生態學家，著作豐富，研究主題包含社區為本的資源管理、調適性共同管理、傳統生態知識的理論及實踐。經由林益仁教授的引介，於 2013 年 11 月 11 日到 17 日來臺參與「臺灣原住民族土地與自然資源管理政策與國際經驗對話」學術系列活動，並於 15 日的下午 4 點到 6 點，在政治大學就「原住民知識在資源管理及保育上的運用」的主題進行演講，他指出「傳統生態知識」是一連串「知識 - 實踐 - 信仰」的累積體，經由當地人的調適過程、世代傳承發展而來，而「原住民知識」（indigenous knowledge, IK）則指更廣泛定義為由原住民擁有的獨特在地知識，傳統生態知識是其重要的一環。他認為，「傳統生態知識應用於資源管理與保育的倫理面向」是最受關切的研究主題，因為這些傳統生態知識不僅包涵物理的層次，更深層地指涉整全的信仰、社會制度、知識系統及對世界觀等多種不同層次觀念的理解。例如：原住民文化裡即有環境管理倫理面向的詞彙，如「看顧大地」（加拿大奧吉布瓦族）、「關心鄉土」（澳洲原住民族）等。他列舉多個案例說明，其中玻利維亞安地斯山脈原住民的例子印象最為深刻，由於高於 4,100 公尺的土地原是印加帝國遺留的未墾地，但在氣候變遷的因素下，2004 年的耕種地已達

海拔 4,150 公尺，2013 年的耕種地更向上開墾至 4,300 公尺。由此觀之，安地斯山脈原住民選擇在不同高度、不同山坡、不連續土地上耕種，顯示其具備抵抗氣候變遷的適應性管理的韌性，是擁有風險管理意識的專家。

嗣於 2022 年 7 月 15 日，於前林務局經費資助下，伯克斯教授再度應政治大學臺菲科研中心（CTPILS）、臺灣共用資源治理學會（TSCG）、臺北醫學大學人社中心（ReCHISE）之邀，於線上以「國際共用資源研究及臺灣政策制定參考」為題進行演講。除聚焦於說明當代財產權體制，及社會成員進行共用資源管理的集體行動外，亦列舉多個權力下放的共用資源管理案例。其一是澳洲的保護區由原住民巡守員負責守護，是一種原住民和政府共同治理體系。最後，則建議臺灣的共用資源管理研究可分生態系統與社會制度兩部分，前者因臺灣山區為複雜的系統，可以體現原住民韌性以及具備氣候變遷適應的能力；在社會制度部分則強調落實原住民族的權利，如資源控制、相關權利等。相關研究可以朝原住民權利、氣候變遷及社會生態系統的保護等方向發展，將有助於原住民族經濟發展、生計、性別等各層面的提升。

上述的演講內容，多少已呈現在本書重要部分，透過譯者流暢的文筆，讓深奧的理論顯得易懂，而多個案例的列舉，使理論和實踐之間契合得宜，這是一本研究者可進一步省思，初學者可以入門的生態學巨著，值得特別推薦！

作者序

初版序

　　動筆寫這本書時，我必須時時提醒自己，近年來大家習以為常的知識，其知識量每十年就會翻倍成長。先不論這些知識量是由誰來評估，又是如何評估的問題，顯然關心傳統生態知識的人，都警覺到身邊的資訊爆炸性的成長速度。古老知識是否變得可有可無，或只是慘遭現代知識淹沒，淪落成一種註腳？傳統知識的研究又能為當代世界帶來什麼貢獻？英國哲學家羅素（Bertrand Russell）有句名言說道：「我們這時代其中一個問題是，思維習慣的改變遠不及科技的日新月異，使得智慧只能隨著技術的進步而消逝。」本書即是試圖以相仿的思維來回答些問題。

　　原住民系統不僅具有學術方面的重要性，傳統知識的訓誡對於世界上其他地方具有實際的意義，尤其是生態方面。本書也提到，有越來越多人認為人們正慢慢進入新的紀元，屆時知識庫將比現代西方科學所建構的更廣大，因此無論是觀看、感覺或做事的方式，都會與現在大相逕庭。對於我們許多人而言，生態科學也促成了其中的歷史演進。羅斯札克（Theodore Roszak）1972 年出版的著作《荒野的盡頭》（*Where the Wasteland Ends*）寫道：「生態學早在異端的門緣徘徊已久。」三十餘年前，生態學極力承諾要踏入這道門內，而且「藉此徹底改革整個科學界……。但有個問題依然懸而未決，即生態學到底是末後的舊科學？抑或最新出現的新科學？」（Roszak 1972: 404）

　　若說整個生態科學界都必須做出一個重大決定，或許太過浮誇。大部分的生態學一定會維持一般科學，且至少未來這段間內仍會影響

知識的進步。然而事實是，絕大部分的生態學都會努力恪守一般科學的教條，艾佛頓（Evernden 1993）後來表示，這種容易量化與化約、毫無神聖或靈性可言的生態學，似乎一心想要粉碎羅斯札克的希望。但我認為，更有趣的生態學是即使不完全為「異端」，但絕對位於正經的科學邊緣，那種非一般的生態學！孔恩（Thomas Kuhn）的《科學革命的結構》（*The Structure of Scientific Revolutions*）（1970）主張，新的科學典範崛起於主流科學的外圍。當我們觀察到的現象，越來越無法以傳統典範來解釋時，就會產生新的理解方式，如：牛頓（Isaac Newton）的宇宙機械論，後來被愛因斯坦（Albert Einstein）的相對論取代，就是最好的例子。傳統生態知識在生態學的領域中，是否（稍微）表現出這種典範轉移呢？這答案只有時間才能知道了。

開始談傳統生態知識之前，先讓我解釋自己為何發展出對於這方面的興趣。我 1971 年時，原本參與的是克里族（Cree）印地安人的人類生態學研究，直到 1974 年才開始到加拿大副北極地區的詹姆士灣（James Bay）進行田野研究。當時我才剛完成海洋生物學及應用生態學的博士研究，總是抱持懷疑，不斷質疑各種證據，研究所期間幾乎都在練習如何成為一名「優秀的科學家」，並相信所有的現象都能運用科學方法來研究。但這種觀念在我 1972 年初到蒙特婁的麥基爾大學教書時，稍微有些動搖。紹辛（John Southin）與錢伯斯（Wade Chambers）主持的團隊開設的課程，與環境研究與社會變遷有關，而兩人本身就跳脫傳統的思想家。我在那裡接觸到許多大量的新觀念，也首次接觸到科學哲學。那對我而言是新的領域，科學系的學生（及科學家）幾乎從未讀過科學哲學！最早迫使我開始以更開闊的眼光來理解知識的，應該就是蕭小龍（R. H. H. Siu）所著的《科學之道》（*The Tao of Science*）（1957）。

我 1974 年時，到詹姆士灣與克里族一起捕魚。謝絕與頂尖的海洋生態學家一起從事博士後研究的難得機會，選擇與人類學者同事費

特（Harvey Feit）一起工作，對於我許多科學家朋友而言，無異是自毀前程。其實我早期在詹姆士灣進行的人類生態學、漁業、與環境評估研究都很順利，只是研究計畫稍微出現一些別開生面的轉折。我不像一般科學家那樣，自己置網捕魚採樣，而是跟克里族的漁民去他們的漁場，從他們的漁獲中採集有用的生物資料，同時收集克里族捕撈方式的資料。我的研究設計之所以與眾不同，僅有某部分是有意改成人類生態學的研究，某部分則是礙於經費有限。

我很自在放鬆地收集了「客觀」與量化的資料，克里族漁民及其家人也很高興我並非那種提出滿腹疑問的研究人員。我們經常去捕魚，他們從事的不是商業漁業，而是只為了滿足家庭及部落需要的自給漁業。當時有個政府團隊，耗費美金二十五萬元的預算，在同一個水域進行漁業評估研究，我有一年計算過，自己只憑著微薄的研究補助，漁獲量（樣本數）就超過那個研究團隊。但真正施行捕魚作業的其實是克里人，我不過是在他們輕鬆地置網、收網、把漁網迅速拉上拉下時，當個笨拙幫忙的客人，沿岸的海水隨著潮汐瞬息萬變，複雜程度超乎你的想像，我漸漸開始對於他們的知識與技能感到敬佩。

我在 1978 年與 1982 年時曾兩度認為自己會結束在詹姆士灣研究的計畫，但不知何故又再度回頭。我發現越研究詹姆士灣，就浮現更多本身就很有趣的研究議題，許多是我於研究之初從未提過的問題，例如：「為何即使沒有政府管制，克里族也不會過度捕撈？又為何那些資源從未發生共有地悲劇？」答案是克里族是以社區為主體來管理資源，而分析共用財產資源也成為我的研究主軸。有些問題則是到了最近才有機會接觸到，傳統知識即其中之一。我在描述及分析克里族以社區為主體的傳統資源管理系統方面，已有重大的進展。但此次分析主要是我對於系統的學術詮釋，有些人類學家會稱之為「客位」（etic）觀點。（第七章將詳述這部分的研究工作）我以前從未以「本位」（emic）觀點出發，去理解克里族本身對於自己系統的看法，也

不認為前幾個世代的人類學家記錄到的克里族的獨特自然觀，對於一九八○年代的詹姆士灣特別有意義，但不久後就證明自己錯了。

　　這一切都始於我的一位克里族的夥伴，他說：「你都在這裡（斷斷續續）研究十年了，應該學到我們怎麼打獵和捕魚了吧。要不要為我們部落貢獻一下，記錄我們的規則和做法，好讓我們用來教下一代？」我在部落裡研究時與他們之間有個不成文的協議，我承諾會再次回到這裡，負起自己的責任（族人不喜歡那些一、兩年後就帶著資料消失的研究人員），必要時也會將研究內容轉化成有用的資料。現在這名夥伴要求我兌現承諾。君子一言，駟馬難追。雖然我承認自己一開始以為只是要提供免費諮詢，或甚至執行一些祕書和編輯的工作而已，但無論如何，這項要求很吻合克里族互利互惠的做法，因此推辭的話一定會很丟臉。

　　我本來以為會很辛苦，但開始與自行選出成員的工作小組會面後，這份擔心很快就煙消雲散，工作小組是由我的夥伴藍伯（George Lameboy）與契沙西比克里陷阱狩獵協會（Chisasibi Cree Trappers Association）負責人馬修（Robbie Matthew）主持，而且小組成員個個才華洋溢、幽默風趣又才智過人。某天我受邀抄寫一份〈黑麋鹿如是說〉（Black Elk Speaks）(Brown 1953) 的相仿之作，同時附加內部審核與共識機制，因為在我身旁的不是一位耆老，而是一整個小組！我們以克里族的方式進行，步調審慎緩慢，過程中經常離題、歡笑聲不斷。他們制訂議程，我記錄、編輯後，在下一場會議中報告，等他們逐條檢視之後，再為了其餘不懂英文的族人翻回克里族語，並要確保我每個事項都記錄正確，這項工作只有一絲不苟的獵人才能辦到。1984 年進行了五場會議，年底時由我向小組提出正式報告，再由克里族人編一本薄薄的《克里族獵人如是說》（*Cree Trappers Speak*）(Bearskin *et al.* 1989)。本書第五章的內容大多引述自那份報告，第六章則使我們瞭解，是什麼樣的克里族式論述，推動了報告的完成。

會議進行的節奏緩慢，因此我無須錄音就能從容記下會議內容，恰好多數年長的克里族人也不喜歡錄音機，他們覺得那是白人的科技象徵，這也代表我不僅有時間理解討論內容，偶爾還能釐清我的疑問。那裡沒有愛管閒事的研究人員敦促提點，耆老與專家可以暢談他們對於生命、靈性、灌木叢儀式、與宣教士緊張關係（Berkes 1986b）、動物族群週期、如何正確狩獵北美馴鹿（caribou）與獵雁等看法。這些都是我過去十年從未問過的問題，有些甚至是我完全不認為他們會討論的議題。

從這些討論當中，浮現出與主流歐洲 - 加拿大截然不同的世界觀，這種充滿生命力的世界觀，使他們的靈性生態學很有說服力。克里族耆老分享他的故事時，曾提到一九三〇年代有位知名與極富影響力的詹姆士灣海岸宣教士，屢次告訴克里族人說：「灌木叢裡根本沒有靈魂。」耆老嘆了一口氣後說道：「不管那位宣教士如何反覆告誡，我們都知道大地是神聖的，處處都有靈魂。」現在是 1984 年，在這塊神聖的土地上，獵人能否成功打到獵物是由動物所決定的，違反尊重與互惠的規定就注定空手而回。很多克里族人都深信不疑，有些年輕獵人心裡即使半信半疑，也寧可信其有（但仍有許多其他人違反了這些規定）。

以前的西方教育與科學訓練使我極其容易產生抗拒的心理，儘管如此，我卻有些驚訝地發現自己竟能夠很自然地接受克里族的自然觀。我們這一代從小到大，見識過太空時代非凡的成就，崇拜科學與科技，後來一九六〇與七〇年代出現了環境運動，強烈批判人類誤濫用科學與科技卻缺乏解決的對策，尤其不知該如何以科學之外的方式來解決問題。從小一般學習到的生態系統觀都相當偏向機械論。舉例來說，極有影響力的生態學家奧登（Eugene Odum）（1971）將生態循環比喻成由太陽的能量所驅動的巨輪。在機械論生態學中，幾乎隻字未提生態倫理，更遑論談到神聖性。

雖然生態學還有其他不同的觀點，但在生態學者卻鮮少有人提及。薛帕（Paul Shepard）曾表示，生態學雖然是一門科學，但背後更偉大及至高無上的智慧卻普遍適用，既能用數學和實驗來解決，也能以舞蹈和神話故事來表現。澳洲原住民的「傳命」（dreamtime），以及史耐德（Gary Snyder）的詩文裡都能找到這種智慧，但我在一九七〇年代只找到李奧波（1949）的「土地倫理」（land ethics）。麥克哈格（Ian McHarg）的著作是一般生態學的特例，他不是以生態學家的身分來書寫自然與環境，而是從地景建築及規畫的角度出發，因此鼓舞了像我這種內心有所不滿的生態學家，開始擴展智識追尋的範圍。《道法自然》（*Design with Nature*）（1969）的〈論價值〉（On Values）一章，提到易洛魁人（Iroquois）狩獵前會舉行熊祭，在儀式中告訴熊並向牠保證，有需要才會殺牠，儀式同時也提醒獵人有其道德義務。麥克哈格表示：「你若想發展出維持狩獵社會穩定的打獵態度，上述的觀念絕對有幫助。」生態科學對此隻字不提，但蕭小龍、麥克哈格及後來的貝特森（1972），都使我心裡漸漸願意接受能夠談到上述概念的傳統生態觀念。

這本書能夠完成，要感謝（學術界、資源管理者與業者的）許多人的協助，有人貢獻了自己的觀點與見解，有人寄來他們手邊的資料，我非常感謝他們。這些人包含阿格拉瓦爾（Arun Agrawal）、優帕利與瑪拉·阿瑪拉辛（Upali and Mala Amarasinghe）、查平（Mac Chapin）、寇汀（Johan Colding）、大衛森-杭特（Iain Davidson-Hunt）、戴維斯（Joyce Davies）、杜德簡（Roy Dudgeon）、福蘭德斯（Nick Flanders）、福爾克（Carl Folke）、佛里曼（Milton Freeman）、賈吉爾（Madhav Gadgil）、岡恩（Anne Gunn）、佩西（Chris Hannibal Paci）、哈奇斯（Jeff Hutchings）、約翰尼斯（Bob Johannes）、凱勒特（Stephen Kellert）、科菲納斯（Gary Kofinas）、雷加（Alice Legat）、莫鴻（Robin Mahon）、莫勒（Henrik Moller）、

納斯（Barbara Neis）、彼得森（Garry Peterson）、普雷斯頓（Dick Preston）、瑞得福（Kent Redford）、雷納德（Yves Renard）、羅伯茲（Mere Roberts）、史密斯（Allan Smith）、塔夫（Frank Tough）、特斯伯（Ron Trosper）、透納（Nancy Turner）、維恩斯坦（Marty Weinstein），以及揚（Elspeth Young）。我特別感謝一九九七年英年早逝的華倫（Mike Warren）（愛荷華州州立大學），我將永遠懷念這位朋友的熱忱與大力相助。

有許多魁北克省、安大略省、曼尼托巴省、西北領地、卑詩省、紐芬蘭與拉布拉多省（皆位於加拿大）、加勒比海地區、土耳其、印度、孟加拉與斯里蘭卡的人，與我分享他們的傳統與地方知識，雖然無法一一列名感謝，但我對他們每一個人都不勝感激。撰寫本書其中三章談到詹姆士灣克里族時，影響我的關鍵人物包含喬治與詹姆士・巴比遜（George and James Bobbish）、威廉與瑪格莉特・克羅墨蒂（William and Margaret Cromarty）、藍伯（George Lamboy）、馬修（Robbie Matthew）、透納（John Turner），以及他們的家人。

感謝特朗（Frank Trough）、雷納德、史密斯、瑞得福及我的太太米娜・伯克斯博士（Dr. Mina Kisllalioglu Berkes）替我審閱各篇章節，也感謝兒子傑敏・伯克斯（Jem Berkes）提供製作技術方面的協助，以及麥特拉（Prabir Mitra）製表。最後更是感謝泰勒與法蘭西斯（Taylor & Francis）團隊協助，尤其是豪森（Alison Howson）、柯維斯（Catherine Kovacs）及科恩（Elizabeth Cohen）的鼎力相助。

再版序

《神聖生態學》1999 年首度上市之後，我陸續收到一些演講邀約。其中一次是安大略省北灣阿尼什納比族（Anishinabek）／安大略省漁業資源中心，這間獨立機構提供加拿大境內五大湖區北半部的阿

尼什納比族一個平台，進行資訊交流並參與漁業管理工作。他們透過提議，希望為我與當地奧吉布瓦族（Ojibwa）資源管理階層舉行一次會面。請注意：奧吉布瓦族對於傳統領域的議題極為防備與敏感，是眾所周知的事實。大名鼎鼎的藝術家莫里素（Norval Morrisseau），同時也是林地學校與或繪畫治療的創立者，他二十年前繪製的奧吉布瓦族傳說，就曾遭受自己族人的猛烈抨擊。那他們聽到我膽敢撰文討論傳統生態知識，又會如何對付我這個非原住民呢？

　　我忐忑不安地來到北灣，那天是冷涼的冬日，喬治亞灣（Georgian Bay）外海的尼彼辛湖／休倫湖岸已經結冰，會中約有三十五名左右的奧吉布瓦部落資源理幹部出席，年紀大約三十來歲，大多受過西方教育。他們對於書中內容極為熟悉，人人手上都拿著這本書，不但完全沒有攻擊我，反而展現出讚賞及願意接受的態度，唯一想討論的重點問題是該如何跟著老聊天？該如何向著老學習？過了近十年後的現在，我認為他們當時的意思是，你要如何體悟著老認識事物的方式，他們有興趣瞭解的是葛拉薩（Katja Neves-Graça）所謂的「知識形成過程」，而非「知識內容」。

　　再版的《神聖生態學》更強調知識形成的過程並新增一些章節，其中一章（第八章）與氣候變遷有關，且主要談的是因紐特人在《神聖生態學》初版上市後提出的氣候變遷計畫，該計畫自 2000 年發行影片之後，就對於政策造成相當大的影響。透過第八章的討論，我們能瞭解因紐特人如何理解氣候變遷。當然，原住民在以前或「傳統」上，並不具備任何與氣候變遷相關的知識，有的只是一種敏銳度，使他們能注意到環境出現異常的關鍵跡象。

　　新收錄的另一章（第九章）談的是原住民知識如何處理周遭世界的複雜性，主要以北方環境變遷的例子來建構一套理論，說明原住民認識事物的方式對於複雜系統的觀察與監測有何助益。有了第十章新增的知識演進資料，以及第十一章談到傳統知識如何因應地方經濟需

求及全球機會而改變的全新內容，我認為現在這本書在理論與實務層面都比之前更健全、成熟。每章內容都經過大幅修訂增補，並擴充了新的文獻書目。

再版與初版的《神聖生態學》，都包含我第一手取得且本身熟知的大量資料，並根據我在曼尼托巴大學社區資源管理中心的同僚及研究生 2002 年開始研究的成果，當時正是我任職加拿大國家研究講座教授主席，負責社區資源管理研究計畫期間。感謝加拿大國家研究講座計畫，使我有機會同時專心投入研究以及碩博班教學。同時，我有幸能認識其他同僚，並於許多原住民和其他鄉村社區等夥伴團體的協助之下，完成本書內容。

有不少人在我編制修訂的過程中助我一臂之力，除了持續與初版序中提及的諸多同僚及以前的學生合作之外，我也感謝以下人士的協助及其分享的見解，包含阿米悌居（Derek Armitage）、鮑瑞尼 - 法耶班德（Grazia Borrini-Feyerabend）、達伯戴爾（Nancy Doubleday）、哈克（Emdad Haque）、胡恩（Eugene Hunn）、克普尼克（Igor Krupnik）、雷克（Frank Lake）、雷貝爾（Louis Lebel）、梅紹（Micheline Manseau）、孟席斯（Charles Menzies）、葛拉薩、中島（Douglas Nakashima）、尼可勒斯（Theresa Nichols）、奧森（Per Olsson）、普雷蒂（Jules Pretty）、拉馬克利斯南（P. S. Ramakrishnan）、福伊（Marie Roué）、史考特（Colin Scott）、湯瑪森（Kaleekal Thomson），以及騰布爾（David Turnbull）。

我很高興看到越來越多的研究生投入這個領域的研究，也很感謝他們，本書亦收錄其中許多人的研究成果，包含阿迪卡里（Tikaram Adhikari）、波尼（Eleanor Bonny）、費爾南德斯（Damian Fernandes）、蓋勒格（Colin Gallagher）、格蘭特（Sandra Grant）、艾卓鮑（Carlos Idrobo）、坎卓克（Anne Kendrick）、拉羅謝爾（Serge LaRochelle）、洛博（Kenton Lobe）、恩洛特（Maria M'Lot）、

金特羅（Alejandra Orozco Quintero）、帕利（Brenda Parlee）、沛洛昆（Claude Peloquin）、裘利（Dyanna Riedlinger Jolly），以及賽薛斯（Cristiana Seixas），卡洛斯也協助我重新製表。感謝助理瑞特伯（Jacqueline Rittberg）協助技術層面的工作，以及勞特利奇出版社（Routledge）編輯芬德立（Siân Findlay）與拉特（Stephen Rutter），以及其職員麥可布萊德（David McBride），還有利波（Susan Leaper）及其佛羅倫斯製作團隊（Florence Production），他們都是本書得以完成的背後功臣。

我想要特別感謝最近離世的約翰尼斯與波西（Darrell Posey），他們兩位是原住民知識／傳統生態知識的先驅，約翰尼斯的《潟湖細語》（*Words of Lagoon*）（1981）是啟發我開始研究傳統漁業知識的重要著作，書中記載的詳盡內容，至今仍無人能出其右。波西與巴西的卡亞波族（Kayapo）合作，完成了他的代表作，他之前常說，沒錯，他是美國人，但也是巴西人，更是地球公民。在我心中，他恰好體現了原住民知識的矛盾特性，即原住民知識既極具在地性，同時又具有普遍性。

三版序

這一版的《神聖生態學》新增 150 筆參考文獻，其實很多文獻自 2008 年如雨後春筍般發表，書中新增的文獻不過是滄海一粟。騰布爾於 2009 年的期刊《未來》（*Future*）中表示，唯有創造出容納知識的空間，原住民知識才有未來，而近幾年來爆炸般大量產出的文獻，似乎透露了此事已是進行式。生物多樣性保育領域的大多數論文，加上此處引用的著作，以及在地環境監測等領域建構出來的「現代」原住民知識，皆顯示在地與傳統知識至今依然具有實質的意義。

新版將更進一步主張，討論傳統知識時應將之視為一種過程，而

非一種知識內容。我認為學者已為了爭辯科學與傳統知識之間的議題浪費太多時間與精神，因此應該重新設計問題，改討論應如何促成科學與傳統知識的對話與合作。科學與傳統知識之間的權力差距議題，永遠無法完全解決。在這個版本中談到，近年來為了解決氣候變遷等重大議題，我們在共同生產知識方面已有長足的進步。此處指的並非綜合科學與傳統這兩種知識，而是透過結合科學已知的知識與在地傳統知識產生綜合效應，來產生出一種新的知識。

書末新增的網站連結是第三版主要的變更，藉由補充這些電子資料，能使讀者透過網頁連結更瞭解書中內容、其他個案研究，以及網路上開放取用的出版品。無論是讀者或運用本書教學的講師，除了能透過這些連結取得其他資料，也能持續追蹤書中探討的議題與主題。我已在書中收錄一些在地與傳統知識實際應用的網站，並分章補充一些教學技巧及習作問題。

我很幸運身邊有許多支持我的同事，除了前幾版序中提及的同事外，也很感謝以下幾位學者的協助：博高希（Alpina Begossi）、波賴特（Sébastien Boillat）、布雷（David Bray）、辛納（Josh Cinner）、艾拉（Inger Marie Gaup Eira）、法谷森（Michael Ferguson）、富比斯（Bruce Forbes）、漢納撒奇（Natalia Hanazaki）、胡恩、卡瑪蓋諾娃（Erjen Khamaganova）、賴德勒（Gita Laidler）、賴恩（Mimi Lam）、雷漢諾（Raul Lejano）、利頓斯坦（Gabriela Lichtenstein）、盧（Flora Lu）、麥加（Ole Henrik Magga）、馬林（Andrei F. Marin）、瑪席森（Svein Mathiesen）、麥林諾（Leticia Merino）、歐維多（Gonazlo Oviedo）、羅斯（Helen Ross）、撒利克（Jan Salick）、蕭（Sylvie Shaw）以及席爾凡諾（Renato Silvano）。

我的學生是我最好的老師，除了感謝柏蘭多（Catie Burlando）、多宜瞿（Nathan Deutsch）、虎爾（Arthur Hoole）、科邱 - 謝倫伯格（John-Erik Kocho-Schellenberg）、馬林、米勒（Andrew Miller）、

派頓（Eva Patton）、潘格利（Ryan Pengelly）、皮矛爾（Julia Premauer）、羅賓森（Lance Robinson）、謝庫拉（Shailesh Shukla）、透納（Kate Turner）及蘇巴（Melanie Zurba）等學生之外，也感謝前幾版序文中提及的人，願意貢獻他們的成果與見解。

我於新版中新增一些照片作為圖例說明，感謝阿里（Yilmaz Ari）、柏蘭多、佛基、雷克、羅伯森（James Robson），允許我他們的照片。感謝瓊斯（Ron Jones）貢獻他研究網站上的專業的成果，以及透納和金麥羅（Robin Kimmerer）提供其他的建議。很榮幸能與勞特利奇出版社的編輯芭伯 - 羅森菲爾德（Leah Babb-Rosenfeld）及紐頓（Gail Newton），以及勞特利奇出版社的製作團隊。

四版序

傳統生態知識持續使人著迷不已，請想像一下這個畫面：我在位於臺北的政治大學一間大型演講廳裡準備待會的演講內容時，發現演講廳裡坐的大多是大學生。這時我突然有點驚慌地想著：我能吸引他們的注意力嗎？他們會不會三三兩兩提前離席？但我去臺灣山上的原住民的土地上參訪時，已有一群研究生幫我翻譯了每一張簡報的內容，因此簡報裡同時有中英文，座位上的大學生個個專心聆聽，完全被平常課堂上從未接觸過的領域迷住。

這一版的《神聖生態學》主要不同之處，在於第二、八、九、十一及十二章，尤其第二章新增的內容，更是加入更多原住民作者的想法，另一方面，「傳統生態知識／原住民知識」的文獻，也因近年新增許多原住民學者的研究而變得更加豐富。本書多數章節因為目前增加許多資料可以運用，所以相較於之前的版本，多了不少篇幅，但事實上，最後三章反而因為經過重整與濃縮而縮短了一些篇幅。每章的參考文獻都經過修訂增補，共有 188 筆，網頁連結部分也經過校訂

與修訂增補。

　　探討氣候變遷的第八章擴充幅度最大，理由相當充分。2012 年與 2016 年的兩篇回顧中比較了幾個「傳統生態知識／原住民知識」相關文獻之後，我大致瞭解到，在地氣候變遷觀察的論文發表已有持續增加的趨勢。中島（Nakashima *et al.* 2012）就有 305 篇參考文獻，薩佛（Savo *et al.* 2016）則有 1017 篇文獻。雖然嚴格來說，這兩本論文無法相互比較，但這些數字卻也暗示緊緊過去四年間，相關文獻就已暴增三倍之多，也解釋了「政府間氣候變遷專門委員會」第二組工作報告的〈第五次氣候評估報告〉與〈第四次氣候評估報告〉相較之下，出現更多「傳統生態知識／原住民知識」相關文獻的原因。但福德等人（Ford *et al.* 2016）認為，政府間氣候變遷專門委員會（IPCC）最新的報導仍過於籠統，各種「傳統生態知識／原住民知識」系統及脈絡下複雜性的關鍵探討不多。

　　「傳統生態知識／原住民知識」的闡述包含質性敘述，也包含量化說明。在氣候變遷方面，目前已確定「傳統生態知識／原住民知識」調適能力形成的原因，也是人與社會能夠面對變遷的主要因素。在資源管理方面，太平洋西北地區古代的「蛤蠣田」吸引了一些科學家，他們很好奇為何這麼久以來，科學界從未注意到這些原住民水產養殖系統。有些「傳統生態知識／原住民知識」相關概念也有了適當的名稱，現在已能用來潭戈（Maria Tengö）等人（2014）的「多元證據取向」，敘述透過相輔相成來連結多元知識系統，進而產生新的見解及改革的過程。自然同時蘊含固有價值及工具性價值，但詹凱（Kai Chan）等人（2016）發現，原住民及其他民族認為自然蘊含具有人格、地方本位及親緣關係的價值，因此將之稱為「關係性價值」（relational values）。

　　我也一如以往地感謝許多同事及研究生的支持，除了本書於前幾版序文中提及的人之外，也很感激以下同事願意將他們的見解與想貢

獻於本書之中：愛特里歐（Richard Atleo）、巴白（Daniel Babai）、凱傑特（Gregory Cajete）、詹凱、查爾斯（Tony Charles）、費南德斯-吉梅納斯（Maria Fernández-Gimánez）、福德（James Ford）、加文（Michael Gavin）、希爾（Ro Hill）、豪伊特（Richard Howitt）、強森（Jay Johnson）、克利斯吉（Andrew Kliskey）、吉弗斯基（Dana Kepofsky）、林益仁、路易斯（Renee Pualani Louis）、麥卡特（Joe McCarter）、米德（Aroha Mead）、莫納（Zsolt Molnár）、雷耶斯-加西亞（Victoria Reyes-García）、瑞奇蒙（Chantelle Richmond）、魯比斯（Jennifer Rubis）、史蒂芬森（Janet Stephenson）、唐蕊菲（Ruifei Tang）、潭戈、法爾加（Anna Varga）及威爾許（Susan Walsh）。同時，我也感謝以下學生及近幾年內畢業學生的付出：迪潘南達（Ashoka Deepananda）、福雷伊（Jack Frey）、格拉帕非伊（Eranga Galappaththi）、伊斯蘭（Durdana Islam）、彰德侯（Connor Jandreau）、萊特（Marta Leite）、羅沛茲-梅爾多納多（Yolanda Lopez-Maldonado）、波法斯（Jean Polfus）、瑞斯威爾（Kaitlyn Rathwell）、羅傑蓋思（Mariana Rodriguez）、撒瑪克夫（Aibek Samakov）及席爾衛斯特（Olivia Sylvester）。

謹將這版的《神聖生態學》獻予維恩斯坦，來紀念這位麥基爾大學的研究所同事，以及原住民漁法系統審慎細心的觀察家。

第一章
傳統生態知識的脈絡

我們多數人都失去了生物界和人類合一的感覺，這種生物與人合一的感覺，使我們彼此相連，安心知道世上依然有美好的事物存在。如今我們大多不再相信，無論我們在有限的生命中經歷了什麼高山低谷，背後基本上仍有美好的世界存在。

——貝特森（Gregory Bateson），《心智與自然》（*Mind and Nature*）

唯有結合理性知識，並以非線性的直覺來認識環境，才能形成生態意識。傳統、無文字的文化大多擁有這種直覺式的智慧，美洲印地安人文化尤是如此，他們的生活是由極為細緻的環境意識組織而成。

——卡普拉（Fritjof Capra），《轉捩點》（*The Turning Point*）

我們居住的世界人口稠密，人際接觸密切，越來越像住在同一個社會的「地球村」。然而，其實人類的社會是由許多不同族群組成，有住在紐約的都市居民、住在印度的富農、也有加拿大北部的原住民獵人。地球村居民之間的差異，不僅表現在日常職業與物質財富方面，也表現於不同的世界觀方面。人與人之間的知覺之所以天差地別，與世界各地的文化多樣性直接相關，但這種文化多樣性卻急遽萎縮。人類在四周都是人造地景的環繞下，很難接觸到自然環境。現代的環境問題叢生，是因為人與自然疏離的結果導致，但這同時也促使人開始找尋與自然接觸的新方法。

生態科學提供了新的眼界，將地球視為關係相互關聯的系統，至

少有其中一派更整全的生態學是如此，生態學的論述透露出，人類社會是生態系統中生命網的一環。以貝里（Berry 1988）的說法來闡述，即現今的研究人員發現的是「千變萬化又活潑熱鬧的宇宙，具有種流動又相互關聯的完整系統……科學發現了一個新的『魔法』世界，而那同時也是以前多數人想像中的自然」。這徹底背離了笛卡兒（René Descartes）、牛頓及其他啟蒙時代思想家等人建構的靜態、空洞的機械式世界觀，而這群啟蒙時代思想家的思維，仍是現今這個時代的主流。

李奧波（1949）的土地倫理、深層生態學（Naess 1989）、蓋亞（Gaia）（Lovelock 1979）、地方感、生態分區主義、充滿土地之愛的「戀地情節」（topophilia）（Tuan 1974），及熱愛生命的「愛生哲學」（biophilia）（Keller and Wilson 1993; Keller 1997），關心環境倫理的人都會試圖透過上述一些方法，找尋生態科學一直以來所欠缺，那種生態中的個人與靈性元素（Shaw and Francis，2008；Sponsel，2012）。但也有些人為了更深入思考，而開始研究東方宗教及美洲原住民的世界觀（Callicott 1994; Bruun and Kalland 1995; Grim 2001; Taylor 2009; Turner 2014）。這些基本上就是人們有興趣了解傳統生態知識背後的脈絡之一，因為傳統生態知識代表了人類數千年來與環境直接互動之下所獲得的經驗。

傳統生態知識一詞雖是到了一九八〇年代才廣泛被人使用，在實踐方面卻與漁獵文化一樣古老。本書主要探討的是傳統生態知識，同時涉及環境及資源的議題，但也有幾個領域十分重視其他方面的傳統知識研究。事實上，與這些領域相較，原住民的生態知識研究是近年來才出現的。

傳統生態知識最早是由人類學家開始進行系統性研究，民族生態學也會透過研究生態知識，專門探討某個民族或文化的生態關係概念（Toledo 1992, 2001；Nazarea 1999; Hunn 2008; Johnson and Hunn 2010）。民族生態學是民族科學（民俗科學）的分支，意指「某個文化為身邊的物品、活動與事件分類的系統性知識」。民族科學顧名思義，研究都與分類學

有關。舉例而言，康其年（H. C. Conklin 1957）如先驅般的研究就曾記載，菲律賓哈奴奴人（Hanunoo）等傳統民族大多保有當地動植物及其自然史的詳細知識，其中一族甚至認得一千六百餘種植物物種。

現在有幾個科學領域的專家學者，已逐步接受並開始運用各種的原住民環境知識。舉例而言，無論是傳統農學家（Warren et al.1995; Anderson 2005）、藥理學家（Schultes 1989）、水利工程師（Groenfelt 1991；Tiki et al. 2011；Yuan et al. 2014），或是建築師（Fathy 1986）的能力，都已漸漸獲得認可。無論是古老或現今的民族科學都日漸受到重視，這使各個領域都開始承認傳統知識的正當性。生態學有不少著作都顯示出，從北極圈到亞馬遜河等世界各地的原住民及其他傳統民族，對於生態關係及管理資源的系統皆有其獨特的理解。世界環境與開發委員會報告書《我們共同的未來》（*Our Common Future*）引用的內容顯示，國際上也逐漸意識到，全球各地現今的資源管理問題，皆可運用傳統生態知識來解決：

> 部落族人與原住民族⋯⋯的生活方式，能為現代社會複雜的森林、山脈與旱地生態系統資源管理帶來諸多啟示。（WCED 1987: 12）

> 這些社群都保存了人類自古以來不斷累積的豐富傳統知識與經驗，消失是整個社會的損失，因為我們管理複合生態系統時，都能從他們的傳統技能獲益良多。（WCED 1987: 114-15）

定義傳統生態知識

傳統生態知識並無放諸四海皆準的定義，也有定義模糊的必要性，因為傳統與生態知識本身就相當含糊。就字典定義而言，傳統通常指的是從過往經驗習得之後延續與傳承的社會觀念、信仰、原則

與行為與實踐傳統，既能累積，也有可能改變（Nakashima 1998; Ellen *et al.* 2000）。胡恩（1993a:13）解釋道：「只要新的想法與技術符合現有傳統實踐及理解的複雜結構，就可能會融入既有傳統之中。……傳統是通過世世代代嚴謹的生存實驗室考驗之後的產物，留存下來即證明它們具有影響力。」

對某些人而言，「傳統」與「改變」是互相矛盾的概念，而且很難定義多大程度或哪一種改變，會影響到名之為「傳統」的做法。路易斯（Lewis 1993a）指出，更嚴重的是，「若那些外人，尤其是有權有勢的外界人士，不將保存傳統知識的人稱為『傳統人士』，可能會使這些知識遭到摒棄或詆毀。」因此有些學者會偏好使用「原住民」一詞，避免使用「傳統」，以避免引發何謂傳統的爭論。華倫解釋說：

> 1980 年時，我、伯肯夏（David Brokensha）與維納（Oswald Werner）費盡千辛萬苦，想找出一個詞來取代「傳統知識」中的「傳統」。我們認為，「傳統」一詞是十九世紀時所謂單純、野蠻與靜態的觀念，因此希望找到適合的詞，來描述一個群體依據自身的知覺與概念來解決問題的動態過程，以及他們辨認、分群與分類的方式。當時錢伯斯（Robert Chambers）及他在薩塞克斯的團隊也在掙扎相同的議題，我們不約而同地提出了「原住民」一詞。（Warren 1995: 13）

另有許多人認為，傳統不是非得沿用舊義，而是單純意指歷經時間考驗的智慧。對於許多原住民的民族而言，傳統一詞蘊含諸多正面的含意。舉例而言，因紐特人（Inuit）在 1995 年的會議上受邀分享他們的傳統知識時，一致同意所謂的傳統知識，同時意指實用的常識、世代傳承教導並體驗到的知識、對於族鄉的了解、源自於靈性健康，也意指生活方式、資源使用規定的權限制度、尊重、分享的義務、

運用知識的智慧，以及心腦並用（Emery 1997: 3）。

值得注意的是，上文提到他們將傳統生態知識稱為一種生活方式（Witt and Hookimaw-Witt 2003），許多文獻中也將它們稱作認識事物的方式（Simpson 2001）。定義知識是認識事物與做事的方式，意指認為傳統知識是一種過程，而非知識內容。原住民學者巴提斯特和韓德森（Battiste and Henderson 2000: 46）寫道：「傳統生態知識之所以傳統，重點不在於歷史悠久，而在於我們是如何獲得並運用這種知識的。」管理五大湖區資源的阿尼什納比青年，分享他們對於初版《神聖生態學》的內容時（見再版序），傳統一詞既非他們所關注的，也非書中探討的內容。他們真正有興趣的是探討如何與耆老相處、向他們學習，亦即能夠如何獲得並傳承傳統知識。

「生態知識」一詞突顯出定義本身的問題，若將生態狹隘定義為西方科學界生物學底下，探討生物物理環境之中交互作用的分支，傳統生態知識就會變成矛盾修辭。但另一方面，若不論生態知識獲得方式為何，都廣義稱為生物彼此之間及與環境之間相互關連的知識，那這個詞就說得通了，此即李維史陀（Claude Lévi-Strauss 1962）所謂的「具體科學」（science duconcret），意指不是從書本學習而來，而是透過真實累積的個人具體經驗，形成的周圍自然環境本土知識，背後的準則是「靈性、道德關係、互利共生、互惠關係、尊重、限制、注重和諧，並承認人與自然相互倚賴」（Johnson *et al*. 2016: 5; Cajete 2000）。

因此，許多傳統民族或原住民本身並不偏好使用「生態知識」一詞。澳洲原住民認為，知識源自於族鄉，知識是與某個地方緊密相關，從不同情境作用產生出來（Weir 2009; Lauer and Aswani 2009; Muir *et al*. 2010）。加拿大北部各族的原住民自稱擁有的不是生態知識，而是「屬於那地方的知識」（knowledge of the land）。「土地」對他們而言不僅僅是物理景觀，而是包含生活環境。舉例而言，雖然人們大多將犬肋族（Dogrib）的甸尼語（Dene）（屬於阿薩巴斯坎語系，Athapascan）

的 *ndé* 翻成「土地」，但它的字義（如澳洲人所謂的族鄉）比較接近「生態系統」，只是 *ndé* 基本上認為自然萬物都有生命與靈魂（Legat *et al.* 1995）。有趣的是，在生態科學史中，「土地」往往也是「生態系統」的同義詞，其中一例就是李奧波的「土地倫理」（1949）。

本書用「生態知識」來指涉人對於土地的瞭解，雖屬廣義的生態學，卻不至於囊括所有各個層面的知識。原住民知識不能被化約成僅止於生態方面的知識（McGregor 2004），而且每本書都有其重點，因此本書不會談到廣大的靈性生態主題，而是以傳統知識的生態層面為主，而且因為無論是宗教與生態學、個人與情感生態學、人民運動或是靈性生態學那些古今先驅背後的思想與行動，這些議題都早已有人進行專業討論（Taylor 2005, 2009; Jenkins 2010; Sponsel 2012; Vaughan-Lee 2016）。

民族科學與人類生態學發展過程中出現了各種含意與概念元素，我們必須從中篩選細查（第三章），才能找出「傳統生態知識」的定義。傳統生態知識的研究原是從物種辨識與分類（民族生物學）開始，之後才思考人類對於生態作用的認識，及人與環境間的關係（民族生態學與人類生態學），其中不僅蘊含關於物種及其他環境現象的在地與經驗知識，及人類農耕、捕魚、狩獵與其他維持生計的實踐，最後蘊含的信仰層面，則與人看待自己於生態系統中的道德關係有關，而影響人詮釋他們觀察到的大環境那套世界觀的框架，則與之密切相關。

學習方塊 1.1
郊狼故事的傳統

「傳統除了包含具經濟價值的資源之外，也包含宗教觀念、藝術表現圖紋及親屬關係。但仔細檢視後會發現，生態層面的傳統很難脫離宗教、美學或社會層面。舉例而言，北美洲西北部哥倫比

亞高原的美洲原住民會藉由『郊狼的故事』反覆灌輸道德觀念。」胡恩解釋說。哥倫比亞高原的部族裡，單單一個耆老或許就聽過六十餘種郊狼的故事，每個故事都可以表演一整晚。「要理解這些故事意圖傳達的意義，必須先熟悉當地的自然環境，把當地動植物想像成各個角色，並將當地每個角落當作人間劇的舞台。小孩聽了耆老講述這些故事後學會的那些道德觀念，會左右他們人際與生態關係。因此宗教、藝術與生態實為一體，傳統也因為代表一種複雜與完整實踐與信仰系統，而蘊含生態層面。」

文獻來源：胡恩 1993a:14。

學習方塊 1.2
克里族的地球起源與大洪水傳說

考古學的證據顯示，克里族住在詹姆士灣已有數千年之久。根據原住民的信仰與傳說，克里族自太古以來，「原先」就住在那塊土地上，並曾經歷過毀滅大地的大洪水。

根據傳說，大洪水過後，克里族亦正亦邪的英雄維撒奇查（Wesakachak）發現自己被迫與水獺、河狸和麝香鼠一起載浮載沉。造物主賜給維撒奇查的唯一一種力量，雖然不能用來創造世界，卻能重新塑造世界，前提是維撒奇查必須從洪水底下撈出一些泥土。因此維撒奇查求助於身邊這群夥伴，他先請水獺潛到水裡帶回一些土，水獺卻失敗了。他接著請河狸做同樣的事，河狸也沒有成功。最後他只能孤注一擲，請麝香鼠幫忙。麝香鼠身形雖小，心臟卻很有力，而且非常努力。牠下潛兩次，失敗兩次，第三次時甚至因為下潛太深差點溺死。但之後牠浮上水面時，胸前的兩隻前爪之間卻捧著一塊古老的泥土。……

文獻來源：傳統故事。這則傳說廣為流傳，故事版本眾多，此為安大略省穆斯克里部落（Moose Factory）的版本。在馬斯基戈克里人（Mushkego，中西部族）的傳說中，維撒奇查是史上首次出現的人類，有的則說他創造萬有的人。他能教導人，卻也愚蠢到使地球上的動物之間出現隔閡，再也無法相互交談。契沙西比克里人的老獵人，仍舊聲稱太古時代，是「人與動物可以相互交談的時代」。

「學習方塊 1.1」及「學習方塊 1.2」闡述的概念是，傳統中的生態知識無法純粹脫離社會與靈性層面。故事與傳說有其代表的意義，因此屬於文化與原住民知識的一環。這種意義與價值不僅根植於土地之中，也與「地方感」息息相關。巴茨（Butz 1996: 52）探討巴基斯坦北部的辛夏爾（Shimshal）部落居住的地區時表示，原住民知識的「生態知識與活動，無論就象徵或利用層面來看，都已深深融入地方及日常生活之中，既是地方與日常生活發展出來的結果，也促進了地方與日常生活的形成」。布羅修斯（Brosius 2001:148）探討馬來西亞東部的砂勞越本南族（Penan of Sawawak）時，補充說：「地景不僅是鉅細靡遺地保存了生態知識，……也留存了過去的歷史記憶，因此也具有紀念性，代表了社會中各種人際關係。」

綜合傳統生態知識最顯著的特色來看，就能得出傳統生態知識的操作型定義，將知識定義為「累積了知識、實踐與信仰，在適應的過程中不斷演變，並透過文化承襲在世代間傳承的體系，同時包含生物（包含人類）之間及其環境的關係」。這定義是從我和同事之前的研究（Berkes 1993; Gadgil et al. 1993; Berkes, Folke, and Gadgil 1995a）逐步發展而來，也是本書使用的定義。傳統生態知識是一種認識事物的方式，隨時在變、建構於經驗之上，也會適應變遷，自古以來在某一塊土地上持續使用當地資源的社會皆具有這項特質，而且基本上都是非工業化或科技發展程度較低的社會，甚至大多是原住民或部落，但也不盡然如此。有些非原住民族群，如紐芬蘭靠捕鱈魚的漁民（Neis 1992, 2005; Murray et al. 2008）、科羅拉多州西北部的牧場（Knapp and Fernandez-Gimenez

2008, 2009），以及使用瑞士阿爾卑斯山共有地的人（Netting 1981），他們的傳統生態知識也絕對包含跨世代文化傳承的知識及做事方式。

此處所談的傳統生態知識，意指認識事物方式（認識的過程）及內容（已知的知識），要分析並正確理解傳統生態知識，就必須區分出兩者的不同（「學習方塊 1.3」）。生物學家與生態學家所習慣，同時也是容易為各種文化所接受的經驗知識（如物種名稱、生命史、棲地），正確來說應稱之為資訊（information）（Spark 2005）。

有些學者對於「傳統生態知識」一詞頗有疑慮，因此開始尋找其他替代用詞。舉例而言，加拿大北極群島有些學者，喜歡改稱「因紐特人認知的真實知識」（*Inuit Qaujimajatuqangit*），縮寫是 IQ（Arnakak 2002; Wenzel 2004），該詞涵蓋因紐特人所有價值觀與生活方式，用來代替傳統生態知識或許會太過籠統（Wenzel 2004）。普雷蒂（2007）喜歡使用「生態素養」（ecological literacy），但這個詞迴避了幾個議題。有人則使「經驗性知識」（experiential knowledge）（Fazey *et al.* 2006），有些學者選擇使用「在地知識」（local knowledge），因為該詞「造成的問題最小」（Ruddle 1994a: 161）。但萊佛士（Raffles 2002）質疑，「在地知識」或許無法充分表達使人明白，原住民知識是屬於關係或情境的知識，其他缺點則包含：「在地知識」既沒有表達出這個概念的「生態層面」，也沒有展露出時間範圍及文化累積傳承的特性。

學習方塊 1.3
原住民形容的傳統生態知識

「原住民定義的傳統生態知識，並不只是一套知識體系。傳統生態知識雖然也包含知識體系，但同時也包含靈性經驗及與土地之間的關係。值得注意的是，傳統生態知識也是一種『生活方式』，

不僅僅是生活知識，而是真實生活體驗。我們可以主張原住民族認為傳統生態知識是『以動詞為主』，亦即『活動導向』，以此來區分原住民族及非原住民族傳統生態知識之間的差異。對於原住民族而言，傳統生態知識不僅僅是『知識體系』，而是；『生活方式』，指的是你在做的事情。」（McGregor 2004: 78）

「原住民的科學是透過口傳、跨世代觀察、注重週期性時間、具某種文化／文學風格與象徵符號、知識具有某個部落文化及地方的脈絡、世世代代從不間斷地保存知識，以上皆為原住民科學的知識特徵。

文獻來源：強森等人（2016: 5，主要引自 Cajete 2000）。

同樣地，原住民知識一詞也招致一些批評。首先，這暗示有一種知識是原住民獨有。其次，這暗示我們能明確將某種類型的知識稱為在地住民的知識。艾倫和哈理斯（Ellen and Harris 2000）指出，許多知識都來源不明，因此人很難感覺到各種知識之間的分野。原住民知識是否與別種知識能之間做出明顯區隔？比約坎和奎文尼爾德（Bjorkan and Qvenild 2010）主張，包含原住民知識在內的所有知識，都是受情境影響的混成知識。多孚（Dove 2002）分析亞洲橡膠小農擁有的知識時，證明生態農業知識基本上幾乎可堪稱原住民知識。橡膠樹本身並非當地原生樹種（而是原生於亞馬遜），從知識建構過程來看，亞洲的橡膠知識屬於眾人參與其中的混合知識，並透過多個步驟反覆堆疊及在地創新發展而成。

本書提到近代知識時，會以在地知識表示，第十章討論到加勒比海地區民族非傳統的知識時即是如此。原住民知識則採用華倫等人（1995）的定義，意指原住民擁有的在地知識，或是某個文化或社會獨有的在地知識。這種知識涵蓋的範圍也包含傳統生態知識，而且道理非常充分。

多數原住民知識的文獻談的都不是生態關係，而是農業（Warren *et al.* 1995; Armitage 2003）、民族植物學（Schultes and Reis 1995; Cunningham 2001; Laird 2002）、民族動物學（Clement 1995; Sillitoe 2002; Anderson and Tzuc 2005）、民族藥學（Marles *et al.* 2000）、灌溉系統（Mabry 1996; Xiang 2014）、水土保育（Reij *et al.* 1996; Tiki *et al.* 2011）、土壤或民族土壤學（Pawluk *et al.* 1992）、民族獸醫學（Mathias-Munday and McCorkle 1995; SRISTI 2011）、人類飲食與醫療（Pieroni and Price 2006）、織布（M'Closkey 2002）、編織工藝（Athayde *et al.* 2009）、民族天文學（Ceci 1978）、民族氣候學（Orlove *et al.* 2000, 2002）、民族海洋學（Gasalla and Diegues 2011）及其他民族科學。

甚至有一份文獻是在探討原住民知識，以及雪（Pruitt 1984; Magga 2006）、淡水冰（Basso 1972）與海冰（Nelson 1969; Freeman 1984; Riewe 1991; Oozeva *et al.* 2004; Krupnik *et al.* 2010）的分類。民族科學裡有些領域（如水土保育）直接涉及生態知識，但有些（如民族天文學）較無相關。縱然傳統生態知識與原住民知識這兩個詞常交替使用，但本書的傳統生態知識僅用來意指明確與土地有關的知識，並歸在原住民知識的其中一個分支裡。

傳統生態知識是一種科學

傳統科學與西方科學之間有異有同，布羅諾斯基（Jacob Bronowski）認為科學的實踐（包含法術）是人類社會的重要特色，他說：「我認為人最有趣的部分是，無論處於哪個社會，人都是會實踐藝術與科學，有時還會同時將兩者結合的一種動物。」（Bronowski 1978: 9）無論西方科學、原住民科學或藝術的產生，或許同樣都經歷了同一種從紊亂到有序的動腦過程。

另一項爭議是，傳統民族是否會受到好奇心驅使而主動探究的問題。雖然答案莫衷一是，但有大批證據顯示，傳統民族確實懷有科學

的好奇心，傳統知識並不僅包含身邊有興趣的實際事物而已，李維史陀（1962）在其經典研究《野性的思維》（*The Savage Mind*）中如此主張的基礎即在於，古代社會若沒有受好奇心驅使的科學態度及單純渴求知識的心，就不會有研發防水罐的技術能力。李維史陀（1962: 3）表示：「宇宙是他們思考的對象，也是用來滿足需求的手段。」

　　李維史陀著作十分具有開創性，有部分原因在於，他避免了西方社會長久以來對於西方以外的文化，尤其是「原始」社會的偏見。他較喜歡稱後者為「以前的」（prior）社會，而非「原始的」（primitive）社會，並認為「那種社會沒有比較不科學，成果也很實在，一萬年前時就很可靠，直至今日仍是我們文明社會的基石」（Lévi-Strauss 1962: 12）。薩滿與科學家，兩者認識這個宇宙知識的方法如同兩個平行世界，「儘管截然不同，但確實都是科學，興盛於石器時代的科學，推論出明顯的秩序，形成文明技藝（農業、畜牧、製陶、織布……）的基礎」。然而，這兩種科學根本上的差異在於，「兩者分別從相互對立的兩端來認識這個物理世界，一種極端具體，另一種則無比抽象」（Lévi-Strauss 1962:269）。

　　巴努里和艾芙佛-馬格林（Banuri and Apffel Marglin 1993）也認為，傳統生態知識與西方的生態科學知識有諸多實質差異。他們運用「知識系統分析法」（systems-of-knowledge analysis）來對照原住民與西方的科學知識，這分析方法的哲學與人類學背景可追溯至韋伯（Max Weber）與尼采（Friedrich Nietzsche）。據此分析，原住民知識系統包含以下特色：鑲嵌於在地文化環境之中、在地知識具有時空界線、注重團體性、自然與文化之間及主體與客體之間皆密不可分、忠於或依附當地環境並視之為獨特或無可取代的地方，而且不以工具性價值的態度看待自然。上述特色與西方的科學知識系統相反，後者的特色包含：去鑲嵌的、普遍性、個人主義、自然與文化及主體與客體二元對立、流動性，及以工具性價值的態度看待自然（視自然為商品）。

其中一項重大差異在於，許多原住民知識系統都蘊含科學無法理解或不屬於科學領域的靈性或宗教面向（信仰）。舉例而言，北美洲副北極地區有些甸尼族（阿薩巴斯坎人）的部落認為，除了動植物以外，山川、冰河也都有生命，即能動性（agency），且有個別表達自由意志的能力（Miller and Davidson-Hunt 2013）。克魯克香克（Cruikshank 2001, 2005）在阿拉斯加、育空、卑詩省的聖埃利亞斯山區研究冰原時，發現特林吉特人（Tlingit）與塔什吉人（Tagish）的說書人認為冰河有感情，會有反應，也有像人一樣的性格。他們的故事不僅提到冰河有湧流週期（地球物理事實），也會描述到人類在冰河上塗油煮食或出言不遜時，它們對於這些愚蠢的行為有何反應。

西方科學視為無生命的自然物，在全世界泛靈論者的眼中都有生命與靈魂。舉例而言，無論是加拿大北部原住民及挪威北部薩米人（Saami）眼中的北極光，或是中西部美洲原住民眼中的龍捲風，都具有生命的力量。這些想法是否過於牽強附會呢？英戈爾德（Ingold 2006）不這麼認為，據他指出，生命或許不該只是事物的屬性（如是否含有 DNA），反而應該是「世界上不斷生成或誕生的過程中固有的內涵」（Ingold 2006: 10）。我們可以像英戈爾德那樣，主張延伸生命的定義，思考到世上不斷誕生的新事物或許能夠「重新找回被科學排除在外的驚奇感」（Ingold 2006: 9），同時有助於恢復生態學中的「神聖性」，使以前盛行的科學機械式生態系統概念，能注入一股生命的力量。

傳統知識系統背後往往有廣博的道德與倫理脈絡，而且自然與文化密不可分。許多傳統文化都賦予自然一種神聖性，即薛帕（Paul Shepard 1973）與貝特森（Bateson and Bateson 1987）所謂的神聖感（sense of sacred），此即「神聖生態學」，採用的是「生態學」最廣泛的定義，而非狹隘的科學定義（Knudston and Suzuki 1992: 15）。貝特森在其著作《天使之懼》（Angels Fear）中主張，「神聖」意指不以化約的觀點切入，

來解決人與環境關係的複雜問題（Katja Neves-Graça，個人通訊）。

根據凱瑟琳・貝特森（Catherine Bateson）轉述，貝特森「逐漸瞭解到或許只有透過宗教界熟悉的那種比喻……才能理解何謂自然的一體性，他將這種完整統一的體驗稱為『神聖性』」（Bateson and Bateson 1987: 2），即使不認為「宗教」能表達他心裡的想法，卻仍試圖從「神聖」這個相關卻又概括的詞當中，找到一種理解方式，戰戰兢兢又謹慎地一步步推到「天使不敢踐踏的」（Bateson and Bateson 1987: 8）聖潔之地。本書中延續上述思維脈絡，以神聖生態學的進路探討人與環境的合一，關注神聖性也有助於提出更能貼近原住民思維的論述：

> 要順利推展永續工作，絕對要以神聖關係作為基礎，只有在執行資源管理實踐與政策時也關心靈性，且人與人及非人之間互動都切合公平與尊重原則時，才有可能成功達成目標。我們所謂的神聖，意指從靈性關係發展出來的感情、活動與約束，靈性關係則是奠基於愛、尊重、關懷、熟悉親密及互惠交流。（Keali'ikanaka'oleohaililani and Giardina 2016）

傳統科學與西方科學間明顯有一些主要差異，兩種知識背後的態度也大相逕庭，但兩種知識間並無絕對與清楚的區隔。如前述的亞洲橡膠農業生態學的例子所見（Dove 2002），這兩種知識幾乎無法壁壘分明。吉阿雷利（Giarelli 1996）認為兩者間的差別往往是「程度上的差異」（量），而非種類上的差異（質）。有些作者已列出許多不同的差異（有的過於簡化），如聲稱傳統系統不具備對照實驗的能力，不懂得如何收集共時（同時觀察到的）資料，也不知如何運用量化測量。

上述聲稱的差異皆無法對應事實，且還有一些相反的例子能證明，傳統知識的專家有能力操作對照實驗（第七章的克里族漁民的流刺網篩選漁貨物種實驗），有些傳統管理系統是根據廣泛範圍地區收

集的共時資料所制訂，並不只是歷時收集的資料或按時間序列長期累積的在地知識，其他例子如：甸尼族監測北美馴鹿在加拿大中部廣袤副北極前緣移動的系統（第六章），及環境變遷的區域性觀察（第八、九章）。

另外也有一些例子顯示，傳統的管理系統也蘊含量化思考。例如，巴恩斯頓（George Barnston）十九世紀時估算雁鵝數量的資料，絕對是最早出版的資源管理傳統知識運用情形之一，巴恩斯頓（1861）是最早試圖估算北美洲野雁族群生物學家／博物學家之一。他根據詹姆士灣克里族印地安人每年宰殺 74,000 多隻雁鵝的野外調查結果，以及「每當有 1 隻雁鵝被殺，代表一定有 20 隻離開海灣」的耆老口述經驗，估計當地的雁鵝總數應為 120 萬隻。這數字完全合理，而且並未超過現代估算的族群數量，目前估算雁鵝遷徙到詹姆士灣時，族群數量約 200 萬隻，包含加拿大雁（*Branta canadensis*）及數量較少的雪雁（*Anser caerulescens*）這兩個物種。

是哲學性差異，抑或政治性差異？

西方科學與傳統科學之間的關係相當複雜，西方科學有幾個不同的傳統，原住民知識系統也形形色色，因此歸納出彼此之間的差異時必須十分謹慎。阿格拉瓦爾（1995a）主張，要在原住民與西方知識之間找出明確界線根本徒然無益，因為科學哲學家也無法找到令人滿意的評判標準來區別科學與非科學。阿格拉瓦爾（1995b）指出：「我們很難堅持認為，原住民與西方知識是從未相互影響的兩種類型。」他檢視了原住民與西方知識之間所謂本質上、方法上與脈絡問題方面的差異，卻發現界線並不分明。

有些學者認為兩種科學間並無清晰明確的觀念差異，是化約式的分析往往放大了這些差異（Cordell 1995）。有些則主張排除非科學的原

因，是「因為那些認識事物的方式用往往不是運用標準方法，不像科學那樣『透明』，所以容易被摒除在外」(Marlor 2010: 513)。政治生態學主張，原住民知識挑戰了西方科學中主流的實證 - 化約主義典範，第十二章將從政治生態學的角度，進一步探討上述幾個議題。有人認為從事西方科學的人與傳統科學的衝突，常與西方專家與原住民專家之間的權力關係有關，兩者不僅要處理的政治議題不同，理解爭論中的資源方式也迥異。凱西和賽門(Keith and Simon 1987: 219)則強調權威與正當性的議題，他們說道：「我們必須瞭解，北方各族與那些希望實施保育政策的人之間，存在的不僅是觀念上的衝突。」這類衝突也會出現非原住民的團體之間，如在大黃石公園地區靠狩獵維持生計的獵人之間。羅賓斯(Robbins 2006: 185)寫道：「生活於黃石公園北部生態系統的當地獵人，其實他們的生態知識深植於環境經驗與情境政治，卻常被蔑稱是『業餘人士生物學』(barstool biology)。」

在地知識與傳統知識等情境知識(Nazarea 1999; Raffles 2002; Knudsen 2008)，體現了向當局要求還我土地與資源的訴求，尤其面對外部人士提出異議時更是如此。因此據說知名的瓦馬加利(Walmajjari)藝術家派克(Jimmy Pike)，聽到他在澳洲西北部的族鄉(土地)因被指定為「無人居住的王室土地」而代表屬於女王時，曾表明說：「女王根本一步都沒踏進這塊土地過！把她帶來，我來問她，來呀，把每個水塘都指給我看！」(Davies 1999: 61)在澳洲原住民的世界觀中，熟悉水塘、每條路徑相應的歌曲以及每個地名，才能合理主張擁有。慕利根(Mulligan 2003)曾分享一則吉路藍吉族(Gurindji)故事，移居的人搬家時會把地名一起帶走，這足以使吉路藍吉族相信，闖進來的「白種人」跟他主張擁有的土地之間，沒有什麼認真的感情。

土地與資源的控制權之間會出現拉扯的情形，知識的權威及正當性亦然。約翰尼斯(1985: 5)本身是生物科學家，他觀察到，「許多生物科學家與自然資源管理階層常對傳統知識不屑一顧」，但這

些態度應該大多與知識的特質無關，而是與知識的權威性有關（Whyte 2013），如詹森（Dan Janzen）與高梅茲 - 蓬帕（Arturo Gómez-Pompa），他們兩人對於熱帶森林看法就十分兩極。詹森（1986）主張，只有生物學家才有能力決定如何保育熱帶地景。生物學家「是自然界的代表」，因此「要負責照顧熱帶生態的未來」，同時也擁有相關知識，足以「判定熱帶農業地區是否應允許人類居住」，或是否有一部分的熱帶農業地區「有些島嶼應保留更自然的狀態，亦即所謂的無人島」。相反地，高梅茲 - 蓬帕和卡烏斯（Gómez-Pompa and Kaus 1992a）指出，「荒野從未被人類染指的概念，基本上是都市人的想法」，與熱帶森林的真實情況較為無關，因為現今熱帶森林裡許多長大成熟的植被，都是人類過去數千年來使用後遺留的襲產：

> 第一步就是要承認，其他文化實踐與信仰也具有獨立於西方傳統保育存在的保育傳統。……或許對於住在都市的外人來說，為了開拓農地砍樹並燒成白灰，這景象是對於荒野的褻瀆，但在農人眼中卻是森林更新的必經階段。（Gómez-Pompa and Kaus 1992a）

路易斯（1989）認為：「『先進』文化的人很難接受，『原始』文化的人可能比科學家更瞭解重大科學知識，或更熟悉自然科學領域的某個主題，如現在所談的野火生態學。」這些觀察與費耶阿本德（Feyerabend 1987）的批判相互呼應，他批評許多科學家無法容忍制度化西方科學以外所形成的知識與見解。科學家容易摒除那些與自身理解不一致的判斷，甚至面對採用不同典範的科學家也是如此。有趣的是，原住民知識持有者本身也可能做出相同的舉動（見「學習方塊1.4」）。

費耶阿本德的分析（1987），解釋了為何有些科學家如此蔑視傳統生態知識，或許許多科學家會傾向另一種解釋，認為科學家的責任就

是保持懷疑，遇到科學難以驗證的傳統知識等領域時更須如此（Davis and Ruddle 2010）。因此即使你同意費耶阿本德、李維史陀及其他人所言，認為西方科學方法只是獲得知識的途徑之一，而非唯一道路，議題仍舊十分複雜（Nakashima 1998; Ingold 2000; Atleo 2001; Geniusz 2009; Kassam 2009）。

學習方塊 1.4
相互懷疑

科學家總是對於原住民知識抱持懷疑的態度，此事眾所周知。但有可能雙方都相互懷疑。許多傳統知識持有者也不相信書本知識，若科學家不具備某個領域的大量一手知識，他們往往也不予理會。我記得有個北美馴鹿生物學家，曾分享他初次到加拿大努那武特地區（Nunavut Territory）貝克湖（Baker Lake）時發生的事情。當時他誤稱自己是北美馴鹿專家，當地獵人全都不可置信，他們說：「你的意思是說，你瞭解所有的北美馴鹿，包含我們這裡的北美馴鹿嗎？」他們的反應明顯透露出，即使實證主義傳統認為生物學家的北美馴鹿知識放諸四海皆準，但在貝克湖卻幾乎毫無說服力。

除非生物學家擁有的是某地才有的知識、多數取自第一手資料，且是跟著擁有在地知識持有者學習而來，否則無法獲得他們的認可。只要西方科學符合他們對於北美馴鹿的理解，至少有部分是透過他們認可的學習方式，亦即透過第一手的觀察獲得，並符合耆老教導的原則，貝克湖的因紐特人就不反對西方科學。就這點而言，他們的態度與西方科學家面對「其他」專家時的態度幾乎無異。貝克湖的因紐特人會希望這些其他專家的知識，達到他們認可的知識標準，並通過他們驗證的考驗。

這並不是說傳統的道德一定特別高尚，有許多古代或現今的傳統實踐與信仰體系，都是無法因時制宜的（Diamond 2005）。例如，道教的賢哲在第三世紀時，建議人服用硃砂這種有毒的水銀來延年益壽，有些傳統中藥至今仍會使用熊膽、虎骨粉和犀牛角開藥。有些傳統民族儘管擁有廣博的知識，卻欠缺保育倫理（Redford and Stearman 1993; Callicott 1994）。舉例而言，新幾內亞的原住民雖然對於動植物瞭若指掌，做法卻嚴重危害當地生物相（Diamond 1993）。談到原住民智慧時，「高貴野蠻人」（noble savage）這種誇大其詞的說法，已經對於傳統生態知識造成傷害（將於第十一章詳細探討）。此外，濫用原住民知識也引發一些問題。查平（1988: 17）談到人們太過熱切想要複製墨西哥傳統的奇南帕（*chinampa*）卻又欠缺考慮的例子時，寫道：「我們被這種概念模型（奇南帕）的美好蒙蔽，並且迷失了方向，誤以為真實就是如此，最後是自己誤導自己。」

近年傳統生態知識的接受度日益提升，新的政治問題亦隨之出現。許多國內外的計畫會融入原住民的價值觀與知識，有時甚至列出法律上的義務，促成「傳統生態知識產業」的誕生，那些合乎規定的內容，大多是運用速成的鄉村評估技巧（Grenier 1998）制訂的。這種方法隱含兩個問題，首先，這種往往是去脈絡的內容（Nadasdy 1999）；其次，傳統生態知識通常會被強迫納入與原住民思維截然不同的非原住民的框架中（White 2006）。辛普森（Leanne Simpson）提到法律規定加拿大北部領地必須使用傳統生態知識時，曾解釋說：

> 政府常要求內部官員制訂政策與立法時必須納入傳統生態知識，卻未與原住民請教、訂出不切實際的時限、也未提供適當的經費補助，而且也常規定在必須寫下或記錄那些尚未確定有用的傳統生態知識檔案，後來被併入到西方科學根深蒂固的處理過程與框架之中，原本原住民知識能帶來轉變的可能性，也於過程中消失於無

形。（Simpson 2005: 1650）

為了進一步探討這些議題，我們需要考量到傳統生態知識的幾種類型與脈絡。由於傳統生態知識並非只有一種知識體系（McGregor 2004），所以必須要有一套框架，來區別原住民經驗知識及生活方式之間，以及知識內容與認識事物的方式之間的差異。

「知識 - 實踐 - 信仰」這套分析架構

許多作者都指出，傳統知識應該可以區分成不同階層來分析，這與「知識 - 實踐 - 信仰複合體」（knowledg-practice-belief complex）的定義相符。路易斯（1993a）認為，傳統生態知識始於在地知識的分類系統層次，進而產生對於作用之間關係的理解。卡蘭德（Kalland 1994）認為這分為三個層次：第一層為實證或實用知識；第二層為「典範知識」，或是將實證觀察融入脈絡之中的詮釋；第三層則是「制度知識」，抑或深植於社會制度、法規與社會規範的知識。奧洛夫和布拉什（Orlove and Brush 1996）仿效納卜漢（Nabhan 1985），區分出與卡蘭德不同的三個層次，分別為：原住民環境知識、奠基於環境知識的管理實踐，以及在動植物信仰及動植物的儀式用途。史蒂文生（Stevenson 1996）則有不同主張，認為傳統生態知識中「相互關連的要素」包含：明確具體的環境知識、生態系統關係的知識、以及一套治理人與環境關係的倫理守則。

大家似乎都已同意傳統知識具有不同階層與層次，唯獨對於這些階層的劃分意見分歧（Usher 2000; White 2006），本書則將傳統知識分為四個相互關聯的層次（見「圖 1.1」）。

首先是與動植物、土壤及地景的相關在地與經驗知識，包含物種辨識與分類、生命史、分布與行為的資料。根據實證觀察，這類資訊

都具有明顯的存續價值，也最容易為多數人所接受，也是最常收錄於政府報告中的「傳統生態知識檔案」，有時會脫離文化脈絡（Simpson 2005）。

第二層包含運用地方環境知識的資源管理系統，同時也含括特定的做法、工具與技能，而且須具備關鍵物種之間的作用關係及熟知森林演替等理解，才能做到生態實踐。而第二層的內容，也能與奧洛夫和布拉什（1996）主張的第二層相互比較。

第三層的傳統管理系統，則必須要有特定的社會制度、現行規定、規範及社會關係準則。若希望相互依存的獵人、漁民或農民團體有效運作，就必須要有能夠協調、合作與規定的社會組織（Berkes 1998a）。社會制度層面，可能包含建構社會記憶、創造力與學習過程的知識體制（Davidson-Hunt and Berkes 2003）。

最後，第四層是形塑環境識覺並賦予環境觀察意義的世界觀，可與卡蘭德（1994）主張的「典範知識」（paradigmatic knowledge）相

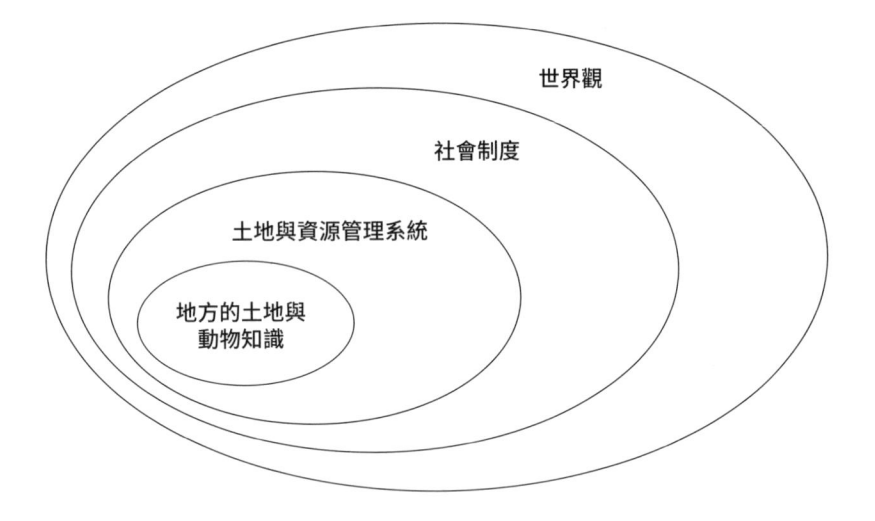

圖 1.1 傳統知識與管理系統層次的分析

互比較。懷海德（Whitehead 1929）主張，知識包含「觀察秩序」與「概念秩序」，第一種是由我們直接的感受直覺及觀察所構成，第二種則是由我們認知宇宙的方式構成。世界觀是由概念秩序不斷形塑而來，使我們知道如何詮釋所觀察的周遭世界。第四層除了宗教、倫理之外，通常也包含信仰系統（Grim 2001; Taylor 2005, 2009; Jenkins 2010），並充實能勾勒出傳統知識的「知識 - 實踐 - 信仰複合體」。

「圖 1.1」顯示，我們分析的四個層次形成了一個同心橢圓形，地方與經驗知識位於管理系統的內圈，制度層次則包覆著管理系統，而這三層都鑲嵌於世界觀或信仰系統之內。但我們必須強調，這四層之間的分野有時並不明顯，尤其管理系統及背後的社會制度常緊密耦合，因此硬要在兩者間區分，也許反而不合常理（Berkes and Folke 1998）。或許有人會主張，管理系統與制度兩者相同，我們也必須指出，其實這些層次之間都會相互作用，彼此的關聯也屬於一種動態關係。地方知識可能變得更加複雜，無論是管理系統抑或制度，都可能出現適應、改變、解體或更新的現象。建構觀察結果及社會制度的世界觀，本身可能會因其他層次發生變化而受到影響，第六章闡述的管理系統瓦解即為其中一例。

本書的目標與概述

人要如何與環境培養出能夠維護環境的適當關係，是我們這時代面臨的重大議題之一。一九八〇年代以來，人們所以對於傳統生態知識越來越有興趣，這或許同時代表了兩種需要，包含從原住民運用資源的方式擷取生態智慧的需要，以及從傳統生態智慧持有者身上學習一些智慧，來發展出新的生態倫理之需要。然而，這卻也越來越突顯「資源管理」過於以西方為中心的觀念。很多原住民族的語言裡，甚至根本沒有「資源」或「管理」一詞，他們更重視的反而是「互惠」、

「尊重」及「管家責任」（stewardship）等詞。因此，傳統知識教導我們的不是如何管理資源，而是如何面對人與環境之間的關係。本書的宗旨，則在於探究「神聖生態學」的相關概念，「神聖生態學」則是透過整全、合乎倫理、尊重與人道主義，進而盡到管家責任的方式，來處理人與自然的關係。

本書探討了一些與生態科學相輔相成的理解來檢視各種傳統知識系統，並討論傳統生態知識的意義。既然西方科學並非認識事物的唯一之道，重點就在於擴展能用來應付當代各種問題的知識範圍，亦即採用多元證據取向（Tengö *et al.* 2014）。為此，本書探討了不同族群與自己的環境發展出的各種關係，探討環境實踐如何隨著時間逐步發展時，以漸進演變的觀點切入，著重探討社會及其資源之間動態變化的關係。本書前幾章（第一到第四章）涉及一些概念，中間幾章（第五到第七章）包含實證資料，末後幾章（第八到第十二章）則是大量的闡述文字、應用理論與結論，除此以外，本書編排時並未明確區分實證與理論資料。

第二章更細地回顧了一些文獻，並以本章介紹的概念和定義為基礎，更進一步深入發展。第二章討論了傳統生態知識領域的興起，及該領域對於原住民族和全人類的意義。第三章著重傳統生態知識的學術意義，並探究這門學科的民族生物學及人類生態學知識基礎，最後擴展傳統生態知識的含意與範圍。

接下來的章節內容，包含傳統生態知識與管理系統運作的實際資料。第四章提供傳統知識實踐的國際脈絡。之後的三章探討的對象，是住在北美洲副北極地區東部的原住民。當然，第五章探討的是印地安克里族看待自然與動物的世界觀，並大量引述克里族獵人的話，使讀者「從內部」來瞭解他們的文化。第六章談的是獵人「實際會做」的行為，並且敘述克里族如何利用過往的依據，以及這時代觀察到的文化演變過程，來學習面對北美馴鹿族群下降的問題。第七章

仔細分析克里族的漁法制度，並闡釋他們的捕魚制度得以作為漁業資源管理的意義。第五章至第七章是本書的核心，其中的案例與故事都是奠基於這三十五年來的研究成果，內容以克里族為主，偶爾穿插阿尼什納比族（奧吉布瓦族）、甸尼族、因紐特人、西加拿大因紐特人（Inuvialuit，即住在加拿大北極圈西部地區的因紐特人），以及其他地方與社會的實例對照。

　　第八、九、十章處理了一些與自然和運用傳統生態知識相關的議題，使人更懂得如何利用原住民知識來面對當代問題。第八章談到，一群住在北極的人們是如何憑藉自身觀察及詮釋變遷的方法來觀察氣候變遷，顯示運用不同的知識系統能擴展可用資訊的範疇，同時增加對於變遷的理解。第九章繼續談論地方及原住民對於環境的觀察，以及對於原住民整全觀點和複合系統的探究（與一些推測）。這一章以傳統社會（哈德遜灣的因紐特獵人）與非傳統社會為例，闡述人如何透過所謂的模糊邏輯（fuzzy logic），發展出經驗法則並建立他們環境心智模型。第十章談的是傳統知識的論述與演進，舉的主要是西印度群島一個非傳統社會的案例，那個部落提供了類似實驗室的環境，能用來研究在地知識與實踐，以及管理系統的演進。

　　最後兩章既回顧過去，也展望未來。第十一章檢視傳統生態知識的批判性觀點、限制及原住民保育議題的一些爭議，並試著找出一些方式，模仿原住民知識的演進，來發展保育倫理。第十二章先以傳統知識的政治生態學切入，傳統知識是對於西方科學的實證化約主義典範的挑戰，最後討論傳統生態知識是否具有在生態科學中注入些許倫理觀念，進而重建「心智與自然合一」（Bateson 1979）的可能性。

第二章
傳統知識發展成熟

　　傳統知識對於不同的人而言，具有各不相同的意義與實用價值。原住民以外的學界與業界往往將傳統知識視為全人類的共同遺產，同時希望從生物學或環境倫理等幾個領域獲得一些啟發，原住民學者、領袖及知識持有者，則大多強調傳統知識對於族群本身的含意及文化價值，並希望能將其運用於部落教育、原住民培力及其他一些用途上。傳統知識大多是各方競逐的目標，聽者不同，含意與價值也不同。但當中其實有許多共同點，因此不應過度強調差異。

　　傳統生態知識於一九九〇年代跨出了學術圈，湧入大眾媒體的領域並蔚為流行，明顯的證據之一，就是當時《時代雜誌》（*Times*），曾以〈部落消失，知識也隨之消失〉（Lost tribes, lost knowledge）做封面報導（Linden 1991）。國際研討會與工作坊有蓬勃增長的趨勢，相關書籍與其他出版品也多如雨後春筍，但我們不能單憑這現象，就認為傳統生態知識越來越受到注目。所謂學術成果的新發現，並非單向將資訊內容從客觀存在的大自然傳達給受眾而已，而是互惠與互動的過程，換句話說，受眾首先必須願意接受資訊內容，再反過來刺激學術界產生新的研究與理解，最後促進雙方更多的互利互惠。

　　傳統生態知識會引發更多關注，或許有幾個原因，包含：學界與業界加入之後，不僅產出學術教材，也為原住民族帶來實際的產物，將知識內容引進國際政策圈；環境倫理、共有地及環境史等其他跨學科、政策相關領域出現並行發展；民眾對於現代式資源管理及保育做法不滿；最後是原住民學者出現，為原住民發聲，並在教育、文化與

政治領域中運用原住民知識。或許是已經累積量達到臨界的知識，同時民眾、決策者與專業人士正好也想在生態學與環境科學的唯物論傳統之外另覓他途。

本章一開始先回顧一九八〇年代以降的傳統生態知識興起過程，尋找其他出路的思維演進，並且探討原住民知識與三大跨學科領域之間互補的關係，這三大領域分別為：環境倫理、共有地（共用資源）及環境史。接著探究傳統知識的原住民含意、傳統生態知識對於原住民本身具有的文化意義，以及這個主題為何必然具有政治意義。現在已有原住民主張他們擁有知識的智慧財產權，這現象有時與文化復振的運動有關。本章探究的是原住民為何必須在別人研究他們的知識時掌握控制權，以及幾種表達自己心聲的方式。原住民對於原住民知識的控制權，必須與實際用於全人類各大領域的可能性相互權衡，這些領域包含：生物學與生態學洞察、資源管理、保護區、生物多樣性保育、環境監測、國際開發、災害管理、生物文化復育及環境倫理。

傳統知識如何從國際上興起

民族科學經典著作（第三章）問世之後，有數間國際組織開始對於傳統知識產生興趣。國際自然保護聯盟（IUCN）的「傳統生態知識專家小組」（Traditional Ecological Knowledge Working Group）是以自然資源保育與管理的傳統生態知識為基礎所創立，活躍於 1984 年至 1989 年間的組織，除了早已接受了這些觀念（McNeedy and Pitt 1985）之外，小組也透過工作坊與出版著作發行電子報，並更進一步引起大家的興趣（Johannes 1989; Freeman and Carbyn 1988; William and Baines 1993）。國際自然保護聯盟「原住民族跨委員會專案小組」（Inter-Commission Task Force on Indigenous Peoples）於 1993 年開始匯集資料，協助政府、開發機構及其他小組，更實質有效地與原住民合作，達到永續的

目標（Posy and Dutfield 1997）。國際自然保護聯盟自二〇〇〇年代開始，就特別關注原住民與部落實施保育的區域（原住民族與部落傳統領域聯盟，ICCAs）（Borrini-Feyerabend *et al.* 2004a; Brown and Kothari 2011; Martin *et al.* 2011）。

　　有些國際倡議是透過聯合國系統所進行，其中之一是聯合國教科文組織（UNESCO）的沿海海洋地區傳統管理系統計畫（Johannes *et al.* 1983; Ruddle and Johannes 1985, 1990）。第二項倡議則是聯合國教科文組織的「人與生態圈計畫」（MAB），某部分是科學調查了傳統制度後提出的倡議行動（Ramakrishnan 1992）。第三項則是由聯合國社會發展研究院（UNRISD）進行的工作，包含考察原住民知識於保護區等場域的參與式管理脈絡中扮演的角色（Pimbert and Pretty 1995）。一九九〇年代時，全球各地的原住民資源中心開始相互串連，參與的大多是農業機構及永續發展相關機構，並由位於荷蘭海牙的國際研究與顧問網絡中心（CIRAN/Nuffic）負責整合。國際研究與顧問網絡中心以美國愛荷華州立大學「原住民農業與農村發展知識推廣中心」（CIKARD），擷取《原住民農業與農村發展知識推廣中心新聞》（*CIKARD News*）的內容，發行《原住民知識與發展監察》（*Indigenous Knowledge and Development Monitor*）電子報。上述這些活動，也促進一九九〇年代末三十餘年間全球原住民知識中心網絡的形成。

　　無論是學術與實際的產出、傳統知識種類的擴增、傳統生態知識的受眾族群，以及記錄並傳播傳統知識的媒體工具種類急速增長，皆反映了上述所有活動的豐碩成果。「表 2.1」雖然概述了幾個文獻中曾記載的在地與傳統知識領域，但目的不在完整列出所有領域，而且有些類別也必然有些重疊。

　　知識種類方面，則包含起初只是記錄物種的經驗知識，後來漸漸向生態關係研究（民族生態學）及資源利用制度研究靠攏的民族植物學，這包含探討資源利用做法、體制及世界觀的知識，這些是屬於分

析層面的傳統知識（見「圖1.1」），但「表2.1」的類別常貫穿四種分析層面，而這張表中的某些部分的文獻雖然是談傳統知識，卻落在「圖1.1」的分析層面範圍之外（如：教育、政治與認識論）。本書稍後會更進一步延伸並細分「表2.1」列出的一些知識領域，例如：若將「土地利用與占用」歸為一類，會隱藏其中的實踐方式各異的事實（Chapin *et al.* 2005）。「表2.2」敘述了土地利用與占用的不同進路與方法，來說明文獻不同層次間的差異。其餘一些類別也能做出相仿的清單。

像這樣詳細列出各種傳統知識範圍（如「表2.1」），也可能造成知識「凍結」或遭到扭曲。對於原住民族而言，傳統知識是一種生活知識（Ingold 2000; McGregor 2004），然而，錄製或記錄傳統知識其實也有用處，有些對於原住民族群而言也具有實際幫助，例如：提升政治聲量、透過文件證明土地與資源的所有權，對抗開發計畫、教育當地青年、保存或復振原住民文化、從在地觀點記錄歷史、教育握有決定與決策權的人、與外界科學家及政府溝通，以及製作資源管理、共管或環境評估的資料（Bonny and Berkes 2008）。傳統知識的產出變成政治、教育與跨文化溝通的工具，同一個產物通常都能與不同受眾交流，人所能想到的用途也各有不同（Bulter 2004; Lewis 2004; Stephenson and Moller 2009）。

近幾年來，傳統環境知識及其受眾類型越來越廣，範圍亦日益擴大。一九七〇年代第一次產出原住民知識的成果時，目標受眾還屈指可數，只有參與原住民還我土地運動過程的協商與決策單位而已（Freeman 1976, 2011），而且知識記錄的對象為何及適當用途皆不明確。但自那時起，也開始用於青年教育到生態復育（Kimmerer 2002; Anderson and Barbour 2003）等領域。傳統知識的產出漸漸發展融入社會，有時甚至發展出異於原本設計的用途。後來隨著潮流的發展，出現了更多原住民研究者，他們不僅培養人才發展自主權，並確保能以合乎文

表 2.1 文獻中顯示出的幾個原住民知識的研究領域

知識種類	性質與可能用途	參考來源
民族植物學與原住民分類法	食用與藥用植物；語言、儀式與敘事中提到的植物，或許可作為推廣傳統知識計畫的輔助工具。	貝利 (Balée 1994)；康寧漢 (Cunningham 2001)；透納 (2004)；艾列克夏德斯 (Alexiades 2009)
資源利用知識與實踐	多元土地與資源利用實踐方式；如火的利用、演替管理與選擇性開採。或許可投入於資源管理及文化保存。	潘代 (Pandey 1998)；德爾和透納 (Deur and Turner 2005)；安德生 (Anderson 2005)
資源利用與自然經濟、管理的社會制度	間接促成知識利用、管轄環境實踐的方法及衍生手段的體制（在地規定與社會規範）的功能、作用及發展。或許可用於人才培養。	托比亞斯 (Tobias 2000, 2010)；查平和瑟爾克德 (Chapin and Threkeld 2001)；威洛 (Willow 2013)
土地利用與占用	按照知識持有者有完整的生態地圖繪製的開採區域，營地與遷移路線地圖，或許可用於支持我土地遷移計畫抗爭。	烏澤娃等人 (Oozeva et al. 2004)；梅紹和恩洛特 (2003)；強森和胡恩 (2010)
地景知識與名詞術語	在地環境使用的地形與物種群眾所有名詞，以及專業術語，如：海冰。或許可作為教育、規畫或作為監測基線。	梅紹 (2003)；強森和胡恩 (2010)
口傳歷史	現今或過去的開採地點，以及自然經濟所利用的關鍵物種，或許可用於保存在地歷史與文化；作為共管的養分。生活經驗與耆老延說的故事，包含先人記憶中的歷史事件，或許可用來記錄在地歷史、口傳傳統與文化。	哈特和阿莫斯 (Hart and Amos 2004)；胡恩 (1999)；皮矛爾和伯克斯 (2015)。克魯克克 (1998, 2005)
原住民意識形態與世界觀	看待環境的方式，即人與非人間體之間的關係，或許可用於教育，以及文化治理的記錄。	胡恩和塞拉姆 (Hunn and Selam 1990)；波西 (1999)；青春和哺 (2002)
傳統知識教育	耆老的教誨；原住民生活處世原則；文化實踐及與環境之間的關係，或許可作為青年教育教材。	貝爾斯金等人 (Bearskin et al. 1989)；凱傑特 (2000, 2015)；愛特里歐 (2004, 2011)；布朗等人 (2009)
去殖民化的知識	從殖民關係脈絡探討的原住民知識，重新取回知識所有權；知識財產權。或許可用於提升行政治意識。	史密斯 (1999)；巴提斯特和韓德森 (2000)；羅斯 (Rose 2004)
認識論與知識系統	知識的組成；在地與傳統知識在多元方式之中的演變角色。或許可用於共管、環境評估。	騰布爾 (2000, 2009)；里德等人 (Reid et al. 2006)

化的方式來整理、展現傳統知識（Menzies 2006; Miller *et al.* 2010; Whyte *et al.* 2016）。

　　原住民和其他鄉村社區發展這些產出的動機來自於強化文化規範和傳統知識應對新挑戰的渴望（M'Lot and Manseau 2003）。舉例來說，在土地和資源索賠談判的情況下，土地利用地圖使原住民的知識能夠影響以前未被考慮的政治領域（Fox 2002; Alcorn *et al.* 2003; Chapin *et al.* 2005; Freeman 2011）。早期的地圖證實了原住民對土地的知識和利用程度，並將這些知識提供給有關新界限的決策。除了為外部使用而記錄信息之外，原住民和其他鄉村社區越來越發現將他們的知識記錄下來以供本地目的使用的動機（Oozeva *et al.* 2004; Johnson *et al.* 2016）。在過去一個世紀發生的快速社會變革在許多情況下破壞了當地的實踐，以及口述傳統繁榮所需的社會關係和語言。這創造了出於文化保護和延續的原因記錄知識的需求（Turner and Turner 2008; Pilgrim and Pretty 2010; Nabhan 2016）。

　　這類產出的受眾相當混雜，包含傳統行動者與新的行動者。記錄傳統知識雖是為了方便習慣書寫傳統及閱讀書籍的外界受眾存取利用，但對於透過在地組織及共管機關的機制來關心土地的原住民及其他農村族群而言，這些資料出版之後，也能對他們有所幫助（King 2004; Spak 2005）。多數地方重視的青年教育，都能透過書籍、影片與電腦教學來輔助，每個世代都會對於自己的文化知識有新的發現，因此必須結合先人的記憶與這一代的經驗，而促進傳統知識與實踐的，正是世代之間發生的變遷（Ingold 2000）。二十一世紀的全球環境瞬息萬變，原住民及其他農村族群在整合先民智慧與當代現實時，或許面臨了前所未有的挑戰（Cajete 2000; Kimmerer and Lake 2001; Kwan 2005; Kimmerer 2013）。

　　我們對於傳統環境知識及其受眾的多樣性與範圍已有更多的理解，與此同時，傳播這種知識的媒體類型也更加多元，範圍亦日益擴增，傳統知識不再僅限於書本、報告和學術論文。除了印刷媒體與地

圖集之外，DVD／影片（IISD 2000）、攝錄（Bali and Kofinas 2014）、錄音、CD-ROMs（Fox 2003）及網站（WFMC 2011），這些不僅適合在地利用與操作，也是向外傳播的有力媒體，如此一來，就能混用這些新的媒體工具，並配合知識種類、預期受眾及媒體種類，從中選出最適當的媒體來傳遞知識（Bonny and Berkes 2008）。對於研究者而言，這主要意味著他們能以多元方式來傳播調查結果，研究成果也能產生各種不同的用途，藉此提高觸及原住民及其他鄉村受眾的機會。知識的交流不是單向的，而是能引發反思、會迭代出現，也具有適應的能力。

表 2.2 土地利用與占用研究採取的不同進路與方法

方法	說明
生誌地圖	研究者記錄傳統民族每個族人終其一生的土地利用情形（資源開採、居住、遷移路徑，有時也有地名、地方相關的故事與傳說、以及聖地），再將每張地圖合併，繪製成部落的土地利用圖（Freeman 1976, 2011; Riewe 1992; Tobias 2000, 2010）。
資源利用區域圖繪製	資源利用的空間向度及數量方面的重要性（野生動物、漁場及其他資源），主要能透過問卷來確定，藉等比例縮圖來呈現某段期間各種資源開採的量化價值（Berkes *et al.* 1995b）。
口傳歷史、示意圖與地理資訊系統（GIS）	透過口傳歷史及示意圖中的在地資訊，輔以地理資訊系統技術來提供相關資訊，以利資源管理並找出管理替代方案（Sirait *et al.* 1994; Ontario Ministry of Natural Resources 1994; Alcorn *et al.* 2003; Hoole and Berkes 2010）。
領域化	部落地圖又稱參與式部落地圖，利用空間資訊技術，繪製並記錄原住民使用權制度，即東南亞所謂的「領域化」（territorialization）制度（Peluso 1995; Vandergeest and Peluso 1995; Rocheleau 1995; Fox 2002）。
民族製圖學	透過土地利用問卷取得的資料，可藉由各個地理區域及部落的製圖資料大致描述出來，同時呈現出在地族群重視的所有資源及土地特色（González *et al.* 1995; Chapin and Threlkeld 2001; Chapin *et al.* 2005）。

探討這些量達到臨界的資料與文獻時，若能同時思考其他能與傳統生態知識產生共鳴的跨學科領域，或許就更容易理解，而本章將檢視屬於這一類的三大領域。

首先是環境倫理（Callicott 1999; Engel and Engel 1990; Callicott 1994），這領域針對原住民文化，尤其是美國印地安民族的文化發展出一些討論，並主張他們的文化或許有助於形成新的環境倫理（Callicott 1982; Hughes 1983）。但卻有人誇大其詞，聲稱美國印地安人是「原初的生態學家」（original ecologists），這說法不僅遭到駁斥，也使學者對於原始資料及相關詮釋抱持懷疑。西雅圖酋長的演說即為其中一例，那是某些人故意設計出來的騙局（故事見第十一章）。學界只有在進行許多比較性研究之後，才逐漸消除了疑竇，轉而接受另一個新的領域分支。

這些研究當中，有不少都記載到普遍敬畏生命的態度，一種代表世界各地文化智慧的「生命共同體」（community-of-being）世界觀（White 1967; Worster 1988; Gadgil and Berkes 1991; Callicott 1994, 2008; Snodgrass and Tiedje 2008），但對於大自然的敬畏之心，絕非一種普世的傳統倫理（Diamond 1993; Callicott 1994）。另一系列的文獻則強調，宗教或宗教倫理能來訂定保育規則（Dudley *et al.* 2008; Dominguez *et al.* 2010; Bhagwat *et al.* 2011; Cox *et al.* 2014），而且基本上也是一種明智的管理方式（Rappaport 1979; Taylor 2005）。例如，安德生（1996: 166）即主張：

> 每個傳統社會長久以來，在管理資源方面皆成效斐然，某部分原因在於，傳統社會是透過宗教及儀式表現來管理資源。重點不在於宗教本身，而是在於如何運用感性的文化象徵，使眾人接受某些道德準則與管理系統。

第二個領域是共有地，以及公共財產制度在共用（共用財產）資源管理方面的傳統角色研究。自 1980 年以來，這方面就已逐漸建立

了大量的文獻基礎，也記錄到有些傳統社會組織及共用財產制度，都有辦法避免「共有地悲劇」的窘境，維持資源的永續利用（McCay and Acheson 1987; Berkes 1989a; Bromley 1992; Ostrom et al. 2002）。以探討制度及財產權關係為主的共有地文獻，一開始對於傳統知識的關注並不多，甚至幾乎被邊緣化，但後來必須記錄自古流存至今，亦即至今仍持續存在的共有地度與資源系統，並因研究歷史悠久的共有地制度，而發展出兩種思想學派。

其中一派探討的是西方的例子，如歐斯壯（1990）的著作是以西班牙韋爾塔（*huerta*）灌溉系統（Maass and Anderson 1986），以及瑞士阿爾卑斯山上共有地（Netting 1981）等例為主，兩者都具有五百多年的歷史；第二派著重探討傳統知識與管理系統，認為傳統知識與管理系統是不斷隨著時間演進的適應性回應（adaptive response），而僅僅是人類學家眼中珍奇的「傳統」，在歷史中凍結（Berkes 1989b; Dei 1992; Berkes and Folke 2002; Agrawal 2005; Reyes-Garcia et al. 2014）。有些研究認為，傳統知識使人產生了生態適應能力，因此為了更深入瞭解這點，明顯刻意尋找西方以外的資源管理系統案例（Colding and Folke 1997, 2001; Turner 2005; Trosper 2009）。他們基本上主張，原住民族群的實踐與適應方式，正好能擴展西方以機械化、直線式的牛頓科學為基礎的狹隘資源管理舊習。因此，他們希望尋求的另類資源管理，也包含傳統管理系統及其共有地制度（Berkes and Folke 1998; Berkes et al. 2000; Trosper 2009; Johnsen 2009）。

第三個相關領域是環境史，開始發展出生態變遷的動態觀點，以新的眼光來看待環境問題的根源（Cronon 1983; Turner et al. 1990），集中探討某些主題，如在工業革命引發鉅變之後，因人與自然之間疏離的關係，如何導致生態的破壞，進而導致人們開始重視傳統知識與世界觀。環境史學家不僅逐漸開始關注古老地景的詮釋，也希望能確認古老民族及其資源利用的方式，如何形塑了今日地景的生態意義（Gadgil and Guha 1992; Redman 1999）。舉例而言，在人類停止使用之後的土地上，

我們仍能根據物種組成和土壤剖面，從地景生態情形看出過去遺留的利用痕跡（Berkes and Davidson-Hunt 2006）；反之，土地利用的沿革也刻畫出生態與經濟變遷的軌跡。克羅農（Cronon 1983）研究新英格蘭地區的殖民地以及歐洲人與印地安人之間的關係時，查考了當時兩大經濟體的歷史，其中印地安人採用了今日所謂的生態系統法，認為他們是因環境提供資源與幫助才得以維持生計，另一方面，殖民者卻將環境變成商品，根據市場需求逐一剝削各種資源，並於過程中造成資源枯竭與環境破壞。

加州（Blackburn and Anderson 1993; Anderson 2005）及印度雖然相距遙遠，但在這些地理與文化區域進行類似環境史研究後可以發現，原本會顧全生物 - 物理環境的傳統做法，會逐漸被商品生產的潮流所取代。舉例而言，印度大部分地區的森林利用，會從高經濟價值的樹種（如：柚木）開始，按經濟價值及可及性高低（Gadgil and Guha 1992），按順序開採其他樹種。原本因應當地需求會製造出各式各樣的產品，但在殖民統治下，一般都會改為僅製造幾種商品作為出口之用（Gadgil and Thapar 1990）。

總而言之，傳統生態知識逐漸獲得關注，與學界、決策者及公共輿論的觀念發生重大的轉變有關，背後原因某部分包含第一章所談的，是因為人們不滿科學以人為方式製造心智與自然之間的對立（Bateson 1972），以及對於生態學、經濟學與資源管理的唯物論傳統的反動（Norgaard 1994; Norton 2005; Jenkins 2010）。我們可以說，人們關注傳統生態知識，其實是為了找尋另類的人地關係，以及資源管理方式（Berkes and Folke 1998; Posey 1999; Ramakrishnan *et al.* 2006）。

傳統知識的意義與重要性

原住民的科學或許可視為一種脈絡多元的思維、行動與方向系

統，這也是原住民理解自然運作的方式（Cajete 2000; Kimmerer 2013; Johnson et al. 2016），並與生態科學有諸多異曲同工之妙。舉例而言，生物學家皮耶洛提（Pierotti 2011）指出，美洲原住民與當代生態學家一樣，都認為這世界是活潑、隨機並經常在變的。皮耶洛提同時也是美洲原住民文化學者，他也指出傳統知識會與時俱進，且不認為傳統是靜態的古物。

　　傳統知識有幾個方面在科學家眼中是有問題的，神話傳說即其中之一。皮耶洛提（2011）主張，外界或許會認為神話傳說是形容動物實際行為的隱喻。原住民以外的觀察者認為神話是文化的鏡子，能增進他們對於文化的瞭解。神話裡有些故事是為了實際讓人瞭解真實的自然，其中一則就是教導人理解宇宙萬物合一道理的「烏鴉之子」（the Son of Raven）。

　　原住民學者愛特里歐（尤米克，Umeek），是加拿大卑詩省努查努阿特族（Nuu-chah-nulth）的傳統頭目。愛特里歐在 2004 年的著作《合而為一：努查努阿特族的世界觀》（*Tsawalk: A Nuu-chah-nulth Worldview*）中，談到「烏鴉之子」及族人如何努力不讓燈火熄滅的故事，他們必須一再反覆試驗，對於眾生萬物如何相互關連，原本是一無所知，一開始以為狼族明明有燈火卻吝於分享，失敗數次之後，烏鴉、鹿、鷦鷯及各族動物開始合作，彼此賞識，並實施雙方合意與建立共識的原則。一向實話實說的鷦鷯提出更畫龍點睛的解決辦法，稱為「小枝小葉法」(the insignificant leaf approach)。牠們同心協力，以謙遜的態度來到靈界，亦即狼族的領地，終於有辦法達成牠們的任務。

　　「烏鴉之子」的故事長且複雜，只談大意也很難真實呈現故事真義。重點在於，牠們初出任務時，似乎對於現實情況一知半解，反對聲音四起、處處充滿矛盾、混沌不明。烏鴉和其他動物只能慢慢從錯誤中學習，領悟宇宙萬物實為一體的道理。這是很重要的領悟，因為

「這確立了真實世界狀態相關問題的本質為何。科學家想問的是背後的原因，努查努阿特人面對無法說話的奧妙創造時，不禁想問的問題卻是背後的過程」（Atleo 2011: 35），愛特里歐接著說：

神話只是採取不同進路，採用別種說法，並不一定違反科學探究的本質，科學探究仰賴的是理論，原住民知識系統仰賴的則是神話，神話和理論都是可接受檢驗的。努查努阿特人的檢驗稱做 *?uusumc*，是一種源自於生活經驗、並於生活中經過驗證的靈境追尋。（Atleo 2011: 52）

對於愛特里歐而言，神話（他稱為起源故事）的作用與科學界的理論相同，都有助於人瞭解存在的本質。科學界利用論文、書籍與研討會中的報告等場合來發表結果，努查努阿特人的傳統上則是利用慶典，向眾人公開他們靈境追尋時的發現。「他們報告時，用的不是論文或簡報，而是沙鈴、吟詠、歌曲、舞蹈、盛裝打扮、靈性力量的展現與藥材。」（Atleo 2011: 53）

西方科學與原住民科學之間有些有趣的對比，原住民以外的人只要保持開放的心胸，都能心領神會。兩者之間的差異也很有趣，並透露出原住民族的神聖生態學，為何對於解決當代環境問題能有如此重要的貢獻。強森等人（Johnson *et al.* 2016）於期刊《永續科學》（*Sustainability Science*）的特刊中，將永續科學與原住民科學互相比較，並於強調這兩種知識時指出一些關鍵的差異。永續科學容易強調管理、治理與適應的議題，原住民科學較有可能提出的議題則與連結、責任與意義有關。對於原住民科學而言，最重要的問題是哪些禮儀規則能培養並促進「地球供養生命時必要的力量與作用，供養的不僅是人類，必須包含所有生物」（Johnson *et al.* 2016: 19）。

在工作坊中推動《永續科學》特刊的原住民學者與思想家認為，

禮儀規則就是人們看待這世界的態度，這與人如何看待科學的探究密不可分。懷特等人（2016）主張，若兩種不同的知識系統要相互切磋，西方科學就必須尊重原住民科學的禮儀規則，如梅斯克瓦基族（Meskawki）與阿尼什納比族的管家責任與守護制度傳統。愛特里歐（2011）用「禮儀規則」一詞，來意指人與非人生物之譏的協議或條約。

> 這些是各種生物之間的習俗，使競爭關係從衝突邁向和諧，希望互相肯定、雙方合意與互相尊重等生命及一切制度法則，都能使每種生物生生不息。（Atleo 2011: 156）

對於原住民科學及一般傳統生態知識而言，禮儀規則不僅是嚴肅的主題，而且至今仍不斷有人研究討論（Johnson *et al.* 2016）。當然，本章節引述的原住民學者提出委婉的批判時，也透露出他們認為西方科學缺乏禮儀規則。因此，西方科學家至少要能透過尊重並學習瞭解原住民禮儀規則（Whyte *et al.* 2016），使科學能增加責任感與意義，否則，科學一般操作時注重「客觀」，強調不受個人感情影響，因此將難以容忍努查努阿特人「彼此肯定、雙方合意與互相尊重」的原則等守護與管家責任的概念。

這並非意指西方科學家不談管家責任，反而許多人都有提到（如：Chapin *et al.* 2009; Chapin *et al.* 2012）整體生態學（holistic ecology）與保育的整個傳統，也都有此處探討的那種禮儀規則（Leopold 1949; Bateson 1979; Naess 1989; Sponsel 2012）。同樣地，這並非意指原住民的禮儀規則都會保存自然、不干預自然，而是萬物合一，人類包含於生命網之中，禮儀規則談的就是如何以正確的方式看待這個世界。

正所謂知易行難，因此有時禮儀規則反而無法發揮效用。禮儀規則都必須經過長期發展（第十章），大多是如「烏鴉之子」的故事裡一

樣反覆試驗而來。事實上，我們必須從歷史的角度出發，來體會傳統知識如何建構出管家責任的觀念（第十一章），然而，禮儀規則一旦建立之後，就會形成與動植物互動的道德規範，例如獵人與獵物雙方應盡義務等（Reo and Whyte 2012），這些在本書第五章及其他章節都會詳細探討。

傳統知識的文化與政治意義

有時替代方案來解決全球議題的過程中，可能隱含將傳統知識抽離文化與歷史脈絡的風險（Nadasdy 1999; Natcher *et al.* 2005; Simpson 2005）。一個族群擁有的生態知識，只是整體文化的其中一部分。但與西方科學相反的是，這類知識幾乎脫離不了其他方面的文化，生物物理環境的知識，鑲嵌於社會環境之中。雖然過去許多研究者為了保存文化，努力要記錄傳統生態知識，但有人提出，傳統生態知識只能現地（*in situ*）保存，意指大部分的原住民知識脫離了背後的文化，就失去了意義（Agrawal 1995a; 1995b），這主張非常有說服力。傳統生態知識的文化與政治意義問題，牽涉到一連串相互關聯的議題，包含世界觀、文化存續、知識所有權或智慧財產權、培力、土地與資源的在地控制權、文化復振與自決。

最好的方式，是將傳統生態知識視為綜合體，其中整合了在地知識與族群分類系統、他們的環境實踐與管理系統、訂定部落領域等管理系統的社會體制，以及意識形態或上述系統的道德基礎背後的世界觀。對於許多北美原住民族而言，打獵並非僅是機械式運用動物與環境的在地知識來取得食物，而是一種宗教活動（Preston 1975, 2002; Tanner 1979）。斯佩克（Speck 1935: 72）十年前提出了相當貼切的看法：

對於蒙塔涅-那斯卡比（Montagnais-Naskapi）人來說，……森林、

凍原、內陸湖泊與海洋裡的動物，都存在與某種關係之中。族人認為打獵是種神聖的職業，因此都會將這些動物用於迷人的魔法宗教活動之中。

即使是曼尼托巴省北部現代的獵人很早就適應基督教文化及信仰基督教，卻仍認為打獵仍算是一種「必須要保持聖潔的」靈性活動（Brightman 1993: 1）。運用傳統生態知識來維持生計，至今依舊是族人獨特的文化思維，也形成族裡非常重要的社會關係，除了有助於他們保有社會認同，也塑造了他們的價值觀。合作、分享、餽贈禮物、性別角色的維持，及最重要的（包含人與動物之間）互惠，這些社會關係皆屬范納普 - 里歐丹（Fienup-Riordan 1990）所謂「意識形態與適應兩者之間關係問題」的範圍。他們一年又一年不斷重覆仰賴傳統生態知識與實踐來維持生計，知識、價值觀與身分認同就能藉此代代相傳（Hunn and Selam 1990; Freeman 1993a; Ellen *et al*. 2000; Rose 2005）。

北美原住民族的打獵隱含某種象徵意涵，同樣地，游耕（米爾帕，*milpa*）週期對於墨西哥中北部的原住民而言，也蘊含某種象徵意義（Alcorn 1984）。澳洲原住民的祖先留下了歌曲、舞蹈、故事、儀式、聖物與圖畫，使後世能建立土地、人與圖騰生物（totemic beings）之間的羈絆（Wilkins 1993; Mulligan 2003）。經常接觸土地／族鄉能累積或學到知識，知識再由人與土地長久以來的關係展露出來（Davidson-Hunt and Berkes 2003, 2010）。事件都是按關聯來排序，且大多與生命週期的季節時序或物候有關（Lantz and Turner 2003; Muir *et al*. 2010）。

舉例而言，加拿大卑詩省的吉塔人（Gitga'at）會收集可食用的海草。採收的婦女無須浪費時間走到海草生長的地方，只要觀察營地裡刺蕁麻（stinging nettle）的生長情形，就能判斷海草是否已適合採收（Turner and Clifton 2009）。澳洲的原住民知道，蛇開始叮人時就是鱷魚產卵期，他們不必一再前往水坑查看鱷魚是否已經產卵，被蛇

叮到就是最好的證據（Rose 2004, 2005）。利用族鄉可以掌握時事，許多原住民文化都已發展出解讀土地語言的方式，傳統社會的耆老盧邦加（Wenten Rubuntja）則稱：「風景畫其實就是族鄉。」（見「學習方塊 2.1」）然而，屬於靈性範圍的傳命也能在保育工作中扮演它的角色，澳洲中部紅袋鼠的禁忌即是其中一例（Newsome 1980）。

從上述事實可以清楚看到，很多原住民族傳統知識都非常重視背後更大的社會與文化面向。傳統生態知識後來會隨著政治擺盪，某部分也基於此，換言之，知識是極度政治的議題。

雖然一直都有針對原住民各族、社會與部落做各種研究，他們卻不再能全權自主地獨立於族人來進行，也無法將蒐集而來的資料，視為無關任何價值觀、可以隨意擷取利用的產品。（Inuit Circumpolar Conference 1992）

學習方塊 2.1
「一親族、一種靈、一族鄉、一傳命」：澳洲原住民的環境觀

威爾金（David Wilkins）解釋，傳命串起澳洲原住民族社會關係、土地與圖騰崇拜，使三者成為一體。原住民的傳命是一種靈界或靈性方面的概念，意指他們祖先的圖騰生物當時從尚未成形的無人土地誕生，藉由行動與移動，以及自己本身的存在，創造了今天這個具有形體、靈魂、文化與社會關係的世界，而且至今仍未停止創造，他們必須沿襲祖先當時傳下來的實踐方法，才能使現今這個世界永遠常存。土地對於原住民族而言，有如活生生的傳命記事表，因此他們的環境觀自然與英裔澳洲人迥異。盧邦加是姆班圖亞（Mparntwe）的阿倫特族（Arrernte）受人景仰的耆老，

也是知名的藝術家，以下是他提出的中肯看法：

> 我們一定要拜這些石頭，也要為祈雨巫師、毛毛蟲，或是袋鼠、
> 鴯鶓祈求。在這族鄉與其他族鄉裡，其他殖民者來之前，我們都
> 很重視敬神。他們來了之後，我們開始砍樹，但我們不該砍樹的，
> 也不該拿走石頭，把族鄉弄得千瘡百孔……。族鄉是那麼得美，
> 又是 *tywerrenge*（與神聖的儀式有關，也可意指土地本身），我
> 們並未遺忘 *tywerrenge*，仍始終繼續前行、唱歌和舉行儀式，隨
> 時都在唱歌，總是在畫畫、防禦與跳舞。我們從未失去那些屬於
> 族鄉、屬於原住民文化的內涵，繼續向前邁進……風景畫其實就
> 是族鄉，*tywerrenge* 和歌曲都是從這整個族鄉而來。看看這小小
> 的水坑。我們跟可以拿相機拍照，然後說這裡好美的白人不一樣，
> 我們還有專屬於這塊族鄉的歌曲。
>
> 文獻來源：威爾金（1993: 73）。

　　這些因素都對於在各國進行的原住民知識研究，造成重大影響
（Mauro and Hardison 2000; 同時見第八章）。

　　原住民族開始主張他們對於自己的知識擁有掌控權，至少基於兩
個原因。首先，原住民看到他們在藥用植物知識與生物資源，特別會
被別人用來變成能購買賣的營利商品。因此，他們開始問是誰能靠記
錄這些知識獲利，並調查如何才能取得自己知識與產品的控制權與行
銷權（Posey and Dutfield 1996; Brush and Stabinsky 1996; Coombe 2005）。

　　其次，原住民知識已經成為許多族群的象徵，並且相當於重新
取回自己文化知識內容的控制權。重新找回自己的原住民知識，已
成為世界各地復振運動的主要策略，他們將之定義為「社會成員刻
意、有組織、有意識地為了建構更出色的文化而做的努力」（Wallace
1956: 265）。舉例而言，「伯傑委員會調查」（Berger Commission

Inquiry）不僅闡釋原住民觀點極有幫助，更提升了在地知識與管理傳統的公信力加拿大，同時也促進了復振運動的發展（Zachariah 1984）。阿拉斯加及加拿大北部一些主要的原住民文化族群，包含因紐特人、甸尼人與克里人，都已開始透過研究自己的傳統知識來鞏固自己的文化，並主張自己的土地權（Dene Cultural Institute 1993; Gwich'in Elders 2001; Hart and Amos 2004; Oozeva *et al.* 2004）。這些復振運動不只是文化行動，而是培力與政治控制權。

學習方塊 2.2
索諾拉沙漠文化與生物多樣性教育

「索諾拉沙漠（Sonoran Desert）許多美洲原住民耆老都知道，他們的子孫已越來越少接觸到那些常見與稀有的物種，也越來越少聽到與他們有關的口傳歷史了……。為了解決這個問題，我與十六位塞瑞族印地安（Seri Indian）跨域生態學家[*]實習生合作，他們不僅向自己部落的耆老學習，也會訪問保育生物學家，希望瞭解如何保護文化資源，同時保護瀕危物種等自然資源，並要重視西方科學與傳統生態知識對於生物多樣性的認識，因此我們能將這段經過，當作其他原住民部落的模範。……在保育與管理世界上其餘的豐富生物時，必須讓原住民共同參與，否則生物多樣性保育，只會淪為少數菁英把玩的小玩意兒，並更嚴重剝奪原住民的權利，使他們失去與當地動植物相互影響的豐富傳統。」

---

[*] 譯注：跨域生態學家（para-ecologists），意指本身受過不只一門生態科學領域訓練，具有在地知識的生態學家，能促進科學研究與地方培力，常扮演部落與科學界之間溝通的橋樑。

文獻來源：納卜漢（2000a: 40-1）。

「學習方塊 2.2」 舉的是如何運用傳統知識的例子，而此處指的是用來進行文化教育與復振的生物多樣性傳統知識（Nabhan 2000a），世上其他角落也有人在其他地方做類似的嘗試（Ross and Pickering 2002; Edward and Henrich 2006），夏威夷是其中一個恰當的例子。據說當地進行復振運動時為了符合政治需要，竟然「重新發明傳統文化」（Keesing 1989）。這種觀點主張，與外來文化接觸之前那種貨真價實的夏威夷文化，大多已在殖民政府破壞，因此無法恢復。他們運用一些象徵與價值，來創造新的文化認同，但這種夏威夷文化卻無法與任何歷史時期對應（Linnekin 1983）。

有些學者對這些觀念提出質疑，例如：傅利曼（Friedman 1992）先是反駁說：「既然已經沒有所謂真正的夏威夷人，就只能靠文化專家來捍衛這群人以前的生活方式了。」接著又指出，此處所談的價值在於現代夏威夷鄉村的「生活經驗」。事實上，夏威夷確實很認真進行復振，運動也兼具生物與文化內涵。這種生物文化復興也包含恢復傳統的土地區劃（*ahumpua'a*）與管理系統（第四章），也持續恢復各種芋頭（*kalo*）的栽種，而芋頭這種根莖類作物，是夏威夷當地人及其他玻里尼西亞族群重要的文化與營養來源（Winter 2012）。

所有權與智慧財產權的問題

波西和杜特菲爾德（Posey and Dutfield 1997: 75）指出，多數法律制度都將原住民知識視為「公眾領域」的知識，只要被帶出部落，就能為任何人或法人團體使用。研究者發表研究結果時可能會使原住民的敏感資料變成公共財，在不經意的情況下讓法人團體得以用來獲利，卻沒有義務將利潤回饋給部落（Posey and Dutfield 1996, 1997）。

傳統知識的研究直到近代，仍是由西方科學家與社會科學家進行，且多為民族生物學家與人類生態學家（第三章）。到了更為近期，原住民才開始主張他們對於自己傳統知識的控制權，一方面與知識內容蘊含的意義有關，同時也是因為越來越多族人開始意識到，外界人士過去數年來所做的研究對他們毫無助益（Smith 1999; Battiste and Henderson 2000）。這主張與薩依德（Edward Said 1994）的論點相似，他之前指出，西方的價值觀仍持續滲透到非西方民族的歷史學與民族學著作，這衍生的基本問題是，若真是如此，我們要如何與其他不同的社會和傳統產生真實地交流與理解。原住民介入並挑戰探討他們的學術論文時，用心聆聽他們的說法，雖然是方法之一，但除此之外，至少還有其他三種方法。

　　或許要讓原住民的聲音被聽見，最常見的方法就是由原住民自己來運用部落發起並進行的傳統知識計畫。強森（1992）也著書嘗試記錄幾個以部落為主，並由部落資助的傳統知識研究經驗，早期這類的研究經驗，包含巴拿馬達連（Darién）的原住民土地計畫（González et al. 1995）、魁北克省的詹姆士灣克里族陷阱獵人的傳統知識計畫（Bearskin et al. 1989）、安大略省的穆什凱都阿克（Mushkegowuk）克里族土地與資源利用計畫（Berkes et al. 1994, 1995b）、索羅門群島的馬羅沃計畫（Marovo Project）（Baines and Hividing 1993; Hviding 2003），以及卑詩省吉薩拉族（Gitxaala）的未來森林計畫（Menzies 2004）等，都是利用原住民知識促進政治培力的例子，其中的因紐特氣候變遷觀察計畫，則是第八章的重點主題。

　　第二種讓原住民表達聲音的方法，是透過原住民學者直接發聲，例如：阿納卡克（Arnakak 2002）、愛特里歐（2004, 2011）、巴雷羅（Barreiro 1992）、布拉斯科佩（Brascoupe 1992）、布朗等人（Brown and Brown 2009）、凱傑特（2000, 2015）、卡羅爾（Carroll 2015）、科利爾和維格（Collier and Vegh 1998）、科爾多瓦（Cordova 1997）、傑納修茲（Geniusz 2009）、霍姆斯

（Holmes 1996）、金麥羅（2000, 2013）、路易斯（2004、2007）、麥格雷戈等人（D. McGregor et al. 2010）、麥加（2006）、孟席斯（2006）、烏澤娃等人（2004）、皮耶洛提（2011）、拉夫夫（Ravuvu 1987）、雷歐和懷特（Reo and Whyte 2012）、羅伯茲等人（1995）、泰培帕等人（Taiepa et al. 1997）、韋維（Wavey 1993）及威特和虎奇茂 - 威特（Witt and Hookimaw-Witt 2003）等。諸如阿拉斯加與加拿大北部等地以部落為主的文化記錄計畫，都是特別展現出原住民學者參與社會行動的例子（Cruikshank 1995）。

　　第三種方法是找擁有這些知識的人當共同作者，加上西方的觀察與詮釋，一起記錄原住民知識，包含安德生與茲克（Anderson and Tzuc 2005）、博卡熱和塞佩克口傳傳統工作坊（Beaucage and Taller de Tradición Oral del Cepec 1997）、威洛克斯等人（Cunsolo Willox et al. 2012）、大衛森 - 杭特等人（2005）、賈哈德等人（Gearheard et al. 2006）、賀曼等人（Herrmann et al. 2014）、胡恩和塞拉姆（1990）、強森等人（2014）、凱阿里卡納卡奧萊哈伊利拉尼和吉爾迪納（Keali'ikanaka'oleohaililani and Giardina 2016）、坎卓克等人（2005）、科菲納斯等（2002）、克普尼克等人（2002, 2010）、麥唐納等人（McDonald et al.1997）、馬尼普和布爾莫（Majnep and Bulmer 1977）、莫勒等人（2009）、尼可勒斯等人（2004）、帕利等人（2005a, 2005b, 2006, 2012, 2014）、賽布爾等人（Sable et al. 2006）、托比亞斯和瑞奇蒙（2014）、透納和克利夫頓（Turner and Clifton 2009）、透納等人（Turner et al. 2000）及泰勒等人（Tyler et al. 2007）等。

　　處於邊緣的聲音很難被聽見，路易斯（2007: 130）就挑釁問說：「你現在有聽到我們說話嗎？……我有吸引到你的注意力了嗎？」霍姆斯（1996）以強而有力的方式表達出，原住民族找尋自己的知識，並以合乎文化的方式來傳達，此事具有重大的意義。她認為傳統知識是依據耆老及研究者的「經驗祖源」（ancestry of experience）所形成的「生活知識」，並仿效耆老的做法，在教學中運用故事來建立關係及形塑個人意義。「經驗祖源」是十分重要的概念，特別是對於夏威夷當地

人而言，因為他們認為家譜（genealogy）決定了一個人的為人與身分。

霍姆斯探討原住民知識的方式，與多數學界的研究方法天差地別。部落外的人大多不會將原住民知識視為生活知識，他們欠缺「經驗」，通常也不會透過建立關係來確定背後蘊含的意義。相反地，霍姆斯說道，研究者通常會將獲得的知識加以「說明解釋」、加工，再依自己的宇宙觀「改造」，即使沒有擅自代表原住民發言，也會替他們的知識代言。但這種研究使西方學者，無法「明白原住民的價值觀或宇宙觀，只會將之視為『神話』或『資料』」（Holmes 1996: 380）。研究者分享原住民知識的方式，以及讀者／受眾大多不具備理解的能力，都使原住民知識遭受更進一步的傷害。霍姆斯（1996: 383）表示：「他們聽到或讀到原住民的想法時，不一定能聯想到某種實踐方式。這些想法大多是透過文字敘述，而非經驗來展現，因此沒有可對應的日常生活事物。」如果原住民知識是生活知識，但讀者在欠缺「經驗祖源」的情況下，就會只知其然而不知其所以然，例如明明讀了《黑麋鹿如是說》（Neihardt 1932; Brown 1953），卻聽不見他所說的話。

霍姆斯針對原住民知識研究提出的質疑，觸及了根本層面的矛盾。如果只有原住民才真正有資格研究研究原住民知識，絕大多數的研究就會因此中止。雖然如此一來就能解決知識權與發言權遭到擅用的問題，但也會減少西方與非西方知識之間，以及原住民本身各族群之間的交流機會。同樣地，對於絕大多數讀者而言，書面文字不見得無法對應內容所指的日常生活事物，亦即能驗證生活知識的生活經驗。但如果這意味著文字缺乏意義，那麼所有探討原住民知識的文字著作，基本上就毫無意義或徒勞無益。

或許更有建設性的說法是，霍姆斯的批判啟發我們訂出三大指導性原則。首先，所有的原住民知識研究都必須採用參與的方式，絕不能在未與原住民相互平等的合作關係下進行（Holmes 1996; Davidson-Hunt and O'Flaherty 2007）。其次，我們應該要記得，書面文字一定無法完整描

述原住民知識，除非讀者曾於生活接觸過那種知識，能從經驗中理解文中所指。書面文字絕對不足以用來教導人瞭解原住民知識，只有實際在當地才能如實讓人瞭解。第三，除了研究者之外，原住民知識的讀者也必須做好質疑自身價值觀與保持彈性的準備，並願意在說明解釋讀到的原住民文化之前，先「說明解釋」自己的價值觀。就這點而言，跨文化的敏感度才是一切傳統知識研究與理解的核心。

實踐意義才是人類共同遺產

原住民族必須有權支配自身知識，也必須與將自己的洞見分享出來作為人類共同遺產，兩者之間必須取得平衡。除了保存文化多樣性的道德約束作用之外，還有其他明確與實際的理由能夠說明，為何傳統生態知識對於世界上其餘的地方來說也如此重要。當然，以下這幾點除了直接關乎在地人之外，也與全球的人有關。

下列這幾項內容是參考多種資料來源修改而成（IUCN 1986; Healey 1993; Berkes 1993），目的不在於完整列出所有領域，這八項不包含藥學或醫學應用等其他領域，僅探討生態與資源利用面向的原住民知識。提供生理資料與生態見解的傳統生態知識、資源管理、保護區的保存、生物多樣性保育、環境監測與評估、發展、災難與現代危機處理，以及環境倫理皆極為重要，下方將針對每項領域詳加探討。

• 提供生理資料與生態見解的傳統知識

有些科學新知，來自於傳統知識觀察敏銳的調查，例如：物種辨識與作物品種、自然史、行為、生命週期以及物種間相互關係（Nabhan 2000b; Laird 2002; Nazarea 1999, 2006）。透過傳統知識，能使人瞭解生態系統的動態變化（Alcorn 1989），接著產生生態復育等重要的實際用途（Anderson and Barbour 2003）。從美國到智利都有人施行一種永續農作系

統，栽種玉米、豆類與美國南瓜，易洛魁人稱之為「『三姊妹』間作法」（"three sisters" agriculture）（Barreiro 1992），以及傳統海洋潟湖的魚類混養系統（Johannes *et al.* 1983），這些都是傳統知識獲得生物與生態洞察有幾個經典例子。

熱帶珊瑚礁魚類生態學者約翰尼斯（Robert Johannes）舉了一個十分有說服力的例子，證明原住民的知識足以達到極為詳細的程度。約翰尼斯一九七〇年代中在太平洋小小的帛琉群島與漁民合作時，從當地漁民口中聽到，約有 55 種魚的產卵會受月亮影響，以及分別在哪些月份、期間及確切地點發生集體產卵的現象。在地知識所知具有週期性產卵特性的魚種數目總計，超過科學家當時在全世界發表的兩倍（Johannes 1981）。我們能透過世界各地的熱帶漁業，好好學習傳統知識，原因單純在於，生物科學來不及認識地球上這麼多魚種。舉例而言，巴西的研究者已開始系統性地利用當地漁民的知識，來填補資料缺口（Silvano and Begossi 2010; Begossi *et al.* 2011; Silvano and Begossi 2016）。

其他與傳統生態見解有關的例子來自加拿大北部，這些地方的當地知識量往往超過只有某些季節會在那裡研究的西方科學家。北方的田野研究者通常會從當地協助他們的人身上獲得知識，系統性記錄這種知識並致上謝意的做法，可追溯至佛里曼（1970），他匯集哈德遜灣 56 種鳥類的生物群落時，曾加入貝爾徹群島（Belcher Islands）因紐特人的在地知識，補足自己的觀察與科學資料。除了生命週期及分布的生理資料之外，科學家也注意到因紐特人對於北極物種之間的捕食、競爭與互利共生的互動關係等生態方面的認識（Freeman 1993b）。科學界直到一九四〇年代，才知道那裡有很大的冰島雁鴨（eider duck, *Somateria mollissima sedentaria*）族群，全年都住在哈德遜灣。中島（1993）指出，遲至一九六〇年代，拉不拉多省的鳥類權威著作才聲明，因紐特人是「絨鴨在哈德遜灣開放水域渡冬這方面知識的唯一權威」，並勉強稱「至少目前如此」。後來到了中島應該是在撰寫博

士論文，集中探討單一物種的傳統知識時，才將因紐特人大量的絨鴨知識記錄下來（Nakashima 1991）。

• 資源管理的傳統知識

現今對於將原住民的關注，並認為他們是資源管理者的觀念，可追溯到一九八〇年代早期（Klee 1980; Williams and Hunn 1982），雖然嚴格來說，「管理」並非原住民的概念，人其實可以控制環境，這是現代獨有的概念。原住民談的是「愛護族鄉」（Weir 2009; Zurba and Berkes 2014）、「照顧土地」或「保管土地」（O'Flaherty *et al*. 2008; Miller and Davidson-Hunt 2010），但將動物和自然視為被動對象來「管理」，對於多數或所有的原住民文化而言是十分陌生的概念（Schmidt and Dowsley 2010）。動物有能動性（Miller and Davidson-Hunt 2013），而第一章也在冰河有知覺的例子中提到，即使是土地也有能動性。

傳統民族具有資源管理能力的主張會有爭議，大多是因為這些社會已經受到社會與經濟變遷的影響，造成知識的流失，並因此改變了他們習慣的做法。舉例而言，阿拉斯加科策布海灣（Kotzebue Sound）因紐皮雅特人（Inupiat）在實踐中加入偏好個人式決策做法（而非傳統的集體狩獵）的同時，也發生了白鯨數量銳減的事件（Morseth 1997）。波盧寧（Polunin 1984）的說法是，傳統管理系統往往會因為某些事件的發生而崩潰。約翰尼斯（1978）曾認為大洋洲傳統管理法已經「崩壞」，卻於二十四年後因為目睹許多原本的做法再度出現，立場有了一百八十度的轉變（Johannes 2002a）。

的確，有許多永續資源利用方式不僅留了下來，還能作為資源管理之用（Duffield *et al*. 1998; Howitt 2000; Manseau *et al*. 2005a）。紐芬蘭島有個實際應用在地知識的實際例子，哈奇斯（1998:1）說道：「紐芬蘭近海與外海捕撈方式及漁獲努力量（fishing efforts）的改變，或許早已預測了紐芬蘭北部鱈魚漁業的崩潰。」納斯等人（1996）斷定，有了漁民已

知的情報，再加上科學資料，對於管理能產生許多助益，諸如增進對於鱈魚的行為、生態與族群結構的認識，或是更瞭解漁獲率的趨勢、影響未來的研究、提升近海族群豐富度的意識，以及提升各不同漁撈之間互動的意識（如：捕撈柳葉魚的混獲中出現了鱈魚的稚魚）。

　　資源管理的探討，越來越重視地方知識與科學知識之間的互補性（Berkes 2009; Rathwell *et al.* 2015）。舉例而言，大洋洲正逐漸形成一種共識，他們考量到科學知識及研究資源的匱乏，而認為有必要建立其他不同的海岸漁撈模式，包含運用地方知識來代替或是補足科學知識（Hunt 1997; Johannes 1998）。實驗性地運用傳統生態知識來學習管理介入技巧，再搭配隨後政策的改變，或許都有助於「適應性管理」（Adaptive Management）的操作（Berkes *et al.* 2000）。無論是原住民知識或「適應性管理」，都非常重視意見的回饋及維持生態韌性（ecological resilience）（Alcorn 1989; Holling *et al.* 1995; Trosper 2009）。觀察到這些情形之後，我們不禁提出以下疑問：利用資源的人本身，如何透過他們已知的資訊，來擴充永續資源利用決策必要的知識庫（Berkes and Folke 1998）？目前這本書某部分關心的就是這問題。

• 保護區保存的傳統知識

　　保育計畫往往需要以更宏觀的角度，來看待該地區中的當地人角色、他們的知識與關注的議題，以及他們的社會與經濟需求。國際自然保護聯盟自一九八〇年代初期，就已開始深入瞭解如何與人一起推動保育工作（McNeely and Pitt 1985），保護區管理方面，也發展出一些社會科學的內涵（McNeely 1996; Borgerhoff Mulder and Coppolillo 2005; Kareiva and Marvier 2012）。保護區設立後，也能允許常居的社區留在那裡過著傳統生活，如此一來，保育成果不僅於他們有益，也能幫助世界上其餘地方。保育單位與當地民族之間的合作是可行的，尤其是與當地宗教與價值觀與保育觀念相符的居民（Bhagwat *et al.* 2011）。

保護區的保存，背後具有貨真價實的傳統基礎（Painemilla *et al.* 2010; Verschuuren and Furuta 2016），但即使原住民確實有保育觀念，運用的也是禁忌體系等社會（而非法律）強制力，是與於西方保育不同的倫理基礎。舉例而言，寇汀與福爾克（Colding and Folke 1997; Colding 1998）分析現有關於某個物種禁忌的資料之後，發現這些禁忌當中，有三分之一與禁止利用現今其中一種受威脅物種有關。世界上許多地方，都有當地特有的禁忌或聖地（Ramakrishnan *et al.* 1998; Premauer and Berkes 2012），甚至有的是在海裡（McClanahan *et al.* 1997）。世界各地有許多國家公園，都是設在以前的傳統聖地上，土耳其的卡斯山國家公園（Kaz Mountain National Park）即為其中一例。古特洛伊遺址附近的卡斯山（伊達山，Mount Ida），供養著一座健康的森林，裡面包含 32 種植物特有種（世界上其他地方都找不到）。土庫曼人（Turkoman）及約魯克人（Yourk）自一四〇〇年代起就已住在那裡，也保有接觸伊斯蘭教之前的中亞祖先家鄉文化。整個國家公園，四處都有他們的聖地，人民在那裡採集植物與從事木工。那些用途明明有助於孕育生物多樣性的價值，卻遭到國家公園的卻禁止，諷刺的是，國家公園設立的初衷，正是希望能保存生物多樣性（Ari *et al.* 2005）。

在保護區等地方運用傳統保育知識，往往會產生極大的成效，若有當地社區加入共同管理時更是如此（Berkes *et al.* 1995a; Gadgil *et al.* 2000; Borrini-Feyerabend *et al.* 2004b）。但回顧保育文獻時卻發現，過去二十五年來詳細的保育評估報告中，僅 0.4% 運用了在地知識與原住民知識（Brook and McLachlan 2008），因此一直以來都有推行保育共管的必要，所謂保育共管，指的是政府機關、當地社區及其他參與者共享管理權力與責任的夥伴關係（Borrini-Feyerabend 1996; Ross *et al.* 2009）。但要謹慎的是，這有可能導致原住民知識遭到吸收同化，強迫人們必須配合與其思維格格不入的西式管理方式（Stevenson 2006; White 2006; Ross *et al.* 2010）。

製造保育工作中的利害關係，能增進保育傳統生態知識的利用。

印度凱奧拉德奧國家公園（Keoladeo National Park）的當地族群多年來，都主張政府應允許他們在國家公園裡放牧水牛，因為放牧與保育觀念相符。國家公園當局與當地人之間歷經多年的爭執衝突，孟買自然歷史協會（Bombay Natural History Society）透過一份顯示放牧能阻擋濕地變成草地的研究，終於證實當地人的觀點屬實。禁止放牧無論是對於濕地，或是以鳥類聞名的國家公園，均會造成不良影響，而要解決這個問題，就是恢復水牛放牧（Kothari 1996; Pimbert and Gujja 1997）。

　　雖然已有越來越多地方實施環境管理時，會以傳統知識為主（Hunn et al. 2003; Eamer 2006; Xu et al. 2005; Lejano and Ingram 2007），但在拉丁美洲等世界各地，讓原住民住在保護區內的議題仍具有極大的爭議，包含：原

照片 2.1　土耳其卡斯山（伊達山）國家公園裡的聖樹（新娘的松樹，Bride's Pine），當地仍保有接觸伊斯蘭教之前的文化元素，神聖遺址即為其中之一。／照片提供：阿里。

住民實際的行為是否切合生物多樣性保育科學的目標，以及是否人類所有的利用都會對於生物多樣性造成傷害（第十一章）。

　　國際上的保護區制度，已日漸對於持續利用的區域表示贊同，認可當地人於保育土地與水源所扮演的角色，並特別關注傳統上受到當地人保護的地方，即所謂的神聖天然遺址（sacred natural sites）（Verschuuren *et al.* 2010; Pungetti *et al.* 2012; Salick and Morseley 2012; Verschuuren and Furuta 2016）。世界各大洲都有神聖的森林與樹林，且蘊藏極大的保育潛力（Ramakrishnan *et al.* 1998），單單印度就有十萬多個聖地（Ormsby and Bhagwat 2010）。非洲的神聖樹林也獲得許多保育方面的關注（Juhé-Beaulaton 2008; Nyamweru and Kimaru 2008; Sheridan and Nyamweru 2008; Sheridan 2009）。許多爭論的重點，都圍繞在國內與國際保護區網絡如何與這些原住民與部落保護區（原住民族與部落傳統領域聯盟）的相互結合（Borrini-Feyerabend *et al.* 2004a; Kothari 2006; 見第十一章）。

• 傳統知識與生物多樣性的管家責任

　　雖然生物多樣性的保育仍大多仰賴保護區，但保護區外保育的重要性，已日漸獲得認可（Heywood 1995; Bird *et al.* 2008; Berkes *et al.* 2009; Pilgrim and Pretty 2010）。2012 年「跨政府生物多樣性與生態系服務平台」（IPBES）形成的架構，明顯納入了傳統知識（Díaz *et al.* 2015），有些傳統知識與資源管理系統，似乎能減少密集利用並提升生物多樣性，是明顯特別引發關注的焦點。世界上許多生物多樣性高的地方，都有原住民的存在（Poffenberger *et al.* 1996; Maffi 2001, 2005; Maffi and Woodley 2010）。這種關係並非意外，只是關係的機制並不明朗。有些學者認為，這些都能透過演替管理、輪替使用，以及利用火和其他干擾的做法形成農地區塊等原住民的做法來解釋（Berkes *et al.* 2000; Berkes and Davidson-Hunt 2006; Miller and Davidson-Hunt 2010; S. McGregor s *et al.* 2010）。傳統族群仰賴那些資源來維生，因此許多原住民的做法都會保護到生物多樣性。瓦哈卡

（Oaxaca）可說是墨西哥最具有生物與文化多樣性的一省，當地就有一份研究，提供了許多這方面的資訊。瓦哈卡北部的高地採用低密度的森林利用與輪作（米爾帕）農業，使森林結構與組成出現顯著的空間差異，形成高生物多樣性的農林鑲嵌體（mosaic）。然而，近數十年來，農耕人數較少，耕地減少，作物種類也相形減少，耕地廢棄的結果，使森林覆蓋面積增加，但農林鑲嵌比例減少反而造成當地生物多樣性下降，這與一般假設相反，看來薩波特克人（Zapotec）與奇南特克人（Chinantec）這些原住民部落的土地利用方式，不僅提升了生物多樣性，還能推動促成地景再生作用，同時使文化與生物多樣性蓬勃發展，兩者合稱「生物文化多樣性」（biocultural diversity）（Robson and Berkes 2011; Gavin *et al.* 2015; Pretty *et al.* 2009）。從「圖 2.1」勾勒出地景區

照片 2.2　墨西哥瓦哈卡北部高地聖地牙哥・哥瑪泰貝（Santiago Comaltepec）農林鑲嵌體的文化地景，請注意觀察，山頂附近的森林較為茂密。／照片提供：羅伯森。

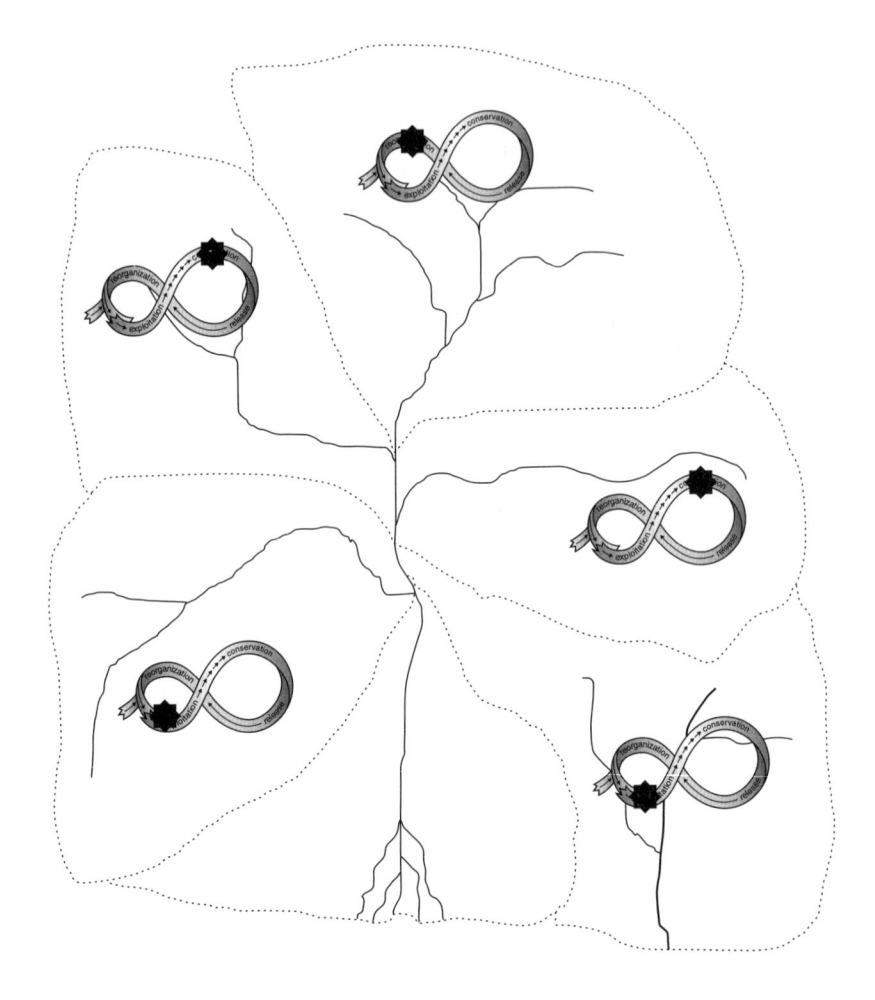

圖 2.1 假想集水區濕地的區塊利用，每個區塊都處於不同的演替發展階段。「八的圖形」象徵了岡德森和霍林（Gunderson and Holling 2002）的適應性再生循環。

文獻來源：修改自伯克斯和福爾克（2002）。

塊利用所形成的鑲嵌體可以看到，每個區塊都處於不同的演替階段，因此構成了地景多樣性，供養的物種也比原來更加豐富（Berkes and Folke 2002; 詳見第四章）。

- **環境監測與評估所需的傳統知識**

倚賴當地資源維生的人，往往都比外界更能評估環境健康及生態系完整與否（Lauer and Matera 2016）。曼尼托巴省北部的原住民事務部長官韋維（Robert Wavey）（1993）曾說：「人會記錄世世代代出現的各種土地與資源，而原住民會是首先發現變化的人。」這些通過時間檢驗、詳細深入的在地知識，能對於當地生態系的監測產生極大助益，而這類知識及當地建構的健康土地或生態系心智模型（第九章），則能提供環境變遷監測的關鍵資訊（Kofinas et al. 2002; Eamer 2006; Parlee et al. 2014; Parry and Peres 2015; Alessa et al. 2016）。

目前已有不少運用原住民知識（Castello et al. 2009）以及在地知識與觀察（Anadón et al. 2009; Sullivan et al. 2009; Goffredo et al. 2010; Russell et al. 2013），來進行環境監測的案例，在地與原住民知識，都能用於環境評估（Ericksen and Woodley 2005）及開發計畫的環境影響評估。舉例而言，希斯利普（Heaslip 2008）的研究顯示，我們可以用原住民知識，來監測鮭魚的水產養殖廢棄物情形。同樣地，進行任何社會影響評估時，都須具備在地社會制度的知識（Sadler and Boothroyd 1994）。許多開發計畫都在適當完成科學研究之前就已通過，使在地知識的運用又變得更加重要（Berkes and Henley 1997; Hermann et al. 2014）。

然而，有些原住民知識，如詳細的土地利用方式等，都是私人專有的知識，原住民根本不想將最好的獵場與漁場昭告天下。韋維（1993）回想曼尼托巴的經驗時主張，原住民必須擁有傳統土地利用知識的控制權，才能持續保有這類知識及環境評估方式的專有性。若原住民認為即使親身參與那些他們認為有害的計畫也無濟於事，那無論

如何也毫無理由參與其中。

　　原住民若是願意參與，可能就會對於如何進行適當的環境評估有不同的想法（Sadler and Boothroyd 1994; Stevenson 1996）。有項重大計畫是由哈德遜灣生態分區（bioregion）的原住民親自執行，以探討幾個開發計畫累積造成的影響為主，計畫人員包含哈德遜灣周圍的二十七個因紐特人與克里人部落（McDonald et al. 1997）。但有些影響由於受到管轄權的阻礙與涉及政治敏感度，所以也不是政府部門能夠解決的問題。

• 發展所需的傳統知識

　　運用傳統知識或許有利於發展，因為如此一來，就能針對在地需求、環境限制要素，以及自然資源生產系統，提出更實際的評估。有在地人一起參與規畫，能提高發展的成功機率（Warren 1991; Warren et al. 1995; Sillitoe 2006），但傳統知識用於發展的歷史並不長（Brokensha et al. 1980; Chambers 1983）。起初，經濟學家與開發規畫人員認為，所謂「傳統」代表人不願意揮別過去，接受科學農業及其他改良做法，因此將之視為阻礙。但當農業的現代化明顯出現某些從未預見的後果，大家也開始恢復對於傳統的興趣（Walsh 2014）。理查茲（Richards 1985）認為，原住民知識雖然是備受冷落的非主流資源，卻能增進「眾民科學」（peoples' science）的形成，這是一種支持而非意欲取代「在地主動性」（local initiative）的分權及參與式研究與發展制度。

　　「眾民科學」或許對於設計文化永續發展策略十分有幫助（Preston et al. 1995），巴茨（1996）的研究即為永續規畫的其中一例，他在帕米爾牧場找出放牧犛牛的象徵性價值。犛牛放牧不僅蘊含工具性價值，如可以提供奶肉等，也具有自我認同、靈性更新、在地神話與歷史中扮演的角色、儀式意義以及地方感相關的象徵性（非工具性）價值。

　　在農業現代化的過程中，許多鄉村聚落都極不願意摒棄傳統實踐，現在回想起來，是因為那些做法無論在生態經濟或社會層面，都

是更具永續性的做法，單一栽培高產作物品種即為其中一個貼切的例子，雖然豐年時收成可觀，遇到荒年卻可能全軍覆沒，因此小農都不願承擔這種風險。這種結果可以「風險趨避」（risk aversion）來解釋，許多傳統實踐正因為能降低穩定維生的風險，所以具有適應性。窮人大多會趨避風險，尤其在「安全邊際」（margin of safety）微乎其微時更是如此（Chambers 1983），但在玻利維亞南部高地等地，當地許多馬鈴薯品種都藉著「發展」的名義，被產量高但風險也高的品種取代（Walsh 2010）。人本發展選擇一改以前認為不足的觀點（即：窮人是欠缺了……），轉而承認並支持貧窮人複雜精細但備受威脅的維生策略（Walsh 2010, 2014）。

以在地資源為主的經濟發展方面，已有越來越多人開始關注藥用植物（Begossi *et al.* 2002; Cetinkaya 2006; Pesek *et al.* 2010; Shukla and Sinclair 2009; Kassam *et al.* 2010; Byg *et al.* 2010）、木材以外的森林產品（Begossi *et al.* 2000; Ruiz-Pérez *et al.* 2004; Belcher *et al.* 2005），以及農林間作（Adoukonou-Sagbadja *et al.* 2006; Peroni *et al.* 2008; Brown and Kothari 2011）的原住民知識與管家責任。要透過傳統實踐將這些物種與品種保留下來，無論是文化記憶及其在維持這些做法方面扮演的角色，或是維持作物多樣性的性別角色，兩者都缺一不可。傳統知識已經成為許多實踐者的主要工具，他們認為一切發展必須考慮到人，而非將人排除在外（Warren et al 1995; Posey and Balick 2006; Ishigawa 2006; Subramanian and Pisupati 2010）。

- **面對災害與極端天候的傳統知識**

據說 2004 年亞洲海嘯時，有些村落之所以得救，是因為他們及早看懂預警的預兆，但並非全世界所有的沿海傳統社會都具備這種能力，至多只有少數長期定居海島並靠打魚營生的族群才有。我們於2004 年亞洲海嘯之後，調查了一些印度與孟加拉海邊村落的海嘯預測能力，但卻一無所獲，沒有任何一個村落能夠分辨海嘯與暴潮（因

暴風、氣旋或颶風引起海水湧進內陸）的差別，顯然海嘯發生的次數，其實少到當地並未留下深刻的社會記憶。

颶風的情況則是另一回事，有幾個太平洋島嶼似乎留存了大型颶風的深刻社會記憶。人類學家佛斯（Raymond Firth）一九三〇年代回到提戈皮亞（Tikopia，目前隸屬索羅門群島）時，發現有一座島遭受颶風侵襲，導致房屋與花園遭受破壞，並造成食物嚴重短缺。佛斯聽說這麼劇烈的颶風平均約每二十年會發生一次，認為可以利用那場災害，來檢視提戈皮亞的社會制度是否具備抵擋干擾的能力。他發現那個民族擁有一套完整的災害應變方式，頭目會指揮修繕、設法遏止偷竊，指揮漁民協助耕作，還派人去海外工作賺取工資。家戶的應變方式則改變飲食內容、減少食宿招待、限縮親屬義務、簡化儀式，沒熟的作物也能加以利用。資源管理策略包含縮短休耕期、限縮採集權，並更嚴格設立土地界線（Berkes and Folke 2002）。

有些原住民與傳統族群擁有的不僅是過去的在地知識，也包含有助於他們於災後復原的土地觀念。臺灣經常受到颱風肆虐，陡坡地區常發生土石流（林益仁，個人通訊）。臺灣險峻的內陸住著一群原住民，他們在面對颱風災害方面擁有豐富的經驗。許和霍維特等人（Hsu and Howitt *et al.* 2014）從澳洲原住民的「族鄉」概念切入，主張原住民形成的連結、歸屬及親緣觀念，很可能影響了他們對於災害的回應方式。「族鄉」的概念對於臺灣與其他各處建立災後社會援助與復原的框架，能提供有效及合乎文化的幫助。

同樣地，有些原住民不僅保留歷史事件的記憶，甚至具能夠預測天然災害與天氣現象。最不可思議的例子，是奧洛夫等人（Orlove *et al.* 2000, 2002）記錄的安地斯山人的民族氣候學（ethnoclimatology），在秘魯與玻利維亞安地斯山種馬鈴薯的原住民農夫，數百年來都會在隆冬時聚在一起觀察昴宿星。若昴宿星團又大又亮，人們就會預測來年夏天將會有豐沛雨量與大豐收，若是又小又暗，就預計會缺少雨水，

而且都準確到足以影響作物的選擇，這是迷信嗎？奧洛夫等人（2000, 2002）主張，安地斯山人民族氣候學知識真的很有效。「昴宿星表面的大小與亮度會隨著對流層頂薄薄的高雲量而變化，而這能反映太平洋地區聖嬰現象的嚴重程度。因為當地遇到聖嬰年時往往降雨稀少，用這簡單的方法就可以進行重要的預報，這種預報與任何根據海洋與大氣電腦運算模型所做的長期預報並無差異，甚至更好。」（Orlove et al. 2002: 428）

預測年降雨量豐沛與否的能力，具有明顯的存續價值，安地斯山區各地普遍都維持這種做法，許多南美洲學者曾於各個不同地方記錄過原住民的天氣預報能力（Sébastien Boillat，個人通訊）。更瞭解在地與原住民知識，以及這種知識的價值，對於培養部落自主決策的能力極有助益，這也是擬定山區災害對策時運用在地知識時，背後假設的想法（Dekens 2007）。艾倫（2007）舉的一些例子，都與在地原住民面對危機及天然災害的知識有關，後者諸如地震、海嘯、極端天氣及爆發病蟲害等，尤其現在有些「天然」災害似乎有越來越頻繁的趨勢。

• 環境倫理的傳統知識

傳統知識已有不少領域對於西方思想產生重大影響，環境倫理是其中之一。與人類社會有別的外在「環境」概念，可追溯至西方啟蒙時代之後的思想（Glacken 1967），也是笛卡兒心物二元論的基礎，由此衍生出人與環境的二元對立人與環境的二元對立（Bateson 1972: 337）。「人是自然的主宰」以控制環境為目的，這種傳統西方科學正統思維背後，正是笛卡兒二元對立的哲學思想。相較之下，許多原住民的傳統信仰體系會將人視為自然環境的一份子，並相信萬物相互關聯（Atleo 2011）。在環境倫理學者討論現代社會重新建立這種觀念的同時，我們必須記得，世界上有許多地方的人曾有一度都是這麼想的（Taylor 2005, 2009; Sponsel 2012）。

傳統知識智慧談到控制自然的問題時，觀念與生態及環境倫理一致。我們或許可將這種關係理解為，人在自然中與萬物和平共存，或是道家哲學所謂的「順其自然」。或許更確切來說，有些傳統生態學會主張人與自然之間為共生關係，彼此有共同的責任義務（第五章）。雙方之間的共同義務會產生「尊敬」的態度，這也是許多美洲原住民及其他原住民族群與自然之間關係的中心思想（Cajete 2000; Callicott 1994; Posey and Plenderleith 2004）。

人及其以外的生物，以及地景之間相互尊敬的關係「複雜、蘊含多元面向，同時十分個人」（Wyndham 2009: 291）。地方代表的不是實際的地點，而是發生過的事件以及關係（Howitt 2002），許多原住民在觀念上會將地方「人格化」，認為地方是具有能動性的實體（Boillat et al. 2013; Miller and Davidson-Hunt 2013）。這種具有人格、地方本位及親緣關係的價值，可稱為關係性價值（Chan et al. 2016）。關係性價值是保育的基礎，因此能影響政策，與工具性價值（為造福人類而保護自然）或固有價值（自然獨立於人類之外的價值）不同，一般認為後兩種價值是用於保護自然的（Chan et al. 2016）。

環境倫理的領域雖然大多來自於原住民的啟發，但細節仍存在大量爭論（Cordova 1997）。就個人層面而言，鈴木和麥康諾（Suzuki and McConnell 1997）主張，人需要重新在心靈和生活中找回與大自然連結。還有，人們也透過不同方式，試圖於當代社會中融入傳統制度的倫理價值，加上教育與發展等幾個領域，也與原住民倫理（Cajete 2000, 2015；第十一、十二章）有關。

總而言之，或許一九九〇年代就已趨向成熟的傳統知識，不僅相關學術文獻暴增，更跨足國際政策與大眾媒體界。從實踐生態學、資源管理到環境倫理，傳統知識在這些領域中蘊含的人類共同遺產價值，有時可能會掩蓋了對於原住民本身具有的文化與政治意義。除此之外，還有生物文化重建及復振等主題，這些對於原住民及全人類都

十分重要。

　　本章這八大領域中的傳統知識也有相同的實踐價值，但每個領域中都有一些重點議題會相互競爭，傳統知識在上述眾多領域中仍是熱議不斷的話題。舉例而言，「跨政府生物多樣性與生態系服務平台」認為生物多樣性保育具有國際上的重要性，但這同時對於原住民及其他鄉村居民的生計而言，或許也具有在地的重要性。下一章會先退後一步，思考橫跨不同學科的傳統知識如何從學術界發跡、這對於研究進行方式等實際考量意味著什麼，以及這又如何與原住民觀點相互搭配。

第三章
傳統生態知識的
智識根源

　　傳統生態知識源自民族科學及人類生態學兩種進路，前者一開始處理的是民俗分類法，亦即動植物的民族植物學及民族動物學分類問題，後者談的是原住民對於天然作用的理解，包含人與動植物、各種環境，有時甚至包含超自然因素之間的關係。除了這兩種進路之外，後來也加入了強調應以傳統生態知識來解決保育、資源管理及永續發展等當代問題的其他觀點。這些進路各自有其獨特的智識根源，但隨著傳統生態知識漸趨成熟，成為獨立一門學科之後，這些進路也越來越常混合運用。

　　赫胥黎（Thomas Huxley）（Gould 1980）一度將科學定義為系統式常識。我一九七〇年代到詹姆士灣開始進行人類學與漁業研究時，發現克里族的漁民和我在關注的重點及知識這兩方面，有許多共同之處。我驚訝地發現，他們對於魚類的季節週期、分布及移動，竟然都有詳盡的認識，但他們對於我懂得如何從魚鱗判斷年齡等科學知識興趣不大。我所謂的詹姆士灣魚類生態學知識，在他們眼中只是常識。漁民知道我能分辨他們的魚種，感到既開心又驚訝，因為他們前一年才注意到，有位兼職聯邦政府田野助理的暑期學生搞混了其中兩種魚。其實只是因為那位新手科學家沒將生物學學好，不然科學的物種辨識與克里族漁民其實毫無差別。我的首要之務，就是找一名語言學家合作，才能確定魚的正確種名，以及符合標準語言學拼寫的異體字

（Berkes and MacKenzie 1978）。

　　傳統生態知識研究與西方生態科學研究本身一樣，皆從民族生物學開始，亦即一開始是物種的辨識與命名，接著才研究生態作用或功能之間的關係，以及人類如何看待自己在環境系統中的角色，而後者或許可稱為民族生態學，按托萊多（Toledo 1992）的定義，包含了民族生物學、生態農業、民族科學／人類學，以及環境地理學，廣義而言亦可稱為人類生態學，研究團隊的領域形形色色，就人數而言，以精通生態學的人類學家為主，他們大多認為自己研究的是生態人類學或文化生態學，後者則被視為文化人類學的分支（Netting 1986）。但人類生態學並非人類學的分支，研究人員也包含其他社科學的跨領域學者，以及願意抓住機會從生態學的角度，將人類視為一個物種來研究的生態學家。雖然內廷（Robert M. Netting）認為文化生態學屬於跨學科領域，但我比較喜歡用「人類生態學」這個更概括的詞，來同時說明人類學家及人類學所帶來的影響。

　　傳統生態知識這領域本身就涉及多個學科，是跨學科的領域（Jantsch 1972）。民族生物學與人類生態學之間的劃分並不顯著，兩者是相互融合的領域，許多研究人員亦來自各個學科。因此，傳統生態知識是一種綜合性領域，除了綜合各科之外，也涉及「科際整合方法」這種更高層次概念的統合（Jantsch 1972）。傳統生態知識逐漸發展成別樹一幟的領域，這些界線應該遲早會變得更加模糊。

　　民族生物學與人類生態學是傳統生態知識的智識根源，從影響這兩種領域發展的學者關注的議題及學術背景來看，兩者相當迥異，儘管如此，這兩種領域卻能協同發展。科德爾（Cordell 1995）則指出，我們有必要研究民族科學中傳統生態知識，背後是否還有其他的智識根源，及其與生物學，尤其是生物系統分類學之間的關聯。

一拍即合的民族生物學與生物系統分類學

民族生物學的由來，是科學成功變成常識的案例之一。民族生物學家及語言學家原本是透過研究民俗分類法來瞭解不同文化，但如此得知的分類法吸引了生物學家的注意，他們認為，民族生物學非常適合用來測試物種辨識的方法是否健全，亦即科學專家與其他文化的在地專家辨識的物種是否一致。生物學家對關注的這個議題，反而回過頭來促進生物學與生態學思想的結合，形成了民族科學。

我們談到物種辨識的常識之前，必須先瞭解，民族生物學家與語言學家研究的民族科學，有哪些發展背景。民族科學有相當悠久的歷史（Toledo 1992, 2001; Rist and Dahdouh-Guebas 2006），最早的參考文獻是李維史陀（1962: 5）引用巴洛（Barrow）於 1900 年南加州科阿韋拉（Coahuila）印地安人的研究，科阿韋拉人住的地方明顯是個貧瘠的沙漠環境，收成的食用植物有 60 種以上，藥用植物至少 28 種。這份早期研究有助於增進對於不同文化中在地知識及維生策略的瞭解，但民族科學的系統分類學發展卻是一九五〇年代中期才開始，是較為後期的事情了。

民族科學的興起，是因為人們需要從內部敘述文化內涵，利用這些文化裡實際使用的分類法，來接觸他們的世界觀，背後所假設的是，族人用來稱呼某個概念的名稱，最能證明那個概念確實存在於他們的文化中。因此，民族科學一開始著重的是專有名詞系統的描述，透過語言學方法嚴謹地蒐集及分析資料，有時該領域也稱為「民族誌語意學」（Sturtevant 1964; Colby 1966）。

隨著研究的領域分類越來越專業，他們也開始限於親屬關係、生理結構、色彩與動物等特定方面的專有名詞的敘述，這些後來也都自成一個領域。不久之後，民族科學幾乎變成僅限分類法系統的研究（Murray 1982）。比較研究揭示了色彩命名中存在的普遍原則，後來也

促使人開始進行相似的研究，希望找出動植物民俗分類法的原則。《民族生物學期刊》（*Journal of Ethnobiology*）及一間致力研究民俗生物學的專業學會，皆於一九八〇年代的美國創立，後來又進行了許多比較研究，也發展出全世界動植物分類法系統的演化序列（Berlin 1992; Balée 1994）。與民族生態學並行發展的，還有其他與環境現象相關的民族科學領域，而且同樣專注於分類法的研究，如冰（Basso 1972）、土壤（Pawluk *et al.* 1992）及四季週期預報（Ceci 1978）的民族科學。

生物系統分類學其中一個歷來爭論的問題是，物種是否「真有其物」或大自然裡客觀可辨的個體單位，抑或「絲毫不具客觀存在性的虛構、想像物」（Gould 1980: 206），因此正好能利用民族生物學的發展來檢驗這個問題。現在終於「有辦法取得寶貴的資訊，來確定物種到底是文化實踐的心裡抽象概念，抑或自然中（真實）存在之物。我們可以研究的是，不同的民族如何在完全獨立的狀態下，將當地生物分門別類，並將西方的林奈（Linnaean）物種分類與西方以外民族的『民族分類學』相互比較」（Gould 1980: 207）。

對於科學而言，要接受民俗科學有其正當性這個觀念並不容易，但當時有些主要的系統分類學家有第一手接觸原住民及其在地知識的經驗，這對於科學界的接受十分有利。邁爾（Mayr 1963）分享研究民俗生物學親身經驗時曾說：「我四十年前獨自一人到新幾內亞山上，住在一個巴布亞族（Papuans）的部落裡，我在那裡辨識出 137 種鳥類，這些優秀的樵夫竟然能說出其中 136 種鳥的名字（只有遇到兩種無明顯特點的鶯時才會弄錯）。」戴蒙（Diamond 1966）發表了一份更豐富的新幾內亞佛瑞族（Fore）研究資料發現，他們知道每個科學（林奈）分類系統辨識出的物種。此外，有次戴蒙帶著佛瑞族的獵人到某個地方，那裡住著他們從未見過的鳥類，請他們以最接近的佛瑞族名為這些新的鳥命名，他們竟然能在 103 種鳥當中，說出 91 種林奈分類的「正確」鳥名！

但科學家一向多疑，因此很快就開始找尋例外。人類學家柏林（Brent Berlin）和兩名植物學家布里德洛夫（Dennis Breedlove）與雷文（Peter Raven），於 1966 年發表墨西哥南部恰帕斯州（Chiapas）澤塔爾印地安人（Tzeltal Indians）民族植物學的研究，目的明顯是為了挑戰戴蒙認為民俗科學與西方科學在許多方面普遍能兩兩對應的主張，三人的研究結果發現，澤塔爾族的植物當中，只有 34％與林奈的名單相符。柏林等人認為這些無法相互配對與分類不一致之處，代表的正是他們自己的文化用途與實踐方式。但進一步研究之後，他的團隊卻於數年後推翻了自己的觀點，反而證實澤塔爾族與林奈的分類系統密切相符，只是他們早期研究時並未完全理解澤塔爾族的階級次序系統，也搞混了許多層級不同的物種名。柏林 (1973) 現在已能斷定：「目前有越來越多證據顯示，民俗系統分類學辨識出的基本分類群，大致能與科學已知的物種密切對應。」而這要歸功於柏林本人。

柏林等人 (1974) 隨後出版了一部完整的澤塔爾族植物分類學著作，書中記錄 471 種澤塔爾族分類的物種，其中 281 種（60％）可各自對應到林奈系統的物種，其餘 173 種（36％）屬「區分不足」（underdifferentiated），換句話說，澤塔爾族會用同一個名字指稱多個林奈系統的物種，但逾三分之二的比例，能以澤塔爾的俗名區分出主要類群底下的物種，而且這些俗名都能對應到林奈的物種。其餘的 17 種（4％）則有「過度區分」（overdifferentiated）的情況，有七個在林奈系統中被分為同種的生物，分別在澤塔爾族裡都有兩個不同名字。同一個葫蘆屬的植物，澤塔爾族也會用三個不同的名字來稱呼，一個用來稱呼果實又大又圓、可當作墨西哥玉米餅容器的植物，一個用來稱呼裝水用的細頸葫蘆，另一個則是用來指不具任何用途的小型葫蘆。

民俗分類學還有其他許多詳盡的研究，在民族生物學引用最多的《我國卡拉姆的鳥類》（*Birds of My Kalam Country*）（Majnep and

Bulmer 1977），即是由一名新幾內亞卡拉姆族的原住民專家與一名人類學家／自然史學家共同完成。在 174 種脊椎動物（乳類、鳥類、爬蟲類、兩棲類與魚類）名錄中，逾 70%能各自對應到林奈系統命名的物種。卡拉姆族專家馬尼普（Ian Majnep）大多會用一個卡拉姆族名，將林奈系統中分為兩種以上的物種歸為同種，有時在林奈系統中分為同種的物種，他們卻會依據不同用途或價值而分為不同種。舉例來說，有幾種天堂鳥，由於只有公鳥才有珍貴的羽毛，所以公母會有不同的名字。經過如上述等差異的解釋之後，西方專家布爾莫（Susan Bulmer）以西方命名法的規則來看，發現僅 4 例（2%）在卡拉姆的命名系統中出現不一致的情況。

更多語言學與方法學的探討：如何正確理解資訊內容

澤塔爾族的故事除了顯示柏林、布里德洛夫及雷文的學者之間巧妙的整合之外，也透露出進行民族生物學研究時會可能遭遇的某些困難。有時要搞懂某個文化的分類方式並不容易，也可能很難克服語言上的阻礙。胡恩（1993b）舉了一個特別顯著的案例，來證明進行民族研究方面的失誤，會導致辨識錯誤（見「學習方塊 3.1」）。請注意到，會出現失誤，某部分是因為一開始就未正確記錄原住民語言的名字，另一部分原因是在於，提供資訊的原住民為了方便語言不通的研究者理解，而以英文俗名來表達。

胡恩（1993b: 17）清楚告訴我們，新手民族生物學家必須具備語言能力，他說道：「研究者首先必須要能用當地語言來問基礎問題，如：（一邊指著某種原生物種，一邊問說）『這叫什麼名字？』並用當地語言正確謄寫下來。研究者問了關鍵問題之後，必須能夠辨別對方是回答你物種名，還是回以『我不知道』、『美國佬快滾』、『就是大便在你頭上那隻吵死人的大黑鳥』等其他可能的答案。」

學習方塊 3.1
正確辨識物種：camas 之謎

胡恩分享了一個 camas 植物的故事，那是北美洲西北部一種球莖可食用的植物，也是當地各族印地人的主食。一名在地民族誌學家發表了一篇論文，探討位於哥倫比亞高原北部當地，某個薩利希語系（Salish-speaking）族群的食用植物，文中將五種 camas 列為當地人重要的食物，將 black camas 鑑定為 *Camassia quamash*，並認為有幾種 white camas 是 *Camassia* 屬的植物，後者採收的地方，位於哥倫比亞河（Columbia River）以南一大片滿布岩石的乾燥平地上，人類學家曾花了一整個世代想要找出 camas，但努力挖掘了半天卻毫無所獲。

後續的民族植物學研究，揭露了民族誌學研究最初犯下的錯誤，他們發現 camas 原是內茲珀斯印地安語（Nez Perce Indian）（而非薩利希語），最初被探險家路易斯與克拉克借用，後來被植物學家用來當作拉丁文的屬名與種名，也成為當地的英文俗名，但一般英語系的殖民提到 camas，則是意指多數或所有的印地安人主食。薩利希印地安人向植物學家描述這些植物時，用的是英文俗名，但 camas 所指的範圍比原來的內茲珀斯語（及相關的薩利希語）更廣。white camas 無論在內茲珀斯語或植物學界裡，完全不是意指 camas，而是代表幾種巴西里／芹菜／胡蘿蔔科 *Lomatium* 屬，「生長於沙漠的巴西里」（desert parsleys）。哥倫比亞盆地（Columbia Basin）這個區域裡並無任何 camas，但有許多生長於沙漠的巴西里。這兩種印地安人的食物，只有可食用的部分位於地底下這點相似，此外除了出現的棲地不同、採收時

間不同，烹煮及／或乾燥儲存的方式也相當迥異。將這兩種植物搞錯，等於沒有理解到當地傳統生態知識大部分的高深玄妙。

文獻來源：胡恩（1993b: 17）。

　　對於沒有這方面時間或資源的研究者而言，學習外語或許並非易事。雖然這不是研究民族植物學的門檻，但確實也突顯出研究時應小心謹慎的重要性。有時也能透過該文化族群的雙語人士或語言學專家，獲得一些協助。胡恩（1993b）發表了他提出的謹慎做法，下列有些是他的建議，有些是其他來源的補充資料：

1、原住民分類系統的物種分類，不像西方科學系統那麼全面完整，通常降低某個物種的文化與實踐意義時，會逐漸加劇這兩種分類系統之間的鴻溝。因此，我們可以預期，傳統系統可能知道所有大型哺乳類動物的名字，卻僅認得幾種昆蟲及其他無脊椎動物。舉例而言，澤塔爾族會以同一個名字來稱林奈系統中幾種不同的蝙蝠，在語言方面會有區分不足的情形。其實蝙蝠具有文化意義（在馬雅信仰中與邪惡力量有關），但屬於夜行性動物，不容易觀察。胡恩（1993b: 19）主張，即使他們會將物種併為同一類及歸為其餘類群，都「絕非代表他們區分物種的能力，無法與西方科學專家並駕齊驅，而是反映了他們的思考過程的原則」，顯示他們的專注焦點都以對生計有利的物種為主。

2、我們可在澤塔爾族命名葫蘆的例子中看到，一個文化在命名對他們的重要物種時，他們的分類與林奈的分類法相比，可能會顯得「過度區分」。菲律賓的哈奴奴人為 90 餘種稻米命名，秘魯安地斯山的克丘亞人（Quechuan）則為數百種馬鈴薯命名。有時原住民的系統會用幾個相似或相關的名字來稱呼林奈系統的物種，但沒有任何統稱。胡恩提醒讀者，這種

情形並不令人意外，因為英文也沒有統稱的詞，來稱呼 *Bos taurus* 這個物種，而是根據牠的性別和年齡及經濟價值，將之稱為黃牛（cattle）、乳牛（cow）、公牛（bull）、閹牛（bullock）、閹公牛（steer）、去勢公牛（ox）、小母牛（heifer）或小牛（calf）。

3、從物種層級以上的分類方面來看，原住民分類系統與西方科學之間的鴻溝，也有加劇的趨勢。許多生物學家主張，只有物種才是自然界中真實存在的個體單位，更高層級的分類名稱都多少有些獨斷（Gould 1980: 210）。一般來說，民俗系統裡更高層級的分類，都無法密切對應到科學系統。舉例而言，澤塔爾族將植物分成四類，大致可稱為樹、藤蔓、草及闊葉草本植物，涵蓋他們約四分之三的植物名稱，其餘則獨立於這套架構之外。新幾內亞的卡拉姆族，將爬蟲類以外的四腳脊椎動物分成以下三類：意指鼠類的 *kopyak*、混雜大型哺乳類獵物的 *kmn*、以及包含各種蛙類與小型齧齒類的 *as*。他們不是以這些動物在生物學上的相似性劃分（卡拉姆族雖有認知道這些特徵卻認為不重要），而是按照生計活動的性別分工來區分。婦女和小孩負責抓的稱作 *as*，主要由男人負責獵捕的稱作 *kmn*，而 *kopyak* 指的是生活在不潔的環境裡，屬於完全不可食用的動物。

4、我們或許能用兩種方式，來理解原住民分類系統的基本命名，一種是指特別重要或顯眼的物種，即胡恩所謂的主要指涉對象（core reference）；一種是延伸指涉對象（extended reference），用來指一或多種相似但較不重要的物種。至於一個名詞指的到底是核心物種，或是延伸類物種，則是視脈絡而定。二名法特別可能造成一個問題，例如澤塔爾族將所有的知更鳥（林奈系統歸為鶇屬，*Turdus*），都稱作 *toht*，

稍微修改屬名，就能分成五個物種，如 *ch'ish toht* 指的是中美鶇（rufous-collared robin, *Turdus rufitorques*），但他們經常會用原始屬名，來表示民俗分類法裡歸為同一個屬底下的核心物種。至於一個名詞是用來指屬或種，則視脈絡而定。

5、傳統系統裡的動植物名並不統一，可能會隨方言或聚落而改變，甚至因人而異，因此研究者必須經常處理胡恩所謂同義字及同音異義字的問題。舉例而言，我到詹姆士灣地區東部開始調查克里族各種魚的名字時，經驗比我豐富的同事費特曾告誡我，接觸到每個部落公認的同義名詞，以及部落之間不同的名詞時，都須多加留意。果不其然，兩種情況我們都遇到了（見「表 3.1」）。更複雜的是，他們還有一套為魚「取綽號」的特殊系統。漁民可能不會用一般的克里族名字 *chinusaw* 來稱呼白斑狗魚（northern pike, *Esox lucius*），而是依據自己的心情將之稱作「水王子」（the prince of the waters，較有詩意的譯名）(Berkes and MacKenzie 1978)。胡恩也提到，還有其他複雜情況，也可能造成研究者的困惑，如亞太地區有些文化會為了避免想起最近已故的人，而以別的名字或繁冗的說法代替原本的動植物名。

6、不同文化都會詳細區分他們重視的環境因子，因此研究者必須瞭解，並非只有動植物的分類，才會用具有生態與文化意義的民族科學分類法，例如，北方的原住民擁有冰、雪相關的豐富詞彙，中亞突厥民族傳統的男女騎兵會用各種形容詞來稱呼馬的毛色，即使住在現代都市的突厥人鮮少會看到馬，這些名詞還是存在現代的土耳其語當中。英文的湖指的就是湖泊，但在孟加拉語中，湖包含 *boar*（牛軛湖）、*beel* 和 *haor*（兩種地勢低窪的天然凹地），以及地勢漸淺，雨季時會變成季節性湖泊的洪氾區 (Ahmed *et al.* 1997)。

7、傳統知識往往有男女方面的區別（Turner and Turner 2008; Camou-
　　Guerrero *et al.* 2008），羅切羅（Rocheleau 1991）寫道：「婦女及其
　　負責的工作、關注的事物，特別是他們的知識，普遍『很難
　　被看見』，導致有半數或逾半數的原住民生態科學都隱蔽不
　　明。」但這類知識卻又大多至關重要。席瓦（Shiva 1998）指出，
　　鄉村窮困婦女重視的是，知識是否有利生存。源源不斷的田
　　野研究都顯示，農業專業化及隨之專業化的農業知識等傳統
　　工作，都蘊含男女有別的特性。如卡拉姆動物分類等上述一
　　些例子，也反映出這種情形。即使在民族科學裡，並未明確
　　看到某個性別特有情況，研究者仍最好能記得，工作內容不
　　同，以及關注事物的不同，仍有導致知識的內容及傳播途徑
　　會因性別而異。舉例來說，詹姆士灣的克里族人，無論男女
　　都具備相同的知識內容及野外求生技巧，但絕大多數的知識
　　卻是按照性別來傳遞。在其中一個部落裡，負責傳授年輕女
　　性野外求生技巧講師當中，有三分之二是婦女，在更小及更
　　傳統的部落裡，比例可高達 80%（Ohmagari and Berkes 1997）。

8、在民族科學中接觸到特定文化獨有的含意及指涉意義時，必
　　須小心謹慎，胡恩（1993b: 20）指出，上述討論到的動植物名字
　　含意皆屬指涉意義，名詞中只有一部分能會包括文化含意。
　　舉例而言，狗代表的是 *Canis familiaris*，但在某個文化裡意
　　指「人類最好的朋友」，在另一個文化裡可能代表「拉雪橇
　　的動物」，在別的文化裡又代表「晚餐」。「只要確立指涉
　　意義」，胡恩說道：「學習傳統生態知識系統的人，就有機
　　會認識其他所有的文化含意。」

9、最後，研究傳統生態知識時必須慎選報導人（informant），
　　部落裡並非人人都擁有相同的在地與傳統知識。通常會有少
　　數幾個人，是當地公認某個專長領域的專家，例如藥草（Byg

et al. 2010）。部落裡與部落之間，確實存在知識異質性的情況（Ghimire *et al.* 2005）。戴維斯和華格納（Davis and Wagner 2003）回顧探討如何找出當地公認專家的在地與傳統知識文獻時，發現許多已發表的研究根本無法符合方法論的最低標準，尤其有許多研究皆未註明訪談樣本篩選的方式。奧森和福爾克（Olsson and Folke 2001）的方法論十分值得仿效，文中除了詳細說明確認誰是專家的方法，也談到在地知識對於制度的影響。並非一定要大量訪談，才稱為好的研究方法，舉例而言，馬尼普和布爾莫（1977）、約翰尼斯（1981）、胡恩和塞拉姆（1990）及中島（1991）等經典的傳統生態知識研究，每一份研究都只仰賴一個主要報導人（或共同作者）。

雖然方法論不是這本書的重點，但平心而論，許多較為出色的在地與傳統知識研究，靠的是其實是好幾種不同研究法，並同時運用多套方法加以驗證，包含參與觀察法（第七章）、半結構式訪談（Huntington 2000）、焦點團體（第五章）、參與式製圖（participatory mapping）（Bryan 2011）、參與式工作坊（Kendrick and Manseau 2008; Knapp *et al.* 2011）、網絡分析（network analysis）（Crona and Bodin 2006; Evans 2010），以及參與式農村評估法（participatory rural appraisal, PRA）（Grenier 1998）。除了許多研究者都會運用各式各樣的參與式行動研究法（Fals-Borda 1987）之外，運用合乎文化的原住民研究方法，也是現在的趨勢（Louis 2007; Wehi 2009; Geniusz 2009; Kovach 2009）。前一章「表 2.1」列出傳統知識研究的幾個領域，每個領域都有自己的研究方法及進路。舉例來說，世界各地發展出的土地利用與占用研究，都會運用不同的進路與研究方法。東南亞的土地利用研究與「領域化」有關（Peluso 1995; Vandergeest and Peluso 1995），在中美洲則會涉及「民族地圖學」（Chapin and Threlkeld 2011）。

表 3.1 詹姆斯灣克里族印地安人的克里族標準語魚名表

	大鯨 (Great Whale)	喬治堡 (Fort George)	雄民吉 (Wemindji)	伊斯特曼 (Eastmain)	魯伯特之家 (Rupert House)	瓦斯萬尼皮 (Waswanipi)	奈邁斯考 (Nemaska)	米斯塔希尼 (Mistassini)
北頰紅點	sùsàsù	sùsàsù	—	—	—	—	—	—
內陸鮭魚	unàw	unàw	—	—	—	—	—	—
靈紋大牙石首魚	màsimàkus	màsimàkush	Màsimàkush	màsimàkush	màsimàkush	màsimàkush	màsimekw	Màsimekw màsimàkush
湖紅點鮭	kùkamàs kùkamàw	kùkamàsh kùkamàw	Kùkamàsh	kùkamesh	kùkamesh	namekush	namekush	namekush
白魚	atihkamàkw	atihkamàkw	Atihkamàkw	atihkamekw	atihkamekw	atihkamekw	atihkamekw	atihkamekw
湖白鮭	nùtimiwàsù	nùtimiwàsù	Nùtimiwàsù	nùtimeshish	nùtimiwesù	utùlipi uchùlipish	utùlipish	—
江鱈	mìy makutu	mìyàhkatù	mìyàhkatù	mìyàhkatù	mìyàhkatù	mìyàhkatù	mìyàhkatù	mìyàhkatù
北美白鯉	iyichàw	nimàpi	Nimàpì	namepì	namepì	namepì	namepì	namepì
紅吸口魚	nimàpi	mihkumàpi	mihkwàshàw mskuchikàsh	mihkubchikàsh mihkwàshew	mihkubchikàsh mihkwàshew	mihkwàsew	mihkusew	mihkusew
湖鱘	—	nimàw	Nimàw	namàw	namew	namew	namew	namew
玻璃梭吻	—	ukàw	Ukàw	ukàw	ukàw	ukàsh	ukàsh	ukàsh ukàw
狗魚	chinusàw	chinushàw	Chinushàw	chinushew	chinushew	chinushew	chinushew	chinushew

大鯨＝鯨魚唱站 (poste-de-la-Baleine)；喬治堡＝契沙西比；魯伯特之家＝瓦斯卡甘尼什 (Waskaganish)。

物種學名及詳細克里族命名法引自伯克斯和麥肯齊 (Berkes and MacKenzie 1978)。

誇大其詞與民族科學：愛斯基摩的雪之騙局？

　　傳統知識研究一直以來的問題之一，就是資訊到底可不可靠。原住民的知識可以接受檢驗嗎？可以用科學知識來驗證嗎？經驗豐富的研究者知道，某些族群如何敘述事情，可能比敘述的內容更為重要。別拉夫斯基（Bielawski 1992）的說法是：「因紐特人陳述的方式比他們陳述的內容，更能展現其知識內涵。」研究者必須熟知某個族群溝通的方式，例如，費爾特（Felt 1994: 259）寫道，紐芬蘭的漁民「表達他們理解的事物時，都會分享自己的奇聞軼事，也會鉅細靡遺敘述故事原委，或是杜撰部落先民的故事，這些『天方夜譚』或漁民間競相述說的離奇故事，往往都非常幽默逗趣」。作者以一個類似的天方夜譚為例，他說自己將漁網固定在冰山上，但這是不太可能的做法（這是基於安全考量，因為冰山容易傾覆），但他其實是在暗示，魚群可在逐漸後退的冰山附近找到豐富的食物來源，因此那裡很適合捕魚（Berkes 1977）。

　　愛斯基摩人（因紐特人）與雪相關名詞的爭議，是個特別有趣的案例，顯示誇張的資訊內容是如何透過文獻流傳至今，而這完全不是因紐特人的錯。語言學家普倫（Geoffrey Pullum）曾著書探討，即使專家費盡心血將澄清真相，一般普羅大眾仍會對謬論深信不疑。「在語言的研究裡，」他寫道：「世界上流傳一個說法，認為愛斯基摩人與雪相關的字彙不計其數，這是最為普遍的一個例子。」（Pullum 1991）

　　普倫引述馬丁（Martin 1986）的研究發現，這說法可追溯到鮑雅士（Franz Boas），這位知名的人類學家曾於某部評論著作中，探討愛斯基摩人與雪相關的字根，一九四〇年代時被某位「業餘人士」（亦即既非語言學家，也非人類學家）整理出來，加油添醋地增加七個以上的類別。馬丁發現，經過幾十年來數度接連草率地重覆提及之後，

與雪相關的名詞已經暴增至一、兩百種之多！

　　普倫（1991: 163）不僅質疑這些數目，也懷疑愛斯基摩人的詞彙真的比英文區分地更精細龐雜。據他指出，包含滑雪人士等許多不同群體，都會用粉雪（powder）及冰面（crust）等專有字詞，甚至是普羅大眾也會用一些常見字詞，例如：「白白蓬鬆的稱作雪，不完全融化的叫半融雪（slush），半融狀態時落下稱作霰，會造成行車危險的傾盆大雨，則稱為暴風雪。」

　　雖然普倫探討學界馬虎的態度及一般大眾容易輕信假消息時，提出的論點備受肯定，有些分析卻顯示出對於民族科學理解的薄弱，如：「你想想看就知道，愛斯基摩人對雪應該沒那麼有興趣。雪在傳統愛斯基摩獵人的生活裡，應該是像海灘上的沙那樣恆常存在的背景，即使是經常流連的沙灘客，也只會用一個字來形容沙子。」（Pullum 1991: 166）他更進一步說道：「實際上，雪有各種不同名稱的說法，不過是空穴來風，只是那群人類學語言學家意外發展出來，卻騙到自己的騙局。」（Pullum 1991: 162）

　　這些結論當然並不正確。論述傳統生態知識，我們必須理解到，這問題不僅涉及人類學的證據，也包含生態學的證據。北極生態學家普魯伊特（Bill Pruitt）這數十年來，都有用到愛斯基摩人（因紐特人）及其他原住民各種與雪有關的名詞（Pruitt 1960），並且說道：「靠近北極的生態學家會面對到各式各樣的自然，且許多都無法精確地用英文來形容，尤其是雪和冰的現象。因此我們寫字和說話時，都會夾雜許多因紐特語、阿薩巴斯坎語、拉普蘭語（Lappish）及通古斯語（Tungus），這麼做並非為了展現博學，而是有助於我們精確地表達意思與想法。」（Pruitt 1978: 6）

　　「表 3.2」從特別用來形容雪的名詞當中選取幾個，並闡釋研究語言及民族科學研究時納入生態面向的重要性。至於這類名詞實際存在的數目為何，薩米族的教育工作者及語言學家麥加（2006: 34）寫道：

表 3.2 雪的專有名詞

名詞	原始語言	中文同義詞
Aŋmaŋa	因紐特語	流冰與造成流冰的障礙物之間形成的空間
Api	因紐特語	雪地；森林
Čiegar	薩米語	貫穿未受干擾的 api 形成的「飼料槽」
Čuok'ki	薩米語	緊貼土壤的固體冰層
Fies'ki	薩米語	馴鹿挖掘後形成的， 又硬又厚又細長的「庭院坑洞」（yard crater）
Kaioglaq	因紐特語	大型的硬質 kalutoganiq
Kalutoganiq	因紐特語	Upsik 之上箭頭形狀的流冰；隨風移動
Pukak	因紐特語	api 脆弱的原柱狀底層
Qali	因紐特語	樹上的雪
Qamaniq	因紐特語	針葉樹下 api 的碗狀凹陷處
Sändjas	薩米語	api 底部脆弱的原柱層（等於 pukak）
Suov'dnji	薩米語	在 api 裡鑿出的「覓食坑」（feeding crater）
Upsik	因紐特語	覆蓋凍原表面，風侵襲導致硬化的雪

文獻來源：修改及濃縮的內容摘自普魯伊特（1984）。因紐特的字彙摘自 Kovakmiut；薩米語等同於斯堪地那維亞半島北部的拉普蘭語。

「形容雪和冰的基本名詞就有 175 到 180 種，」加上其他名詞及衍生詞，「與雪、冰、結凍及融化相關的詞位，總數可能有高達一千餘種。」薩米族及其他北方民族都明顯對於雪極感興趣，相關字庫豐富的說法也絕非騙局（Eira *et al.* 2013）。這例子不僅證明我們必須避免以短淺的眼光來理解跨文化現象時，也顯示出若未顧及廣博的跨學科觀

點，僅憑藉一個學科狹隘的觀點，會犯下多少錯誤。

人類生態學與領域性

我們在第二章談到傳統生態知識的社會與文化意義，有時與原住民知識當中的神聖性有關，例如：象徵符號的含意，或它們對於社會關係及價值觀具有的重要性。雖然語言學家的存在，是我們能理解文化中社會與生態關係的關鍵，但人與環境之間的功能性關係，以及人對於自己如何適應環境系統的認知，皆屬生態人類學，尤其是文化生態學的範疇。

文化生態學是一種民族學的研究進路，主張全世界各個社會都以生產的形式來適應當地環境。文化生態學的出現，源於史都華（Steward 1936）狩獵 - 採集族群社會組織的研究。史都華反對環境決定論，不認為一個文化的特色是由環境所塑造，他以遊群（band societies）為例，說明社會組織本身，就會對應到該族群適應環境生態的某種方式，他認為人類利用既有環境時進行的基本調整，會對於社會本質及不知多少的文化特徵產生影響，而文化生態學則是研究那段適應過程（Steward 1955）。

後來的研究顯示，透過人類適應環境過程研究來探討文化人類學，成果相當豐碩，而且有證據充分的經驗資料，可用來記錄各種系統性的生態關係（Lee and Devore 1968; Netting 1986）。傳統生態知識的確是在地形成的知識，但比較分析卻顯示，同類的區域也會出現類似的生態適應方式。在游耕及火耕等例子當中，我們都能在文化與地理背景迥異的地方，找到具有相同功能的傳統制度（第四章），這些都是傳統生態知識的重要性不僅限於當地的原因。由於傳統制度往往包含經年累月適應某個環境的方式，以及管理資源時遭遇的問題，所以無論何處的資源管理者都會對其產生興趣（Turner *et al.* 2003; Turner and Berkes

2006），這種適應方面的例子之一，就是人類的領域性及領域範圍內的資源利用。

早期研究文化生態學的美國民族學家斯佩克（1915）認為，獵場制度是拉布拉多省原住民保育資源的方式，但這項結果後來遭到抨擊，因為那些原住民家族（family-based）獵場是在毛皮貿易出現之後才形成的，所以無法代表原住民土地使用權制度（Leacock 1954）。上述第二種獵場制度起源的說法，或許才是正確的，只是論點仍莫衷一是（Bishop and Morantz 1986）。然而，從資源管理的觀點來看，斯佩克原本提的論點其實是有根據的，北美洲大多數原住民，或許有一度都是透過部落（community-based）獵場（而非家族獵場）來管理資源。蘇頓（Sutton 1975）認為，或許大多數北美原住民的土地使用權制度，都包含族群內資源分配及資源取用管制的規則，也包含可轉讓但不完全讓渡資源使用權的特權。換句話說，土地的產出會受到相關規定及分配決定影響，但土地本身永遠都是「非賣品」（見「學習方塊3.2」）。重點在於，他們雖然有資源權，卻沒有土地權，因為土地是屬於造物主的（Trosper 1998, 2002）。

北美洲原住民土地使用制度多已消失，詹姆士灣是其中一個例外。自一九七〇年代起，人們為了確定這些區域的土地使用制度運作情形，進行了許多詳細的研究（Feit 1991）。詹姆士灣克里族人住在拉布拉多省那斯卡比族及蒙塔涅族（因努族，Innu）以西的土地上，各種土地制度皆屬於共用財產制。每個部落（此處指的是契沙西比克里族）都有一塊部落領土，再分給每個家族當作獵場（Berkes 1986b），由一名資深獵人擔任家族首領，並負責落實部落規定，雖然只有家族成員或受邀的人能去那裡設陷阱捕捉毛皮獵物，但大家普遍都知道，任何需要養家的部落族人都可以來打獵或捕魚。在領土範圍內，每個獵人都有屬於自己的河狸巢穴，違反一般狩獵、捕魚或陷阱狩獵規則的人，都要接受習慣法的處罰及社會制裁。

整體而言，狩獵權限縮了能在家族及共用領土狩獵的人數，在有限度的狩獵壓力底下維持高度生產力，如此一來，即使發生人口眾多又持續成長的情況，領土制度也能發揮作用，限制經常狩獵的人數，並穩定整體的狩獵壓力。我們利用十八年來的資料集來檢驗這個假說，詹姆士灣東部的克里族人口在這段期間內成長近兩倍，參與傳統土地經濟活動的比例下降，但參與的人口數（如經常狩獵的人數）實際上卻如同基礎資源一樣，都維持著穩定的狀態（Berkes and Fast 1996）。

學習方塊 3.2
克里族的幽默：土地是「不動產」

克里族與北美許多原住民一樣，平時在生活互動中就常展現他們的幽默。今天的克里族幽默，現今大多是在諷刺歐裔加拿大人（*wapstagushio*，即白種男人）荒唐可笑或令人費解的行徑，將造物主所造的土地當作商品就是其中之一。

當時正值春天，獵雁季節已近尾聲，冰正從詹姆士灣逐漸退去，我跟一位克里族夥伴為了檢查漁網，正沿著契沙西比的海岸一路走著。中途在一塊可以俯瞰詹姆士灣的石頭上喝杯茶歇口氣時，目睹兩艘大獨木舟緩緩駛近，有幾家人剛結束一個月左右的獵雁活動，要返回契沙西比村。克里人是很熱情的民族，永遠不會錯失閒聊或瞭解最新八卦的機會。這幾艘獨木舟停靠在我們中途休息的地方，給了我們一些煙燻鴨肉，也收下我們給他們的新鮮水煮魚。他們當然也注意到我了，林子裡出現部落以外的白種男人，一直是相當罕見的事。他們沒多久就開始問我的夥伴，想知道我在那裡做什麼。他回答時用的是克里語，把那些訪客逗得哈哈大笑，而且笑聲久久不止，至少我有這種感覺，我坐在那裡有點不

自在，又感到十分好奇。他到底說了什麼，讓人覺得如此爆笑？我的夥伴後來解釋他只是說：「喔，這個 *wapstagushio* 啊，他是來看房地產的。」我必須承認，當時自己實在無法理解箇中幽默。但當時克里族才剛結束一樁「還我土地運動」的案子，正在與為了排除障礙來興建水力發電廠、且一心想要重新定義原住民權及土地權的政府協商交涉。所以請想像一下，獵人這一個月來都在獵雁活動中享受平靜，遠離法院官司及那些覬覦他們土地的工業化國家瘋子。結果在獵雁季節尾聲回來時，第一個遇到的，竟是不知從哪裡冒出來，坐在光禿禿的石頭上一邊喝茶吃點心，一邊配著水煮白魚，貪婪的眼睛四處觀看打轉，對著造物主這塊土地估算著不動產價值的 *wapstagushio*。

文獻來源：伯克斯的詹姆士灣契沙西比田野筆記。

　　北美西北部太平洋沿岸也有不同的漁場、獵場及採集領域範圍，卑詩省北部則有這些領土長期利用情形的完整詳細記錄（Collier and Vegh 1998）。尼斯卡族聲稱，卑詩省與阿拉斯加交界處附近的納斯河（Nass River）流域是他們的部落傳統領域，每個尼斯卡族的部落都會使用到一部分，每戶（*house*）都有族長負責管控那部分範圍內的特定鮭魚捕撈地點，一戶意指具有親屬關係的社會群體。因此，資源所在的領域從流域到具體的捕撈地點，全都按照各個層級編入系統。為了確保每家的戶長能負起家中公平分配資源的責任，北美西北部太平洋沿岸多處都有分享與互惠的相關規定。散財宴（*potlatches*）常由多個群體共同舉辦，這種定期舉辦的活動，是一種將捕魚過剩的魚貨分享出去的機制。特斯伯（1998, 2009）認為，散財宴或許能透過抑制個人財富的累積，來解決「共有地悲劇」的問題。

　　但我們若認為領域性只是一種資源管理機制，等於未瞭解事情的全貌。舉行散財宴不僅是為了共享資源，而是本身就具有相當重要的

文化意義，土地之所以重要，也包含一些文化的因素，舉例而言，土地無論是對於青年教育而言，或對於克里族人之間（Ohmagari and Berkes 1997）、墨西哥的塔拉烏馬拉族人（Raramuri）*之間（Wyndham 2010）及其他民族內部的知識傳播都十分重要，這種鑲嵌於行動之中的無意識認知，無論對於分享及互惠等社會價值觀的延續，或在文化再製方面（Preston 1975, 2002），也都相當重要。費特（1991: 227）的解釋是：「獵場既是一種實踐系統，也是文化系統，兩者相互交織，與獨特的社會形態及關係密切相關……，不斷重覆實踐這些獨特的土地觀念與社會關係，一直是阿岡奎人（Algonquian）能保有獨特的土地權系統重要的能力。」

經典的人類生態學研究，關注的大多是不同文化族群與地理區域的領域性及土地使用權制度。舉例而言，威廉和胡恩（Williams and Hunn 1982）合著的書共十一章，其中五章探討的就是領域問題，當中有的是沿海海域，有的是陸域環境，如大洋洲（Johannes 1978）的例子，以及北美西北部太平洋沿岸的一些部落。瓜求圖人（Kwakiutl）曾為河釣漁場命名（Boas 1934），至於原住民以外的族群方面，艾奇遜（Acheson 1975）曾發表一份報告，聲稱緬因州商業捕蝦業有領域性資源利用的情形。這類調查結果，使國際上各個資源管理圈的人，開始認為管理應以土地與海洋使用權制度作為基礎。舉例而言，克利絲蒂（Christy 1982）建議，政府應考慮認可當地人漁場的領土使用權（TURFS），來提高資源管理效益，而且這方法也成為世界上某些優良沿海漁業管理系統的基礎（Gelcich *et al.* 2010）。

領域性這個概念背後的基礎生態論證十分簡單，生態學家認為這種機制，不僅能將族群規模控制在現有資源的範圍內，也是許多哺乳類及鳥類，尤其是狼等掠食性動物等物種會有的自我調節行為機制。

---

* 譯注：後改名為 Tarahumara，因此將族名翻成塔拉烏馬拉族。

目前已有人建立一些經濟或生態模型，來解釋領域範圍或不同類型的資源管控模式存在與否的情形。戴森-哈德森和史密斯（Dyson-Hudson and Smith 1978: 22）首先將原本從動物生態學發展出來的模型，用於人類族群的研究，並將領域定義為「幾乎由個體或群體獨占，會透過公然防禦或某種溝通方式來達到排他目的的區域」。經濟防禦力模型估計，只要獨有使用及防禦效益高於成本，就會出現領域性行為。戴森-哈德森和史密斯（1978: 21）主張，資源的規律性與豐富度是決定成本效益的最重要因素，他們表示：「只要關鍵性的資源長期在分布上都充足豐富並且規律穩定，就會出現領域性。」若那對於族群的福祉而言並非關鍵性的資源，就不值得保護；同樣地，若資源過於稀有或豐富，也沒有保有領域性的效益。

除了其他人之外，理查森（Richardson 1982）也將經濟防禦力模型，套用於北美西北沿岸地區從加拿大到阿拉斯加之間，這個已有相當豐富資料的地區，並發現這套模型基本上十分適合用來解釋資源管控模式，最常受到取用限制的，往往是鮭魚等規律穩定與豐富的資源。但他也發現戴森-哈德森和史密斯的模型，不足以用來解釋資源利用及領土方面的區塊分布，並認為有些領域性只能用文化（而非生態或經濟因素）來解釋。同樣地，查普曼（Chapman 1985）指出，以在地政治及權力關係說明南太平洋某些區域的海洋使用權，比用資源管理來解釋更為簡明易懂。但也有人特別提到，即使在沒有領土的情況下，也可能存在傳統的管理制度，冰島近海漁業的例子即是如此（Palsson 1982）。

自一九八〇年代開始，漸漸地似乎不再有人強調領土與經濟模型的重要性，反而開始採用更廣泛的觀點，認為領域性在文化中同樣具有社會性功能，此即費特（1991）等人所主張的。同樣地，原本的分析是以領域性為主，後來也大多改以強調財產權與共有地制度規範。雖然很多人都贊同領域性的重要性，卻也認為在更大的權利、義務與規

則系統底下，這只是其中一個面向。生態學家提醒我們，每個物種都必須順應環境的資源限制，只是人類的自我調節的行為機制比其他動物更為複雜。很多動物族群都有自己的領域範圍，人類當中有許多族群則有共有地的制度規範，而且通常會包含取用、分享及合宜資源利用行為規則等制度。

社會體制與自然系統的整合：世界觀的重要性

資源管理及社會體制的整合，是近年來人類生態學研究的其中一個重要領域。威廉和胡恩（1982）探討的，主要以北美西北部太平洋沿岸及澳洲的原住民為主，這本兩人合著的書是早期文化生態及資源管理的比較研究案例之一。海洋生態學家、地理學家、人類學家等跨學科的專家學者（Johannes 1978, 2002a; Klee 1980; Ruddle and Johannes 1990; Freeman *et al.* 1991）匯集了大量文獻，這些探討大洋洲傳統管理制度的文獻，徹底改變了管理的思維。無獨有偶的是，有一群跨學科團隊研究亞馬遜地區傳統文化的熱帶森林利用方法之後，也改變了熱帶森林保育的概念（Posey and Balée 1989; Balée 1994; Redford and Mansour 1996; Posey and Balick 2006; Brondizio and Moran 2013）。

這些研究促使人開始找尋另類的資源管理制度。我們能透過這些研究，深入瞭解更整全、更接近系統生態學脈絡的方法（Regier 1978; Brondizio *et al.* 2009），以及依據在地知識及實踐形成的適應性制度（Holt 2005），其中有些系統可能具有「原住民生態系統概念」的特色，「學習方塊 3.3」也舉出一些例子。基本上，這些與生態系統相似的概念，各個都具有兩個特徵。第一，在這些案例中，土地或水源傳統上是以地理分界（多為流域邊界）為單位；第二，傳統概念上，會認為這那個單位環境範圍內的一切萬物都休戚與共（Berkes *et al.* 1998）。

透過世界上許多地方的傳統文化重新發現接近生態系統的觀念，

大大增進了生態學家對於傳統整全自然觀的體悟。但有人可能會主張，科學的生態系統觀原本是「披著現代外衣的大地之母延伸概念」（Golley 1993: 3）。但實際上，許多生態學家定義的生態系統，卻將人類排除在外，並以牛頓式的思維來描述生態系統，彷彿可以將機械論套用於自然身上（至少近數十年來皆如此）（Golley 1993）。

北美西北部太平洋沿岸的吉山（Gitksan，Gitxsan）及維特蘇維特恩族（Wet'sewet'en）的領域，都能用來闡明原住民的生態觀，有個原住民族群與這些領域關係密切，他們會在那裡採集各種資源，由有親族首領代表進行管控。首領稱他們的領域是以「從山頂到山頂之間」為疆界，並以流域範圍內從谷底到山頂的垂直線，以及從上游到下游的水平線這兩條軸線，來定出自己的位置（Tyler 1993）。吉山族以親屬關係劃分的家戶（*wilps*）詳細土地利用圖顯示出，流域能密切對應到 *wilps* 或 *wilps* 群（Collier and Vegh 1998），仔細檢視過後，會發現這不單純是領域範圍，而是「流域生態系統同時代表了領域範圍」。

「表 3.3」的例子僅舉出幾種與生態系統觀相仿的原住民應用方式，但真正重點在於，這些傳統與西方的生態系統觀間不僅有許多差異，也有許多相似之處，因此不應單純將「表 3.3」的例子歸為科學時代以前的生態系統概念，因為兩者的脈絡及概念基礎皆不同。我們曾於第一章探討過犬肋族甸尼語（阿薩巴斯坎語系）的 *ndè* 觀念，*ndè* 可翻成「生態系統」，只是基本上主張自然萬物皆有生命與靈魂（Legat *et al.* 1994），這就與機械論的自然系統概念截然不同。

這促使我們開始思考這些概念基礎、世界觀或宇宙觀的問題，而賴歇爾 - 多爾馬托夫（Reichel-Dolmatoff 1976）在哥倫比亞亞馬遜西北部圖卡諾族（Tukano）進行的研究，則是探討原住民宇宙觀的經典研究之一，研究中談到相信獵物有靈魂如何抑制了過度獵捕的情形，以及薩滿教能在自然資源管理方面發揮什麼作用。賴歇爾 - 多爾馬托夫吸引人注意到圖卡諾族的宇宙觀如何提供了生態適應的藍圖，宣稱世界觀

表 3.3 原住民生態系統概念：生態系統觀點的傳統應用案例

系統	國家／地區	參考文獻
部落族群的流域管理系統，範圍包含捕撈鮭魚的溪流及相關的狩獵、採集區域	北美西北部太平洋沿岸的美洲印地安人	威廉和胡恩（1982）；史威澤伊和海澤（Swezey and Heizer 1993）
地名說明了融合人與自然的地景單元；以流域疆界或溪流定出聚落範圍	玻利維亞安地斯山的克丘亞人	波賴特等人（2013）
魚類養殖（tambak，爪哇語）的三角洲與潟湖管理系統，以及魚稻共生的農耕方式	南亞及東南亞	約翰尼斯等人（1983）
瓦努阿（Vanua，位於斐濟）是陸地與海洋的集合地名，連同住在其中的人一起，皆被視為一個整體	大洋洲；包含斐濟、索羅門群島及古代夏威夷	魯德爾和秋道（Ruddle and Akimichi 1984）；貝恩斯（Baines 1989）
每個家族都有屬於自己的流域（iworu），同時也是他們的獵場、漁場與採集區域	日本北部愛奴人	渡邊（Watanabe 1973）；路德維希（Ludwig 1994）
氾濫平原綜合管理系統（dina），不同社會團體透過互惠取用協議共享資源所在的區域	非洲馬利內陸尼日河三角洲	摩爾黑德（Moorehead 1989）

是一個族群的文化生態背後的組織性概念（見「學習方塊 3.3」）。圖卡諾族的宇宙觀並非美洲獨有，舉例而言，他們的宇宙觀與安地斯山的原住民宇宙觀有諸多相似的特徵（Valladolid and Apffel-Marglin 2011）。

　　探究傳統生態知識領域，主要可以從宇宙觀與世界觀切入。傳統的世界觀與現代主張善盡管家責任管理資源的思維，兩者是否契合？是否與我們重新檢視目前對於環境的態度有關？我們的價值觀及宇宙觀，來自於我們如何看待這個世界及宇宙萬物，以及如何理解我們與

世界及宇宙萬物的關係（Skolimowski 1981）。我們對於周遭世界的觀察，都是透過宇宙觀所形塑的觀念來建構的。第一章裡貝特森、卡普拉與貝瑞等人暗指的，就是現代西方人看待人在自然中的地位時的典型世界觀。艾佛頓（1993）主張，啟蒙時代已降的主流西方社會裡，人類的自我認同就脫離了周遭的世界，彷彿外星人一樣。生態學家本身就是科學家，他們認為「基本上就必須將自然視為無生命、可拆解、解釋與操控的機器」（Evernden 1993; 20）。史考利莫斯基（Skolimowski 1981）也主張，我們的宇宙觀太過仰賴實證主義及科學主義，也太過機械論與注重分析，較少以人文思想為依據，也較不重視人對於自然的道德責任。

　　世上所有的文化不一定都符合這種歸納性陳述，即使是西方傳統，有些也不接受這種世俗不受個人情感左右的自然觀，如聖方濟（St. Francis）（White 1967）及聖本篤（St. Benedict）（Dubos 1972）的思想等另類的基督教自然觀，其他還有諸多關於道家、佛禪及伊斯蘭教蘇非派環境觀（Pepper 1984; Callicott 1994, 2008; Selin 2003）的討論，其中有些與許多原住民的泛靈論傳統相符。這或許是因為，現今的原住民與某些東西方主流宗教的某些靈性傳統，皆取經相同的古老人地關係智慧泉源（Berkes 2013）。世界觀是傳統生態知識分析當中至關重要的問題，第五章也舉出了幾個原住民社會獨特世界觀的例子。

學習方塊 3.3
圖卡諾族的宇宙觀

根據賴歇爾 - 多爾馬托夫所言，在圖卡諾族的文化裡，每個人都認為自己身處於交互影響的複雜網絡之中，這不僅是指社會，更包含整個宇宙。所謂的萬物相連基本上意味著，人應履行的職責

當中，有許多都遠遠超過自己在社會裡扮演的角色，這些都屬於延伸至社會之外的適應性規範。這些規範不僅決定人如何與他人互動，也左右人與動物、植物及其他環境因子的互動方式。賴歐爾-多爾馬托夫說道，人必須遵循的那些規定，指的「尤其是為保護心目中終極理想狀態的生態平衡，所做出的合作行為。因此人與背後環境之間的關係，不僅形塑了他的認知，顯然也在他以尊敬和謹慎的態度對待每個動植物時，建構出他與這些生物之間的實質關係」。

賴歐爾-多爾馬托夫主張，圖卡諾族清楚知道，若要維持資源的供給，「必須制訂幾套調節性的機制，更重要的是，社會裡的每個人都必須完全尊重這些機制。這些必要的社會控制明顯是為了達到適應的目的，而且主要必須用於絕大程度上會決定存活與否的生存方面，此處要談的是人口增長，物理環境的利用及人際間的互相攻擊方面。顯然對於圖卡諾族而言，為了確保個人與集體性的生存與福祉，必須制訂一些能達到適應目的規定，來調節出生率、開採率，並消抵所有破壞社會的行為帶來的影響」。

賴歐爾-多爾馬托夫強調薩滿在醫病時扮演的角色，但重點不在於個人層次，而是在於「因某個人而受到破壞的超個人結構層次。他必須醫治生態系統中受到影響的部分，才能達到成效。因此或許可以說，圖卡諾族薩滿醫治的不是單單某一個人，而是要治癒功能失調的社會。醫治病人體內病變的器官僅是次要的工作，最終無論是實際上或在儀式的意義上，他終將獲得醫治，但真正重要的是重建規則條例，防止過度獵捕、某些植物資源枯竭、以及人口無止境成的情況發生。因此，薩滿就成為資源管控與管理背後，真正有效的力量」。

文獻來源：賴歐爾-多爾馬托夫（1976: 311, 312, 315）。

總而言之，傳統生態知識研究的智識根源，來自於民族科學與人類生態學，一開始是為了記錄不同文化裡的各個物種，慢慢發展成民俗分類科學，除動植物外，更包括之後增加的其他環境變數，後來轉而開始研究在地知識元素的功能性關係，包含人類對於生態作用的認知，以及人類適應環境的過程（Steward 1995）。一九七〇及八〇年代以來的人類生態學家，有些會強調領域性（Malmberg 1980; Berkes 1986a），雖然這方面的研究相當重要，而且直至今日仍有人做，但也有人開始運用解決共有地權利與制度的問題架構，來探討傳統資源管理系統。新的研究重點認為，取用規定只是其中一套規則，背後還有更大的權利義務。最後，人類生態學的研究必須注重脈絡與世界觀，賴歇爾 - 多爾馬托夫（1976）指出，我們研究時，必須將世界觀視為一個族群的文化生態背後的組織性概念，否則會很難或幾乎無法理解許多傳統管理系統的邏輯。我們將接著於下一章，選出幾個傳統生態知識系統來詳細探討。

第四章
實際運作的傳統知識系統

　　自古至今，人類所有的族群都必須謹慎地觀察大自然，若從觀察學到一些教訓，就能成功適應環境，但若沒有學到教訓，可能會造成致命的後果。驗證傳統生態知識的根本評判標準在於是否有助於存活，而關鍵就在於適應環境。因此，原住民知識的實踐，最主要就在談社會／文化體系適應某個生態系統的情形。我們很難否認，傳統社會在農業等各方面都達成許多成就，因為幾乎主要馴化的動植物，都出現地比西方科學更早。

　　傳統知識與資源管理實踐，都可能促進目前對於各種生態系統的理解與運用。西方文明大多位於北方的溫帶地區，不令人意外的是，西方資源管理也大多比較關注溫帶生態系統，而這引發了其他地區資源管理的一些問題。例如，許多熱帶海洋生態學家皆已指出，專為大西洋北部地區設計的漁業管理方式，完全不適用熱帶海洋生態系統。我們這些住在溫帶生態系統的人眼中所謂「邊緣」的其他幾處環境，也遇到相同情況，包含熱帶森林、乾旱地區、山脈，以及北極地區的生態系統。因此，最早提出這些議題的國際文件《我們共同的未來》使人開始注意到，部落與原住民知識由於蘊含了經年累月形成的各種觀點，更熟知當地環境背景脈絡，因此與熱帶森林、山脈與乾旱地區生態系統資源管理之間有密切的關係（WCED 1987: 12; 第一章亦有引述）。

　　然而，僅僅擁有知識，也不保證該族群會與環境和諧共處，目前也有不少傳統社會管理環境不當的案例。但我們也能推測，那些深信萬物平等，環境實踐通過時間檢驗，並有能力從經驗中學習的社會，

比欠缺上述條件的社會更有機會存活下來。我們探討綜合知識 - 實踐 - 信仰複合體時，可以進一步猜測，只要具備能合宜將知識應用於資源管理實踐的社會組織，以及符合生態審慎的世界觀，這樣的社會也具有適應性。

適應性管理及社會學習這兩大關鍵概念，有助於分析這個命題。適應性管理是自然資源管理的綜合方法（Holling 1986; Lee 1993; Gunderson *et al*. 1995），之所以稱為適應性，是因為這種方法承認環境條件隨時在改變，因此管理制度必須透過調整和演進來因應這些狀況反應。適應性管理與一些傳統知識系統相仿，都認為生態系統會不斷變動，強調生態再生循環的作用過程（包含資源利用），並著重韌性的重要性，而韌性意指系統有能力承受改變帶來的傷害，使系統不致於崩解，或形成另一種平衡狀態。同樣地，適應性管理也像許多傳統知識系統那樣，假設人無法控制自然，也無法預測土地的產出，所有的生態系統，包含管理範圍內的地方，都具有不確定性及不可預測性的特徵。這兩種社會都是透過狀況反應的學習來面對不確定性（Berkes *et al*. 2000; Carpenter *et al*. 2012; Biggs *et al*.2015），通常也不是個人教育，而是社會層面的社會學習，或是體制層面的制度性學習（Ostrom 1990; Gunderson and Holling 2002; Armitage *et al*. 2007）。

本章主要針對某個原住民知識的實例，以及各種生態系統裡的資源管理系統運作情形來談，主要談的重點，不在於在地與傳統知識本身，而是傳統系統如何成為社會與生態系統之間的橋樑（Berkes and Folke 1998; Berkes 2011）。本章會以兩個主題貫穿，第一個主題與演化生態學及文化演化有關，亦即傳統知識概括了人類各個族群數千年來適應種種環境生態的情形；第二個主題探討的是傳統智慧與目前一些資源管理的生態方法，特別是適應性管理法之間，兩者是否相容。本章會先介紹熱帶森林生態系統的資源管理案例，接著談到半乾旱地區、火的利用、內陸生態系統、沿岸潟湖及濕地。

熱帶雨林難道經不起管理嗎？

盧戈（Lugo 1995）總結，我們直到一九七○年代，傳統上都還認為熱帶森林是一座生物博物館，蘊藏豐富的生物多樣性，部分原因在於那裡的生態從未受過干擾。我們認為熱帶生態系統長久穩定、「成熟」，並相信生態系統複雜性與穩定性有關，因而各方面的功能都相當成熟。我們也認為熱帶森林太過脆弱，不應由人來管理，森林歷經適應過後，已經達到恆常（或穩定）的狀態，若人類在那裡活動或開採資源，森林將承受不了那些不可預測的後果。

到了一九七○年代晚期，許多生態學者已經摒棄生態複雜性必然與穩定性有關的觀念，而且似乎開始認為穩定這概念是有問題的，因為這個詞可意指不同的事物。霍林（1973）轉而提出生態系統韌性的概念，來意指系統承受改變的衝擊之後仍能屹立不搖的能力，後來證明這對於許多領域的運用極有助益，延伸後也用來探討人與自然的聯合系統（Gunderson and Holling 2002; Berkes *et al*. 2003; Chapin *et al*. 2009）。盧戈（1995）認為，管理熱帶雨林的關鍵在於注重韌性，而非我們以為的脆弱性及無法管理的部分。

熱帶生態系統有韌性的證據為何？生態學者越來越能在理論層面上，意識到自然干擾對於維持熱帶森林生態的重要性（Denslow 1987）。就實證經驗而言，越來越多證據顯示，以前我們認為的原始林，或許是早在數千年前就已經過人為干擾及管理的產物（Sanford *et al*. 1985; Gómez-Pompa and Kaus 1992a）。這些發現促使人開始研究當在地傳統系統，而且不僅侷限亞馬遜地區，也包含其他熱帶森林地區。熱帶地區施行的幾個傳統系統都顯示出，人類的利用與干擾，其實與永續的思維相符。世界上所有熱帶地區，都普遍施行游耕或火耕系統，包含亞馬遜地區、非洲某些區域、南亞及東南亞，以及新幾內亞（De Schlippe 1956; Spencer 1966; Redford and Padoch 1992; Brookfield and Padoch 1994; Ramakrishnan 2007;

Siahaya *et al.* 2016; Falkowski *et al.* 2016）。火耕會以多年為一個週期，開闢林間空地、種植、採收，接著進行小範圍的休耕。有人會輕蔑地將游耕稱作「刀耕火種法」（slash-and-burn），這種耕作法備受關注的原因在於，人們認為只要人口壓力增加、輪耕時間縮短時，游耕就會造成熱帶森林地區發生退化情形，此時可能會造成土地退化，而再生過程持續受到干預，也可能降低生物多樣性（Ramakrishnan *et al.* 2006）。

但其實許多環境學者都把原住民以正確方式施行的游耕，與部落外的人那種短期獲利的刀耕火種法混淆了，以致於無意中誇大了當地人對於砍伐熱帶森林造成的影響（Dove 1993）。「拉丁美洲被砍伐的熱帶森林當中，刀耕火種法式農業僅占 30%，……殖民者（在政府鼓勵他們伐林的情況下）施行的刀耕火種法，與住在那裡的原住民數千年來施行的游耕極為不同」（Gómez-Pompa and Kaus 1992b）。同樣地，布魯克菲爾德和帕多琪（Brookfield and Padoch 1994）也表示，「殖民者大規模焚燒亞馬遜雨林，使所有焚林的動作，包含原住民能維持環境永續的方式，都蒙上更多污名。」

其他地方的研究也顯示出，傳統的游耕不但不會導致熱帶森林大面積遭到砍伐，反而能用來解決問題。拉馬克利斯南（1992）談到，印度東北部建立了一套多元作物栽培系統，從適應當地的原生品種當中，同時選出四到三十五餘種作物來栽種。原住民系統（當地人稱 *jhum*）運作的前提是，必須擁有複雜的生態知識。農人會依據 *jhum* 週期長短及之後土壤養分含量高／低，適時改種不同的混栽作物，如此就能以最有效的方式利用土壤裡的養分。在山坡耕作的農人，會混合「R 型策略」的品種（產量高的穀物或豆類作物）與「K 型策略」的品種，後者則以葉菜類作物等植株生長為主，希望透過混合兩種繁殖策略不同的兩種作物，模仿森林植物初期演替階段，提高作物產量（Ramakrishnan 1992）。

拉馬克利斯南（1992）的游耕農學研究，似乎對於生物學家稱作

C-3 及 C-4 這兩種植物的生態要求有相當直觀的理解。陡峭山坡上的土壤異質很高，氮含量不明，養分利用率高的 C-4，在貧瘠的小區塊也能長得很好，養分利用率低的 C-3 則適合種在肥沃的小區塊裡，他寫道：「這種 C-3／C-4 的策略，能透過互避（mutual avoidance）達到共存的目的。印度東北部在 *jhum* 系統底下 C-3 與 C-4 的配置，是在模仿當地的自然群落，把養分利用率較高的作物種在較高的貧瘠坡地上，把效率較低的作物種在山坡底部。」（Ramakrishnan 1992: 381）

　　雖然有些早期的研究發現游耕保存了一些生態界原有的作用，但一般來說，火耕田的複雜程度仍無法與周遭的森林相比。然而，若能將游耕視為一種農林間作系統來分析，並考量到他們對於樹木的利用，整體的森林區塊管理，會保護到生物多樣性。阿爾康（Alcorn 1984）在墨西哥中央東部瓦斯特克（Huastec）研究農林間作，以及波西（1985）與卡亞波族在亞馬遜雨林（森林 - 疏林草原生態交會區）共同創立「森林島嶼」（forest islands）時，都有類似的發現，厄文（Irvine 1989）也於研究中發現厄瓜多亞馬遜地區魯納族（Runa）的演替管理，確實能提高森林裡的生物多樣性。欲瞭解提升生物多樣性的機制，請參考第二章的「圖 2.1」。

　　事實上，根據德尼萬等人（Denevan *et al.* 1984）秘魯博拉族（Bora）的研究顯示，許多原住民系統的管理，都會包含森林的演替。調查人員選了幾個不同年份的農地，來瞭解荒廢及休耕後各個階段的植被變化。博拉族栽種的作物種類龐雜，他們以樹薯（一種富含澱粉的根莖作物）為主食，能認出 22 種品系，也會選擇種了二到三年的農地，來栽種另一種主要作物花。開墾三年的農地上至少包含 20 種作物，包含樹齡尚輕的果樹。開墾五年的農地上，栽種的則是熟齡的果樹，由於樹薯等作物逐步退場，所以看起來不像農地，反而像個果園。開墾九年的農地則以灌木及 10 到 15 公尺高的次生植物為主，最有價值的作物是古柯。年份最久的農地是已經開墾十九年的休耕地，上面有

超過 22 種植物，包含果實可食、可用於建材或其他方面的一些實用樹種。德尼萬等人（1984）發現，休耕四到十二年的農地產量最高，果樹在那段期間以前產量有限，但在那之後，許多實用的品種逐步消失，而有些物種可以持續收成二十至三十年，甚至更久。

拉丁美洲的其他地方也有類似的森林演替管理系統，舉例而言，目前已經發現，拉坎東馬雅人（Lacandon Maya）的火耕農林間作系統包含了土壤的復育（Falkowski *et al.* 2016）。「表 4.1」顯示的是墨西哥猶加敦馬雅人（Yucatec Maya）傳統游耕系統 *hubche*。巴雷拉 - 巴索斯和托萊多（Barrera-Bassols and Toledo 2005）認為，*hubche* 在各個階段都有不同的產品與用途，因此是熱帶森林一種具有多元用途特色的系統。猶加敦馬雅人有複雜的詞庫來形容不同的生態演替階段，形容森林每一個更新階段的詞，至少就有六個。他們可以看出土壤、地勢與植被之間的關係，並把許多種植物當作生產實踐及土壤肥沃度的生態指標（Barrera-Bassols and Toledo 2005）。

拉丁美洲能形成這些絕佳的游耕模式，是因為那裡的人口不像南亞及東南亞等地那麼密集。人口密集的熱帶地區較常出現縮短或省略休耕階段的集約化管理系統，例如，印尼西爪哇省最普遍的兩大傳統農林間作系統，分別是 *kebun-talun*（綜合園圃及植樹之間的輪作）及 *pekarangan*（家庭園圃間作系統）（Christianty *et al.* 1986）。*Kebun-talun* 依序將農作物與樹木作物混合種植，是一種能提升整體生產力並兼具多元功能的系統。這個系統分為三階段，各階段功能不同。第一階段是 *kebun*，混種主要作為市場銷售之用的一年生作物，兩年後逐漸演變成過渡階段 *kebun campuran*，種植的是一年生作物，以及生長尚未成熟的多年生作物。一年生作物收成之後，農地通常會荒廢兩三年，多年生植物會在開始下一輪栽種之前成為優勢物種（*talun* 階段）（見「圖 4.2」）。但人口的增加，使爪哇變成都市持續集中發展的地區，因此即使只是短期休耕也難以做到。

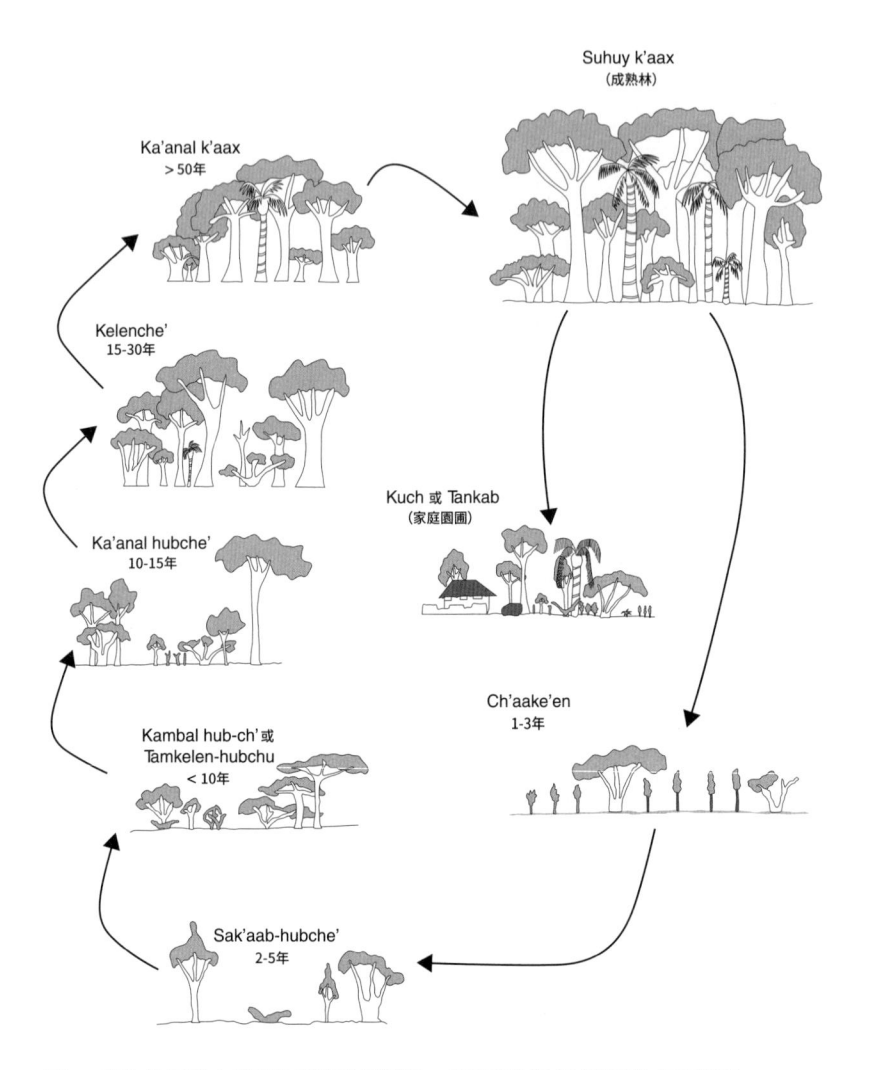

圖 4.1 猶加敦馬雅人利用生態演替的原則,來達到熱帶森林資源的多元利用。

文獻來源:修改自巴雷拉 - 巴索斯和托萊多(2005)。

面對高密度人口，有更適合的適應方式，那就是家庭園圃，這種位於住家周圍的多元栽種方式，在世界各地普遍可見，作物可能包含糧食作物、藥用植物、灌木及果樹。中美洲與南美洲許多地方都有這種園圃，如：哥斯大黎加。猶加敦馬雅人的 *kuch* 家庭園圃，或許就有多達 250 至 350 種的植物（Barrera-Bassols and Toledo 2005），世界上許多國家應該都有家庭園圃，特別是南亞與東南亞、拉丁美洲及非洲（Eyzauirre and Linares 2004）。爪哇式的 *pekarangan* 家庭園圃位於住家周圍的土地上，混種一年生與多年生作物。只要在土地上蓋一棟房子，也能將 *kebun-talun* 變成家庭園圃，有些家庭園圃不會像 *kebun-talun* 那樣砍伐林木來栽種農地作物，而是永久保留樹木來替住家及園圃遮蔭，他們一定會將作物種在樹的下方，不採輪作制，而是每年不定期收成。植物的物種多樣性不但高於 *kebun-talun*，而且往往可達數百種，園裡也常有動物出沒。儘管 *pekarangan* 可能看似雜亂，但卻能充分利用可用的空間及各種資源（見「圖 4.3」）。上述兩種系統，都保留了原始熱帶森林生態系統的基本元素，如生物多樣性都相對地高。有時也能將熱帶森林生態系統改成灌溉稻作系統等截然不同的生產系統，但這又是另外一回事了（第十一章）。

半乾旱地區：保持土地生產力

乾旱與半乾旱地區的傳統生態知識文獻，有許多都將重點放在於農業的保土與保水技術方面（如：Bocco 1991; Pawluk *et al*. 1992; Reji *et al*. 1996; Tiki *et al*. 2011）。除了「學習方塊 4.1」舉的案例之外，也有大批文獻談到半乾旱地區畜牧的適應情形。傳統放牧採取遷移（mobility）的策略，來因應雨量與牧草生產力隨季節改變的問題（Oteros-Rozas *et al*. 2013），亞非兩洲有許多這類例子。近年來的研究顯示，歐洲的西班牙及匈牙利等地也十分盛行放牧（Fernández-Giménez and Estaque 2012;

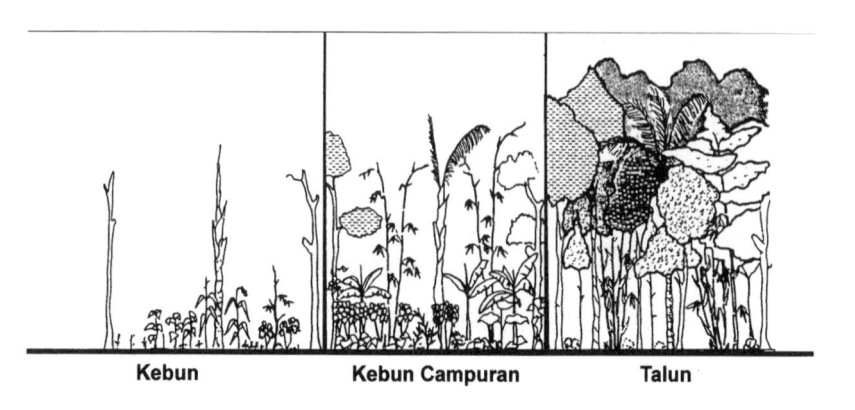

圖 4.2 印尼西爪哇省的 kebun-talun 演替階段。

文獻來源：修改自克里斯坦蒂等人（Christianty *et al*.1986）。

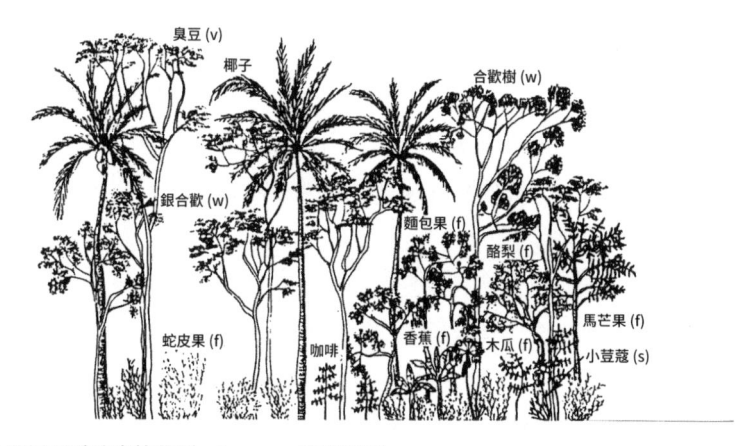

圖 4.3 印尼西爪哇省的典型 pekarangan 家庭園圃。

文獻來源：修改自克里斯坦蒂等人（1986）。

Fernández-Giménez 2015; Molnár 2012; Molnár and Berkes 2017）。本節探討的內容，以傳統管理系統為何能夠直接改變棲地、提升環境的生產力為主，並說明其中一種積極干預的方式，亦即於半乾旱地區造林，下一節再探討另一種方式，即半乾旱地區（以及其他種）環境的棲地用火管理。

學習方塊 4.1
半乾旱環境的集水情形：祖尼族

「水土保育是許多原住民耕作時主要遵循的基本原則，從中部美洲到薩赫爾（Sahel）等地的原住民，普遍都會運用攔河堰、水壩或梯田等技巧來減緩徑流的速度，加深高地泥沙的沉積，除此一來，即使山坡地受到沖刷侵蝕，也能在構造物後方的表土逐漸堆積的同時逐漸恢復⋯⋯

美國西南部的美洲原住民一千多年來，都能成功在不穩定的乾旱與半乾旱環境耕作。祖尼族（Zuni）使用的方法包含：仔細在沖積扇上整地、綜合各種方法控制徑流，及管理溝壑的形成。祖尼人會透過排水道收集水源及沉積物，這種做法似乎對於他們農地裡的土壤濕度、養分狀況及土壤質地產生有利的影響。」

文獻來源：波魯克等人（Pawluk *et al.* 1992: 300）。

　　人類生態學家一直對於牧人適應半乾旱環境的方式極感興趣（Berkes *et al.* 1993; Scoones 1999; Robinson and Berkes 2010），肯亞的北部有個傳統生態知識系統有利森林生長的顯著案例。逾半個多世紀以來，非洲的牧人及其牲畜都被視為過度放牧及沙漠化的元兇，更甚者，以為放牧會對於草場造成負面影響的觀念，也持續左右資源管理政策的發展（Niamir-Fuller 1998）。村莊或城鎮附近的集約牧牛業，尤其在牛群主人

都停留在同一地點的情況下，確實可能造成永續方面的問題。但傳統上非洲畜牧常會大規模遷移，輪流在不同地區放牧，大規模遷移及草場輪牧，正是模仿野生有蹄類動物的遷徙。家畜也像野生草食動物那樣，隨著每年降雨週期及新草生長期而遷移，到當季生長茂盛的草地上，大啖高蛋白的新草，草吃完後再遷徙回來。

小規模遷移（低度遷移）及草場輪牧，對於達到永續的目標也十分重要（Niamir 1990）。承載力及放養率計算，這兩種西方牧場管理最重視的平衡概念，在薩赫爾不具任何意義，那裡每年、每季的降雨量都難以預測，傳統牧人自有一套追蹤放牧地生態條件，以及管控低度遷移情形的規則，藉此形成彈性及適應性的方法來管理實際放養率。這些規則運作涉及四種變數，包含：畜群在同一區塊吃草的時間長短、在同一區塊放牧的頻率、輪牧時間（休息間隔），以及放牧地點之間的距離（Niamir-Fuller 1998）。依據主要變數來建立簡易的經驗法則，就是傳統知識系統面對複雜情況的典型做法，第九章會更進一步就這點來探討。

肯亞的尼吉松尤加・圖爾卡納族（Ngisonyoka Turkana）是游牧民族，在里德和艾利斯（Reid and Ellis 1995）對當地進行研究的那段期間，他們仍過著相當傳統的生活。圖爾卡納族用圓形的畜欄圈養綿羊、山羊和駱駝，平均大約每一個月會隨著季節帶著牠們遷移一次。某種金合歡屬的樹（*Acacia tortilis*）是當地乾燥林地的優勢樹種，研究者觀察到那種樹的幼苗常在牧人荒廢畜欄後的第一個雨季之後出現，舊畜欄區的土地上經常滿布密集的幼苗和年輕樹木，而且時間與遷移週期一致（Reid and Ellis 1995）。

金合歡屬植物的種子莢是家畜的重要食物來源，山羊與綿羊進食時會消化很多種子，但有些不會被消化，反而造成種子破殼，這些種子發芽的機率比沒有被消化過的更高。研究者比較舊畜欄與對照組的金合歡屬植物生長情形，發現前者的密集度比後者高出八十五倍。舊

畜欄的土壤富含有機質（含碳量是對照組的九倍）、氮（三倍）和磷（六倍），含水量也較高。落在舊畜欄以外的金合歡屬植物，必須在偶爾年雨量較高的時候，才有機會成功發芽及存活，但舊畜欄構成十分有利的微棲地，換句話說，荒廢的畜欄形成了某種環境，混合了富含養分與水分的動物糞便及土壤，使那一區的種子容易發芽。

圖爾卡納族牧人擅長記憶時間與地點，里德和艾利斯（1995）利用之前人類學家製作的「圖爾卡納族大事件曆」（Turkana event calendars），信賴當地傳統計算金合歡屬植物林分年齡的方式，並認為族人的方法比計算樹輪更可靠。他們藉由這套方法，重建了當地十四個金合歡屬植物林區過去一年至三十九年間的歷史發展。

「圖爾卡納南部的放牧地情況得以改善，或許應歸因於牧人提高了重要樹種的增補率，」里德和艾利斯（1995: 978）指出，「這與一般認知恰好相反。」圖爾卡納族的例子也許不是例外，伊索比亞南部及肯亞南部，應該有與牧人 - 牲畜 - 金合歡屬植物交互作用類似的現象。我們也許能用一個類似的機制，來解釋南非鐵器時代札那聚落（Tswana）附近貧瘠疏林草原中央，為何存在著肥沃的金合歡屬植物林分。「若真是如此，」里德和艾利斯（1995: 990）斷定：「這代表牲畜在非洲一些環境裡，或許已對於樹木的增補產生影響，而且影響時間不僅數十年，更長達數百年。」

南美洲一些半乾旱地區的傳統實踐，或許也有助於森林島嶼的營造（Posey 1985）。卡亞波人會在亞馬遜南部邊緣的疏林草原，栽種一小堆實用植物，漫不經心地照顧，隨著時間慢慢增加數量，按順序栽種並收成這些植物，從一年生植物開始，最後則是樹木，這某部分與火耕的管理方式相似。新栽種的植物的區塊稱為 apete，三年內可達產量顛峰，甘藷能維持五年，山藥和芋頭六年，木瓜和香蕉則更久。他們不會荒廢舊的 apete，反而會繼續管理其中的水果、堅果樹及其他產品，最後形成的島嶼森林，已經離所謂的人為產物相去甚遠（見「學

習方塊 4.2」）。

　　從卡亞波族的案例得出的結論，也適用世界其他地方的疏林草原與熱帶森林生態交會區。費治和李區（Fairhead and Leach 1996）主張，非洲西部農民有計畫地管理的土壤、樹木和火，使森林擴張到疏林草原，最後形成了疏林草原混林（mixed forest savanna）。從農民的口傳歷史可以得知，森林面積增加是他們管理干預的結果，比較了按時間順序進行空拍的照片之後，也證明農民的口傳歷史屬實。波西的經驗確實證明了，即使是願意觀察出傳統管理系統有何細微差異的人，也很難看出並解釋這種地景的變化。下個章節會探討另一種干預方式，亦即棲地的用火管理，這也是西方人僅憑一眼觀察的話，確實很難理解的一件事情。

火的傳統用途

　　不同地理區域的傳統民族管理，無論是管理栽培植物的產地或狩獵採集的棲地，皆有使用火的習慣（Turner 1994; Barsh 1997; Kimmerer and Lake 2001; Bird *et al.* 2005, 2008; Miller and Davidson-Hunt 2010; S. McGregor *et al.* 2010）。這些用火方式，加上棲地的各種變化（Sayles and Mulrennan 2010; Bhagwat *et al.* 2011），形成了文化地景，但研究者卻「看不到」許多這類文化地景。長久以來一般人都認為，狩獵採集並未造成棲地的改變，更何況是用火。路易斯（1993b: 395）曾如此形容某些人的浪漫想像：「『原始人』開採資源都不會對環境造成破壞，不可能也不允許人改變『大自然的供應』，過著一種定義不明『與自然和諧共存』的生活，或起碼以前是如此。」

學習方塊 4.2
巴西的卡亞波族：森林邊緣的管理者

巴西中部卡亞波族印地安人住在辛古河（Xingu River）流域，辛古河位於亞馬遜熱帶林的南界附近，包含 *terra firme* 及濱岸林，後者夾雜地勢多少較為開闊的塞拉多熱帶草原（*cerrado*，類似疏林草原）。他們對於自己領域的森林動植物資源，無論是知識、管理及利用程度，都驚人地精細與複雜，而且卡亞波族應該不是特例，不過恰好是亞馬遜河流域眾多印地安人當中，人們最深入研究的民族。

卡亞波族就像亞馬遜河多數印地安民族那樣，會狩獵、捕魚、採集森林裡各種動植物，也有游耕傳統。他們在資源開採地帶、林間農地、林間空地、根莖作物園、農田、舊農地及沿著林徑等地，集中栽種本土植物，……並在地勢開闊的塞拉多熱帶草原裡，撲上碎白蟻窩、螞蟻窩及一些覆蓋物來造林，形成一些 apete 的森林區塊。

他們有許多不同的資源管理方法，其中最不可思議又最重要的，或許是 apete 區塊造林技術。波西在卡亞波族進行研究，到第七年才知道，原來這些沒有接壤的森林都是人造林。他指出，「這些新獲得的資料暗示了他們有重新造林，這或許是最令人振奮之處。印地安人的例子使我們重新思考造林時該如何從零開始，以及該如何成功管理過去誤以為貧瘠的巴西乾草原／塞拉多熱帶草原。」

文獻來源：泰勒（1988）參考波西（1985）。

事實上，談到傳統如何用火來開闢園圃區塊、進行農林間作、管理半馴化物種的棲地（如莓果及根莖作物），以及管理牧場或放牧棲地，亞洲、澳洲、非洲及美洲都有大量文獻。「表 4.1」選了幾個美洲類似的系統來談，而我們應謹慎小心，別以為火是全世界普遍會用的東西，例如，納徹（Natcher 2007）的研究顯示，哥威迅人（Gwich'in）雖然會使用火，但他們西邊的鄰居科尤康族（Koyukon）卻非如此。「表 4.1」每個系統的基礎演替管理方式，皆與前述熱帶森林及游耕章節中的印度（Ramakrishnan 1992）及墨西哥（Barrera-Bassols and Toledo 2005）等地例子極為相似。

「圖 4.4」詳細說明了「表 4.1」最後一個例子，安大略省北部的

表 4.1 美洲用火管理演替的案例

地區／族群社會	說明
秘魯亞馬遜地區的博拉族	分成許多階段、種植多種作物的熱帶游耕系統（Denevan *et al.* 1984）
墨西哥北部塔拉烏馬拉族	Kumerachi：焚燒橡樹松樹混林來開闢玉米及豆類的耕地區塊（Davidson-Hunt，引述自 Berkes and Davidson-Hunt 2006）
美國加州	為開闢廊道及火場、替野生動物更新植被及開拓耕地空間而焚燒硬葉灌叢（Lewis 1973）
加拿大卑詩省北部內陸	為維持莓果產量而在區塊上進行焚燒作業，主要作物為越橘莓及矮叢藍莓（Johnson 1999）
加拿大卑詩省南部海岸	為開闢根莖類作物焚燒俄勒岡白橡樹的疏林草原，主要作物為 camas（Turner 1999）
加拿大亞伯達省北部	焚燒靠近北極的森林來開闢庭院、廊道、鑲嵌體，以及足以吸引野生動物的棲地（Lewis and Ferguson 1988）
美國阿拉斯加	哥威迅人焚燒矮樹叢來開闢通行步道，同時促進嫩草的生長（Natcher *et al.* 2007）
加拿大安大略省西北部	阿尼什納比族為生產莓果及小規模耕作，焚燒靠近北極的森林（Davidson-Hunt 2003）

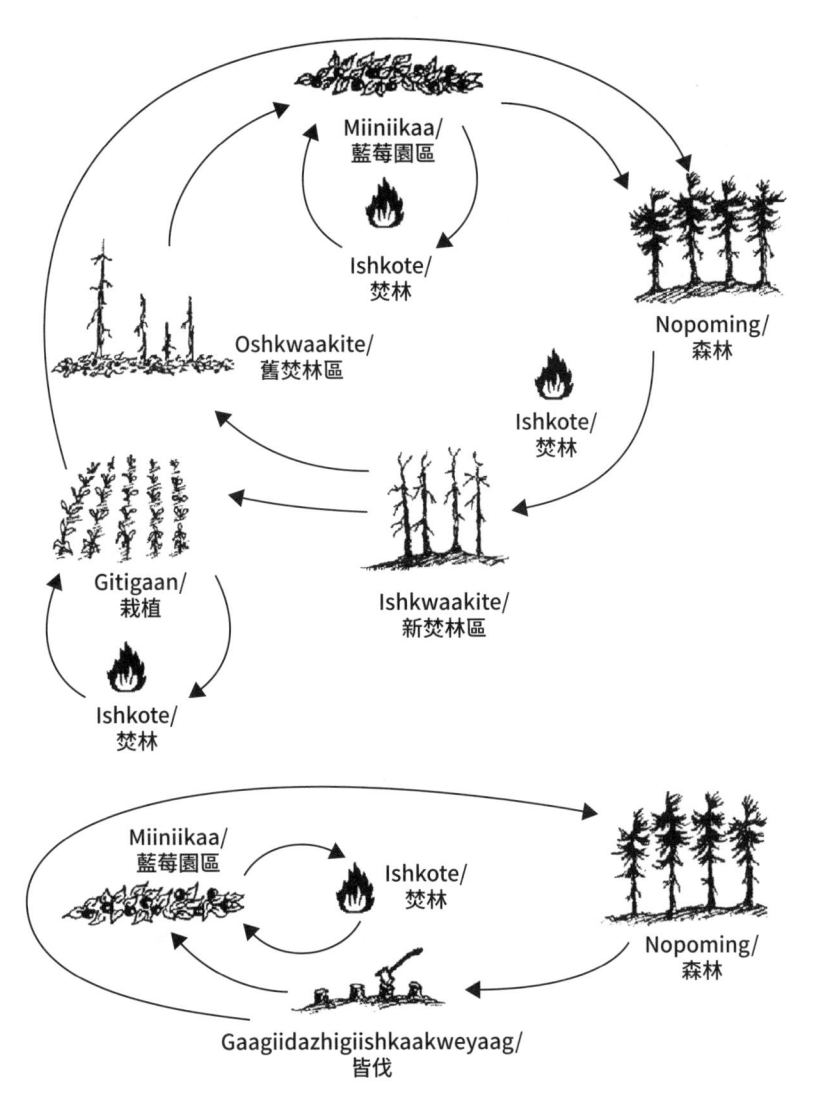

圖 4.4 阿尼什納比族對於干擾後森林演替的認知，上方的周期是透過火來進行干擾，下方則是透過伐林來達到相同目的。

阿尼什納比族（奧吉布瓦人）以前會依據土壤條件，選擇性地焚燒靠近北極的森林來生產莓果，並進行小規模耕種，而森林（*nopoming*）是整個循環的起點。剛進行焚林的地方，可以開闢成菜園或藍莓園，若是不適合耕種的沙地或岩石地，焚林後的野生藍莓能生長三至五年，約兩年左右焚燒一次可以更新藍莓園區，或經由演替的過程恢復成森林，伐木活動的干擾也會產生與焚林類似的週期（見「圖 4.4」下方格）。一九五〇年代禁止焚林之後，阿尼什納比族往往會借助林業公司的皆伐，才能產生必要的干擾動作，啟動莓果生產的週期循環（Davidson-Hunt 2003; Berkes and Davidson-Hunt 2006）。

加州有些例子，能清楚闡明用火管理的情形，人類學家雖曾零星提過加州原住民用火的情形，但直至一九六〇年代，才開始出現相關證據的系統性研究（Lewis 1973）。路易斯還是學生時，首次見識到火能在以硬葉灌叢為主的區域產生效果，並開始相信火或許能用來提高環境生產力（見「學習方塊 4.3」）。的確，南加州的庫梅耶族（Kumeyaay）以前會栽種某種穀物，在收成之後焚燒殘梗，接著播種，那種穀物於一八八〇年代絕跡為止（Shipek 1993）。他們會連同那種穀物的種子，一起撒下葉菜類種子及其他一年生作物的種子，但歐洲人習慣犁田之後採單一耕作，因此並不認可這種間作方式。庫梅耶族在較陡的坡地上進行控管燒除後，種植食用與藥用的灌木作物，並撒下一年生及多年生的作物種子。地底部分的硬葉灌叢在烈火中倖存下來，並再次發出新芽，隨著硬葉灌叢逐步擴張，這時穀類作物會先消失，漸漸地其他一年生與多年生作物也會跟著消失，此時就該重新放火焚燒那塊坡地了（Shipek 1993）。

不同的地方會基於不同目的，用火來進行管理，但根據路易斯的跨文化比較的研究顯示，這些方式彼此之間也有顯著的相似之處，且從採集狩獵社會在加州西北部、華盛頓州西部、亞伯達省西北部（加拿大）、塔斯馬尼亞州、新南威爾斯州、澳洲西部及澳洲的北領地維

學習方塊 4.3
重新發現加州焚燒硬葉灌叢的智慧

路易斯提過，1960 年時，自己與其他人「都想要阻止紅杉國家公園（Sequoia Park）裡那熾烈的灌叢大火，但基本上是白費力氣，因為火必須等燒完山脊峰頂沿線的燃料之後才會熄滅。當時火從峽谷底部附近數千英畝茂密的硬葉灌開始燃燒，在七十餘年從未發生火災的區域迸發當時所謂的『火風暴』（fire storm）」。

他們橫過排水道開出一道防火線，試圖控制火勢。路易斯和同事在十分靠近火災警戒線連接之處，偶然發現一個疑似以前西莫諾族（Western Mono）橫越山脈交易黑曜石及鹽時所使用，現今荒廢已久的印地安營地。所有跡象都顯示，他們有很長一段時間都會使用那個營地，但 1960 年的當時卻幾乎灌木叢生，並長出許多橡樹，樹上必然長滿橡果。數碼之外有個溝壑，除了春天有逕流之外，幾乎全年都呈現明顯乾涸狀態。

火燒的地方明明有一道難以穿越的「天然」硬葉灌木叢，原住民為何將之視為理想的紮營地點？路易斯百思不得其解。由於他當時必須聽從指示，盡快離開現場，所以並未更深入思考那裡不可能會是營地的問題，直到一年後重新回到當地找公園歷史學家之前，他都從未想過。

路易斯寫道：「經過報紙稱之為『灌木與樹木全被燒得光光』的十二個月後，那裡大量長出了青草、草本植物和各種灌木植物的嫩芽。最令人感動的是，火燒過後的地方竟能看到如此多的鹿在啃食與吃草。……同時，幾乎與去年夏天同一個月份裡，溝壑裡竟然仍舊有水，『那個不可能會是營地的地方』可以將排水道徹底盡收眼底，此時我開始認真問自己，為什麼印地安人會在灌木叢裡紮營，或反過來要問的是，為什麼我們不這麼做？」

文獻來源：路易斯（1993b:390, 391）。

持「火場」及「火道」（fire corridors）時，所採取的作用相仿策略之間，都能看得出來（Lewis and Ferguson 1988）。因此，傳統知識也贊同野火生態學家以及提倡計畫性燒除者的想法，他們不僅強調火在生態系統更新週期扮演的角色，也成功挑戰了火應全面禁止的正統觀念。

然而，這並不意味著野火生態學家必然接受傳統做法，例如，談到澳洲北領地的卡卡杜國家公園（Kakadu National Park）時，即使公園管理單位與原住民都同意火是生態系統裡的自然特色，且對於維持棲地多樣性具有關鍵作用，雙方的想法仍有諸多差異。管理單位希望能事先計畫，並依據曆法及科學準則進行控管燒除，且認為「雖然火基本上是不好的東西，仍可以用在好的方面」，但原住民是根據許多經驗法則來決定焚燒時機，而且基本上認為「火是好而且必須用到的東西」（Lewis 1989）。

相信火燒有益，是否是明智的觀念？澳洲研究者仔細研究後發現，原住民的焚燒方式或許能增加動植物的物種豐富度（Bird *et al.* 2008）。澳洲西部沙漠的原住民為了獵捕小型獵物而焚燒，形成了小小的鑲嵌體，增加了棲地的多樣性。若少了原住民的火燒，會造成這些紋理細緻的鑲嵌體消失，接著導致當地生物多樣性流失，特別會有小型獵物因此絕跡。從衛星圖的分析來看，有火燒文化的地方，演替階段的多樣性比天然（雷電）起火的地區更高，這與之前「圖 2.1」顯示的相似。雷擊起火溫度更高，燃燒範圍也更大，衛星圖呈現出來的地景也相當不同（Bird *et al.* 2008）。

島嶼生態系統 - 個人的生態系統

據聞住在島嶼的居民，比住在各洲大陸的人更容易理解到自身環境的限制。若是如此，亞洲太平洋地區的傳統知識及管理系統特別豐富，或許不是巧合，而且有其中許多例子都已有詳細記錄，尤其是日

本，以及包含美拉尼西亞群島、密克羅尼西亞群島及玻里尼西亞群島的大洋洲，更是如此（Klee 1980; Johannes 1981; Ruddle and Akimichi 1984; Ruddle and Johannes 1985, 1990; Freeman *et al.* 1991）。

大洋洲最普遍的一個海洋保育做法，就是承認礁岩權及潟湖權。一個地區的資源開採權是由某個社會群體，如家庭或家族（或由一位首領代表整個團體）所控制，因此是自己管制他們的海洋資源開採。約翰尼斯等人（2000: 267）解釋道：「適量開採對於控制當地的人有利，如此就能持續維持極高的產量，這些自然增長的利益也會直接回饋到他們身上。」在資源使用方面，則有各種不同的傳統管理規定及管制，有些可歸因於宗教和迷信（Johannes 1978），有些與一般權力關係（Chapman 1985）及各個地區政治權力制度差異有關（Chapman 1987）。但基本上，礁岩權及潟湖權的規定，也屬於沿岸共有地管理制度的一環。

有些作者認為，各種不同的文化觀念與儀式都會在不經意的情況下，產生資源保育的作用。例如：波盧寧（1984: 267）主張，「人獨占某個區域不是為了保育資源，反而大多是因為想要開採更多資源，而鄰近的人也在做同樣的事。」然而，約翰尼斯（1978:352）卻認為，許多限制明顯是為了保育貝類及魚類，他說道：「那些西方設計的魚類保育的基本措施，幾乎每個都是熱帶太平洋地區數百年前使用的方式。」「表 4.2」列出一些例子，儘管許多當地制訂的管理規定皆已不復存在，礁岩權與潟湖權制度本身，則因一再經歷受殖民統治而逐漸瓦解，但有些太平洋島國已經已恢復這些制度的運作（Baines 1989; Ruddle 1994b; Johannes 2002a）。

太平洋地區的環境管理的範圍並不僅限漁業管制，第三章指出，許多古代美洲印地安人、歐洲及亞洲文化，尤其是在溪河流域為主的區域，都存在生態系統的概念（見「表 3.3」），其中大洋洲的案例最為豐富，集中一例就是夏威夷古時候國王分封給次要首領 *konohiki* 的楔型土地單位 *ahupua'a*（Lind 1938; Costa-Pierce 1987; Kaneshiro *et al.* 2005），

表 4.2 熱帶海洋島嶼的傳統海洋保育措施

方法或管理規定	案例
關閉漁場	普卡普卡島（Pukapuka）、馬克薩斯群島（Marquesas）、楚克（Truk）、大溪地、薩塔瓦爾環礁（Satswal）
禁漁期	夏威夷、大溪地、帛琉、東加、托克勞群島（Tokelaus）
允許放跑一部分漁獲	東加、密克羅尼西亞、夏威夷、埃內韋塔克環礁（Enewetak）
圈養過剩的漁獲	普卡普卡島、圖阿莫土群島（Tuamotus）、馬歇爾群島（Marshall Islands）、帛琉
禁止捕撈小型個體	普卡普卡島（螃蟹）、帛琉（大型蛤類）
因應緊急突發事件而禁止捕撈	諾魯（Nauru）、帛琉、吉爾伯特群島（Gilbert Islands）、普卡普卡島
限制撿拾海鳥及／或鳥蛋	托比島（Tobi）、普卡普卡島、埃內韋塔克環礁
限制捕魚陷阱數量	沃萊艾環礁（Woleai）
禁止捕捉築巢的龜類及／或龜蛋	托比島、新赫布里底群島（New Hebrides）、吉爾伯特群島
禁止干擾龜類築巢棲地	薩摩亞（Samoa）

文獻來源：修改並總結自約翰尼斯（1978）。

ahupua'a 的範圍涵蓋整個山谷，從山上延伸到海岸及淺水湖泊。「圖4.5」顯示，理想的 *ahupua'a* 包含山區林地（為流域保育區，並受到禁忌的保護）、高地及沿海綜合農耕區、海岸線椰子樹林邊緣地帶（防止暴風侵襲的防風林），以及半鹹水與鹹水魚塭（Costa-Pierce 1987）。以現代術語來說，這種土地利用應該是稱為集水區整體規畫（integrated watershed planning），而且土地明顯是以生物物理環境為分界，劃分出各個生態系統。夏威夷當地傳統土地區劃的 *ahupua'a* 因受過殖民統治而消失，一九九〇年代又重新出現。其他太平洋群島的也存在相似的制度，有些屬於功能性制度。

雅浦島（Yap）的 *tabinau*、斐濟的瓦努阿（*vanua*），以及索羅門群島的 *puava* 等制度，都與夏威夷相似（Ruddle *et al.* 1992; Hviding 2006），每種制度中規定的使用期限，皆脫離不了人與土地、礁岩、潟湖及其上所有生長或生活的生物，彼此之間密切的關聯。這種「完整的全體共同財產」（integrated corporate estate）概念，實際上就是「個人的生態系統」（personal ecosystem），換句話說，*puava* 意指的是範圍明確又有命名的土地，而且大多指海。以最廣義的層面而

照片 4.1　夏威夷的 ahupua'a，可以看到高地梯田的綜合農地，熔岩流形成 ahupua'a 的分界，上游森林植被一般都受到禁忌的保護。／照片提供：福爾克。

言，*puava* 包含 *butubutu*（後裔群體）的所有祖傳區域及資源，範圍遍及本土內陸的山上到堡礁以外的開放海域（Hviding 1990: 23）。

斐濟瓦努阿的概念形成背景也相似（Ravuvu 1987; Ruddle 1994b），且完整概括了斐濟社會的情況。瓦努阿一詞可意指社會群體（瓦努阿等同於部族、後裔族群、血統）或其占據的領域範圍（瓦努阿等同於部落財產），顯明人與土地在斐濟這個民族當中彼此密不可分的關係。「供養我的土地，亦是我的歸屬」（*Ne qau vanua*），以及「人即土地」（*na vanua na tamatu*）這一類的詞，能表露斐濟人與土地之間心靈的契合（Ravuvu 1987; Ruddle 1994b）。紐西蘭的毛利人當中，也能找到以流域為主要範圍的後裔族群，毛利人又是其他玻里尼西亞族群的近親。

在這些生態系統概念當中，陸地上與海洋裡之間是連續存在的空間，有幾位研究者（如 Ruddle *et al*. 1992）認為這是個有個重要又有意思的特色，而且原住民不像西方人那樣，會將資源分為「可納為己有的陸地」與「無法納為己有的海洋」兩種。阿斯瓦尼（Aswani 1997）運用索羅門群島新喬治亞島（New Georgia）羅維安納瀉湖（Roviana lagoon）的例子，來挑戰上述觀點。他指出，區域單位（*pepeso*）概念上意指的是，從山頂到新喬治亞島南部及下個島嶼之間中點的某個所有地範圍。然而，族人談到經濟時，卻會明確區分出陸地與海洋。最重要的是，阿斯瓦尼（1997）主張，海洋不能像陸地那樣，透過改變其物理特性來據為己有。舉例而言，一個小小的椰子園可做為土地私有化的藉口，但有首領嚴格規範共有地權和使用權的海洋，仍屬於「野性原始」領域。從上述這種例子可以看到，我們很難概括地理範圍，也很難評估傳統制度在多少程度上受到當代經濟壓力的影響。

經濟壓力不僅影響到傳統管理制度的實施，也影響到管理倫理觀念。約翰尼斯在接觸太平洋地區傳統管理制度方面有豐富的經驗，有些太平洋島嶼居民明顯有傳統保育倫理觀念，有些則否，這件事引起

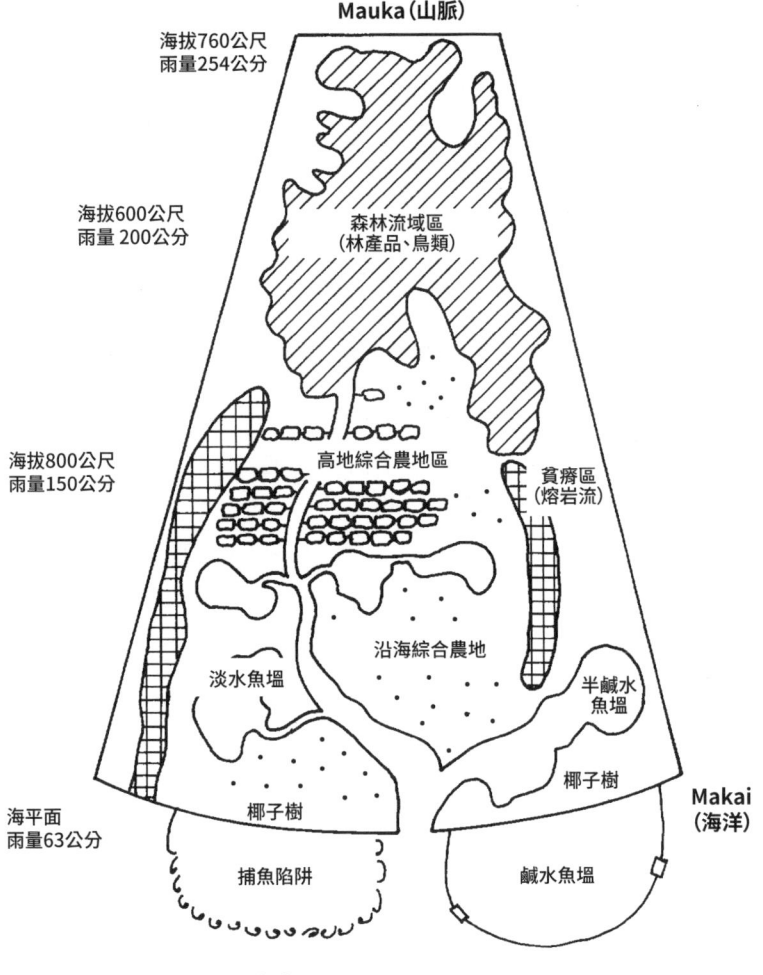

圖 4.5 夏威夷古時的 ahupua'a 制度

文獻來源：修改自哥斯達 - 皮爾斯（Costa-Pierce 1987）。

了他的興趣（Johannes and MacFarlane 1991; Johannes 1994）。據說有一群人若是「意識到自己會造成資源的減少甚至破壞，並且願意減輕或解決問題」（Johannes 1994: 85），就會產生傳統保育倫理觀念。

新幾內亞與澳洲之間的托雷斯海峽有豐富的海洋資源，根據約翰尼斯和麥克法蘭（Johannes and MacFarlane 1991）的研究，當地居民並無傳統保育倫理觀念，相反地，太平洋的帛琉等小島居民，大多具有發展完整的保育倫理觀念（Johannes 1981，及個人通訊）。約翰尼斯並未試著提出確實的答案來解釋這種互相矛盾的例子，而且也有人駁斥他關於托雷斯海峽地區的一些結論（Kwan 2005）。有時這些差異或許與小島開發資源之後，比其他地方更快出現更明顯的狀況反應明顯有關，這些狀況反應提升他們的學習能力，除了更能迅速有效修正管理制度之外，也更改變了他們的環境倫理與世界觀。本書第六章及十一章討論社會學習與保育的部分時，會再次碰觸到這個議題。

沿海潟湖及濕地

聯合國教科文組織是最先表達對於傳統管理制度有興趣的國際組織，他們 1982 年時透過組織內部的海洋科學處，請國際生物海洋學機構協助成立當地的工作推動小組。小組很快發表了一份報告（Jahannes et al. 1983），介紹世界各地各種傳統的沿海管理制度，並指出不同地區與文化的各個民族設計的方法有哪些異同。

- 亞得里亞海威尼斯地區，自十五至十六世紀便有的 *valli*（或稱 *vallicoltura*），讓幼魚隨著漲潮流進池裡，只進不出，這套做法留存至今，是包含堤壩、大門與池塘的複合系統。
- 北非的 *cherfia*，設於潟湖口，開口處裝有凹形編籃，能讓魚游進來，又能防止大魚逃逸，與義大利沿岸的 *lavoriero* 相似。
- 西非的 *acadja*，結合捕撈及養殖漁業，並將成堆的樹枝浸在潟

湖的淺水處（來增加魚的棲地）。

- 印尼的 *tambak*，半鹹水（混合淡水與海水）魚塭，最早出現於十五世紀，通常會設在三角洲及其相連的潟湖處。

- 位於淡水區，魚稻共生（或稻田）系統，包含印尼的 *minepadi* 及 *surjan* 系統等多種不同的形式。

上述例子只是諸多這類系統的一小部分，事實上，我們能在希臘及土耳其找到 *cherfia* 及 *lavoriero* 這兩種類型的系統（Berkes 1992），孟加拉及斯里蘭卡也有類似 *acadja* 的堆樹枝捕撈系統（Amarasinghe *et al.* 1997），而印度、孟加拉、菲律賓、越南、寮國、柬埔寨及中國，也都有各種不同的魚稻共生系統。

透過其中一些例子，我們也有機會能充分瞭解科學時代以前的生態系統觀念應用情形，印尼是其中一個相關的例子，那裡有各式各樣的魚稻共生及水利管理系統。有些則是較為複雜的例子，屬於地區性的管理系統，而非當地所管，如：峇里島的蘇巴克（*subak*）灌溉水源管理系統等。峇里島的蘇巴克屬於水神廟宇制度（water temple system）的一環，整個區域所有水稻梯田的灌溉，大多由身兼資源管理員的祭司來管理（Lansing 1987, 1991）。羅斯（Roth 2014）主張，蘇巴克系統即使面臨各種變遷依舊效果卓著，顯示出在地知識及「傳統」有了新的框架。

印尼的另一套傳統制度結合了稻作栽培及養殖漁業，富含養分的水從養魚的稻田系統，往下流入半鹹水的 *tambak* 養殖系統，接著流入沿岸地區，滋養海洋漁場（Costa-Pierce 1988）。所謂的 *tambak* 本身即是混養魚塭，通常會同時養殖／栽種魚類、蔬菜作物及樹木作物（見「圖 4.6」）。無論從哪種標準來看，魚稻共生漁場，以及結合稻米生產、魚類和下游產品的 *tambak* 系統這兩方面的整合，都是屬於十分符合生態的精細做法，他們數百年來都維持這些系統的運作，進行生計活動時，也會結合正確的保育方式（請注意「圖 4.6」的 *tambak*

有包含紅樹林），後來卻因人口壓力的關係，以及沿海濕地與潟湖全都為了進軍國際市場蓋成養蝦場而日漸衰微。

　　沿岸潟湖這種環境產量十分豐富，特別是熱帶地區，使人們能在那裡從事各種活動，而這些活動往往都是相互衝突的。不令人意外的是，有幾處都在當地發展出複雜的治理系統及潟湖資源的分配規範。阿瑪拉辛等人（1997）談到，斯里蘭卡西部的內貢博（Negombo）出海口，就發展出這種現代的潟湖管理制度。這個例子不僅展現了傳統制度的高度精細複雜程度，也顯示出當地制度規定所扮演的關鍵角色。

　　內貢博潟湖有各種捕魚方式，其中 *kattudel* 又稱「椿圍網漁業」（stake-net fishery，袋型網或陷阱網），目標物種是會迴游到海洋

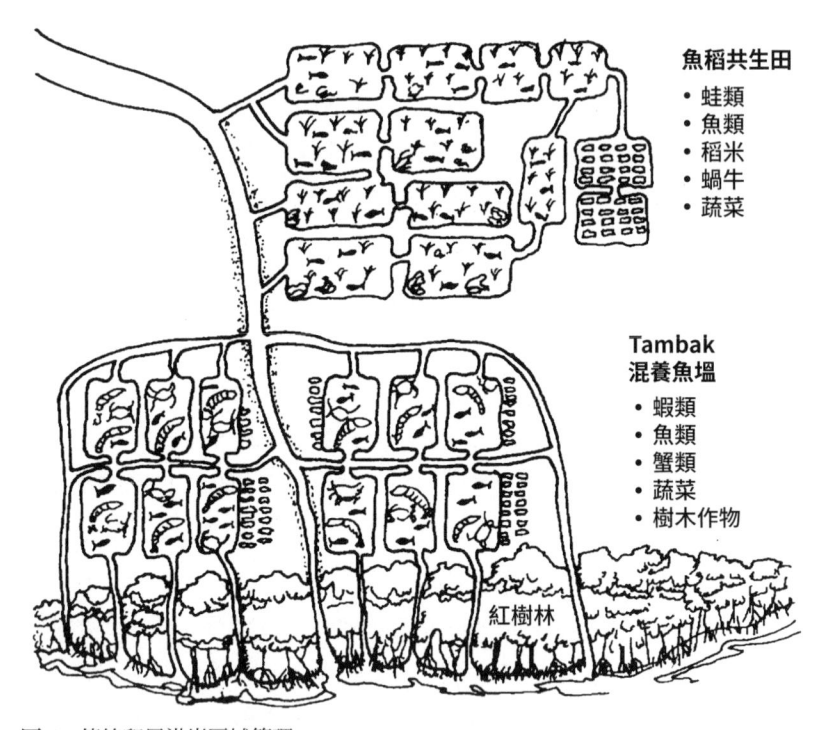

魚稻共生田
- 蛙類
- 魚類
- 稻米
- 蝸牛
- 蔬菜

Tambak 混養魚塭
- 蝦類
- 魚類
- 蟹類
- 蔬菜
- 樹木作物

紅樹林

圖 4.6 傳統印尼沿岸區域管理。

文獻來源：修改自哥斯達 - 皮爾斯（1998）。

中，價值極高的杜氏蝦（*Metapenaeus dobsoni*）。瀉湖河口已命名的漁場就有二十二個，一次可能會布下 65 張漁網，那是他們專用的漁場。他們最早自十八世紀（也可能是十五世紀）開始就擁有傳統捕撈權，並由瀉湖四周村鎮成立的四間鄉村水產學會（Rural Fisheries Societies, RFS）的會員共同進行管控。鄉村水產學會詳細規定了會員的資格與身分、漁民的義務、四間學會合作社的共享資源制度，以及每間學會內部分配等規定。參與 *kattudel* 漁業的漁民有三百零六人，共有三千位漁民在瀉湖裡捕魚，會員輪流使用二十二個漁場，採抽籤制度來分配所有漁場的使用順序（一次捕撈一個晚上），如此就能讓每個漁民都有機會到較好的漁場捕撈（Amarasinghe *et al.* 1997）。

　　Kattudel 漁業的重要特色之一，是 1958 年才獲得承認的捕撈規定，現今已附屬於斯里蘭卡的《漁業條例》（Fisheries Ordinance）底下，稱為〈內貢博的 *Kattudel* 漁業管理辦法〉，成為正式法律條文。這件事意義重大，因為唯有透過執法才能限制會員資格，進而維護這套漁法的使用權限。關閉共有地的使用權限，對於保護生物及經濟永續十分重要（Amarasinghe *et al.* 1997），事實上，南亞瀉湖有些地方的樁圍網捕蝦業，就因管制成效不佳而引發永續的問題（Lobe and Berkes 2004; Coulthard 2011）。

　　Kattudel 的例子顯示，瀉湖漁業及相關的傳統管理制度都能運作很長一段時間，儘管如此，也不意味這種制度長久以來都會穩定存在，反而危機往往會在平安無事之時突然出現，此時管理制度是否能適應這些危機（或順利經過重新設計），就是真正的考驗。這項個案研究中的 *kattudel* 漁業曾歷經動盪，最近幾次分別出現於一九四〇年代與五〇年代，也明顯平安度過幾這各種衝突與管理危機。南亞地區有些其他制度就無法幸運撐過種姓族群競爭引起的激烈衝突，如印度馬德拉斯（Madras）*kattudel* 類型的陷阱網漁業，當時無法倖免於難的原因，顯然是因為他們的傳統資源權不像斯里蘭卡的 *kattudel* 漁業

照片 4.2　斯里蘭卡內貢博瀉湖與出海口的 kattudel 樁圍網捕蝦業，以抽籤方式來分配漁場輪流使用權。／照片提供：阿馬拉辛格。

那樣，受到政府法律的保護（Matthew 1991）。

　　聯合國教科文組織工作小組承認（Johannes *et al.* 1983），現代管理制度可以向世界各地的傳統沿海與瀉湖漁業，學習當地各種適應環境的方法。這些制度不僅存在於與世隔絕的地方，已經工業化地方也可見到，包含用來調節資源利用與管理資源衝突的「漁業同業公會」制度，例如：法國地中海地區具有公會性質的 *prud'homie* 制度，以及西班牙加泰隆尼亞地區的 *confreries*（Alegret 1995）。雖然這些制度經過多年後大多已經逐漸衰微，但與此同時，世界上各個角落也不斷形成其他新的制度，如：美國緬因州商業龍蝦漁業實施龍蝦領域範圍制度（Acheson 1975, 2003），以及土耳其地中海沿岸阿蘭雅（Alanya）的一套網撈魚場管理制度，這套以抽籤分配捕撈權輪流制度，與斯里蘭卡的 *kattudel* 漁業驚人地相似（Berkes 1992）。

結論

不僅沿岸與潟湖發展出的各種漁業，會一再探討到發展 - 穩定 - 危機 - 適應的主題，其他類型的資源絕對也是一樣。研究各種傳統資源管理制度得出的結果，與探討適應性管理的著作《生態系統更新與體制修正的阻礙與助力》（*Barriers and Bridges to the Renewal of Ecosystems and Institutions*）(Gunderson *et al.* 1995) 的核心命題一致，該書主張，資源危機的出現對於體制的修正十分重要，因為危機才能迫使社會出現體制教育。

同樣地，干擾等動態作用對於生態系統的更新十分重要，本章提出了許多證據，證明許多原住民及其他傳統民族管理資源時，都會用干擾的策略，其他還有北美太平洋沿岸山區的生態系統 (Turner *et al.* 2011) 等諸多例子。另外也有證據顯示，有些地方管理鰻草（*Zostera marina*）(Cullis-Suzuki *et al.* 2015) 及蛤蜊 (Deur *et al.* 2015) 等沿岸海洋環境時，會把干擾當作一種管理工具。

傳統管理系統用火的習慣似乎非常普遍，這與適應性管理分析的結果一致。小規模的擾動，有助於生態系統的更新，其中也包含用火。因此，在林中落葉（燃料堆）越積越多之前頻繁施放小火焚燒，對於生態造成的傷害似乎比完全禁止用火更小，因為後者那種做法，最後只會引發真正災難性的大火 (Holling 1986)。這些觀念挑戰了重視平衡觀念的傳統資源管理科學，第九章談到複合系統時，將更深入探討這部分。

適應性管理主張，生態系統更新是一種動態過程，這個觀點也支持傳統管理制度提出的另一個挑戰，而且這項挑戰與資源利用在熱帶生態系統維持健康及多產方面扮演的角色有關。我們可以從游耕 *kebun-talun* 及 *pekarangan* 系統學到，多元土地利用方式能同時維持高產量的多功能地景，以及高度的生物多樣性 (Robson and Berkes 2011)。

低度利用生產與熱帶森林生態系統的運作方式一致，同時有利於生態系統的更新，持續保有系統的韌性。熱帶森林生態系統能吸收長期休耕的游耕帶來的擾動，而且實際上是與之共榮。因此，若我們的目的是要保存熱帶森林，或許策略上就必須以韌性為主軸，透過瞭解再生週期及植物演替等生態作用，來創造永續的熱帶森林（Holling *et al.* 1995; Lugo 1995）。

阿爾康（1990）從熱帶墨西哥瓦斯特克族及博拉族的原住民農林間作策略歸納出的七大原則，即融合了這種韌性的思考，而傳統策略包含：

1、趁機利用原生樹種及原生樹木群落。

2、倚賴原生演替作用。

3、利用天然環境變異。

4、融合多種作物及原生物種。

5、具靈活的彈性。

6、透過維護多樣性來分散風險。

7、平時生計依賴的資源無以為繼時，仍保有穩定的備用資源可滿足需求。

上述這些策略，或許有助於提升熱帶森林的生態系統管理。事實上，將傳統知識應用於咖啡農林間作的例子顯示，透過運用古老智慧，就能在不破壞熱帶森林本質的情況下，建立有韌性的現代耕作制度（Brookfield and Padoch 1994; Ramakrishnan 2007; Bhagwat *et al.* 2008; 第十一章將更深入探討）。

因此，重視韌性的適應性管理無須排除所有的熱帶森林利用，也無須具備量化數字精確預測產出（糧食或木材等）的能力，只需設計制度來吸收與調節情況變化的質性能力，要做到這點，必須先更仔細觀察瞭解生態系統裡的作用，而非生態系統的產物（McNeely 1994; Chapin *et al.* 2009）。從傳統知識系統可以清楚看到，其實許多族群與生態系統

的文化演進，都已發展出這種質性的管理能力，以及對於生態作用的觀察瞭解。傳統知識的生態直覺以及經常運用的經驗法則，都與當代生態學依據生態系統建立的多元動態平衡（multi-equilibrium）觀念相符（Gadgil *et al.* 1993; Berkes *et al.* 2000; Gunderson and Holling 2002）。

然而，傳統知識及實踐，通常也與一般資源管理相互矛盾，許多西方訓練的專業資源管理人員並不支持傳統系統。舉例而言，李區（1994）談到西非獅子山共和國的情況時指出，森林的冠層鬱閉度（closed-canopy）發生任何變化，許多林業人員都會視之為退化現象，但當地人可能會認為那是一種好的轉變，對他們而言，森林休耕後長出的植被，產品種類比冠層鬱閉的森林更多。

同樣地，在牧人與半乾旱地區的情況當中，專業資源管理人員往往也將過度放牧與沙漠化的問題歸咎於畜牧業者（Niamir-Fuller 1998）。但圖爾卡納族的例子卻顯示，畜牧活動能改善植被覆蓋情形。李區和墨恩（Leach and Mearns 1996）基本上主張，乾旱地區瞬息萬變，永遠處於不平衡的狀態，而畜牧的家畜管理及土地管理策略，大多能充分利用每一個機會來進行生產。乾旱地區的變化多端，因此不太可能運用承載能力分析與家畜密度等傳統西方資源管理工具（Behnke *et al.* 1993）。因此，傳統牧人「長久以來或許都是一邊敏銳覺察生態的不平衡狀態，一邊管理資源」，因此任何新穎及更適用於疏林草原生態系統資源管理的方法，最好都必須能奠基於非洲牧人的傳統知識、技能與制度，而非意圖取而代之（Leach and Mearns 1996; Robinson and Berkes 2010）。

本章的重點大多圍繞在熱帶森林、乾旱地區及沿海地區這三種生態系統，及相關社會生態系統的傳統管理方法，後續四章會探討北極與副北極地區，透過集中探討另一種生態系統，可以探究從在地知識到管理系統，直到社會制度以及世界觀的完整知識 - 實踐 - 信仰複合體。第五章先提出一段主位描述，亦即當地人本身的看法，第六章敘述了重要資源北美馴鹿的情況，以及因危機而起的體制教育與適應狀

況。第七章針對詹姆士灣契沙西比克里族自給漁業的單一資源系統，詳細進行人類生態學的分析，這是一種外部的學術詮釋，屬於客位觀點。第八章詳述了北極族群如何發展出他們對於當地氣候變遷的分析，來探究了原住民認識事物的方式。我們綜合這三章採取的不同方式，來闡述第四章裡談到的其中幾項重要原則及議題。

第五章
「從內部瞭解」克里族的世界觀

　　並非世界上每一種文化，都像主流西方那樣以世俗、功利、兩極的眼光來看待自然，原住民的世界觀不僅多元，也與主流的西方世界觀迥異。這種另類自然環境觀的存在，是人類文化遺產當中非常重要的一環。文化多樣性與生物多樣性相仿，兩者都會促進演化適應性回應的形成（Gadgil 1987; Turner and Berkes 2006; Gavin *et al.* 2015）。本章會介紹北美洲加拿大東部，靠近北極／副北極地區其中一個原住民族的情形。

　　詹姆士灣東部克里族的信仰認為，狩獵的成敗掌握在動物手裡，而非人類可以控制。這與因紐特人等其他許多原住民的觀點相似（Schmidt and Dowsley 2010）。獵人對於動物有某些應盡的義務，並以尊敬的態度對待動物。要達到永續的目標，就必須持續並正確地利用資源。克里族的互惠等社會價值觀不僅適用於人與動物之間的關係，也能運用於社會關係，這些觀念透露出人屬於「生命共同體」，同屬一個生態系統的宇宙觀。

　　契沙西比的克里族三百年來都以採集狩獵為主，並從事毛皮貿易。他們於一九六〇年代定居成為聚落，一九七〇年代（由於詹姆士灣進行水利工程之故而）開始密切接觸工業社會後，獨立狩獵、設陷阱及捕撈的生活方式，開始與北美主流社會邊緣的鄉村產業之間，維持某種不穩定的平衡。雖然他們經常與主流社會相互融合，自然觀也隨之迅速轉變，但仍與一九八〇年代當時世界觀截然不同。

「契沙西比克里族陷阱狩獵協會」有個自行選出成員的資深獵人志工小組，本章內容即是依據與工作小組的焦點團體訪談整理而成。這是由契沙西比克里族陷阱狩獵協會為了開發克里族青年教材、記錄並鞏固傳統實踐，以及透過教育部落外人士，來捍衛克里族文化與自給經濟等目標，而發起的一項計畫，計畫報告由克里族人自己發表（Berkes *et al.* 1989），研究者也發表了其中一部分的內容（Berkes 1988b）。本章一些內容引述自克里族人整理的原始報告，並以括弧加註需要說明之處。

這份報告歷時一年半（1984-1985），經歷五次會議並草擬五次報告之後才定稿，每個階段都由族人修訂核實，並按照獵人的要求，以標準英文的書面格式呈現他們敘述的內容，必要時也會進行內文的修改。本章的文字保留了克里族人的敘述方式，有時甚至是直接引述。研究者／編纂者僅於提供脈絡時出現，且大多是在本章一開始及結尾之處。而且內容主要是談的是契沙西比當時那些成熟獵人的做法，而非耆老口中的古老實踐方式。

根據在別處研究克里族的其他研究者表示，在克里族的信仰系統或宗教觀念裡，生活環境是包含超自然與自然生物的生命共同體（Preston 1975, 2002; Tanner 1979; Feit 1986; Scott 1989; Brightman 1993; Lemelin *et al.* 2010），這些生物身上存在著西方人眼中異乎尋常的力量，他們的靈魂有知覺情感，會防範並清楚知道人類所做的行為。即使宣教士努力傳教消除這種觀念，契沙西比克里族仍普遍相信動物有靈魂（Berkes 1986b），世界觀也深受其影響。

本章選取以下克里族的三大觀念集中探討並加以延伸，來闡釋他們族人獨特的世界觀：

1、狩獵的成敗掌握在動物而非人類手上。
2、獵人與漁民必須尊敬動物，才能保證狩獵豐收。
3、持續並正確地利用，才能維持動物的生產。

獵人對於動物應盡的義務，與社會中須履行的義務相互交織，因此契沙西比克里族的環境倫理，也與完整的生活哲學密不可分。本章也談到阿尼什納比族、因紐特族、科尤康族及易洛魁人的情況，可做為比較。

狩獵成敗由動物決定

西方科學及其水產與野生動物管理的應用，都假定人類可以掌控動物的族群量。克里族的世界觀則相反，他們認為「人類管理」動物與環境是不可能之事，反而是動物才具有能動性，並決定是否獻上自己。克里人相信動物知道一切人類所知，也清楚知道獵人的一舉一動。古時生物會與人類交談、溝通的事情曾出現在克里族的傳說裡，現代獵人也仍有這種想法：

> 我把網灑在湖裡，本來是抓到不少魚，但湖裡有隻水獺在吃網子裡的魚。過了一會兒，魚就不再跳進我的網子裡了，因為牠們知道這裡有隻掠食動物。因此獵物也同樣會知道獵人的存在，克里族人會說：「所有生物都盯著你，牠們知道你在做什麼，你的一舉一動，動物通通都曉得。」古代的動物會跟人交談，某程度而言，現在的動物與獵人之間仍會溝通，你可以預測黑熊巢穴的位置，就算黑熊回巢冬眠時走的不是直線、企圖擺脫你的跟蹤，你仍能預測牠可能的目的地。黑熊靠近巢穴入口時會倒退走，進去巢穴之前會繞一大圈，而獵人會試著揣摩黑熊的想法。獵人與黑熊所知相似，所知也相同，因此就某種程度而言，雙方是有溝通的。

獵人的言談之中總是暗示人這段關係中屬於被動的角色，如果動物決定讓自己為人所用，獵人就會成功。獵人掌握不了獵物，是否要

被捕獲的決定權，掌握在動物手裡，獵人要倚賴動物，因此必須尊敬動物。動物不是放在那裡免費奉送，無法保證每次獵殺都能成功，獵物必須靠追捕而得。獵人能在達到顛峰時期大大提升成功機率，原因與他尊敬動物的態度密切相關。另一種說法是，他在精進狩獵技巧的過程中，也培養出對於獵物的敬意，兩者相互影響。克里族人所謂的「成功」或「優秀的獵人」，不是用狩獵技能高低來衡量，而是以獵人是否能「獵到所需獵物」來衡量。

年輕人從小就學到應該對動物展現敬意，如果對於動物毫無該有的敬意，打獵就很容易空手而返，這樣的獵人就會覺得獵物很少。克里族人相信，即使他在灌木叢裡看到獵物，也會因為某些緣故而無法捕獲，所有動物都是如此，不僅大型獵物與毛皮動物，也包含小型獵物和魚類。基本上幾乎每個獵人都有這種觀念。獵人從來不會在打獵時生氣，運氣不佳時，他不會指責獵物，而是責怪自己。克里族人認為，動物若不現身，其實只是在「回報你的不敬」而已。有時獵人運氣不佳的理由顯而易見，但這情形較為少見。在獵人的群體當中，狩獵成果比較豐碩的獵人，必須將捕獲的獵物分享給運氣不佳的獵人，因為有時獵人並非刻意對動物不敬。

　　我的兄弟設了陷阱要捉水獺，但陷阱留在水裡有點太久。通常我們很常去巡陷阱。陷阱裡有隻水獺，但由於在水裡太久，所以毛皮開始脫落。我兄弟很擔心，因為他害毛皮變質，也知道這是犯了傷害動物的罪行。他說水獺會以讓他捉不到水獺來報復，也猜水獺應該要三年之後才會決定重新回到陷阱裡面。

狩獵的成敗終究取決於動物是否願意被捉，熟悉當地情況的通常是狩獵成果最為豐碩的獵人，反之，不熟當地情況，狩獵就容易失利。克里族人會說：「土地也跟他不熟。」這代表土地是有行為能力的。

我曾邀請一名沿海居民（他在詹姆士灣沿岸有獵場），來到我在契沙西比河（意指：大河）放置的陷阱線，但他對那裡不熟。雖然他是優秀的獵人，也並未虐待動物，卻仍然沒什麼收穫。有句話說，「如果你是新來的，土地和獵物會感到生疏和不安。」這樣的人雖然一開始可能會運氣不佳，但獵物之後會慢慢與他熟識。

根據克里族的信仰，獵人成功捕獲獵物的能力，在一定程度上會隨著年齡增長逐步達到高峰，高峰過後應該就會逐步下降，之後有一部分的成就會由他的兒子或族裡其他獵人繼承，老人過世後，會有一些年輕人承接他的動物。整個過程或許可以視為獵人從小長大，到達高峰時期之後年老力衰的週期。雖然週期當中能夠狩獵的動物數量不變，但成功獵捕的分配情形卻會有所不同。

獵人累積更多經驗後，狩獵技巧也會隨之進步，到達顛峰，在那之後，狩獵成績會逐步下降。人老之後，狩獵技能應該也會不如以前的高峰時期，因此一般人認為人老之後，大約過了五十或六十歲後，狩獵技巧也會退步。但老獵人不會擔心自己狩獵成敗，因為他知道自己以前成果豐碩，只是現在風光不再。我的叔叔以前很會設陷阱，但老了之後成功捉到的獵物就不多。他以前常開玩笑說：「獵物都放棄我了。」他會說獵物都對他視而不見，都不理他了。他雖然對獵殺沒興趣，還是會設陷阱，對他來說，生活就是這樣。

老人死後會有另一個人承接他的工作，幾乎有如老人的獵物現今已經傳承給他們當中某位年輕人。克里族人基本上都相信，年輕人會繼承老人的獵物。

我的父親以前都會抓到很多獵物，他以前常說，兒子開始打獵之後，他成功捕獲獵物機率會慢慢降低，事實上，情況也確實如此。

我的兄弟年輕時特別會打雁鵝,現在打的數量比較少,但兒子可以彌補他的損失。我們可以說,他有一部分捕獲的獵物,已由四個兒子繼承。

狩獵成敗的週期是克里族的世界觀裡的其中一個現象,另一種則與動物豐富度的週期有關。牠們認為獵物的週期性消失及回歸,與動物是否願意被獵捕有關。克里族相信,幾乎每種動物的豐富度都會起起落落,有些週期較短,有些較長。對於契沙西比的獵人來說,會消失與回歸的動物包含:

- 北美馴鹿:大約世紀之交時消失,一九八〇年代回歸。
- 河狸:一九三〇至五〇年之間稀少,之後逐漸增加。
- 貂類:世紀之交時消失兩次,一九八〇年代時,內陸陷阱線裡的數量極為稀少,但 1982 年到 1983 年開始於沿海的陷阱線裡出現。
- 豪豬:上次大量出現為 1930 年到 1970 年,一九七〇年代消失。
- 雪鞋兔、岩雷鳥及柳松雞、樅樹雞及尖尾榛雞等小型獵物:已知這些動物豐富度的高峰週期是八到十年。

西方科學對於週期較短的動物(如兔子與松雞)已相當瞭解,但對於北美馴鹿等週期較長的動物仍不甚清楚。許多生物學家相信,北美馴鹿數量的起落都與是否欠缺管理有關,但克里族人認為動物的數量本來就會自然消長。消失的動物早晚會自己回歸,而這並非人為管理的結果。據說北美馴鹿及貂類消失,是因為牠們藏到水底下或地底下,並認為嚴冬中消失的松雞、狐狸、山貓及雪鞋兔等動物,也是基於類似原因,並且深信消失的動物最終必定回歸。

我叔叔如果還在世(1984),應該已經九十歲了,他人生與北美馴鹿一直擦肩而過。當他長大到可以打獵的年紀,馴鹿就變少了。

有個老人要他別擔心，馴鹿有天會再回來。牠們現在也真的回來了。有時候我叔叔不太相信老人的話，所以會問他們說：「他們消失時是去哪裡了？」他們回說以前的人都知道，他們是去水底下。他剛聽到時覺得不可思議，後來就相信了。他瞭解到，豪豬、毛皮動物與其他所有動物，都會時而消失。他打獵生涯的初期，貂類的數量豐富，一生當中見證了牠們數量減少，後來再度回歸。

他有次打獵來到小池塘邊，雪地上出現了新的北美馴鹿足跡，一路進到湖裡。他以為北美馴鹿是游過這座湖，因此走到湖的另一側，但那裡卻沒有馴鹿的足跡，馴鹿就這麼潛入水中。他回到營地後，老人跟他說：「對啊，大型獵物和毛皮動物就是這麼消失的，有一天牠們還會再回來。」

有個年輕陷阱獵人在撒卡米河（Sakami River）那區檢查麝香鼠的陷阱時，發現有個陷阱被彈到水底，附近有個麝香鼠的巢穴，所以他以為那是一隻麝香鼠，沒想到卻在陷阱裡發現一隻貂，但那裡沒有貂的足跡，所以他一定從水裡上來的。這名年輕的陷阱獵人很害怕，覺得這是不自然的凶兆，因此回到營地（請教老人）。老人向他再三保證，說那不是不祥之兆，而是貂也會住在水裡。我曾看過有貂的足跡沿著冰上的釣魚洞出來，走上河岸，在一個樹叢附近走動，好像在找其他貂類同伴，然後再回到湖裡，進去那個洞裡面。

北部的原住民當中，也存在著動物消失後是去水裡或地底的觀念。坎卓克等人（2005: 187）探討與克里族人毫無親屬關係的甸尼族時，曾經說過：「當地人說北美馴鹿『去地底或水底』的故事，應該是提醒他們以前北美馴鹿族群曾經消失與回歸的一種比喻。」目前尚不清楚這對於克里族而言是否是譬喻性語言，至少工作小組裡有些契沙西比的克里族耆老會說，北美馴鹿的消失與回歸，可與動物停止遷移的嚴寒期間影響相比擬。其他也有動物會顯現跡象與徵兆的說法，例如

與克里族有親屬關係的阿尼什納比族（Davidson-Hunt 2006）。阿尼什納比族的人認為，夢是動植物與人類溝通的重要方式。

契沙西比克里族陷阱狩獵協會的工作小組決定不討論夢的部分，因此書中收錄了安大略省西北部上恩湖（Shoal Lake）的阿尼什納比族耆老艾拉・東恩（Ella Dawn）的一段敘述（Iskatewizaagegan No. 39 Independent First Nation），耆老提到，藥用植物不會固定在某個地方讓人隨意取用，而是會特地出現在適當的人面前。認識事物會有各種不同的途徑，有時會透過夢，而且人無法事先知道會有哪些用途（見「學習方塊 5.1」）。

獵人展現敬意的義務

既然狩獵的運氣掌握在動物手裡，對動物不敬就會影響狩獵的成敗，因為動物報復的方式就是「以不敬的態度回禮」。克里族人說要對動物展現敬意，是因人與動物有親戚關係，都有同一位造物主，人會像尊敬人那樣地尊敬動物。克里族文化許多儀式都與表達敬意有關（Tanner 1979; Preston 2002; Scott 2006），契沙西比克里族對於動物的敬意，有許多不同的展現方式：

- 打獵時保持謙卑的態度。
- 接近、獵殺動物時要有敬意。
- 以崇敬的態度將動物抬回營地。
- 向動物獻祭。
- 按表示敬意的規則來宰殺動物的肉。
- 按表示敬意的規則來吃動物的肉。
- 以合宜的方式處置動物剩餘的肉。

學習方塊 5.1
阿尼什納比族如何獲得藥用植物知識

「造物主創造地上萬物，雖然其中有些原因我們並不明瞭，我們該如何決定哪些灌木應該留下，哪些應該剷除呢？你必須知道我們是如何認識植物的。我一開始是跟那些阿姨學植物的，他們帶我到外面的灌木叢，跟我說那裡有哪些植物，哪些可以當作藥材。我媽媽也是，她以前會帶我到湖那裡，沿著湖邊走，向我介紹所有植物，只是我無法記住，也帶我去看哪裡可以找到那幾種植物、解釋用途，並囑咐我要將這些知識傳承給下一代。他們覺得我應該學會所有這方面的知識，並記得哪些可以採，哪些是有毒、不能碰的植物。」

「我有些知識是在夢中學到的。例如，我有時會夢到某個東西，特別是夢裡會出現一個老婦人或老先生，告訴我各種不同的事情，但跟我講完話以後，就會變成鳥或四隻腳的動物，就是那些周圍會出現的動物，他們就是變成那些動物離開的。有時是作夢，有時是異象……異象的話，有時是看到一隻熊朝我走來，給我某株植物，告訴我用處。……我就是這樣學會調配適合大家的藥。我還學會另一件事，就是當裡面的人，那些神靈在搖帳儀式（shaking tents）*時給你藥草的時候，你要留著，那是要給你，讓你痊癒的。我自己有把藥草留著，因為那是在搖帳儀式裡收到的。我就是透過這些方法來學習，從我的阿姨和爸媽身上學到，也透過作夢和搖帳儀式，再傳承下去。」

文獻來源：阿尼什納比族耆老艾拉‧東恩與大衛森-杭特聊天時的內容（Berkes and Davidson-Hunt 2006：42）。

---

* 譯注：北美原住民的醫治儀式。

照片 5.1　阿尼什納比族的駝鹿狩獵營地，位於安大略省西北部皮康吉肯（Pikangikum）奇普湖（Keeper Lake）。獵人接近獵物時，都該心懷敬意。／照片來源：柏蘭多。

　　態度謙卑是舉世皆然的重要規定，獵人不應誇耀自己的能力，否則就有可能因為不尊敬獵物而一無所獲。

　　我在自己這一區南邊的詹姆士灣海岸跟一群人一起捕魚時，曾自誇可以跟其他人一樣抓到很多很多鱒魚。那個區域可以捕到很多雲紋犬牙石首魚，漁民拉上來的漁網裡，都會有五、六十條左右的魚。我跟他們把網灑在同一處，但當我把網拉上來時，發現裡面竟然只有一條鱒魚！其他人也有過自誇之後捕獲量變少的經驗。

　　獵人有一條用來搬運黑熊的繩索，但這次打獵把繩索放在營地裡，笑著誇耀說他不用繩子也能把黑熊扛回來。事實上，他那一趟也確實打到一隻黑熊，只是發現自己根本扛不回來，（訪談者的意

思是說，這隻熊太大隻了，獵人沒用繩子把黑熊的四肢綁在胸口和屁股上是扛不回來的。）這個故事的道德寓意是，無論你怎麼嘲笑黑熊，牠都會回敬你。

獵人接近獵物時也應該心懷敬意，並乾淨利落、簡單迅速地執行獵殺。獵物的大小決定獵槍的類型，例如，小口徑的獵槍適合小型動物。獵人都希望動物能狀況完好，不希望鮮血四濺。獵人如果使用口徑過大的槍來打河狸等動物，就是一種逾越的行為。

對於克里族而言，社會關係以及人與動物之間的關係相仿，尤其遇到人們特別認為力大無窮及值得敬重的動物時更是如此。

> 獵人造訪營地時，會讓人知道他來自別的營地，是個訪客（maantaau）。他會帶著敬意和謙遜的態度前來，簡單告知自己來了（我來了，nitikushin）。營裡的人聽到他的聲音後，出來迎接他。他們出來之前，他早已將雪鞋脫下，在雪地上擺正。人們會對他的雪鞋讚賞一番，一邊說「這雙鞋好漂亮」，一邊欣賞製鞋手藝，誇他是成功又能幹的獵人。

> 獵人冬天接近一隻黑熊的巢穴時，並不會讓自己丟臉，只會簡單謙遜地介紹自己說：「我來了。」……這舉動與他告知自己來到營地時相似，獵人到黑熊巢穴時，也會通知一聲，因為他會像尊敬人一樣地尊敬那隻熊，就好像他是去巢穴作客，希望黑熊能接待他一樣。

克里族的獵人打到獵物後，所做的第一件事，就是看看脂肪含量。這是獵物的「品管措施」，脂肪含量越多越好，因為那代表動物很健康。他們也會在捕到雁鵝時，先拔除腹部一大堆羽毛，再把皮下的脂肪層（皮下脂肪）取出；捕到黑熊時，則先切開胸前，胸骨上方

的皮膚來檢查脂肪含量。檢查完就可以把動物扛回營地，這階段也必須遵守一些規定以示尊敬。

搬運獵物也有正確方式，例如，帶河狸時常會以背部朝下，拖著走過雪地，他們會在一根棍子上綁一條繩子，再用棍子穿過鼻子。但如果背毛沾上了冰，就會把牠的前腳綁起來後，翻過來正面朝下拖行，搬運雁鵝時也有所謂正確方式（繩子綁在脖子上，懸掛於肩上）。獵到黑熊時，可由兩個人把黑熊的四肢綁在竿子上扛回來，若只有一名獵人，他可以像背小孩那樣，將黑熊背在背上，熊掌放在肩上，熊腳夾在獵人的腋下，再將四肢一起綁在他的胸前。

扛一隻熊對於獵人而言，具有象徵性的意義。有次我跟朋友一起打死一隻熊後，他把熊給我（亦即表示尊敬的贈禮），我試圖搬那隻熊，但熊太重了。我努力要抬起來，卻一再摔倒跌在地上。我朋友說：「現在這熊真的是你的了。」這裡的重點在於，人類並非全能的獵人，我再怎努力也贏不了那隻熊，用了這個方式才真的贏到這隻熊，牠現在真的是屬於我的了。

這隻熊被搬回營地之後，族人會向牠獻祭以示敬意。古代向所有獵物獻祭，包含魚在內，到了一九八〇年代，只有向黑熊等比較強大的動物獻祭。獵人向動物和年長的男性獻祭時，實際上就是進入一種互惠的關係，請牠們賜給他獵物。契沙西比克里族的獵人獻祭時，可以用煙草（副北極地區的原住民不會），或將幾塊肉或皮丟進火裡。

向動物獻祭代表的是敬意，表示獵人請動物將獵物賜給他們。同理，也可以向已故的男人（即德高望重的耆老）獻祭。向墓裡的死者獻祭十分常見，有時對象是男性，但年紀並不大，偶爾也會向女性獻祭。

有個德高望重的老先生死於某座湖的某處後被葬在那裡，每個經過的人都會向他獻祭。他們會把煙草捲在樹皮裡後留在那裡，祈求那位老先生賜給他們獵物，來回報他們送他的煙草。

黑熊被帶到營地後，會被放到中央，獵人圍成一圈坐著。有一個人在黑熊旁邊抽煙斗，示意要將煙斗獻給黑熊。或是將一片煙草放在黑熊的嘴裡當作祭物。將黑熊剝皮後，再把一塊肉丟進火裡，用這些祭物來感謝供應一切的上天。

對於動物的敬意，也表現在宰肉與分肉的方式上。每種肉都有不同的切法，不同的動物用途也各異，例如：切割潛鳥（loon）的肉的方式與雁鵝不同，煙燻與現煮的白魚切法也不同，有些切法與烹調方法，與對於動物表示敬意有關。舉例來說，肢解雁鵝時，婦女必須用刀把翅膀跟身體分開（但不能切斷），否則據說會影響到她的先生以後獵雁的運氣。屠宰黑熊時，男人要先在熊身上割出圖案，再由婦女剝皮，最後由男人切下四肢，這都是大型獵物特別會有的切法。

獵人在切黑熊等獵物的肉食，就必須決定如何將肉分配給營裡各個家庭。若是捕獵大型獵物的集體狩獵，獵物通常是屬於給獵物「致命一擊」的人所有，他可能替自己保留毛皮，也可能將幾份肉給其他人另外分配。有時首席獵人會把獵物給第二位獵人，第二位獵人也可能決定將肉讓給第三位獵人。族人認為，這種分享儀式能建立、鞏固交流網絡，因此對於社會關係十分重要。通常年輕的獵人會將肉拿給營地裡其中一名年長的男性或女性，再由他進行分配。這象徵對於耆老的服從與尊敬，捕到大型獵物時，習俗上為了表現對於動物的敬意，往往會讓耆老負責分配食物。

食用獵物時，表達敬意最好的方式，就是全數食用完畢，不造成任何浪費，獵殺的都要吃完，為了尋樂、「休閒娛樂」或「運動」而獵殺，卻沒有吃掉獵物，是一種罪過。獵人要自己把獵物留著吃完。

正在學習打獵的年輕男孩，會把他獵殺的動物送給料理的老婦人，不僅老婦人和男孩會把食物吃掉，全家人也會象徵性地一起享用。有位耆老說道：「等哪天我們像白人打獵那樣只吃駝鹿的腰腿肉的話，這個狩獵社會就完蛋了。」

傳統上，克里族人料理食物時，會將動物的所有部位物盡其用。例如，他們會吃雁鵝的雙腳、脖子和頭，脂肪用來熬煮成油，作為之後使用。髯海豹富含油脂，牠們的腸子是沿海民族的佳餚，魚頭用煮的，魚的肝、卵和腸子等內臟（但不包括胃的內含物和膽囊）都是用炒的，有的魚骨會被搗碎，做成 *pimihkaan*（魚乾肉餅）來吃，血被做成血腸和燉湯，那也是佳餚。然而，動物仍有某些部位是不能吃的，例如：他們不會食用北美馴鹿的腦，而是用來鞣皮。他們也不會食用北極熊的肝，這可能是因為肝含有大量的維他命 A 而有毒的關係。

據說灰噪鴉會在狩獵營地盤旋，確認人沒有浪費食物。有時只在營地裡食用牠們的肉，才是對於某些動物表示敬意的方式，原因可能在於，他們認為營地是聖地。例如，黑熊的肉只有在營地才能吃，出外檢查陷阱時，不能將黑熊肉帶出去當午餐吃，通常也不會把黑熊肉帶回部落裡，因為部落不是聖地。同樣地，族人也是透過在營地裡吃山貓肉，來表示對牠的敬意。

妥善清理是展現敬意的最後階段。可食用的部分吃完之後，獵人應以妥善的方式清理骨頭及其他殘骸，他們會將黑熊所有的骨頭，及所有動物的頭骨（包含河狸、山貓、豪豬、麝香鼠、貂類動物、水獺及貂）掛在樹上或木製平台上，河狸、水獺及貂的骨頭，則被放回河裡。淡水鳥骨頭的處置並無一般規定，但有些獵人會將雁鵝的喉嚨（氣管）掛在樹上或營地的竿子上。狗禁止吃黑熊、河狸及豪豬的肉或骨頭，魚等其他動物的殘骸會被埋起來，另一種清理魚類殘骸的方式，則是建議收集後放在某處讓吃腐食的鳥類享用。

營地要保持整齊乾淨，拔營前要清理垃圾，把垃圾埋起來，有

些規定似乎日近年內修改後出現的。以前營地裡的垃圾只有動物的殘骸、骨頭及木頭，這些都是容易回歸大自然的天然物。但現代生活裡會出現塑膠、金屬罐、玻璃和紙，製造了營地的垃圾處理問題，品行良好的獵人會特別留意要這些燒掉及／或埋起來，將乾淨的環境留給年輕的一代。

透過持續利用達到永續的重要性

狩獵掌控在動物手裡，獵人有義務表示對於動物的敬意，動物才會回報他們。在克里族人的世界觀裡，另一項重要的道理是，他們相信持續利用資源，就能持續不斷豐收。

> 督察（tallyman，負責管理領土的資深獵人，又稱幹事）會負責處理陷阱線，使河狸能生養眾多，所謂負責處理陷阱線，意指不獵殺太多。陷阱獵人放慢腳步、獵殺自己所需及婦女能夠料理的數量，才不會浪費肉及毛皮，而能維持對於動物的敬重。他應該確定能讓當地休養生息（輪區狩獵）。陷阱獵人通常必須讓自己的幾條陷阱線休獵二、三年，但不超過四年。若休獵時間長達六或十年，就代表他使用獵場的方式並不妥當，河狸的數量也不會充足。

讓獵區得以休養是眾所周知的概念，許多（但並非所有）克里族的陷阱獵人，會將獵場分成三、四區，一次只在一區狩獵及設陷阱，其他區則「休獵」（rest）。獵場輪獵（rotation）的概念與農業的輪耕相似。費特（1973: 1986）已透過詹姆士灣的克里族人證明，休養生息兩年以上的獵區，狩獵河狸的成果比從不休獵的區域更為豐碩。陷阱獵人持續觀察環境，同時監測河狸 - 植被系統的健康狀態，他會觀察植被的變化及河狸咬斷木頭的牙印，預測巢穴河狸的年齡組成，找找是否

有河狸互鬥等過度擁擠的跡象，克里族人認為，河狸與植被之間的交互作用是一種平衡關係，如果河狸過度消耗自己的食物，就可能失去平衡。克里族會在每次大量獵捕後實施休獵，避免因耗盡河狸的食物，使一切失去平衡，而危及系統的穩定。因此，不僅過度利用會導致生產力下降，在克里族人的觀念裡，利用不足也可能導致相同的結果。

許久未設陷阱的地區，會有許多河狸的空巢，原因可能是過度擁擠導致牠們生病，或是河狸耗盡了自己的食物來源。陷阱獵人知道，許久未設陷阱的地區，白楊等幾種河狸喜愛的食物，產量也不多。

若那裡曾發生火災，也會影響到河狸，陷阱獵人知道，河狸會在火災三、四年後，開始回到那裡棲息。但一開始會吃掉比較多的根莖類食物（地下球莖），陷阱獵人可能會在柳樹尚未發育成熟時，重回當地架設陷阱，那時大概已是火災發生的八到十年之後。

獵人會隨時觀察環境、察看各種跡象與徵象。土地的輪流利用，以及讓土地休養生息都是良好的實踐方式。表面上，克里族強調應持續利用的觀念，與西方的資源管理科學相似，但兩者的思想基礎應該不同。按照表示敬祝的規定來說，「持續利用」並非一種義務，只是符合自然可再生與動物週期觀念的「管理方式」而已。狩獵成敗掌握在動物手裡的道理，比持續利用的原則更為重要。

獵人第二天帶著要架設的陷阱，從新的營地出發，幸運地發現四、五個河狸巢穴，對此感到非常開心。到了第二天，他派兒子再往更遠的地方走，兒子檢查前一天架設的陷阱，帶了那隻河狸回來。再隔一天察看陷阱時就變得不走運了。他們等了好幾天再去察看陷阱，仍是連一隻河狸都沒有。因此他把陷阱拿出來，說道：「就

這樣吧，牠們下次數量會多一點。」他空手而回，這代表了一些意思，就是河狸還不想被人捉到。明年秋天時，牠就會回來這裡，或許那時牠就準備好要被人捉到了。

持續利用的原則，必須與一般常識及良好的管理方式相互配合。克里族體制裡的「管理者」是資深獵人，稱為督察；以費特（1986）的術語而言，稱為幹事。資深獵人負責觀察大自然，並解釋他們於自然中觀察到的現象，也是資源管理的決策者，同時負責落實合宜狩獵行為規定。除此之外，他也是必須維護社會運作的政治領袖，如必須確保部落裡無人挨餓。也許古時的幹事，往往同時也是靈性方面的領袖（參談到克里族近親因努族人的「學習方塊 5.2」）。

若有某一群人大肆榨取獵物資源，未遵循正確的狩獵行為規範，幹事的義務就是追蹤瞭解他們後續的行動。

督察在陷阱線的一部分架設陷阱，他前幾年同意另一群人去設陷阱，因此這幾年來都未曾踏足那個地方，據他們回報，當時那裡的河狸數量非常豐富。但這名陷阱獵人心知肚明，那裡應該沒有很多河狸，因為其他這些人已捕殺太多隻了。他之所以知道，是因為這些人那一年回到部落時，看到他們沒有以妥善的方式處理毛皮，因此必須丟掉很多毛皮。他們只要看到河狸，無論老幼都任意獵殺，無一放過，甚至有些是在禁獵期被陷阱捉到的。那位陷阱獵人一一走到他認為知道可以捕到許多河狸的湖泊和池塘巡視，發現雖然有河狸出沒的跡象，但都是那群人出現之前出現，比較舊的蹤跡。這些陷阱獵人並未好好照顧那個地點，因此河狸的數量下降，而且沒有生育。他們虐待了獵物，這時獵物就會施行報復，什麼都不會留下，而且這會影響到後來的狩獵，這些糟糕的做法導致的惡果，會綿延數年之久。

學習方塊 5.2
拉布拉多省因努族（蒙塔涅族）的薩滿教

• 因努族文化裡的薩滿意指為何？

薩滿意指能看透、預言、握有權威與力量的人，他的力量來自於「搖帳」（*kushapitakan*），藉由這儀式來預言事件的發生、找出動物的位置，或藉由穿越時空來得知家族的一些事情。薩滿精通吟唱與及擊鼓、夢境、獸骨占卜等其他技巧，據說只要他的預測、建議或消息正確，就可堪稱力量強大的薩滿，若每說必中，就是最為強大的薩滿。有些薩滿很強，有些很弱，能力強的薩滿永遠都是很優秀的獵人，但能力弱的薩滿狩獵技巧卻很差。

• 日常生活中如何看待薩滿？

薩滿就與其他人無異，並無特別受到敬重，是因為身為優秀的獵人，才受人尊敬。他的地位如同今日的頭目，知道哪裡可以打獵，族人也信任他。

• 薩滿如何將自己的力量傳給人？

富含力量的藥袋（*ussitshimiush*，急救包）代代相傳。例如，如果我的曾祖父托比（Toby）是薩滿的話，他就會把那個藥袋傳給我父親，再由父親傳給安德烈（Mathieu André），也就是我，我再傳給長子或么兒。如果薩滿沒有兒子，就會傳給孫子。

• 因努族薩滿教為何逐漸消失？

教士來了之後開始反對儀式，禁止搖帳，並說薩滿很邪惡，背後都有魔鬼相助。因努族人相信教士的說法，但我認為以前有個崇高的靈，將一切與環境有關的因努族知識賜給薩滿，使他有能力

行醫。人們說，薛莎修保留區（Sheshatshit）其中一位偉大的薩滿老普庫（Pukue）過世時（我的祖母也是在場見證人），他的藥袋也隨之下葬了，而我個人認為，這是我們的薩滿教逐漸消亡的原因之一。（André 1985: 5, 6）

身為社會規範執法的幹事，有義務公開「虐待獵物」的事實，他可以從社會制裁著手，公開譴責犯錯的人（通常以幽默的方式帶過），並將他們的例子當作反面教材，提醒大家謹記這條規定。

其他原住民是否有與克里族相同的世界觀？

有些人在克里族領域裡別處進行研究，他們也注意到「捕殺但不減少動物數量」的通則（Tanner 1979; Feit 1986; Brightman 1993）。這到底是「生態永續利用」的觀念？還是認為這是「源源不絕的供應」再生，亦即所謂動物的轉世而來的結果？舉例而言，住在契沙西比與曼尼托巴省北部（Brightman 1993），以及魁北克瓦斯萬尼皮（Feit 1986）等地的克里人，就與其他地方的克里族獵人相反，他們並未清楚表現出動物轉世的觀念。

根據布萊曼（Brightman 1993:289）所言，曼尼托巴省北部的克里人以前相信，「是否進行儀式性的更新才會影響獵人獵捕的數量，與獵殺的數量或利用的部位無關。」如果布萊曼所言屬實，史學家雷（Ray 1975）的研究也支持這個結論，那麼一七〇〇年代的克里人就不認為消耗殆盡與狩獵有關。克里族的傳統生態知識以前並未一併將獵物族群的動態變化納入考量，事實上目前仍舊如此。布萊曼（1993）進一步主張，過度獵捕導致獵物枯竭，這非但不是原住民的觀念，反而代表他們受到了西方獵物管理方式的影響。第六章談到北美馴鹿時，檢視了原住民族群本身的狩獵倫理可能發生哪些變化，探討漁業的第七章

則分析，儘管克里族人管理系統從未也並未考量到數量問題，卻仍能永續管理資源。

　　克里族世界觀與西方世界觀之間的另一個主要差異，與「獵殺」的本質有關。克里人不認為殺獵物是暴力，那些死在他手裡的動物使他的家人得以溫飽，因此獵人是愛牠們的（Preston 2002）。總之，動物只有在同意被獵捕的情況下，才會遭到獵捕。同樣地，克里人很難接受西方人認為狩獵會造成動物痛苦的觀念，也不太認同完全禁止獵殺動物才是最好的保育方式（有些人如此主張）。克里人認為，如果動物不想被人打擾，會讓獵人知道。相反地，要適當保育獵物，就必須獵捕並吃掉那些動物。克里族的保育觀念與保存主義的倫理觀不同，他們認為：「不利用資源，就會失去對它的敬意。」北部地區所有各族原住民，以及毛利人等世界上其他許多各族原住民（第十二章），或許都有這觀念及其背後的傳統道德準則（Reo and Whyte 2012）。

　　許多其他原住民族群，也有契沙西比克里族那種將生活環境視為「生命共同體」的觀念，米斯塔希尼（Tanner 1979）、瓦斯萬尼皮（Feit 1973, 1986）與維民吉等住在詹姆士灣東部的克里人，以及更遠之外的曼尼托巴省與薩克其萬省北部克里人（Brightman 1993），也有相似的觀念。除此之外，北美許多原住民的觀念也相仿，例如：尼爾森（Nelson 1982: 218）探討住在阿拉斯加，文化與克里族無關的甸尼族（阿薩巴斯坎族）科育空人（Koyukon）時表示，他們認為環境是「本身即超自然與自然的體存在所組成的共同體，事實上，西方嚴格區分出自然與超自然的觀念，對於科育空人來說應該很難理解」。

　　本章所談的詹姆士灣克里族世界觀，柯羅拉多（Colorado 1988）所描述，原住民科學那些以觀察為基礎，具有整全與宗教觀點的特性相當一致。宇宙是神所創造，是統一的完整體，人有責任約束自己的心智與行為，來認識並明白宇宙的運行（Cajete 2000; Johnson *et al.* 2016）。北美洲印地安人皆有尊敬大自然的觀念，而克里族的世界觀也與特斯伯

（1995）針對那些觀念進行的分析一致，他主張所謂的敬意，普遍（但並非全都）包含四種價值觀；共同體（包含注重社會義務及互惠的「生命共同體」觀）、緊密相依、關心下一代（如易洛魁人對「第七代」負責的觀念所示），以及謙遜的態度。欲瞭解科育空人如何表現出謙遜的態度，請見「學習方塊 5.3」。

學習方塊 5.3
表現謙遜的態度：阿拉斯加的科育空人

「每年春天河冰開始破裂時，人都會跟它說話，以充滿敬意的態度，承認它擁有的力量。無論耆老是基督徒還是傳統科育空人，會說一段簡短的禱詞，請求冰漂往下游，但不要堵塞河道，導致洪災發生。相較之下，美國空軍卻在數年之前，為了避免河水淹沒部落，用炸彈炸掉堵塞育空河的流冰。有些部落族人認為，後來會發生洪水，都是因為美國空軍目中無人地使用武力的關係。畢竟大自然的力量更大，人類的動作應該溫柔、謙卑、雖然也能提出懇求或進行強制動作，但應絕對避免與自然對立。」

文獻來源：尼爾森（1993: 217）。

　　有些西方環境哲學思想也存在許多上述的價值觀，如柯倍德（Callicott 1989）及其他人曾經提過的李奧波式土地倫理（1949）。然而，李奧波的思想並未談到人與自然之間的關係，而是認為人類的道德倫理必須包含大自然，但動物沒有義務供養人類的一種單向關係。謙遜的態度也是上述四種與敬意有關的元素當中，在西方環境倫理中代表性仍不足，對於克里族而言又十分重要的要素。李奧波那種壓抑人類的優越性，使之趨於平等的倫理學，已經很接近上述謙遜的觀念，他

於書中說道：「（人類）以前是土地共同體，現在則變成共同體裡一名普通成員及居民。」（Leopold 1949: 240）

結論

　　傳統的自然觀雖然內容各不相同，但都相信人類彼此之間及與動物之間都存在一種神聖的個人關係。以柯倍德（1982: 306）的話來說，即「美洲印地安人的文化，在整體的思想層面上都心照不宣地認為，人類與環境之間不僅存在的實際具體的關係，也存在一種社會關係。人不僅是人類社會的一部分，是自然中一切萬物共同體的一分子」。這種生命共同體的世界觀，不僅可於美洲原住民當中看到，也存在於世界上許多其他狩獵採集及園藝社會的民族當中（Taylor 2005; Berkes 2013）。從歷史來看，這些觀念可追溯自一神論宗教出現之前的主流泛靈傳統（見「學習方塊 5.4」）。

學習方塊 5.4
易洛魁人的泛靈論

泛靈論基本上相信萬物有靈，主張非物質原理的存在，造就了一切生命與行為，與物質之間密不可分。相信泛靈論的人認為，整個現象世界都具有神的屬性，換言之，人與這個世界之間的關係也是神聖的。一般人相信，人在大自然的一舉一動都會牽連自己的命運，而且任何行為都會為生命帶來間接、直接與相關的後果。在這關係當中，沒有任何事物不屬於自然的範疇，也無須覺得浪漫或多愁善感。

「易洛魁人的觀念，就是典型的印地安人泛靈論。易洛魁認為，

> 大地之母從完美的天界落下，被鳥兒於空中攔截後，降落於一隻烏龜背上，變成所謂的大地，這是就是宇宙的起源。她有一對雙胞胎孫子，一正一邪……。這世界是正邪兩股勢力的對立，而且會受到真實世界理人類行為的影響。結果，一切行為動作，包含出生與成長、生育、飲食、排泄、狩獵與採集、航行與旅行，也都是神聖的。」

文獻來源：麥克哈格（1969: 68）。

　　人類屬於背後更大的社會網絡，且當中包含人類以外的生物，這種觀念不僅存在普遍存在於不同原住民族當中（Atleo 2011），也對於知識的發展與傳播極為重要。舉例而言，金麥羅（2013）指出，許多美洲原住民都認為動植物是我們最資深的老師，北美洲西北部也有許多原住民相信，捕鮭魚的技巧與許多土地管理方法，皆來自動物的教導（Turner and Berkes 2006; Turner 2014）。雖然原住民以外的族群大多並未抱持上述觀念，但也同意社會網絡對於在地知識的發展十分重要。例如，雷耶斯 - 加西亞等人（Reyes-Garcia et al. 2013）已證明，社會關係及種原（germplasm）交流的網絡，對於西班牙家庭園藝農人的生態農業知識建構十分重要。同樣地，巴西海邊的該撒拉人（Caiçara）（Hanazaki et al. 2013）維持生物多樣性時，也同樣重視這種交流網絡（Peroni et al. 2008）。

　　克里族與世界上許多原住民一樣，都相信動物及土地具有能動性。玻利維亞安地斯山地區的克丘亞人認為，最高山脈（具有強大力量的地方）的名字不是人所定的，而是接受啟示而來，因為這種地方在人類知識出現之前就已存在（Boillat et al. 2013），藥用植物知識也是啟示的結果（見「學習方塊 5.1」）。人有義務展現敬意的觀念，也普遍存在於原住民族當中。許多原住民族，其實是在經營與環境之間的關係，而非管理資源（Wyndham 2009; Atleo 2011）。既然關係是互惠或雙

向的，許多原住民族就相信以充滿敬意的態度來利用資源，才能達到永續的目標。

　　因此，泛靈論的傳統仍像基督教進入歐洲之前的時代那樣，並一度與聖方濟的基督教神祕主義共存（White 1967），現今仍存在於詹姆士灣克里族等族群當中（即使他們現在多已正式成為基督徒了）。克里族的文化與傳統倫理觀，不僅對於族人本身而言相當重要，也能使我們與過去千年以來的人類傳統產生連結。生命共同體的世界觀，代表了人類屬於生態系統的一種宇宙觀，因此對於現代獨具意義。以下兩章將詳細探討如何以契沙西比克里人的世界觀，來看待人類與動物之間實際建立的關係。

第六章
北美馴鹿的故事
與社會學習

　　本章將按照時間的順序，敘述克里族人如何學會面對北美馴鹿數量的變化，以及北美馴鹿最後可能全數消失的事實。保育倫理的觀念並非一出現就可立即運用，而是逐步演變而來的，演變發展過程也是普遍極為關注的議題（Berkes and Turner 2006; Turner and Berkes 2006）。本章透過過往的證據，以及現代所觀察到正在發生的文化演進過程，來說明社會學習的現況。原住民獵人對於環境的觀察，以及從環境中學習的方式都格外獨特（Kendrick and Manseau 2008），他們隨時都在監測環境中出現的預兆，若發現不尋常或與例外的預兆或跡象，就必須交由具備合適經驗及智慧的人，亦即耆老來解讀。在大多數的原住民社會中裡，耆老會負責整合跨世代的資訊意見，解讀那些不尋常現象的意義及介入資源管理後的結。耆老及幹事屬於領導階層，負責推行並傳播知識，有時會重新解讀新的資訊，來改變事情進行的方式。

　　實際做法與觀念之間不必然表裡一致，哲學家指出，「倫理觀念對於行為具有規範作用，不是描述出他們實際所做的行為，而是規定人們如何舉止得宜。」（Callicott 1982: 311）。舉例而言，阿拉斯加的科育空人捕獵北美馴鹿時，常會違反自己限制捕獵的規定（Nelson 1982）。每一位田野研究者都知道，規定及倫理規範有時會暫時失效。我們可以說，每個文化或族群裡，理想及實際做法之間總是會有落差，從這方面來看，這則北美馴鹿的故事就相當重要了。克里族耆老

會坦率承認自己以前都過度獵捕北美馴鹿，但部落裡七十餘年後發生的一些事情顯示，克里族獵人這個族群，已全都從過去過度捕獵的經驗中學到教訓。北美馴鹿的故事闡述了第五章談的週期及動物回歸相關觀念，在現實世界裡運作的情形，以及以部落為主的制度如何吸取教訓並逐步演進。除此之外，也闡述了傳統幹事及耆老集體決策時，扮演了哪些領導的角色，由此可知，為何幾乎所有傳統文化都很看重耆老，耆老不僅能說出族群的共同回憶，能夠解讀罕見或不尋常事件的智慧，也有助於部落規定及倫理規範的落實。

從西方科學觀點來看，此處所闡述的主要議題，其實就是第四章首度提出的問題，即社會群體應具備什麼條件，才可能形成保育倫理觀念。約翰尼斯（1994）之後所定義的保育倫理，意指「意識到人有能力耗盡或破壞天然資源，同時願意致力降低或解決這個問題」。背後假設的是，如果是重要、容易預測或可能耗盡的資源；或在有效管控下，能使該社會群體享受到保育成果（Berkes 1989a）的資源，就可能發展出保育倫理。

首先，若資源格外豐富，那麼發展保育倫理或領域防衛制度，都不會有適應方面的優勢。必須是容易預測、產量豐富，且對於該族群而言十分重要的資源（見第三章的「領域化」部分；Dyson-Hudson and Smith 1978; Richardson 1982; Nelson 1982; Berkes 1986a），才會發展出相關的保育倫理。若資源不會耗盡的話，偶爾零星狩獵多獵殺幾隻獵物，其實相當合理（有人可能會主張是適應生態原則）的做法。系統的波動會影響資源的管理以及食物的儲存，尼爾森（1982: 223）討論阿拉斯加人狩獵北美馴鹿時指出，「他們反而不是很自然地刻意限制獵捕，而是只要有機會就盡其所能地獵捕，將捕獲的獵物作為未來存糧。」

其次還有資源控管的問題，同一個社會的人制訂保育規定及倫理規範，是為了自身權益，與外部人的權益無關，證據就是，只要有外部人士入侵，或族群無法保護自己重要的資源時，他們就會取消那些

規定及保育規範（Feit 1986; Berkes 1986a）。一旦變成公開取用，原本具有保育意識的幹事，或許就不會允許外部人士取用剩餘的資源，反而會自己變成「共有地悲劇」的兇手之一。一九二〇年代詹姆士灣，似乎就發生了這種放任大家為所欲為，捕光河狸的局面，北美洲的野牛也於世紀之交時過度遭到捕殺（Berkes et al. 1989）。但有時或發生相反的情況，例如：如果當地重新掌握資源，他們就能享有自我限制的美好果實，並重新恢復保育規定及倫理規範（Feit 1986; Berkes 1989b）。

北美馴鹿這個案例的意義在於，資源本質上不會促使人發展出保育倫理。北美馴鹿（caribou, *Rangifer tarandus*）確實是北美副北極及北極地區最重要的物種之一，馴鹿（reindeer）在斯堪地那維亞北部及西伯利亞亦同（Tyler et al. 2007; Brannlund and Axelsson 2011; Herrmann et al. 2014）。牠們每次出現，數量都當龐大，但也十分難以預測。甸尼族有句俗語說，「風和北美馴鹿的來去無人能知。」（Munsterhjelm 1953: 97）對於很久很久以前的原住民獵人而言，北美馴鹿必然是數量過剩、不可能枯竭的資源，但同時也難以預測。此外，大批北美馴鹿長途遷徙的過程中，會遭到不同族群的人獵捕，因此除了小群的林地馴鹿（woodland caribou）之外，要於當地進行控管及保育簡直難如登天。若是為了保育太平洋鮭魚（Pacific salmon）（Swezey and Heizer 1993）、黑熊及河狸（Nelson 1982）、河狸及駝鹿（Feit 1973, 1986）等傳統美洲印地安人重視的幾種動物，就很容易發展出保育倫理的觀念。這些資源都容易預測，或至少容易掌握每年容易捕獵的地區，同時可能每隔幾年就會消失，但北美馴鹿的情形並非如此。

「風和北美馴鹿的來去無人能知」

北美馴鹿是北美洲北極及副北極地區數量為最為豐富的哺乳類動物，而且無論在凍原或地衣混林地區原住民的傳統經濟中，皆具有

特殊的重要性。愛爾頓（Charles Elton）是建立現代生態學思想的人之一，他對於北美馴鹿族群的變化十分感興趣，認為族群變化能顯示出副北極生態系統的族群週期。他於 1942 年那本經典著作裡，以宣教士及商人的記錄作為魁北克-阿拉不拉多省半島喬治河（George River）北美馴鹿群數量下降的佐證。數量龐大時，牠們會像瘠地馴鹿（barren-ground caribou）那樣成群結隊遷徙，但牠們的身體特徵，其實介於林地馴鹿及瘠地馴鹿之間，而有些生物學家認為這是兩個截然不同的亞種。

愛爾頓（1942）重建當時的情況，並指出大約於 1905 年之後，牠們的族群數量普遍下降。喬治河有三個亞族群，最西邊的亞族群棲息於詹姆士灣與哈德遜灣海岸。這個亞族群於 1880 及 1890 年代開始衰微，據推測先遭到遺棄的，都是處於外圍的個體。愛爾頓請教的對象提到，最後一次大量獵殺事件發生於在 1914 年，地點位於卡尼帕斯卡河（Caniapiscau River）的石灰岩瀑布群（Limestone Falls），那裡是牠們主要的渡河口，而南北向的卡尼帕斯卡河，正好將魁北克拉不拉多半島分成兩半。1916 年時，那群北美馴鹿的數量少到族人有生之年的記憶中，牠們竟然沒有橫渡喬治河，那條河也是南北向，但位於半島上近大西洋的拉不拉多省境內。

喬治河的馴鹿群一直棲息於拉布拉多省東北部的丘陵地裡，並維持極小的族群，今天拉布拉多省的因努族人會獵捕牠們。1950 年的族群調查顯示，牠們的族群很小，或許只有五千隻，生物學家推測族群衰微原因時，引用了許多不同的可能解釋，包含拉不拉多省發生的大火及氣候變遷，但大多會強調原住民獵人及大量使用步槍，也造成了關鍵性的影響，因為步槍於世紀之交，已經變成當地廣泛使用的武器了（Banfield and Tener 1958）。

後來到了一九六〇年代，那群馴鹿開始迅速增長，一九七〇與一九八〇年代可明顯看到族群範圍擴大（見「圖 6.1」）。我們可以

將空中調查得到的資訊完整合併來看，同時將研究個體套上無線電項圈，並透過足跡的觀察、獵人的觀察、捕獵的地點，拼湊出北美馴鹿回歸的整體情況。北美馴鹿遷徙的範圍擴大、更往西、往南、數量越來越多，漫步範圍也擴展到更遠的地方。喬治河北美馴鹿群的恢復過程相當有戲劇性，記錄也非常完整。這群馴鹿的數量後來增長至 60 至 70 萬隻，一九八〇年代時已成了全世界最大的馴鹿族群，遍及以前族群的活動範圍，一路直到詹姆士灣及哈德遜灣（Jackson 1986; Messier *et al*. 1988; Couturier *et al*. 1990）。

朱尼帕（Juniper 1979）稱喬治河的族群為「中輟」（irrupting）族群，但這個族群變化真的是一種週期嗎？或其實是過去活動範圍的重新拓殖？甚至或許更有趣的是，北美馴鹿於十九、二十世紀相交時，發生數量戲劇性下降現象的原因，是否確實與原住民獵人及先進的狩獵科技有關，若是如此，為何到了原住民獵人的人數更多、槍械更先進，以及造路、卡車及雪上摩托車等運輸科技更加優良的一九七〇年代及一九八〇年代時，北美馴鹿的數量又能大量激增呢？

事實上，北美馴鹿族群增長與衰退，是目前科學仍無法解開的謎題。北美馴鹿生物學的傳統尺度鮮少觸及族群週期的問題，單純是因為任何人都沒有長期收集的充分資料集。雪鞋兔及山貓的週期只有十年，因此適合進行科學分析，但跨越多個世代的北美馴鹿週期（若有所謂週期的話）卻不然。

不用說，有些生態學者認為，北美馴鹿數量出現波動，背後的相關作用相當複雜，包含北美馴鹿冬天的食物來源地衣（50 到 100 年內）成長相當緩慢。若條件是有利的，北美馴鹿個體就會非常健康，能儲存格外的能量（脂肪），生殖率高，小鹿死亡率低，此時北美馴鹿就能呈現指數成長，迅速擴張族群。等掠食者數量趕上的時候，整個活動範圍內的草或許已啃食殆盡，北美馴鹿也不如以前健康。活動範圍小及遭到獵食機率高的雙重壓力，導致北美馴鹿族群量降到低

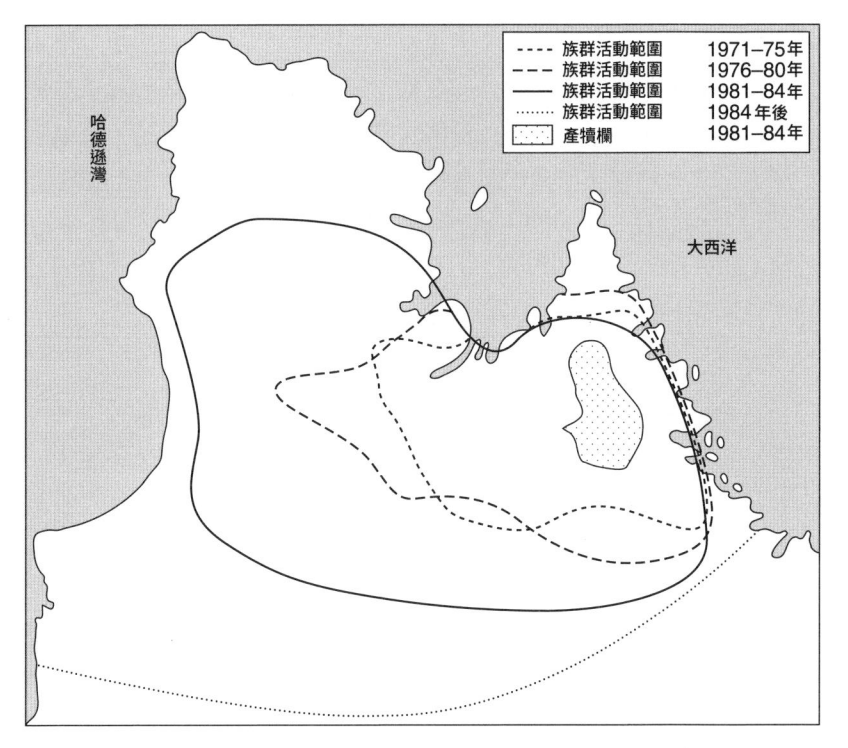

圖 **6.1** 喬治河北美馴鹿群 1971-1984 年間（Messier *et al.* 1988）及 1984 年後（Couturier *et al.* 1990）活動範圍擴張。

點，直到地衣慢慢恢復生長、條件逐漸好轉，變得再度有利於北美馴鹿族群增長之前，族群量有好長一段時間都會維持低迷的狀態。

狩獵壓力、氣候變遷及火災等其他要素的產生，這些產生的效應，都會使一般情況變得更加複雜。例如，在族群衰微階段大量狩獵，容易導致族群數量一蹶不振，但在增長階段大量狩獵，只會抑制波動而已。小鹿存活率是相當重要的面向，且可能受到天氣（風及氣溫）及掠食者死亡率的影響。生物學家確實有一套根據族群調查、電腦模擬研究及其他週期性物種知識建構的總體模型，來呈現北美馴鹿的族群變化，但科學對於北美馴鹿週期的瞭解仍未有名確定論。

談到最近一次的週期，目前已知的是，有許多橫跨加拿大北部及阿拉斯加北美馴鹿群，在一九八〇年代末或一九九〇年代初以前，數量仍持增長。在那之後，加拿大全境十一群北美馴鹿當中，絕大多數的數量皆逐步遞減，時間長達約二十年（Vors and Boyce 2009; Parlee and Caine 2017），到了 2010 年，豪豬北美馴鹿群（Porcupine Herd）等鹿群，又再度出現族群增長情形（Russell *et al.* 2013）。許多生態學家手邊的硬資料（hard data）不足，因此不願認為北美馴鹿是具有週期性的物種，但其實西方科學只是尚未記錄北美馴鹿一次完整的週期並瞭解其背後的意義而已。例如帕利和肯恩（Parlee and Caine 2017）出版的著作裡收集了西加拿大因紐特人、哥威迅人及薩赫圖人（Sahtu）等部落的想法，這些原住民的觀點，將有助於我們瞭解北美馴鹿族群的變化情形。

克里族的北美馴鹿知識脈絡

阿拉斯加與加拿大北部狩獵的原住民族與生物學家不同，他們已有北美馴鹿完整週期的豐富經驗。舉例來說，住在克里族以北森林界線以外的因紐特人相信，北美馴鹿有天然的族群週期（Milton Freeman，個人通訊）。克里族人也認為，北美馴鹿群的波動雖然有週期性，卻不是容易預測、規律性的週期。儘管克里族者老能透過智慧，預測北美馴鹿將會回歸，卻未曾提到回歸的特定時間，這點與甸尼族認為北美馴鹿難以預測的觀念一致。對於克里族而言，北美馴鹿的數量消長雖然神祕難解，卻並非完全無法掌握，有些部分是能透過獵人與動物之間的關係來解釋。第五章曾討論到，族群的衰微與獵人是否違反道德有關。愛爾頓（1942）的資料來源是生物科學，以及宣教士和商人所做的記錄，而克里族獵人的「資料」則來自透過文化傳承的傳統知識、者老分享的故事，以及獵人本身日復一日的觀察。北美馴鹿與克里族人及其他生物一起生活在同一塊土地上，同享一片地景。

然而，克里族人的北美馴鹿知識應該不如甸尼族（北方的阿薩巴斯坎人）那麼豐富，從曼尼托巴省到阿拉斯加，這片廣大的北方／副北極地區都是甸尼族的活動範圍，他們同時也是北美馴鹿最出色的專家之一。根據史密斯（1978）顯示，我們能透過加拿大中部副北極地區甸尼族適應北美馴鹿群的遷移的情形，來解釋他們的社會組織。這個族群處於相當有利的位置，因此能測北美馴鹿最有可能遷徙的路徑。另一方面，雖然住在廣袤的前緣地區，但他們的親屬與婚姻習俗卻對於人際之間的串連及交流十分有利。

　　　　那幾群獵人駐在哈德遜灣至大奴湖（Great slave lake）之間狹長的前緣地區（約 1000 餘公里），不僅深度較淺，又靠近森林界線，地理位置優越……，因此幾乎可能接觸一些到北美馴鹿族群中的卡米努里亞克（Kaminuriak）、比佛利（Beverly）及貝瑟斯特（Bathurst）北美馴鹿群。他們的偵察巡守隊可能也占了收集北美馴鹿情報的地利之便，得以瞭解牠們的遷移情形及意圖目的……。區域性及當地不同群體的人因為這些空間上的配置而存活下來，他們的親屬及婚姻關係不僅形成了複雜的羈絆來彼此約束，也串連了靠北美馴鹿維生的人，形成各個群體之間的交流網絡。（Smith 1978: 75, 83）

　　當地各個群體之間的空間是沿著森林到凍原的過渡地帶來分配的，這麼做能使獵人同時利用到兩個區域。這些不同群體的人會以魚池為生活圈的中心，來確保食物來源穩定。甸尼族人會定期到森林界線以北的地方，因此能清楚掌握北美馴鹿的分布，但北美馴鹿的秋季遷徙才是偵察工作的關鍵時期，因為此時甸尼族人才能根據他們擁有的知識來推測鹿群可能的過冬地點。根據考古記錄，這種空間上的安排已有相當長遠的歷史，使獵人能累積許多世代的資料（Smith 1978）。

「學習方塊 6.1」詳細敘述了這個制度在大奴湖東部其中一支甸尼族裡的運作情形，這支東甸尼族（Denesoline，別稱「奇佩維安人」，Chipewyan）現今住在勞塞卡村（Lutsel K'e）（舊稱史諾贅夫，Snowdrift）。「學習方塊 6.1」內容以帕利等人（2005a）為主，某部分也參考了坎卓克等人（2005）。「圖 6.2」的上圖顯示，古時東甸尼族人巡邏時，是從北美馴鹿的夏／秋據點出發，往北去找牠們。北美馴鹿秋季遷徙時，會從凍原的夏季據點往南越過森林界線，抵達度冬據點。不同狩獵營地之間往返的家族，也會利用那些路徑。

　　「圖 6.2」的下圖，基本上概述了東甸尼族人的邏輯。獵人為了攔截北美馴鹿會分散開來，留意土地及北美馴鹿遷移情形。他們會觀察北美馴鹿的健康指標及分布範圍，同時盡其所能猜出牠們的意圖。巡守隊秋季於路上遇到北美馴鹿時的重點不在於捕獵牠們，而是觀察遷徙方向，以減少未來帶著全家到冬季狩獵營地時打獵會遭遇的不確定因素。這制度的關鍵在於運用北美馴鹿遷徙路線的分歧點，來預測冬季分布，以此決定或重新決定搭營地點。

學習方塊 6.1
東甸尼族獵人如何面對北美馴鹿的不確定性

勞塞卡村東甸尼族的耆老說：「北美馴鹿想去哪就去哪？」但他們有辦法監測北美馴鹿的遷移，也懂得如何以最有效降低不確定性的方式，決定出冬季狩獵的營地地點。小型狩獵團會在秋季時自行組成偵察巡守隊，向北移動來攔截往南遷移的一群群北美馴鹿。牠們秋季時會遷徙到度冬地區，至於會是哪裡呢？凍原自古以來就有數不清的北美馴鹿蹤跡，但牠們今年會走哪一條路呢？東甸尼族人需要一套複雜精細的監測系統，才能更確切地挑出幾

條可能的路徑，才能保證今年冬天的存糧充足。

他們知道面積大的湖泊（「大片水域」）會使北美馴鹿只能遷移到沿海地帶及峽谷區，牠們會避免大片汪洋，反而會找能夠迅速橫渡的狹長河段。對於東甸尼族而言，渡河口（*eda*）及大湖附近的其他主要的地形，都可說是北美馴鹿族群往南遷移時的分岔點。獵人也像北美馴鹿一樣，會沿著蛇丘、其他高處及海岸線行走。利用這些地形，路途也較為輕鬆，也提高遇見北美馴鹿的機率。獵人看到渡河口出現時，就會搜尋北美馴鹿的足跡，並運用「等候處」（*k'a*），聆聽並觀察北美馴鹿如何遷移過來，慢慢出現於地平線上。觀察北美馴鹿在渡河口的遷移情形，對於決定冬季狩獵紮營地點具有關鍵性的意義。獵人觀察北美馴鹿到的分叉點時，會注意到牠們行進的方向，這有助於他們預測主要北美馴鹿族群最後可能度冬地點。東甸尼族獵人會觀察幾項指標，包含牠們的行為及身體狀況（脂肪），以及哪些地區富有石蕊（reindeer lichen）或曾遭祝融等地景條件。這些條件都會影響北美馴鹿的遷移，只要縮小牠們遷移方向的範圍，東甸尼族人就能知道何處最適合搭營。

文獻來源：帕利等人（2005a）。

　　觀察北美馴鹿如何在分岔點分道揚鑣，是一項非常重要的能力。我參與計畫，一起監測西北地區首度設立新鑽石礦區的影響時（IEMA 2001），曾與甸尼族的耆老聊過，他們在北美馴鹿秋季遷徙時，會讓他們族人待在礦區的位置，因為他們推測礦區正好位於分叉點上，所以希望能看到北美馴鹿面對這情形的回應方式。他們的擔憂十分實際。如果鹿群往北轉往礦場及新的採礦產業道路而去，最後就會來到他們位於西方的甸尼族鄰居，也就是犬肋族的領地，但若轉往南方，多數馴鹿最後則會來到東甸尼族的土地。

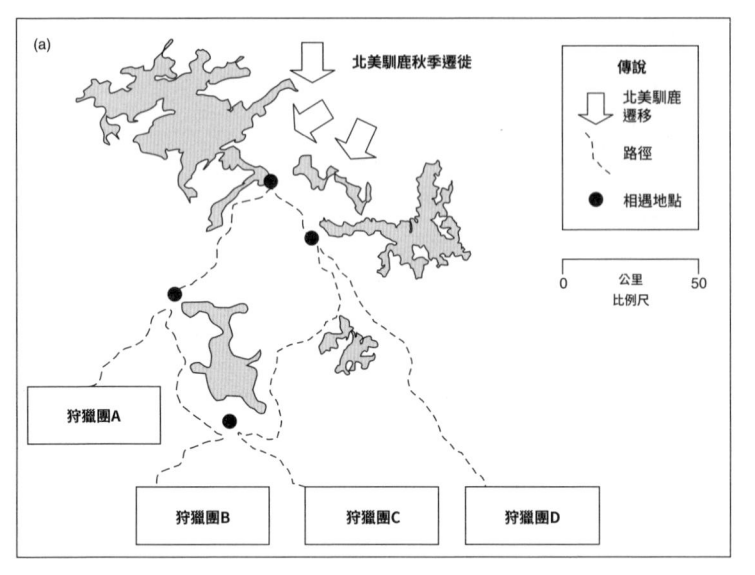

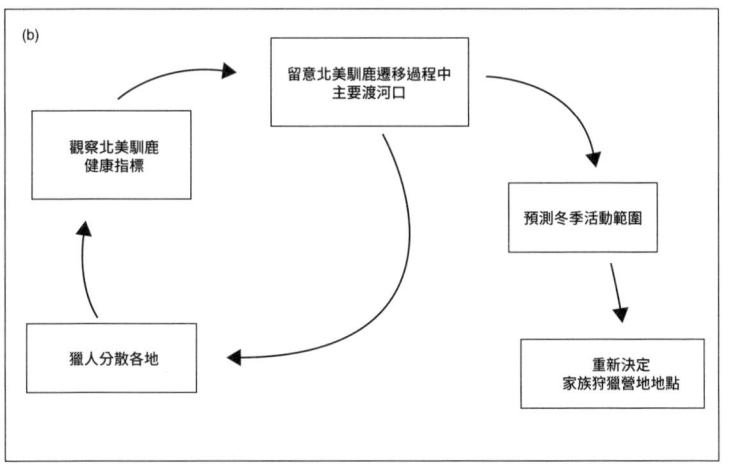

圖 6.2 圖 A 獵人為了預測北美馴鹿冬季的活動範圍,組織團隊橫越土地,到主要渡河口巡察牠們的遷徙情形。

圖 B 東甸尼族面對北美馴鹿不確定情況的策略。

文獻來源:根據帕利等人(2005a)重新繪製。

東甸尼族及其他副北極地區甸尼族的偵查制度，與其他傳統知識及管理系統相較之下，顯得極其特殊，因為他們能夠以網絡般的組織，一邊收集同步資料（大範圍地區的短期資料），一邊收集更具有傳統知識系統代表性的歷時資料（長期資料）。東甸尼族的例子顯示，傳統民族在某些情況之下，也可能發展出具有西方科學系統特徵的資料收集綜觀系統（synoptic system），東甸尼族人正是因為擁有收集並理解這些同步及歷時情報的能力，才成為北美馴鹿的專家。

人類學家及其他領域的西方學者，不認為詹姆士灣的克里族像甸尼族那樣，與北美馴鹿之間相互關連。魁北克北部的因紐特人，以及魁北克拉不拉多省東部的因努族（那斯卡比及蒙塔涅人）等許多鄰近民族所擁有的知識水平，或許無法與其中幾個甸尼族分支相比，但也都是知名的北美馴鹿專家。相反地，詹姆士灣東部的克里族即使過去一百年來，偶有幾次目睹並獵捕過小群的北美馴鹿，但絕對從未目睹北美馴鹿的大遷徙。因此，「克里族北美馴鹿傳統知識」這個概念，與一九八〇年代以前的契沙西比克里人大多從未看過北美馴鹿的事實相互矛盾。北美馴鹿群最後一次於當地出現的時間為一九一〇年代（Speck 1935: 81; Elton 1942），哈德遜灣公司（Hudson's Bay Company, HBC）從一六〇〇年代至一八〇〇年代之間的記錄指出，當地北美馴鹿會週期性地大量出現。這不僅是伊斯特曼北方詹姆士灣的主要食物來源之一，也容易引發哈德遜灣公司商人的厭惡，因為克里族獵人不會只為哈德遜灣公司盡忠職守，設陷阱獵捕毛皮動物，而是會同時定期追捕那些北美馴鹿（Francis and Morantz 1983: 7）。

契沙西比克里族的獵場裡有許多地名都與北美馴鹿有關，如：安地寬岬角（Point Attiquane，意指馴鹿岬角），那裡或許仍可發現古代獵人捕獵的北美馴鹿角，曼阿尼基湖（Maanikin Lake）是另一個例子，*maanikinu* 指的是一種圍捕北美馴鹿的裝置，地圖顯示的正式地名為達榮達爾湖（Lake Darontal），附近有更大的胡利安湖（Lake

Julian)。克里族的語言裡，許多用詞也與北美馴鹿有關，例如：他們稱晚春降雪為 *attiksthaw*，意指「北美馴鹿初生小鹿蹄印之雪」（newborn-caribou-footprint-snow）。契沙西比克里族的狩獵知識，也蘊含豐富的北美馴鹿自然史，包含：「追蹤鹿群時如何分辨裡面的雄鹿與雌鹿？」（從牠們為了吃地衣而挖雪地後形成「覓食坑」形狀來分辨，雄鹿與雌鹿挖雪地的方式不同）、「如何確定鹿群裡真的有雄鹿？」（牠會為了注意不讓自己很大的鹿角被纏住，而在樹木極其外圍的地方留下一圈腳印，這部分的知識有安全考量方面的意義，因為儘管北美馴鹿大多時候並不危險，克里族獵人仍很顧忌雄鹿的存在）。

傳統的北美馴鹿冬季狩獵屬於一種公共事務，他們的目標是數個鹿群，而非某隻個體。族人把柱子像柵欄那樣圍出一個地方，蓋成 *maanikinu*，柵欄越圍越窄，強迫北美馴鹿排成一列，牠們先被圈套纏住，無法前進，再被弓箭和矛結束生命。古時候的獵人會在地上立幾根形狀大致上與人相像的樹木，誘使北美馴鹿走進畜欄，克里族的技巧與副北極地區中部的甸尼族傳統做法相似，他們用的是史密斯（1978）所謂的「斜槽與獸欄法」（chute and pound），用砍下的樹在獸欄中央做個迷宮，讓北美馴鹿困在裡面或被刺死。有的是採用流動柵欄的方式，誘導北美馴鹿沿著某幾條路走，因紐特人的 *inukshuk* 就是用石頭堆成人的形狀，作用與克里族及甸尼族的流動柵相似，都證明他們雖然不同族，卻有某些共通的傳統做法。

北美馴鹿回歸契沙西比克里人的領域

契沙西比克里族獵人於 1982、1983 年冬天，經歷了本世紀首度最大規模的北美馴鹿狩獵，根據獵人所說，他們當時大多是在部落獵場較遠的東半部進行獵殺，數量高達 100 餘隻。隔年冬季時，大

群的北美馴鹿到了更遠的西邊，出現在有路可通的地區。事實上，有許多北美馴鹿出現的地方，正好就是為了於部落東邊新建水力發電而開闢的道路上。獵人說他們捉到「超級多隻」，其實應該是意指數百隻，但實際獵殺的數量不明，加上狩獵本來就是會興奮到容易失控的活動。北美馴鹿只在那裡停留一個月左右，契沙西比克里族的獵人利用那條路載回一卡車、一卡車的北美馴鹿，鹿肉多到如一位獵人所形容，「人吃太多北美馴鹿的肉了」，甚至有些人把肉放到腐敗。

北美馴鹿的回歸使族人興奮不已，但部落領袖很擔憂，不是因為獵捕數量驚人，而是因為有些獵人開始殺紅了眼、放過負傷的北美馴鹿、獵殺超過帶回部落能力的獵物數量、浪費鹿肉，而且未妥善當處置沒有用處的部位。契沙西比克里族的狩獵準則不僅嚴禁浪費，更要求將動物殘骸用火燒掉或埋起來。領袖擔心的是，獵人會有這些態度及行為，代表他們欠缺對於北美馴鹿的敬意，違背了透過儀式表示敬意，使動物願意繼續現身的傳統習俗，這種制度非常強調雙方之間的義務關係，「對動物不敬，牠們一定會予以回敬」（第五章）。

到了 1984 到 1985 年的冬天時，路上已無北美馴鹿的蹤跡。許多獵人在卡車上等了又等，依舊空手而回，但有辦法進入森林狩獵卻不會造成干擾的獵人卻成績斐然。根據獵人所說，他們大概捉了三百隻北美馴鹿，但這數量僅是前一年的捕獵的一小部分而已。許多人返回鎮上後開始憂慮地想：北美馴鹿是否終究仍決定不來契沙西比克里人這裡了？當時正是耆老及領袖想些辦法回應這些人的擔憂，並讓他們從北美馴鹿顯然不太願意回歸這件事，學到一些教訓的最佳時機。

於是部落召開了一場會議，兩名最受敬重的耆老站了出來，傳統上契沙西比克里人並無單一酋長的因襲制度，頭目是經由投票選出，具有政治地位，經由選舉改朝換代，真正領導部落的，是由一群資深獵人及德高望重的耆老組成的領袖團隊，如在本例當中，就有兩位耆老挺身而出，但他們並未吐露自己的擔心，也沒有批評獵人違反道德

準則，而是說了一個故事。

　　故事內容提到，北美馴鹿在世紀交替後沒多久後即消失無蹤，詹姆士灣海岸的北美馴鹿最後數十年內不斷遞減，但拉不拉多半島接近中部的卡尼帕斯卡地區，仍持續出現大量北美馴鹿。那裡的獵場面積廣大，同時因鄰近族群的混居，而成為文化面相當重要的區域。西南邊的契沙西比克里人、南邊的米斯塔希克里人、西北邊的大鯨克里人、東邊的拉不拉多省那斯卡比－蒙塔涅族（因努族）及北邊的恩加瓦灣（Ungava Bay）因努族，都橫渡卡尼帕斯卡河，來捕獵成群結隊遷徙的北美馴鹿。

　　然後耆老說，那裡在一九一〇年代時，發生了一場災難。原本獵人的心中還充滿著敬意，但由於一心想要捕獵北美馴鹿，又得到當時才剛普及的連發步槍，使他們突然意識到自己手上握有對於動物的掌控權，心裡感到飄飄然，完全失去自制能力，因而在稱為石灰岩瀑布群的卡尼帕斯卡河分叉點，大量屠殺北美馴鹿。耆老更說道，獵人不但沒有「好好照顧」北美馴鹿，反而殺害太多個體，浪費太多食物，放任屍體腐爛、污染河川。接下來那一年，無論獵人再怎麼等，都等不到北美馴鹿出現，沒有任何一隻現蹤。北美馴鹿消失了，後世幾代子孫都沒見過北美馴鹿。

　　這時的耆老才談到了這次教訓的重點，其實他們說的這個故事，幾乎每個獵人都耳熟能詳，屠殺事件及後來北美馴鹿消失的事情，早已銘刻於契沙西比克里族人的集體記憶中，同時變成口傳歷史的一部分。但北美馴鹿並非永遠消失不見，耆老如此提醒那些獵人。一切尚未走到盡頭，所有變化都會周而復始。耆老繼續說，災難發生之後有智者預言，北美馴鹿未來將再次大量出現。北美馴鹿終有一天會回來，但獵人若希望牠們留下來，就必須好好照顧牠們。耆老所說的，就是在那七十餘年後，在1984到1985年冬天發生於契沙西比的預言。

　　從各方面而言，耆老的話都對於年輕獵人造成深刻的影響。北美

馴鹿確實如古時候的人所預言那樣，已經回到這片土地上，證明了口傳歷史的真實性。但他們若違反傳統的倫理規範，是否會再度失去這群北美馴鹿呢？

　　1985 到 1986 年冬季的狩獵方式非常不同，那次狩獵的成果十分豐碩，根據契沙西比克里族陷阱狩獵協會調查，他們當時捕到 867 隻北美馴鹿，每家約可分到 2 隻。契沙西比克里族陷阱狩獵協會已開始負起監測狩獵情形的責任了，獵人有了耆老、狩獵領袖及其他契沙西比克里族陷阱狩獵協會裡的獵人成員的監督，狩獵時就能有所約束、善盡職責並遵守傳統規範，不會浪費，也不會大開殺戒，不僅載運獵物時很有效率，也會迅速收拾屠宰過程中的廢棄物。十年前簽署的《詹姆士灣協議》（James Bay Agreement）內容，即包含克里族人現今所行使的自我管理權，由克里族獵人自己想出解決辦法，政府的資源管理者甚至完全沒有參與介入（Drolet *et al.* 1987）。

　　北美馴鹿持續不斷地出現，克里族人認為，北美馴鹿的回歸，是因為族人已恢復了倫理狩獵的倫理規範與敬意。牠們的足跡甚至更深入契沙西比的區域，有時族人會在沿海地區與契沙西比部落獵場的東界之間，看到幾個最大群的北美馴鹿，獵人各個欣喜若狂。到了 1986 年春，人們首次於記憶中，在詹姆士灣沿海看到北美馴鹿。有些獵人於北美馴鹿重新建立族群之前，會選擇放棄獵捕沿海附近零星小族群的機會，而是以東邊大群的北美馴鹿群為主。根據獵人 1990 年觀察到的足跡顯示，北美馴鹿已經從詹姆士灣沿海一帶擴展到海邊，並恢復了一九〇〇年代時的活動範圍，這觀察與政府生物學家的調查吻合（見「圖 6.1」）。

　　這些驚人的變化是如何發生的？人們心裡又產生什麼變化？我在契沙西比時做田野筆記時，概述了克里族恢復狩獵倫理規範後三年內的所有事件，並仔細觀察族人實踐傳統知識及倫理規範時的動態變化。

獵人集會

　　情景：在契沙西比行政中心及商場的大樓裡，有一間比契沙西比克里族陷阱狩獵協會辦公室寬敞兩倍的小型會議室，牆上掛滿地形圖，以黑線畫出契沙西比的家族獵場／陷阱獵場界線，再用紅色大頭針標出去年冬季進入森林後放置無線電的位置（他們為了確保安全與通訊而向契沙西比克里族陷阱狩獵協會借無線電，每區一台）。其他地圖則標出詹姆士灣水利工程的防洪線、碎石路的位置、以及超寬的（3公尺）冬季步道，後者是為了方便獵人冬天往來所修築的。一名年長的男子遠遠坐在角落，手上把玩的東西看起來像是舊叢林無線電的零件。

　　協會的會議並未準時開始，但似乎無人在意。我們這裡是「印地安時間」，即使是那週前幾天的團隊會議，也晚了一小時才開始。人們三三兩兩走進會議室，將每張椅子坐滿（約二十張椅子），地板空位不多（約可再坐二十人），後來又走進來幾位德高望重的耆老，因此又搬進幾張椅子。協會會長雖然制定了議程，發言的人卻會經常離題，雖然沒有令人捧腹大笑的笑話，會中討論的議題卻也天南地北，從河狸毛皮的價格到接下來春季獵雁，無所不包，過程中常出現許多幽默逗趣的玩笑，笑聲不斷。

　　但有時也會出現嚴肅的議題，有些是需要討論並決策的議題，必須有人確定會議中一定會討論到那些議題。討論過程相當民主、無拘無束，專家及耆老很少表達意見，沒有人在發言時遭到打斷或制止。有些年輕獵人發言次數更多，任何人發言時都會受到尊重。有時到了會議中途，會有男子滿臉笑容地帶著一大袋汽水及巧克力棒來分給大家，有時又將上次毛皮拍賣會的一疊支票發下去，有時會有人將投書《蒙特婁公報》（*Montreal Gatette*）、反對設陷阱的文章影本帶來，引發一陣激烈的討論，但沒多久後就轉到比較愉快的話題，例如：如

何提升北美馴鹿數量。時至今日，北美馴鹿變成獵人眾多討論的話題之一。契沙西比人已找到與北美馴鹿共同生活的新方法，我的田野筆記也記下了其餘發展情形。

• 1985、1986 年的冬天

其中最為知名的，是北美馴鹿數量持續上升的議題。契沙西比獵人今年冬天捕獲的北美馴鹿，比駝鹿及黑熊當地其他兩種大型獵物更多。北美馴鹿的足跡是東西向的；兩年前，鹿群出現的地方比較深入內陸，到了今年，從內陸到沿海的半途就能捕獲大批北美馴鹿。從米斯塔希尼到東南腹地，以及從維民吉到南方，這些地區都有人回報，北部沿海（契沙西比北方的詹姆士灣沿海）的獵人表示，北美馴鹿不僅來了，且停留時間更久，甚至停留到春天。雖然南部沿海仍未出現這類情形，但根據 SH（姓名縮寫）回報，伊斯特曼東南部某座位於伊斯特曼河口的克里族聚落，出現了大批北美馴鹿。北美馴鹿不知怎麼地，竟然設法往南橫渡格蘭德河（La Grande River）上連續好幾座水力發電的水庫，老 GB 開玩笑地說，他三年前才在七十二歲時，開槍打死了此生「第一隻」北美馴鹿（此處的幽默在於，通常是青年獵人的成人禮，才會體驗到「首次獵到」各種不同物種的情形）。GL 則提到，有些瓊斯岬（Cape Jones）地區的獵人會為了不干擾並嚇跑北美馴鹿，而忍耐不去狩獵。他自己去年冬天則在沿海附近的「帶刀老人湖」（Old-Man-with-the Knife Lake），捕殺兩隻北美馴鹿，那座湖就位於洛根溪（Roggan River）北邊，根據耆老所說，那裡是北美馴鹿的舊根據地。耆老提供的情報都很可靠，他滿意地輕聲說道。

拜訪 DS 時，我們又發掘了一段令人著迷的故事傳說。DS 的七十七歲父親從未在詹姆士灣北部沿海的獵場看過北美馴鹿，北美馴鹿在 DS 的祖父那個時代消失，當時他父親正值三、四十歲的「顛峰壯年」。他的祖父是如假包換的北美馴鹿專家，擁有豐富的北美馴鹿

知識，並將這些知識傳給 DS 的父親，他的父親再傳給他（GL 跟我說，他還新增了多半已有百年之久的其他口傳歷史），DS 再繼續傳承下去。到了今年冬季，他的獵場上首次出現一大群約 50 隻的北美馴鹿，散漫地圍成一圈，先往東游，接著往南，再順時針回到沿海地區，似乎是在勘查整個區域，出現的位置正好是位於他的祖父所說，最後一次在牠們消失前被人看到的地方。我最後終於問他說：你有獵捕牠們？還是只是看著牠們？DS 一臉嚴肅地沉思後，搖搖頭說，沒有，他沒有開槍打死半隻，只是跟著牠們、觀察牠們。他在前一年見過幾隻，但也沒獵殺牠們。到了今年，牠們的數量多了一倍，也許明年數量會更多，並固定於當地出沒，到時他就會獵捕幾隻。

• 1986、1987 年的冬天

北美馴鹿的數量不斷增長，詹姆士灣的數量目前已比以往更多，而且牠們會隨著初雪出現。11 月時已出現在契沙西比的北邊，到了 12 月時，更有大批的北美馴鹿，經過詹姆士灣及哈德遜灣匯流的瓊斯岬及長島（Long Island），一路往北遷徙，而且遭到狼群追捕。當時是獵人民間監測網絡首度聽到大批狼群出現的消息，GL 那週捕獵的其中一隻北美馴鹿，腿上也有一道深長的傷口。克里族人通常不會看到太多隻狼，看到狼時會將之視為一種預兆，並請教耆老該如何解釋。

在北方沿海家族當中，SN 家族仍未開始在自己的獵場獵捕北美馴鹿，但他們會獵捕狼群，而且捕捉相當多隻。其他有些家族會獵捕北美馴鹿，GL 那群人某個週末打獵時，就捕獲了 13 隻。很多獵人會特別捕獵鹿角很大的大馴鹿，他自己就精挑細選地捕了兩隻，一隻是要送人的中型母鹿，另一隻體型較小的母鹿是要放在家裡。中型母鹿送給一名老先生（目的是為了向他致敬，表示對他的尊敬）。獵人特別注意到，這些北美馴鹿身上堆積了大量脂肪，這代表牠們身體健

康，飲食良好。畢竟，那裡的地衣一百餘年來都沒有動物啃食。

SB 和他父親都捲起了袖子，開始替北美馴鹿剝皮。牠們先刮下內層的皮和脂肪，然後用舊曲棍球鞋上的刀刃刮掉皮上的毛，毛皮浸泡後再用腦的組織液洗滌，這是克里族普遍使用的鞣製法。SB 今年冬天捕到 5 隻北美馴鹿，並將其中一隻送人。他目前須供養兩個家庭，也在做一些毛皮的實驗。他的兄弟 JB 臉上一直掛著微笑地表示，他們已經體驗過從捕獵到處理毛皮的完整利用過程，而這就是北美馴鹿完整生命週期的傳統。

往北遷徙的鹿群在 1 月時第一次出現在於哈德遜灣的大鯨鎮（鯨魚哨站），這是克里族與因紐特人混居的小鎮，人人都很驚訝地看到北美馴鹿如此近在眼前，甚至有人形容簡直觸手可及，有天早晨起床後，看到北美馴鹿就站在窗外。他們去年才一路走到明托湖（Lake Minto）找北美馴鹿，等於包機飛行一趟的距離。現在牠們竟然在此出現，並且近在眼前。但族人仍十分自制，每家只獵捕幾隻，沒有大開殺戒，也並未造成浪費。大鯨鎮的鎮長表示，他們必須將北美馴鹿趕離鎮上的垃圾場與飛機跑道即可！他以族人的沉著自制為榮，契沙西比有個人很認同因紐特人的某個觀念，他們認為：在分叉點獵捕北美馴鹿時，絕對不能瞄準領頭的那三頭鹿，因為他們要負責帶領鹿群，要獵捕的是隊伍末端的鹿。你若放過前頭的鹿，牠們明年就會循著原路帶著北美馴鹿回來。

• **1987、1988 年的冬天**

現在沿海所有家族都加入了狩獵行動，北美馴鹿今年春的數量多到嚇跑雁鵝，阻礙了春季的獵雁活動。很多北美馴鹿整個冬天都在沿海附近，有些甚至也到契沙西比以前的聚落喬治堡島度冬。但當時有些跡象顯示出情況稍微有些不妙，如有許多隻北美馴鹿死在部落東部的土地上。共管委員會（《詹姆士灣協議》底下的狩獵、捕魚及

陷阱狩獵協調委員會）的政府生物學家，也向克里族代表詢問他們的意見。有些北美馴鹿似乎是被狼殺死的，克里人認為狼不一定每次殺死獵物都會吃掉。獵人也注意到，北美馴鹿腹部堆積的脂肪比前幾年少，因此透過共管委員會要求政府開始管制外地人進入那個區域，並更嚴格限制休閒狩獵。與此同時，魁北克省及紐芬蘭和拉不拉多省的政府，也都通過了喬治堡北美馴鹿群的商業狩獵提案。

對於保育倫理發展的啟發

克里族土地上的北美馴鹿終有一天數量會再度減少，並重覆無限循環下去。我 2005 及 2006 年到維民吉（正好位於契沙西比南邊）時，北美馴鹿的數量豐富到像當地超市買肉那樣，理所當然手到擒來（只是價格更為低廉）。本章要分享的故事橫跨了六年的光陰，其實我並未參與狩獵的發展，也未一起重新規畫北美馴鹿的管理系統，只是占了天時地利之便，在旁見證了當時的情形，畢竟我研究的主要是克里族的漁業，而非北美馴鹿。但我以參與的方式進行研究，與契沙西比人同住、同食，在部落裡與人互動，跟他們一起去捕魚、狩獵，並透過實際參與和聆聽，來認識他們的傳統知識及實踐方法，因此有機會瞭解到狩獵經濟及倫理規範的整體狀況。

本章無法針對北美馴鹿的各種相關事件，提供詳細的學術分析，只能分享一段故事，並依據歷史經驗及社會學習，提出保育倫理可能的發展或變化方向。而克里族人認為，北美馴鹿一九一〇年代的消失與上次他們大開殺戒、大肆浪費有關。那次的大屠殺並非只是部落傳說，只要透過愛爾頓（1942）引用的記錄，就能查出這個歷史事件發生的時間。克里族人一旦從那次犯錯中學到教訓，就會在他們未來七十年的口傳歷史當中流傳，而且適時會有人再度提起，以便制訂北美馴鹿回歸時該遵守的狩獵制度。即使政府出手干預管控契沙西比的北美

馴鹿狩獵，對於獵人影響應該不如耆老的教導深遠 (Drolet *et al.* 1987)，因為耆老訓誡（別濫捕、別浪費）之後，緊接著北美馴鹿就如耆老預言而回歸，而且他們的預言厲害到連多疑的年輕獵人都難以等閒視之。

　　北美馴鹿的故事戳破了「高貴野蠻人」神話的真相，第五章裡提到的倫理規範代表的是理想狀態。克里族獵人真實的行為卻實有可能偏離理想及道德規範，但他們也能自我改正。自制是克里族相當重視的社會價值觀 (Preston 1979, 2002)，部落為會提供支持的力量，協助獵人遵守道德規範，必要時也會祭出制裁。更重要的是，倫理規範本身就會透過犯下錯誤，以及在錯誤中學習的過程中不斷發展。克里族北美馴鹿的例子，對於解決亞馬遜保護區的原住民居民爭議有些幫助。霍特 (Holt 2015) 回應純粹將人排除於保護區之外的保育人士時，主張應賦予人從自身錯誤學習並發展自身保育倫理的政治空間。但如何才能產生這種保育方式呢？圖卡諾族的薩滿在部落裡所扮演的，是生態系統醫生的角色，他們就是這種機制的代表 (第三章)。

　　在克里族的例子當中，社會學習是一種動態過程，其中的關鍵角色是由持有知識及價值觀的人來扮演，也就是耆老。克里族的社會非常仰賴口傳歷史，耆老的存在橫跨多個世代，因此能分享各種知識情報。是什麼讓耆老變得「有智慧」？確實，智慧並非人皆有之，有些五十五歲的年輕獵人也可稱為耆老。「耆老」這稱謂與年紀無關，而是克里族及其他原住民族群中的一種社會地位。在我看來，所謂的「智慧」，指的是耆老懂得選擇適當時機（他們在罪行發生後整整等了一年，直到族人比較可能聽進建言時才說）及要傳達的要旨（分享北美馴鹿在石灰岩瀑布群遭到趕盡殺絕的著名事件），並有效運用神話（北美馴鹿一定會回歸，只是獵人必須恪守準則以示敬意的古老預言）。

　　本章一開始假設，若資源極為重要、容易預測又可能耗盡，而且

在有效管控下可使該社會群體享受到保育成果，就可能發展出保育倫理規範。以北美馴鹿為例，增加了討論的難度，北美馴鹿的確屬於重要資源，但其餘的條件卻很難符合保育倫理發展的前提（即是否容易預測、可能耗盡或能有效管控）。北美馴鹿無疑是難以預測的物種，因此有必要發展出一些方式來降低不確定性（見「學習方塊 6.1」）。你必須要有辦法推測出主要族群可能出沒的地點，但只要牠們回到某個地理範圍內，就容易藉由分布情形及行為來預測，這也是某位獵人的發現，他得意地證實，北美馴鹿出現的地點，真的正好是他祖父說最後一次看到牠們的地方。但由於相關資訊不足，若非靠著歷史經驗及社會學習，我們仍無法確知這資源是否可能枯竭，因此目前有限制獵捕的必要性。值得一提的是，克里族在這方面的經驗並非罕見（Nelson 1982），只要北美馴鹿數量過剩，奇佩維安人（甸尼族）也不會明言禁止浪費（Heffley 1981; Nelson 1982）。

最後，管控的問題於 1987 到 1988 年之間，明顯浮出檯面，當時北美馴鹿的資源即將開放外地人取用，而且人數不限。有趣的是，契沙西比克里人不認為鄰近的族群是個麻煩，甚至實際上還時常與他們（包含維民吉、伊斯特曼、大鯨及米斯塔希尼克里人，還有因努族及因紐特人）交換情報，來追蹤大規模的北美馴鹿遷移情形。然而，休閒狩獵卻不屬於這種網絡的一環，也不包含在克里族人理解的保育倫理規範裡。因此，克里族自 1988 年開，就採取了政治行動，捍衛「他們的」資源不受外人侵害。

對於管理政策及監測的啟發

除了保育倫理的議題之外，本章北美馴鹿的故事也能使環境監測的問題獲得一些有趣的啟發，且對於管理政策而言具有某些寓意。我將先討論監測的問題，之後再回頭探討不確定性的議題，及其對於北

美馴鹿的近親「馴鹿」的管理方面有何寓意。

本章敘述的故事，與探討北方原住民獵人管理大型哺乳類動物的其他研究的結果一致（Winterhalder 1983; Feit 1987; Kendrick et al. 2005; Kendrick and Manseau 2008），都主張克里族與甸尼族的北美馴鹿狩獵制度當中，有些監測項目與西方科學相同，包含：地理分布、遷徙模式及其變化、個體行為、鹿群的性別及年齡組成、北美馴鹿的脂肪堆積、掠食者存在與否及其影響，以及地衣豐富度和火災影響等活動範圍的條件，原住民專家又似乎比生物學家更重視北美馴鹿的脂肪含量。

這意義或許相當重大，因為有證據顯示，其他一些傳統管理系統或許也會監測脂肪含量。1997 年 9 月，有一場傳統知識工作坊在拉不拉多省舉行，並於討論中發現（Manseau 1998），與會的每一族原住民不僅清楚知道脂肪含量這項指標，還會善加利用，現場族群包含魁北克北部的因紐特人、拉不拉多省的因紐特人，以及拉不拉多省的因努族。同時眾所周知的是，阿拉斯加及西北地區各個不同族群的原住民獵人，也會監測北美馴鹿的脂肪含量（Kofinas et al. 2003）。科菲納斯（1998）相當詳細地記載，原住民獵人獵捕阿拉斯加與育空交界處的豪豬北美馴鹿群時，列出了九大北美馴鹿健康指標，前三項就以體脂肪（背部脂肪、腹部脂肪及骨髓）監測為主。

管理北美馴鹿時監測脂肪含量，已經成為一種經驗法則，這麼做可以瞭解個體及整個鹿群的健康情形，因此相當合理。以脂肪作為指標，可以同時瞭解環境壓力及活動範圍條件這幾項環境因子，對於北美馴鹿族群造成的影響。難怪監測北美馴鹿的脂肪，並非特定地區才有的少數當地知識，北美馴鹿從拉不拉多省到阿拉斯加都有分布，在這整個範圍內，這項傳統生態知識原則都可一體適用。

這項原則的適用範圍有多廣呢？科菲納斯等（2003）發展了一套所有北美馴鹿出沒的區域，都可一體適用的北美馴鹿身體狀況部落監測指南。有的地方監測計畫會雇用原住民，按照科學家設計的方式

來監測，但科菲納斯和同僚的設計卻非如此，他們希望能利用傳統生態知識的邏輯思維及方法論，設計出一套部落監測方式，並希望能同時適用其他地區及其他種獵物。例如，紐西蘭拉奇烏拉島的毛利人（Rakiura Maori）捕獵的灰水薙鳥（sooty shearwater）時，也會監測並記錄雛鳥脂肪含量（Lyver 2002; Moller *et al*. 2004）。

克里族及其他各族的原住民，在他們監測的資料方面與科學監測有諸多相似性，但與西方科學亦有根本上的差異，因為西方科學首重量化測量，也會運用族群模型來管理決策。相較之下，克里族的系統既不會提出量化資料，也不會運用量化的量測方式，而是運用質性的心智模型，幫助獵人掌握族群的趨勢變化，同時瞭解獵物相應的健康情形。這種質性的模型反映了族群變化的方向（消／長），以及獵物的脂肪含量趨勢，他們無須預測族群的數目，才能做出決定（同時見第九章的模糊邏輯討論部分）。

這種傳統知識不會取代西方科學知識，反而能補其不足。單靠監測脂肪含量，無法在遇到北美馴鹿族群的掠食者不多（而非活動範圍小），或某個北美馴鹿族群接連受到兩、三年寒冬影響的情形時，做出合宜的管理決策（Anne Gunn，個人通訊）。另一方面，單靠族群的生物調查資料，也不一定對於合宜的管理決策有所幫助，加拿大北部及阿拉斯加，都有不少與北美馴鹿及其他野生動物相關的例子，說明了生物的族群調查會誤導管理決策人士，後來是透過了其他生物學觀點及原住民族群的傳統知識才得以糾正回來（Freeman 1989, 1992）。這類例子都證明了傳統及西方知識能在實際運作的層面上相輔相成，同時突顯出資源及生態系統管理界必須具備概念多元論的思維。

管理的最後一項重點與不確定性及適應性管理有關，「風和北美馴鹿的方向無人能知」或許是因為北美馴鹿原生的北極／副北極的生態系統，本身就難以預測之故。本章討論了甸尼族的獵人，如何面對北美馴鹿變化多端的情形。斯堪地那維亞的研究證實，薩米人也發展

出處理各種不確定性的策略，而他們所面對的，是馴鹿生存環境方面的不確定性。

　　薩米族的馴鹿牧人認為，只要年齡、雄雌、顏色、體型及性情多元各異，就是「很美的鹿群」，即使是明顯不具生產力的個體，對於整群牲畜的福祉也會有所幫助 (Tyler *et al.* 2007)，現代社會為符合高產量生產系統的要求，透過人為選擇培養出純種家畜，這當然與那種均質的理想牲畜群相反。人們認為，多樣性高的傳統管理系統是一種適應策略，可以減少環境不利及不可預測的狀況而造成影響的機率。舉例而言，薩米族的馴鹿牧人曾提過，大型雄鹿能夠敲破冰面，吃到冰層底下的地衣，因此十分重要，少了這些大型雄鹿，整群鹿可能會因此餓死 (Tyler *et al.* 2007)。

　　然而，農業學家卻認為成年雄鹿沒有生產力，薩米人一直承受政府當局的壓力，希望他們能大幅降低成年雄鹿的比例，逐步朝向均質、純種牲畜的理想邁進。但馴養的馴鹿在戶外生活、覓食、獨立謀生，在降雨不正常導致雪結冰等極端天氣頻率激增的氣候變遷時代 (第八章)，更必須面對各種環境變化及不確定性。「牲畜群中雌鹿比例的增加，具體顯示出農業學家是以現代高產量生產的思維，來運作馴鹿的畜牧產業；其後果……一般來說仍屬未知」 (Tyler *et al.* 2007: 197)。

　　甸尼族獵人及薩米族的牧人數百年來已透過反覆試驗，找出一些面對環境不確定性的方式，但傳統知識系統，亦即科學所稱的適應性管理，仍令原住民以外的權威人士感到費解。以加拿大的原住民北美馴鹿獵人的情況來說，獵人及政府雙方，常就北美馴鹿數量的問題爭論不休 (Freeman 1989; Parlee and Caine 2017)。至於挪威馴鹿的原住民牧人，則是薩米族與政府當局對於馴鹿管理策略意見分歧 (Tyler *et al.* 2007)。我們如何才能在西方科學及原住民知識的進退兩難之間找到共識呢？羅素等人 (Russell *et al.* 2013) 及波弗斯等人 (Polfus *et al.* 2014) 已指出，雖然兩種北美馴鹿的知識能夠相輔相成，但單單要在政府管理的方式中加

照片 6.1　一位薩米族牧人帶馴鹿群移動時，會先檢查雪的狀況，瞭解冰面及地形狀態。薩米族有非常多與雪相關的詞彙（見第三章），（雪的深度及地面溫度的）測量是政府要求他們做的，牧人本身則是注意到，積雪有三個刻度深（見第九章探討模糊邏輯部分）。地點：挪威芬馬克郡（Finnmark County）。／照片提供：伯克斯。

入一些傳統方法，就會遭遇不少阻礙，「讓領頭的（鹿）過」（letting the leaders pass）的原則即為其中一例（Padilla and Kofinas 2014）。傳統生態知識具有特定的情境脈絡，要理解共管時這些傳統生態知識的性質，是很嚴峻的挑戰。

　　下一章檢視的是捕魚問題，這是另一種資源系統。契沙西比克里族有些捕魚方式及管理結果，可用科學資料來解釋。漁業管理是否一定要用到量化族群模型？或者，漁業是否能在大多數時候，仰賴與情境脈絡相關的資訊、環境訊號的解讀、以及能透露出豐富度及捕獲率趨勢的質性心智模型，以另一種方式來管理呢？

第七章
克里族漁業
即為適應性管理

　　克里族的詹姆士灣漁業，是傳統制度有助於我們更深刻瞭解生態及資源管理的其中一個例子。本章談到這種漁業的適應性、彈性、環境徵兆或狀況反應的運用，以及保留生態韌性的能力，這些獨有的特性都暗示，傳統制度或多或少與適應性管理雷同，都認為態系統的作用，是一種非線性又多重動態平衡的過程，並且強調不確定性、韌性及狀況反映學習的觀念。本章採取的是又稱「客位」的外部人士觀點，最後探討這個案例對於背後更大的漁業管理議題有何含意，以及傳統知識對於北美洲其他地區與世界各國的意義。

　　我於 1974 年時，開始於研究中接觸契沙西比的漁業，原本是為了研究詹姆士灣的大型水力發電計畫對於克里族漁業的衝擊，這些衝擊最後甚至可能摧毀了漁業，只是原因與專家原本以為的不同，但那是另一回事了（Berkes 1981a, 1988a, Rosenberg et al. 1997）。自給漁業（為了自家及部落需要而捕魚）對於維持當地糧食來源穩定以及保有當地文化，絕對相當重要。自給漁業這個領域大多探討地不夠充分，但近年來，以當地捕獵為主的自給糧食體系越來越受到重視，但這只是因為有越來越多證據顯示，加拿大北部（Ford 2009; CCA 2014），及世界各地的原住民社會裡（Kuhnlein et al. 2013），皆有糧食來源不穩定的問題。

　　我於契沙西比的漁業研究過程中，逐漸對於傳統知識及克里族的捕魚方式產生興趣。我發現那裡有廣博的在地知識，範圍涵蓋魚類分

布、行為及生活史，原因單純在於，每位漁民都知道些如何取得豐富漁獲的重要情報，甚至曾經對於生存具有關鍵的影響。舉例而言，契沙西比的漁民都知道，春天冰雪剛融的海灣，最容易捕獲春季白魚。漁民知道白魚產卵前會在 8 月開始群聚，也知道 9 月能捕獲大量白魚之處位於底部的沙礫層，而且水必須要有一定的深度。多數民族生物學家都忙著辨識物種並記錄原住民分類系統，但我主要的興趣不在於此，北方／副北極地區的物種貧瘠，因此我一開始研究的傳統知識著重於魚類及捕魚的自然史。魚類是詹姆士灣的克里族的主食，這點與許多北方的原住民相同，據他們表示，即使其他資源衰退或無法取得，他們也能靠捕魚維生。雖然相較於其他動物資源，克里族幾乎將魚類的存在視為理所當然，所以現代契沙西比幾乎找不到任何魚的儀式或慶典，但他們仍對魚類充滿敬意，認為捕魚是否能夠順利，掌握在魚類手上（第五章）。漁民不會誇耀自己的漁獲量，認為自吹自擂會引起魚的報復，不再讓人捕捉。同樣地，他們不會浪費魚，也不會咒罵或「玩弄」，以這些方式來虐待魚，捕到什麼就吃什麼。克里族對於北美洲那種休閒釣魚「釣後放流」（catch-and-release）的方式，感到十分震驚。

契沙西比克里人大多會選擇中型或大型湖、河口及詹姆士灣沿海捕魚，河口及沿海主要的捕魚方式，是在一艘有外掛引擎的 7 公尺獨木舟上，定置各種網目的短流刺網（50 公尺），到湖泊和河川捕魚時，則會利用較小的獨木舟，有時也會在舷的外側裝上引擎。其他漁法包含在格蘭德河急流底層的手拉圍網法、釣竿，或以傳統綁餌的繩釣法捕捉較大的掠食性魚類。捕魚季也是一種季節性週期的獵捕活動，看到春天河面破冰及 9 月植被變色等地景方面的生物物理性變化，就表示捕魚季已經開始。面對各種透露出何時何地能夠捕獲哪些魚種的環境狀況，漁民都能有所察覺並作出回應，並由捕魚老手（master fisher）或幹事扮演領導的角色。

照片 7.1　契沙西比附近格蘭德河第一條急流的手拉圍網捕魚作業，這是當地眾多捕魚技術之一。在上游了興建一座水力發電廠之前，族人都喜歡在適當的季節用這方式來捕獲大量湖白鮭及白魚。／照片提供：伯克斯。

　　一九七〇年代時，契沙西比的自給漁業尚未與商業漁業形成競爭關係，因為契沙西比離市場太遠，也從未出現商業漁業。同樣地，自給漁業與休閒漁業之間也少有競爭情形。當地位於加拿大的偏遠地區，因此自給漁業不像受到政府監管的商業漁業那樣，必須遵守政府管理辦法的規定。加拿大副北極地區商業捕撈在運用一般科學管理系統時，同時規定了使用的漁具種類、流刺網網目大小限制、魚貨最小尺寸限制、休漁以及產卵期的禁漁時機地點。限額捕撈是常見的手段，管理規模較大的漁業時，也會運用依據魚群的族群變化情形算出的最大持續生產量（maximum sustainable yield）。契沙西比漁業屬於自給漁業，我知道自己進行研究的當時，上述措施都尚未實施，但我不知道的是，原來克里族也有自己的一套管理系統。

契沙西比克里族的漁業制度

首先，契沙西比漁業似乎相當簡單，他們有兩大策略，分別為：可往返聚落距離的範圍內（約半徑 15 公里）會使用小網目的流刺網，較遠的地方會混用大網目的流刺網，最遠的地點則較少去，或許每十年以上才去一次，而且主要使用大網目的漁網（Berkes 1981b; Berkes and Gonenc 1982）。獵人遵循著家庭獵場輪獵的傳統經驗法則，理想上以四年為一個週期（Feit 1973），他們也會在這些區域內各個湖泊當中輪流捕魚，一年後休漁，數年後再回來捕魚。但實際上整個制度比這更加複雜，因為有些漁場每季會捕撈數次，中間有幾次休漁，遠處的湖泊卻是十年內捕撈不到一次。因此，我們已以時間和空間為軸，將捕魚劃分成不同階段來談（Berkes 1998; Berkes *et al.* 2000）。

我的捕魚研究大多於聚落附近進行，小網目（2.5 英寸，相當於63.5 公釐）的流刺網主要是捕小型湖白鮭（*Coregomus artedii*），大網目（3.5 英寸，相當於 88.9 公釐以上）捕的則以大型白魚（*C. clupeaformis*）為主。我跟著漁民去他們常捕魚的地點，並記錄漁獲物，如此累積克里族捕撈兩年的漁獲資料後，發現這些都是相當容易記錄到的內容。小網目流刺網明顯具有選擇漁獲的作用，捕到的湖白鮭幾乎是白魚的十倍，而大網目流刺網捕到的白魚則超過湖白鮭的五倍（見「表 7.1」）。但我無法確定漁民在聚落附近捕到較多湖白鮭，是因為使用小網目的漁網，還是因為當地的湖白鮭比白魚多。沒多久後，我的問題就獲得了解答。

當時我正想用自己的漁網來實驗，雖然我沒有開口請隨行的克里族漁夫協助，但他知道我關注的問題為何，因此主動設計了一套完美的田野實驗。他以相同但網目分別為 2.5 英寸及 3 英寸的漁網，連續九天兩兩一組並排設在聚落那條河的對岸（見「表 7.2」）。實驗結果提供了解答：那裡的白魚在當時那個季節數量很少，即使用網目 3

英寸的漁網捕獲的白魚，數量相對上多於網目 2.5 英寸的漁網，小張漁網的單位努力漁獲量卻較高，並相差兩倍之多。雖然以每個地區及四季平均而言，在聚落附近的漁場用網目 3 英寸的漁網，能捕獲相同數量的湖白鮭及白魚，但在那特定季節與地點用網目 3 英寸或以上的漁網捕魚，是沒有意義的（見「表 7.3」）。為了印證我提出的概論，我必須檢驗季節性及每年不同的單位努力漁獲量，並且提出說明（Berkes 1981b）。

但我仍不確定用網目 2.5 英寸的漁網在聚落附近捕魚，是否確實

表 7.1 以不同網目的流刺網捕白魚及湖白鮭時的漁獲選擇情形

漁網尺寸 （英寸）	漁網定置 張數	白魚		湖白鮭		白魚 - 湖白鮭 比例
		數量	平均重量 （克）	數量	平均重量 （克）	
2.5	219	273	250	2,536	250	1:9.3
3	86	130	563	192	378	1:1.5
3.5 及 4	30	102	694	22	552	4.6:1

文獻來源：伯克斯（1977）。

表 7.2 以網目 2.5 及 3 英寸流刺網為一組的單位努力漁獲量

	每組漁網漁獲量（克）	
	網目 2.5 英寸	網目 3 英寸
白魚	110	227
湖白鮭	1,211	649
總漁獲量	3,164	1,439
漁網組數	18	18

文獻來源：伯克斯（1977）。

表 7.3 四種網目尺寸每組漁網漁獲情形

		距聚落近（公斤）	距聚落遠（公斤）
網目 1.5 英寸	白魚	0.3	1.6
	湖白鮭	2.9	1.4
	總漁獲	4.8	6.6
網目 3 英寸	白魚	0.7	2.2
	湖白鮭	0.9	0.7
	總漁獲	2.6	5.5
網目 3.5 及 4 英寸	白魚	1.0	2.9
	湖白鮭	0.1	0.6
	總漁獲	2.1	7.8

文獻來源：伯克斯（1977）。

能盡量提高捕獲量？用更小的漁網捕魚時，即使每隻魚的體型相對較小，但是否反而能捕到更多魚？這個制度有何限制？既然隨行的克里族漁民對於那個田野實驗的進行興趣缺缺，我只好用自己的漁網來實驗。這項實驗為期不長，我發現自己用網目 2 英寸漁網中捕到尚未成熟的湖白鮭，雖然以量而言收穫不錯，但大多是體長 20-25 公分、尚未發育成熟的魚。相反地，網目 2.5 英寸的漁網捕到的，是體長 25-30 公分、約 4 到 5 歲且大多已經發育成熟的魚。而我用網目 2 英寸漁網捕到的於獲，逃不過其他漁民的法眼。那一整天都有許多漁民划著獨木舟來到我的漁網旁邊，邊看魚的大小，邊用兩隻手指戳進漁網量測網目大小，嘴裡咕噥著搖頭表示不贊同。我當時已在聚落蹲點將近一年，因此早已知道可能面臨什麼制裁，雖然一開始先辯解這是「科學」實驗，但到了第二天傍晚，就已把所有的漁網拉出來。（數個月後，我發現克里族常會用某些句子，來嘲笑網目比一般慣例還小的人，例如：有人會說，「他的網小到連自己的雞雞都塞進不去。」）

然而，湖白鮭捕撈最小網目尺寸的社會強制性規定，無法保護到體型較大白魚，網目 2.5 英寸的漁網會捕到尚未成熟的白魚，這或許解釋了為何聚落附近水域裡的白魚數量並不多。然而，弔詭的是，儘管當地的白魚已經明顯枯竭，其他地方卻不然，這暗示原住民面對多獲性魚種（multi-species fishery）典型困境時會有的解決方法。在西方資源管理的理論與實踐裡，每個物種的漁獲努力量及各種網目的產量曲線各異，換句話說，我們很難選擇要用哪種網目尺寸的漁網捕魚，因為每種魚的生長及發育成熟的體型大小並不相同，故捕撈多獲性魚種時，每一種魚幾乎都無法達到最適漁獲量（Gulland 1974）。從事商業捕撈的漁民選擇的網目及其他捕魚策略往往有所折衷，而且整體結果大多不盡人意。

　　我在契沙西比克里族的傳統漁業中觀察到的現象是，他們管理時會做出清楚明確的選擇，在離聚落較遠的地方，捕撈就以白魚這種最想要的單一大型魚類為主，靠近聚落時就會鎖定湖白鮭這種較小的魚類，這也是他們非常希望捕獲的魚種，只是發育成熟後體型較小，而且或許還能承受較嚴峻的捕撈壓力。我仍必須去確認這種策略是否確實有效，而且這種產量是否能夠維持一段時間。

　　我發現整體而言，契沙西比漁業的生產力（以單位努力漁獲量計算），優於加拿大北部其他白魚捕撈業（Berkes 1977）。近聚落的漁業以棲息於格蘭德河下游及河口兩大魚種為主，基本上都鎖定這兩種魚的單一族群（或單一系群），而我也記錄到魚群生殖年齡級別（reproductive year-classes）。湖白鮭分成四、五、六、七等四種年齡，少數為八年的魚齡；白魚則有六、七、八歲等三種年齡，及少數九歲的魚（Berkes 1979）。年齡級別多代表湖白鮭族群非常健康，白魚族群則有些過度捕撈的現象，與之前的分析相符。但我將契沙西比的資料與一九二〇年代長久為世人遺忘的研究（Dymond 1933）相互比較之後，才使永續論述變得有說服力論述。迪蒙（J. R. Dymond）於五十

年前在相同的水域進行白魚及湖白鮭取樣時，調查出的年齡級別正好與我採樣結果相符，而且特定分的體型大小相似（Berkes 1979）。為保險起見，我也將自己調查的年齡與生長資料，與政府的詹姆士灣水力發電計畫環境影響研究結果比較，確定自己手上握有的是可靠的資料（Berkes 1981b）。

我這時已開始慢慢將契沙西比漁業視為一種管理系統。漁民採用的是明確的管理策略，他們的漁獲量既豐富又可維持長久。漁民知道何時何地定置魚網，因此能相當大程度地挑選他的漁獲。他們在近聚落的漁場捕魚時，會挑湖白鮭但不挑亞口魚（人們不喜歡食用，但會用來當作狗食及陷阱餌食的魚類），而且每年都可透過自給漁獲與生物學採樣之間的比較，來記錄漁獲選擇情形（見「圖 7.1」）（Berkes 1987a）。

同樣地，我也逐漸明白自給漁業與商業漁業之間的根本差異。人們捕魚是為了自己所需，無任何創造盈餘的動機。春秋兩季是格蘭德河口的是魚類資源豐富時期，此時只要定置兩張小的漁網，漁獲就夠兩個普通大家庭所需。但在仲夏時節，網次平均漁獲量與春季月份比較大約少了一半，漁民定置兩倍左右的漁網就能補足所需，使每日收穫維持穩定（見「表 7.4」），要照顧多的漁網也無須耗費太多力氣。多一張漁網僅需半小時就能張羅完成，巡網也僅需幾分鐘。事實上，漁民想要的話，還能多設幾張漁網，但他們並未這麼做。因為他們只想捕捉自己所需，如「表 7.4」所示，若是大家庭（約等於三個小家庭）的話，一天需要十公斤的漁獲。表中的細長條代表，「取你所需」的確是一門學問。十公斤的漁獲除了夠一家人食用，還能將煙燻魚與親友互相交流，因此漁獲更多，代表他們必須分送更多。然而，由於部落的魚並不缺乏，所以魚很可能變成浪費，成了罪過。

受過西方科學訓練的我，長久以來一直不願意將克里族漁業稱為「管理系統」。一般人認為，傳統民族看似能永續管理自己的資源，

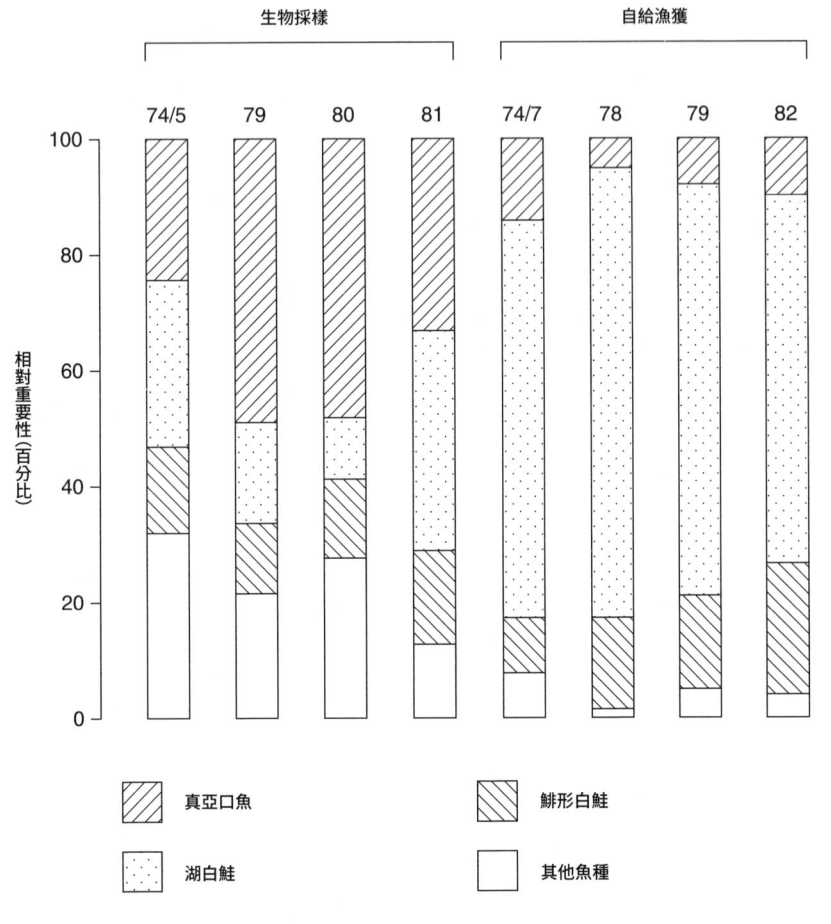

圖 7.1 契沙西比克里族漁業的魚種選擇情形。將生物採樣與自給漁獲組成相較，可以看到族人偏好湖白鮭和白魚，不偏愛亞口魚。

文獻來源：伯克斯（1987a）。

表 7.4 單一捕魚團於部落附近設定置網的漁獲努力量與網次平均漁獲量關係

	6 月	8 月	10 月	11 月
漁獲總重（公斤）	140	84	60	44
網組數	32	39	14	8
網組漁獲重量（公斤）	4.4	2.2	4.3	5.5
天數	12	9	7	4
每日網組	2.67	4.33	2.00	2.00
每日漁獲重量（公斤）	11.7	9.3	8.6	11.0

文獻來源：伯克斯（1977）。

或許是因為他們人數少，或技術「原始」到無法摧毀資源。契沙西比的漁業顯然既豐碩又能維持長久，這種情形無法單以人口少及技術不良來解釋。若漁業管理意指管控漁獲量以及捕撈的時間、地點、魚種及體型大小（Gulland 1974: 1），契沙西比的漁民即是自身漁業的管理者。古蘭德（J. A. Gulland）的看法是，漁民極少達到上述所有管理目標，但契沙西比漁民達到了西方漁業管理科學的每一項要求，因此管理成效似乎優於大多數的漁業管理單位。

副北極生態系統：科學知識及克里族做法

許多科學家都不願意接受傳統管理概念，某部分的原因與資源管理的資料需求問題有關。一般都認為管理魚類及野生動物的前提是，必須要有詳細的族群資料。根據這樣的看法，傳統民族瞭若指掌的物種辨識、生活史、分布、棲地及行為等自然史知識，雖是管理的必要知識，但仍然不夠充分。的確，契沙西比克里族漁民欠缺量化資料，換句話說，漁民沒有漁獲物種的族群動態資料，甚至還公開反對生物

學家收集族群資料的研究方法，包含：捕捉發育未成熟的魚取樣、在魚身上標記來推定魚群範圍，以及透過捕捉標放取得族群估計資料。

對於克里族而言，這些做法都對於動物相當不敬，違反了不得浪費及玩弄魚類的規定。至於「管控」魚類及「預測」穩定漁獲量部分，克里族認為，這些顯然都是幼稚的人想當上帝的傲慢，因為捕魚是否能夠順利，端看魚是否願意被人捉到，以及漁民是否持續保有敬意及謙卑的態度。

以上這些都突顯出研究傳統管理系統的悖論，亦即：為什麼有些社會明明世界觀與管理觀念不符，卻仍能將資源管理得這麼好？以契沙西比漁業的例子來看，某部分可用傳統克里族對於副北極水文生態系統的理解來解釋。克里族認知的生態系統並非抽象的概念，而是必須透過實際生活的實踐來接觸（Lévi-Strauss 1962; Preston 2002）。因此我們會先探討西方對於副北極生態系統的生態論述，再回頭來說明克里族漁業的做法。

副北極地區的生態系統特色眾所周知，包含物種多樣性低及生物 - 物理環境年年改變、族群波動劇烈或週期極長，而且通常生育力也低。但同樣無人不知的是，無人捕撈或捕撈不嚴重的副北極地區湖泊裡的魚群當中，常有大群的老年個體（約五十到六十歲）及大型魚類，強森（1976）指出，這現象與熱帶森林生態系統裡常出現大量樹木的道理相似。雖然湖裡會出現大量的白魚及湖紅點鮭（lake trout, *Salvelinus namaycush*）等魚種，但這種情形背後的生物性原因，目前仍舊未有定論，但包爾（G. Power 1978）的主張似乎是最簡單的解釋。副北極地區的魚類個體生長迅速，發育成熟後生長率趨緩。死亡率在生命初期急速降低，體型變大之後則穩定維持低點。由於生長率與死亡率的交叉作用，使魚群中出現許多小魚、少數中型魚及許多大型魚的現象，族群的體長頻度（length-frequency）也呈現特殊的雙峰（bimodal，意指兩個高峰）分布情形。

北部地區未經捕撈或捕撈程度不高的湖泊裡，可以發現許多大型魚，這現象使人誤以為那裡的生態系統具有高度生產力。副北極地區的初級生產力（植物生產力）很低，因此魚類生產力也低。詹姆士灣河口地區（最富生產力的水文生態系統）實際的魚類生產力為每年每公頃 0.3-1.3 公斤，湖泊地區甚至更低（Berkes 1981b）。相較之下，溫帶沿海、潟湖及湖泊地區，普通數值依順序落在每年每公頃 50-100 公斤之間。副北極地區那些古老大湖裡的魚群只是看似豐富，事實上更新族群需要很長的時間。巨型鮭魚的年齡應已超過五十歲，這種魚幾乎是無法更新的資源！根據加拿大西北地區湖泊的一些研究，白魚等物種的生產量與生物量大約為一比十，亦即一個水域每年能夠持續捕獲的魚，大約僅為（或低於）總量的十分之一。

　　然而，即便是如此低的漁獲強度（fishing intensity），也可能剷除許多老年及大型魚類，而這不見得是壞事，因為剷除這種類型的魚（並降低食物競爭壓力）能提升生存率、提高生長率，並促使同種幼魚個體提早發育成熟。以森林疏伐來解釋，亦即魚群的疏減能提升生產力，科學家及管理者將之稱為「族群的補償性回應」（population compensatory response）（Healey 1975），所有生物性資源都存在這種現象。克里族認為必須資源持續正確運用才能長久穩定存在，此即上述克里族觀念的西方科學說法（第五章）。

　　若這種魚的族群開發比例增加到某個程度，族群就無法填補大型魚的流失，導致族群衰退，而每種魚的族群衰退臨界點各異。舉例而言，湖紅點鮭面對開發的生物反應能力有限，白魚的反應能力似乎比較好，而湖白鮭等魚種較小的體型，更適合承受高度開發的壓力。人們一直將這些魚種間的差異來解釋五大湖的魚種組成，從過去以湖鱘（sturgeon, *Acipenser fulvescens*）等大型、年齡大、生長緩慢、晚熟的魚種為主，轉變為以黃鱸（yellow perch, *Perca flavescens*）等小型、生長快速及早熟的魚種為主（Regier and Baskerville 1986）。

契沙西比克里族的兩大基本捕魚策略，都能從這方面來解釋，部落附近的湖裡有豐富的湖白鮭，這種體型小的魚比白魚早熟，因此適合使用網目流刺網。在較遠的水域間歇性使用大網目魚網捕撈，則能維持湖裡年齡與體型較大的魚群存在。克里族並未用生態公式來擬定管理決策，只能透過實踐來推斷制度應如何運作。

克里族的三大做法：透過解讀環境徵兆來管理

目前有可明顯觀察的管理方式有三種，且都有助於我們更瞭解克里族制度的「祕訣」何在。第一套是集中捕撈群聚的魚群；第二套與輪漁或跳躍式捕撈（pulse fishing）有關，採短期集約式（intensive）捕撈，中間穿插幾次休漁期；第三套做法則混用了各種網目的流刺網。從商業捕撈的標準來看，這三種都是相當反常的做法，也非傳統捕撈方式。但有幾位漁業生態學家指出，北方的商業漁業具有一些優點（Johnson 1976），我將針對這些優點一一探討。

在獵物生物量十分豐富的時間地點集中捕撈，應該是許多自給系統的典型做法。自給漁民不能將太多時間與精力，浪費在寥寥無幾的漁獲量上。如果捕魚的回報比不上其他自給活動，契沙西比克里族的漁民會拋棄漁網，拾起獵槍。漁民必須養家活口，裝備的選擇又不多，因此必須挑選容易捕到魚的地方。因此，每一批漁民每年都會集中捕撈同一群產卵或產卵前群聚的魚，也會在特定時間與地點集中捕撈覓食、迴游與度冬的魚群。

格蘭德河的第一條急流（the First Rapids）（於水壩興建前）即為一例，8月都能在第一條急流底部捕到大批產卵群聚的湖白鮭（Berkes 1987a）。人們頗為重視漁民的知識，漁民依據經驗就能知道哪些時機與地點，能獲得極高的單位努力漁獲量。家族越是傳統，即使漁民終年都待在陸地上，他們仍對於家族土地範圍內每個海灣或湖泊哪裡是

最好的漁場瞭若指掌。由於路途遙遠，所以更必須具備廣博的知識，特別是在曲折的詹姆士灣沿海淺灘划獨木舟時，更須熟知各個潮汐週期的海岸線地形變化。

第二種管理法是跳躍式捕撈，在短時間內密集於產量豐富的區域捕撈，然後轉移陣地。舉例來說，我曾記錄到某個家族一群漁民，於退潮時集中到聚落附近詹姆士灣某個大約 100 乘以 400 公尺的小水灣捕撈，6 月 7 至 12 日之間，總共捕獲 34 公斤的魚。首次下網的漁獲

照片 7.2　契沙西比克里族捕魚情形。克里族會透過輪作式或跳躍式捕撈來提高漁獲量，一次集中於某處捕撈，每次捕撈之間都會經過長時間的休漁期。／文獻來源：伯克斯。

量為 6.4 公斤，最後一次為 2.2 公斤，這代表他們在那短短的時間內，就已開採了絕大部分的漁業資源。他們接著轉移陣地，但也表示那個小水灣是他們家族的傳統領域，因此他們明年仍會回到這裡。漁場的確是傳統領域，但不表示部落其他族人不能在此捕魚。身為領導階層的幹事雖會制訂進出捕撈限制，卻不會限制其他人進出漁場。捕撈工作既要靈活彈性，又要看準時機，若有一群人一開始就取得好成績，其他人似乎就會想要靠攏過來。例如，5 月 24 日時，就在詹姆士灣沿海另一個小水灣破冰之後，有一群漁民定置 5 張漁網，捕獲了 40.8 公斤的魚，到了 5 月 27 日時，小水灣中就出現了 20 張網，但當網次平均漁獲量降至 2.8 公斤時，漁網也就跟著移了位置（Berkes 1977）。

　　跳躍式捕撈及漁場輪作實施的時間似乎長短不一，在聚落附近集約式捕撈的漁場中，若地點不錯的話，至少每年會捕撈一次，但若距離聚落較遠，捕撈頻率將會更低（Berkes 1977）。離聚落較遠的漁獵區域，會採粗放的做法（extensive，與集約式相對），獵人／漁民可能會在每一年或數年內，選擇某一座湖打獵／捕魚。為何要實施跳躍或輪作的捕撈方式？因為這顯然能提升單位努力漁獲量，而且粗放式捕撈也有助於維持大型魚族群在系統中的存在。從偏遠漁場所取的樣本顯示，白魚漁獲豐盛時的尺寸為 50-55 公分，但由於樣本不多，所以我為了確定自己調查的結果並非偶然，調查了米斯塔希尼及瓦斯萬尼皮克里族未發表的漁獲體長頻度資料，證實了白魚確實體長 50-55 公分，更偏遠採粗放式捕撈的湖泊裡，湖紅點鮭體長為 50-60 公分，距離部落較近的湖泊中，白魚體長為 40-50 公分（Berkes 1981b）。從每份資料集來看，魚的體型大小相當不一，克里族漁民捕捉的魚似乎體型大小（及年齡都）不拘，而且偏遠地區的漁獲當中，明顯有許多大型魚類。

　　克里族第三種管理法，混用了各種網目大小的流刺網，這種方式造成契沙西比地區捕獲的白魚大小不一，甚至米斯塔希尼及瓦斯萬

尼皮地區的漁獲可能也是如此,這種現象起初令人費解,因為若可以捕獲大魚,為何不捕最大的魚就好?畢竟北方的商業捕撈就是這麼做的。體型大的魚才符合市場需求,這迫使漁民也必須提供合乎標準的產品。我與克里族的自給漁民共事與生活之後,發現他們有一套不同的價值觀,看重的也不同。首先,漁民會說他們「有什麼網就用什麼」,否認其中涉及管理概念的設計,只證實他們會這麼做。其次,大魚及小魚(即使是相同魚種)口感各有特色,用途也不盡相同,如湖白鮭或小型白魚可用一枝竹籤叉著,在戶外火烤,大型白魚可水煮、煙燻(傳統煮法)或用平底鍋煎(非傳統煮法),大型亞口魚可以煙燻,小隻的可能只能放到陷阱當餌。魚的用途各式各樣,也無須為了達到商業產品規格而生產標準化商品。

這三種管理方式(集中捕撈、跳躍式捕撈及混用各種網目的流刺網)背後的主要機制,在於漁民對於單位努力漁獲量的解讀,這不僅是克里族監測的關鍵環境徵兆,也影響了漁網種類的選擇、捕撈時間長短及轉移陣地時等決定。契沙西比的漁民也會監測其他環境徵兆,包含漁網內發現的物種組成、魚的尺寸、狀態或脂肪多寡(是反映健康情形的重要徵兆)、雄雌及生殖狀態,這些他們都會特別留意並且納入考量。同樣地,他們也會觀察那些魚,留意行為及分布模式是否有任何異常。他們會依對於不同食品的需求、在部落中進行交流的義務,及「取你所需」和減少浪費的保育責任的原則,來進行捕撈工作。

克里族實踐與魚類族群韌性的電腦實驗

漁業生物學家與管理單位這許多年來,觀察到加拿大北部湖泊的白魚及湖紅點鮭商業漁業當中,有個令人憂心的趨勢。其中有一座湖由於捕撈程度並不嚴重,所以湖裡似乎有豐富的大魚,他們現在想要利用這座湖來發展商業漁業,一開始先用大網目的流刺網捕撈,但生

產力將迅速下降。例如：希利（Healey 1975）指出，在大奴湖使用大網目（5.5 英寸，相當於 139.7 公釐）的流刺網，已選擇性地剷除高齡白魚，因此降低了族群韌性，卻未誘發生長率提升及發育成熟提早等族群的補償反應。因此他的主張間接暗示，捕撈時應使用小網目的魚網，但在許多情況當中，使用小網目漁網的地點，反而會導致族群莫名瓦解（Healey 1975）。

　　生物學家經過幾次這類經驗之後，認為那幾次的瓦解與兩種情形同時發生有關。首先，少了最大型的魚，族群就必須仰賴少數幾種生殖年齡級別來繁衍後代，再者，該族群若遇到天氣或水質異常等情況，導致連續兩年以上都產卵失敗，就可能導致族群。換句話說，若年齡階層結構變得鬆散，而且繁殖情形不佳，族群就會更容易受到影響，面臨瓦解的風險。或者我們也可以說，族群裡有多種生殖年齡級別的存在，能保證物理環境在數年內產生變異時導致繁殖失敗的壓力，使魚群產生韌性。

　　雖然我在談副北極地區湖泊時一直以白魚為例來進行說明，但其實背後隱含的生態原則有更廣泛的應用層面。對演化有興趣的生態學家首先假設的是，物種生命週期必然會反映出牠們為了提高在特定環境中生存機率的適應情形，因此若同時存在各種不同的年齡級別，且大多為生長緩慢又體型較大的魚，或許就代表牠們具備適應生態系統波動的能力。其他地方有些多次產卵的魚類族群，已經證明牠們藉此抑制環境變異產生的影響，特別是那些會造成魚群連續兩年以上產卵失敗的影響（Murphy 1968）。有些作者不但質疑所謂的北方生態系統並非那麼脆弱，反而認為這些生態系統都具備極強的生態韌性（Dunbar 1973），此處的生態韌性，意指生態系統有能力在破壞自身的結構與功能的情況下，承受干擾產生的影響（Holling *et al.* 1995; Gunderson and Holling 2002）。多重生殖年齡級別（multiple reproductive year-classes），應該是生態韌性背後主要的機制，尤其對於長壽的魚種而言更是如此。

我直覺地認為，克里族混用各種網目的魚網，應該是為了解決保育生態韌性時的管理困境，因此以契沙西比克里族傳統生態知識及管理方式為基礎，提出一項可供檢驗的假說，即：他們混用各種網目的魚網，捕撈多種不同年齡的魚，但各年齡都維持低捕獲率（而非只用同一種大網目的魚網，選擇性以高捕獲率捕撈最高齡的魚）；如此一來，就能刺激族群補償反應，卻又不會降低族群的繁殖韌性（Berkes 1979）。問題在於，這項假說幾乎無法利用田野實驗來檢驗，因為北方的白魚能活到五十歲。許多生態學的描述性數學模型，都是實驗人員將直覺上已知的作用量化，並且發展出來檢驗假說用的。因此邏輯上來說可透過電腦實驗，來取代五十年的田野實驗（Berkes and Gonenc 1982）。

　　我們先以一個假想的白魚族群，做出死亡率與生長率的模型，證實在某些假設的條件底下，體長頻度會出現特有的雙峰分布。挑選任何一種生長率及死亡率低的長壽物種，在牠們首次發育成熟之後，透過數學計算老年魚尺寸級別重疊的總和，即可得出這種特殊分布（見「圖 7.2」及「圖 7.3」）。「圖 7.3」的魚群模型，假設中型魚（20-40 公分）數量相當少，而 50-55 公分左右的大型魚豐富，來代表那裡聚集了許多年老及生長緩慢的年齡級別。這張圖也使我們更容易看出，北方湖泊裡的魚容易大豐收，不是因為族群產量豐富，而是因為累積了不少年齡級別產量之故。這方式能清楚證明他們的捕撈策略非常恰當，他們不是每年都到某一座湖捕撈，而是必要時跳躍式地在不同湖泊捕魚，如此就能保證糧食來源。漁民並非只是相信能「把魚當主食」，而是知道他們是將魚存著，以備明日之需。他們去極少捕撈的地區時會定置網目最大的魚網（5 及 5.5 英寸），這是因為他們預期能在那裡捕到大魚。

　　第二，我們在假想從未經過捕撈的族群當中，模擬了使用單用一種大網目漁網的效果（見「圖 7.4」），運用白魚流刺網選擇性的已

知係數，可以顯示出單用一種大型網目，確實能非常有效地提升短期收穫量，因為一開始確實可用 5.5 及 5 英寸的漁網，捕到大量漁獲，這種尺寸的網目也確實用於北方新開發的商業捕撈地區。然而，5.5 網目的漁網，在某程度的密集捕撈狀況之下，可能會導致 50-55 公分的魚枯竭。「圖 7.4」也可用來具體呈現假想的商業捕撈界放寬網目規定的結果，如：5.2 英寸（中度捕撈會導致 55 公分的魚枯竭）、5 英寸（導致 50 公分以上的魚枯竭）及 4 英寸（導致 45 公分以上枯竭）。

第三，我們模擬了混用各種網目策略的效果，來示範契沙西比漁民真實進行族群疏減的情況（見「圖 7.5」）。若漁民同時用了 3、3.5、4、4.5、5，以及 5.5 網目的漁網，而且選擇性的曲線高度又相似的話，剩餘族群的體長頻度分布就會與未曾經過捕撈的原始族群非常雷同（見「圖 7.5」）。無論是低度或中度捕撈，都能得出上述結論。我們也試著採用不同組合的網目大小，以及各種選擇性的假設，發現結果基本上都相似（Berkes and Gonenc 1982）。

總而言之，電腦實驗證明，混用各種網目的方式進行族群疏減，比單用大網目的魚網大批捕撈老年魚群，更能維護族群韌性。因此，混用各種網目比單用大網目的魚網，更能配合天然族群結構的狀態。只要採用克里族的傳統方式，即使經過捕撈，族群中仍能保留許多不同的生殖年齡級別。同時，降低整體族群密度，就能刺激剩餘魚群的生長率及早熟率，如此一來，就能提升生產力，促進族群本身的更新。

傳統知識系統是一種適應性管理方式

契沙西比克里族的捕撈系統，與北方／副北極地區商業漁業生物學式的管理系統迥異。政府管理商業捕撈時，基本上都是限制漁具與網目、（產卵期間）捕魚季與漁場的關閉，以及漁獲量限額。相較之下，克里族自給漁業的漁民使用漁具時，每個季節到每個地區，都會

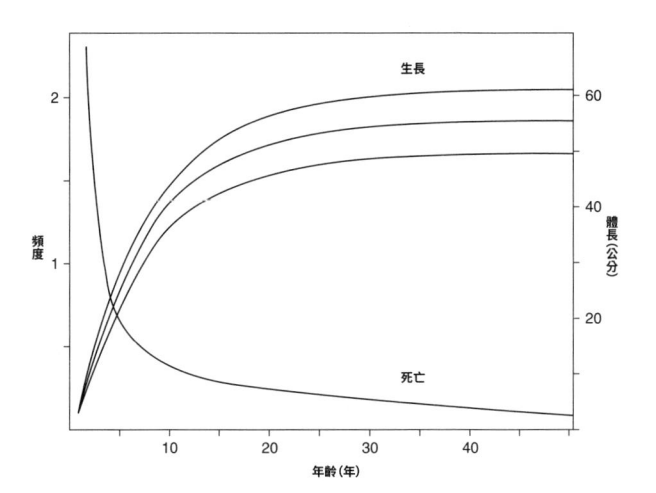

圖 7.2 湖泊白魚族群模型的生長及死亡曲線圖。生長曲線的間隔狀態，顯示標準差 ±1SD。曲線方程式摘自伯克斯和貢恩傑（Berkes and Gonenc 1982）。
文獻來源：伯克斯和貢恩傑（1982）。

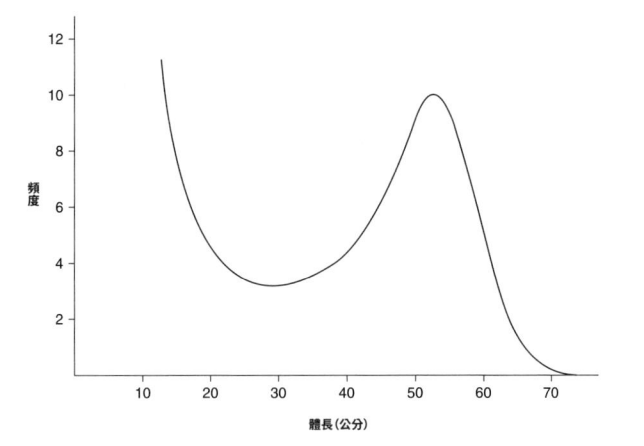

圖 7.3 根據圖 7.2 生長與死亡曲線計算，得出的湖泊白魚族群模型體長頻度結構圖。
文獻來源：伯克斯和貢恩傑（1982）。

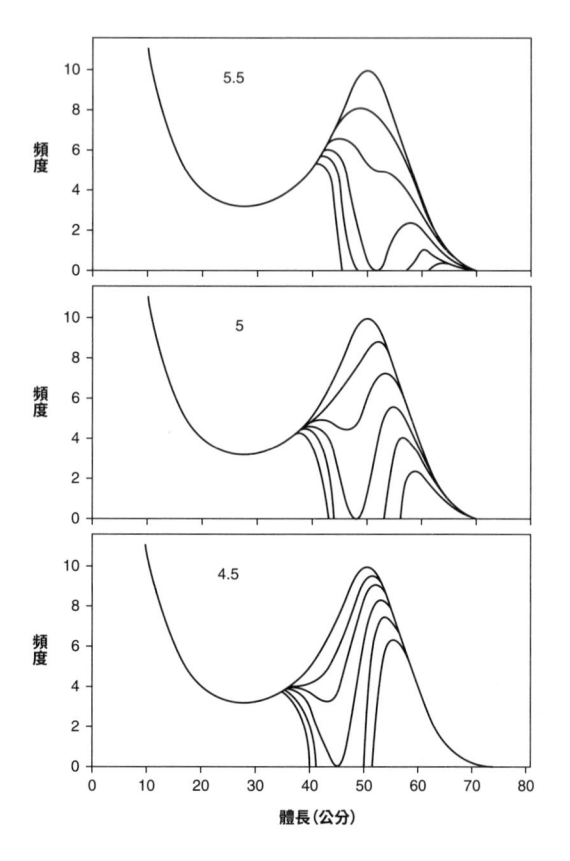

圖 7.4 模擬使用一種網目的漁網捕撈後,湖泊白魚族群體長頻度結構圖。每條等高
線代表不同的捕撈強度。

文獻來源:伯克斯和貢恩傑(1982)。

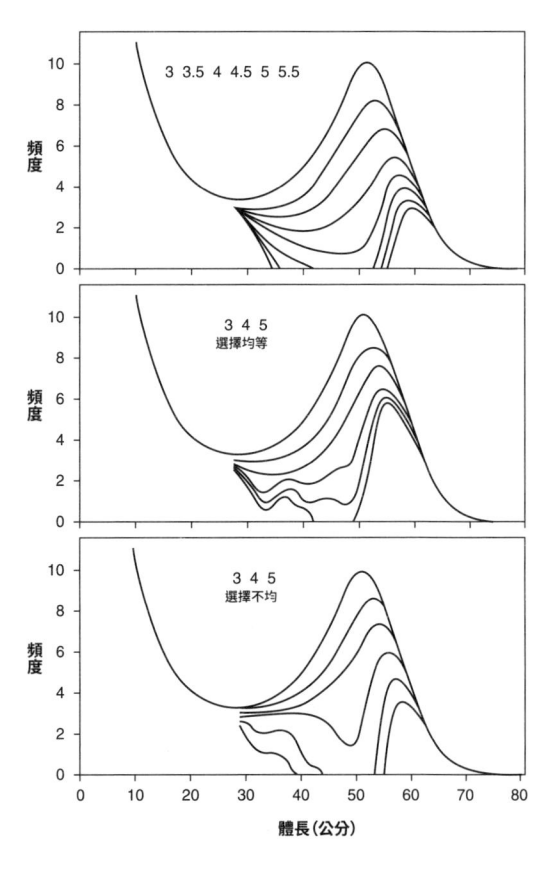

圖 7.5 模擬湖泊白魚族群以混用各種網目方式捕撈過後的體長頻度結構變化圖。每條等高線代表不同的捕撈強度。

文獻來源：伯克斯和貢恩傑（1982）。

以混用各種網目這種能帶來最高單位努力漁獲量的方式來捕撈，並且刻意集中到最容易捕獲的魚群聚集處捕撈。簡言之，自給漁業是一般資源管理者的夢魘，因為這種方式違反了政府管理單位與生物學家奉為圭臬的每一條保育法則。

與此同時，無論是依據單位努力漁獲量下降的程度轉換漁場、進行漁場輪作、混用各種網目進行族群疏減、根據需求調整漁獲量、請捕魚老手／幹事管控人員進出及捕撈情形，或是以全體同意的原則及倫理規範，制訂一套資源共用的土地利用制度，儘管這些做法可能都有助於維持永續的契沙西比漁業，但似乎不受傳統西式管理系統的青睞。這些方式是否有效？雖然電腦實驗有助於闡明克里族漁業透過什麼方式產生適應性，以及為何具有適應性（Berkes and Gonenc 1982），但兩大物種的年齡級別結構都能長久穩定保持超過五十年，上述事實應該才是更有力的論點（Berkes 1979）。克里族漁業很難用一般漁業管理標準來評鑑，但有一種西式資源管理科學，與克里族等傳統制度極為吻合。

自 1978 年霍林的書出版後，適應性管理就成為討論的熱門話題，有幾位研究者也指出了適應性管理與傳統制度之間的相似性。最早的學者之一溫特哈德（Winterhalder 1983）則指出，適應性管理有個核心概念與副北極地區的獵人相似，即：面對多數屬於未知情況、有些事情充滿不確定性，以及必須同意會有意外情況發生時，該如何管理？據他表示，安大略省北部的克里族 - 奧吉布瓦族的獵人，擅長在情況總是飄忽不定、時時展現新樣貌的環境中利用資源，他們尋找糧食時，也具備了與霍林的模型一致的彈性調適能力。第二位將兩者關聯起來的研究者是麥唐納（1988: 70），他將一般管理系統與適應性管理系統相互比較，並特別焦點放在北極地區，最後推斷說：「適應性管理的過程本身，應該就能提供研究資源的科學家及原住民族，一種促進雙方攜手合作的方法論架構。」

這種架構似乎確實相當可行，因為就許多方面而言，適應性管理及傳統生態知識與管理系統之間，似乎有許多顯著的趨同性（convergence）（Berkes *et al.* 2000）。克里族的漁業制度結合從做中學、反覆試驗與狀況反應學習，以及在社會中向著耆老及執掌的幹事學習。克里族的制度與適應性管理一樣，研究與管理之間並未區分開來，克里族認為他們無法控制自然或預測產量，而且管理對象總是充滿了不確定性，適應性管理也是如此。克里族確實是一種非線性的思維，並且重視多元動態平衡，習慣捉摸不定、瞬息萬變的環境，也擅於在時間長短與空間大小不一的情況中運用資源，只是他們不會使用這些詞彙。克里族的獵人與漁民採取的方式與適應性管理相仿，不僅對於錯綜複雜的事物充滿敬意，做法也能保護到生態系統的韌性。

當然，這兩套系統也有些明顯差異。適應性管理能夠也確實包含了刻意進行的一些實驗、運用先進的科技（如電腦模擬），以及化約思考。岡德森等人（Gunderson *et al.* 1995）在談制度性學習及社會學習時，想到的是大型管理機構，而非在地原住民體制。我們可以像進行實驗那樣，以系統性方式制訂管理政策，使資源管理者能夠仿效學習，這些都是非常實質的差異。但克里族的漁民也有能力設計並進行田野實驗，例如：流刺網的魚種選擇性實驗（見「表 7.2」）。克里族雖無正式的管理政策，但絕對如我們於北美馴鹿的例子所見，與管理機構那樣，會有些習俗慣例發生翻天覆地的變化。克里族雖無正式的管理機構，卻具有正式性的體制，由耆老與幹事負責帶領、傳播及傳承知識，有時會重新詮釋新的情報，來重新設計管理系統，這同樣也能於北美馴鹿的例子中見到。或者我們也可以說，所謂適應性管理，是重新發掘傳統管理方法的結果。

漁民知識的啟示

即使自給漁業在世界各地的糧食穩定及在地文化方面十分重要，也極少有人關注，因此契沙西比漁業的長期研究出現於文獻之中實屬難得（Islam and Berkes 2016a, 2016b）。同樣特別的是，克里族漁業證明，即使完全不靠量化資料與族群模型，他們也能用非常科學化的漁業經營方式（管控漁獲的分量、地點、時間以及魚種和尺寸）來管理漁業。

克里族漁民的確具備非常詳盡的傳統生態知識，包含何時何地能找到魚等這類漁民在任何環境中所需的知識，不過克里族漁民的知識不僅僅於此。弗雷瑟等人（Fraser *et al.* 2006）談到，米斯塔希尼的克里族漁民知識啟發了演化生物學的一項假說驗證。克里人認為米斯塔希尼湖有兩種美洲紅點鮭（brook trout, *Salvelinus fontinalis*），但儘管體型、顏色及行為截然不同，生物學家仍認為兩者屬於同一種魚。克里人觀察到，這兩種鮭魚迴游方向相反，其中一種鮭魚會迴游到米斯塔希尼湖產卵，另一種則是從米斯塔希尼湖逆流而上，到上游處產卵，這使弗雷瑟等人（2006）得以確定兩種鮭魚的基因相異，並假設兩者是冰河期結束後，從不同地方來到米斯塔希尼湖的兩種魚。

約翰尼斯（1981）的研究顯示，太平洋島嶼的漁民對於魚產卵受到月亮影響的瞭解，比當時的生物學家更加豐富，而且漁民擁有的魚類族群知識，也比魚類生物學教科書更為廣博。阿尼什納比人在蘇必略湖北方的尼比貢湖（Lake Nipigon）進行商業捕撈時，蓋勒格（2002）曾到他們那裡當學徒，研究他們傳聞中體型特異的湖紅點鮭。他發現漁民能辨識出花色、地理分布或水深偏好皆不同的三種湖鱒，也取得一些 DNA，證明這三種魚基因也不相同，這點也許能對應到，尼比貢湖裡棲息的各種魚群，是分別藉由冰川作用從不同地方而來的事實。

這類詳盡知識不僅對於在地決策大有裨益，也有助於區域性地

規畫工作。東南亞的湄公河盆地，供養世界生物多樣性與產量最豐富的內陸漁業，但那裡也因區域性衝突，而成為最難管理的漁業地區之一。湄公河盆地的範圍包含六個國家，瓦爾波 - 約根森和波爾森（Valbo-Jorgensen and Poulsen 2001）進行研究時，利用漁民知識繪製了整合幾個湄公河盆地主要魚種迴游路徑的地圖，並收集生活史及漁獲資訊，藉此找出幾個群聚物種採取的生活史策略。這個發現使他們更懂得如何在生物多樣性豐富的地區面對複雜的情況。

這些方式背後的邏輯十分簡單，即生物學數據缺乏且無法迅速取得的情況下，漁民的知識就能以別種方式填補缺口。這也是約翰尼斯（1998）的「無數據式」管理法，他主張：在浩瀚無垠的大洋洲，即使缺少一般生物學數據，也能透過漁民知識與的海洋保護區網絡的結合來管理漁業。例如，拜爾德（Baird 2006）表示，在湄公河流經的範圍內，當地人於認定的神聖遺址，包含可讓大型物種躲避的深水池及乾季時棲息的重要棲地。構成漁業管理系統的，除了迴游及生活史的詳盡知識外，也包含他們對於這些保護區所在地的瞭解。

結論

世界各地的漁民，都具備各種管理相關的重要知識（Haggan *et al.* 2006; Lutz and Neis 2008; Berkes 2015），但他們自己形成的管理資訊不是成本低廉的二手資料。邀請漁民一起經營管理及運用漁民知識，有更重要的理由。漁民加入保育及漁業管理行列之後，應該會更加積極主動，而且這類例子並不算少。馬米拉瓦研究機構（Mamiraua）是巴西當地的漁會組織，也是巴西區域性民間組織，他們發展出某種技巧，來監測受威脅的巨型亞馬遜魚種巨骨舌魚（*pirarucu*）（又稱象魚，*Arapaima gigas*）。使用這套方法時，必須仰賴漁民數算魚隻的能力，甚至也需要他們從每隻巨骨舌魚浮出水面大口吸氣（亞馬遜有許多種

魚類會呼吸空氣）的方式，辨認每隻個體的能力。這方式與普通生物學標放族群預測十分相近，而且成本較低。更重要的是，這麼做能培養漁民組織管理決策的能力，並建立一種管家責任的倫理規範。亞馬遜盆地普遍都施行這套方法，也使許多地區的巨骨舌魚族群出現增長情形（Castello 2003; Castello *et al*. 2009; Petersen *et al*. 2016）。

回到客位與主位的主題，本章是透過從部落外以西方科學方法研究原住民漁業的例子。我原本是一名環境科學家，全心全力探求這個問題逾二十年，最後發覺自己變成傳統生態知識的信徒。本章是從西方科學敘事的角度出發，那麼主位的敘事又會是什麼樣子呢？或許不會有這麼多圖表，反而會提出許多尊敬、謙虛、互惠及雙方應盡義務的概念，可能會談到土地與動物的能動性，並從關係、責任感與管家責任方面來探討與地方有關的知識。有些原住民學者將之稱為基本禮儀規則（Alteo 2011; Johnson *et al*. 2016），指的是與這世界打交道的態度，他們不僅認為這是原住民科學的基礎要素，事實上更是任何研究調查應有的態度（Whyte *et al*. 2016）。

當地利用資源的專家似乎找到了合適的經驗法則，以及在地做法和原則來管理這些資源。我們仍持續不斷看到，有些原住民的做法看似簡單樸實，其實相當精細講究，不僅是農耕方面（如亞馬遜地區中部漂浮植物島 *matupá* 的利用）（de Freitas *et al*. 2015），也包含捕撈方法，如阿拉斯加潮間帶跳躍式捕撈法（tidal pulse fishing）（Langdon 2006），以及卑詩省的蛤蠣田，後者是一種原住民在小型海灣裡提升蛤蠣生產力的水產養殖系統（Lepofsky and Caldwell 2013; Deur *et al*. 2015; Jackley *et al*. 2016）。並非所有漁民知識都屬於原住民知識，例如，阿梅斯（Ames 2004）為了將來可能復育緬因灣的鱈魚，透過訪談拖網漁船的耆老船長，記錄了當地一九三〇及四〇年代鱈魚的分布及產卵遷移情形。

本章提供了詳細描述的例子（契沙西比克里族自給漁業），儘管漁民會觀察許多事物，但似乎只有少數能解釋自己記錄的結果。同

樣地，雖然第六章裡加拿大北美馴鹿的獵人似乎也會觀察許多不同的內容，但主要仍是仰賴動物的肥胖程度，作為瞭解整體環境狀況的指標。這種結論暗示，傳統生態知識及管理系統，或許能啟示我們如何化繁為簡及處理複合系統。我們將於第九章再度談到這主題，但在那之前，讓我們先更細緻地探討原住民認識事物的方式，亦即：在地專家是如何取得知識的。完善的狩獵及捕撈系統或許很難找到切入點，透過下一章的主題「氣候變遷」，我們能透過這種前所未有的經驗體會，來探究他們認識事物的過程中，是如何觀察並理解這些觀察結果的。

第八章
氣候變遷與
原住民認識事物的方式

有沒有一種探討氣候變遷等全球議題的方式，能同時顧及特定文化的理解，又不會忽略世界共通的科學架構？（Cruikshank 2001）

自 2000 年以來，探討原住民如何理解及思考氣候變遷的研究多不勝數，且大多是北美洲北極地區的原住民。這一窩蜂的現象或許有些驚人；1995 年時出現的一本北方球氣候變遷權威性著作，甚至從未提及任何一篇與這主題相關的原住民研究。會出現如此一窩瘋的現象，原因或許與越來越多人意識到原住民知識的重要性，以及越來越多原住民有能力在國際社會發聲有關。另一方面，也與 1990 年代後觀察到的緊急態勢有關，科學及媒體促進、刺激了在地及原住民的觀察經驗，或許也是原因之一。當然，在地知識也容易接受外面的科學知識（第一章），但科學及媒體對於在地及原住民的氣候變遷，到底產生多大程度的影響，則有些爭議性（Marin and Berkes 2013; Rudiak-Gould 2014）。

住在北極圈的人已在環境中親眼目睹一些令人不安的改變，天氣變得難以預測，有位阿拉斯加的耆老的話引起了人的共鳴，他說：「地球的步調變快了。」後來成為克魯普尼克和裘利（Krupnik and Jolly 2002）的書名。北方人自一九九〇年代開始觀察到劇烈的氣候及生態變遷，情況與全球氣候變遷模型一致，根據該模型預測，兩極地區平均溫度

上升幅度將是全球最高（ACIA 2005）。事實上，無論從地方或全球層面來看，各地及各個原住民陸續反映的情況，也都與氣候變遷科學的描述相當吻合（Savo *et al.* 2016）。

前兩章探討了學習（第六章談北美馴鹿及社會學習）及適應（第七章談捕撈及適應性管理）的部分之後，本章將介紹另一種學習及適應的方法。我們要談的雖然是原住民知識，但並非成形完整、能夠代代傳承的氣候變遷的認知「知識」，而是一種知識過程，「要瞭解天氣，必須敏銳察覺環境中關鍵的徵兆，並直覺理解這些徵兆對於實際工作的進行有何意義」（Ingold and Kurttila 2000: 192）。人們透過觀察、學習及適應與環境互動的過程中，這些知識也不斷產生與再生。

因此，本章旨在透過因紐特人觀察及理解氣候變遷的例子，闡釋認識事物的過程及認知事物的內容之間的差異。兩者的差異在於，一種是靜態的知識「內容」，另一種為是原住民覺察、理解及詮釋環境的方式（Ingold 2000; Preston 2002; Turner 2005; Turner and Spalding 2013）。氣候變遷是過去從未有過的知識，因此極度適用來探討其中的差異，原住民專家雖然無法預料未來可能發生的情況，無法預知氣候變遷最後的結果，但確實知道該尋找哪些徵兆，以及如何找出重要的徵兆。

其次，本章會探討研究方法論的議題。研究原住民認識事物的方式之前，必須先發展一種不同以往的社區研究模型，來理解知識建構過程的動態變化。戴維森 - 杭特和歐弗拉赫提（Davidson-Hunt and O'Flaherty 2007: 293）說道：「研究者若能先假定知識是一種動態變化的過程，亦即知識形成、驗證及適應環境的過程皆屬隨機，就有機會與原住民建立夥伴關係，共同建構在地相關知識。」參與式的方法能幫助部落透過研究、反思及應用學習，加強自己的理解，而且與培養面對各種變遷的適應性能力，以及部落韌性特別有關（Ross and Berkes 2014）。

研究「永續科學」的學者為了理解全球環境變遷的議題，一直以來都在發展以社區為主的參與式方法（Kates *et al.* 2001），這些議題非

常複雜，因此很難靠一般科學方法來解決。進行全球變遷問題等研究時，研究者及利害關係人（stakeholders）必須透過交流合作，決定何為重要問題、相關證據及確切可靠的論述，而這其實就是共同建構知識的過程。以地方為主的模型有其必要性，因為瞭解自然與社會之間交互作用的動態變化時，必須要從特定地方及文化的個案研究來談（Kates *et al.* 2001）。

第三，本章將說明這種合作研究可能的結果，並闡述原住民專家能如何演繹他們的觀察，如因紐特人觀察到的物種分布改變及永凍土融化等變遷。然而，這次的個案研究不僅是外部人士記錄的在地知識，更是針對觀察所進行的對話（Leduc 2011）。

舉例而言，若因紐特人觀察到的海冰變化，詳細到超過原本研究團隊理解在地專家的能力範圍，研究團隊就會邀請一名海冰專家加入。因紐特人在波弗特海（Beaufort Sea）北部捕魚時發現了兩種太平洋鮭魚，他們留下標本，並通知生物學家，使他們後來能發表這項結果（Babaluk *et al.* 2000）。效法因紐特人的做法也意味著，調查結果重要與否，不應依據科學價值，而是應該根據因紐特人的文化意義來判定（Wolf *et al.* 2013）。舉例來說，有時因紐特人反映的，是科學家及外部人士不易想像到的情況，如北美馴鹿的肉在醃製過程中，因溫度上升而腐壞了。夏季月份的海冰消失，使人「因沒有冰而感到寂寞」，這對因紐特人而言，就是氣候變遷帶來的衝擊之一，這是因為冰是他們生活中重要的一環。然而，南方的人卻很容易以為，因紐特人一定會認為暖化是件好事。

原住民認識事物的方式及新的社區研究模型

進行以地方為主的研究時，必須與原住民及其他鄉間團體合作，並將他們的知識當一回事，但這並不容易做到。有些作者指出，許多

始於一九九〇年代及更早的全球環境評估，包含全球氣候變遷研究的始祖——政府間氣候變遷專門委員會，這些都是嚴格的科學研究，而且絲毫未曾提及原住民知識（Miller and Erickson 2006; Ford *et al.* 2016）。反之，近年來的環境評估報告當中，〈千禧年生態系統評估〉（Millennium Ecosystem Assessment）（MA 2005），以及從政府間氣候變遷專門委員會發展而來的〈北極氣候衝擊評估報告〉（Arctic Climate Impact Assessment）（ACIA 2005），都是為了納入科學及原住民的知識理論所設計出來的計畫。由於北極扮演了「示警」的角色，所以〈北極氣候衝擊評估報告〉很明顯地希望納入北極居民的見解，成為科學及原住民知識理論之間的橋樑（Miller and Erickson 2006）。

　　進行以地方為主的研究時，科學思維及規畫邏輯必須大幅改變，也要大大改變對於知識的看法，別再執著科專家至上的科學思維，而是學著接受在地及傳統知識成為相輔相成的夥伴。我們第一章時曾談到，科學與傳統知識之間的衝突，極大程度上與知識權威的競奪有關。西方的實證傳統裡的科學只有一種，那就是西方科學。西方學術體制外的知識與見解都不容易被接受，有些科學家甚至容易摒棄與他們想法不合的認知。

　　許多科學家面對傳統知識時，都傾向抱持懷疑的態度，面對氣候相關知識時也是如此。例如，克魯克香克（2001）指出，阿薩巴斯坎及特林吉特族的耆老，相信土地是有感情、「會聽人說話的」，也相信冰河會因人的不敬而生氣，這些都與地球物理科學的敘述不符，但在阿拉斯加、育空、卑詩省交界的聖埃利亞斯山脈，當地原住民的冰河故事，卻能使我們瞭解十八世紀末及十九世紀時地球上發生的顯著物理性劇變（Cruikshank 2005）。

　　與原住民知識持有者一起進行氣候變遷的研究時，如何能避免將知識抽離其文化脈絡（Nadasdy 1999; McGregor 2004）？研究者如何才能避免將原住民知識單純視為另一種可擷取出來用於科學的資料而已？如

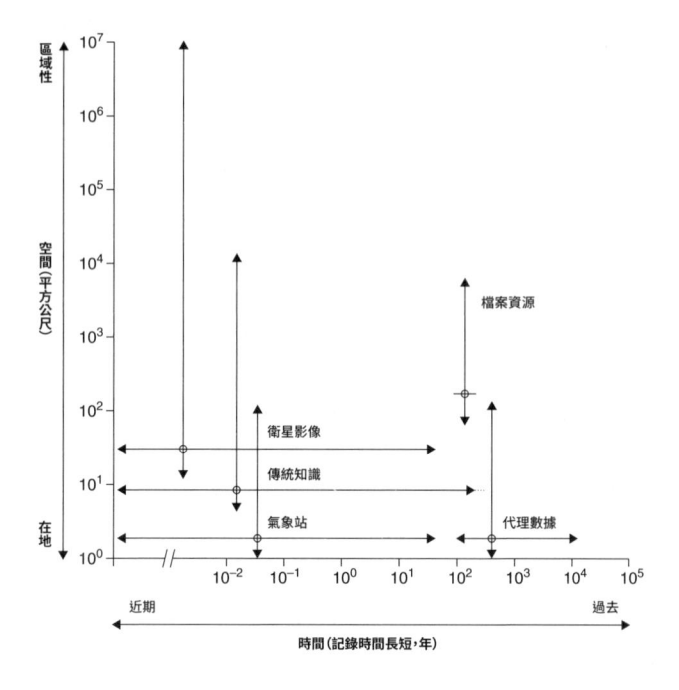

圖 8.1 氣候變遷各種調查方法的空間及時間尺度。

文獻來源：改編自瑞德林格和伯克斯（Riedlinger and Berkes 2001）。

何在運用原住民知識與科學知識時，同時尊重到這兩種知識？

　　首先，我們不能將原住民知識及西方科學視為對立的兩端，而是應強調兩者的互補性，同時瞭解如何透過在地觀測，「更精確界定氣候變遷與環境直接及間接影響之間的關聯」，如此才會有所幫助（Savo *et al.* 2016:470）。運用傳統知識能促進概念多元論（conceptual pluralism），增加更多解決問題時必要的方法種類及資訊來源（Berkes and Folke 1998）。在氣候變遷研究界裡，瑞德林格和伯克斯（2001）主張，有了傳統知識，可拓展不同時空尺度的可用資源範圍及種類（見「圖8.1」），同時也根據在北極進行的研究，進一步主張傳統知識及科學可透過五種領域匯集，亦即可能產生合作及交流的領域，傳統領域

相關用途包含：第一，當作在地的專門知識；第二，當作氣候歷史及基礎資料；第三，用來構想研究問題及假說；第四，深入瞭解北極地區各部落發生的影響及適應情形；第五，作為長期社區監測之用（見「表 8.1」）。

　　第二，我們可以發展新的社區研究模型，以期在這些可能匯集的領域建立真正的合作關係，並正確掌握當地觀察到的結果，但同時也要結合他們的世界觀及價值觀。毛利族教育工作者史密斯（Linda Tuhiwai Smith）同時也是學者，她的解殖民方法論提出了一個可以開始思考的切入點，史密斯（1999: 28）主張，殖民主義的權力關係已使得原住民族脫離「他們的歷史、地景及語言，以及社會關係與本身的思考、感受及與這世界打交道的模式」。許多與原住民合作的研究者都發展了一些解殖民的方法，包含原音重現的數位化口傳故事法（Cunsolo Willox *et al.* 2012a）。勒杜奇（Leduc 2007, 2011）與因紐特人分享科

表 8.1 五種有助於傳統領域及西方科學用於北極氣候變遷研究的匯集領域

在地專門知識	北方探討傳統知識時，時常提倡在地傳統知識的完整性，氣候變遷是容易透過海冰、野生動物、永凍土及天氣的生物物理變化注意到的現象，所以各個因紐特人部落也一定會注意到。
氣候變遷史	傳統知識能使人深入瞭解過去的氣候變異，提供這些變化的比較基礎資料。因紐特人的野生動物族群、旅途跋涉、嚴重事件及捕獵記錄裡，都蘊含了氣候變遷的歷史。
研究假說	傳統知識是認識及理解環境的另一種方式，因此能夠促使科學假說的提出。研究初期的合作，能擴展探究的範疇，也能確立部落在研究規畫過程中扮演的角色。
社區適應情形	傳統知識能反映出適應變遷的情形，並透過生計維持及部落生活的脈絡來闡釋。部落如何因應這些變遷？北方地區的部落適應時，受限於哪些社會、經濟及文化的條件？
社區監測	傳統知識是累積了各種環境監測及觀測的知識系統，監測計畫或許能透過合作的關係，成為科學與傳統知識間鴻溝的橋樑。

文獻來源：瑞德林格和伯克斯（2001）。

學所理解的氣候變遷，而非單方面「挖掘」因紐特人的知識，並運用史密斯的方法進行對話，營造因紐特人回應氣候變遷科學的空間。

　　其他的北極氣候變遷研究者，也運用過各種參與式研究法（Thorpe et al. 2001; Krupnik and Jolly 2002; Oozeva et al.2004）。舉例而言，克魯普尼克和裘利（2002）的著作其中幾章，記錄他們如何運用一些很有創意的方式，建立並精心設計參與式研究法，使原住民在研究過程中不但不會淪為「研究對象」，反而能成為平等的夥伴，包含舉辦規畫講習、每日流水記事、參與式觀察、耆老-青年共同成長營，以及專家間對談等。建立公平看待原住民及科學知識的參與式合作研究，方式絕對不只一種（Smith 1999; Cruikshank 2005; Davidson-Hunt and O'Flaberty 2007; Spoon 2014），而是包含批判性與女性主義進路的方法（Mertens et al. 2013）、說故事法（Johnson and Larsen 2013），以及藝術型調查法（arts-based modes of inquirey）（Zurba and Berkes 2014; Fernández-Giménez 2015; Rathwell and Armitage 2016）。

因紐特族氣候變遷觀測計畫

　　「圖 8.2」呈現的，是建立原住民知識及西方科學合夥關係的其中一種方式。此圖是依據早期其中一項計畫「因紐特族氣候變遷觀測計畫」所製（Ford 2000; Berkes and Jolly 2001; Riedlinger and Berkes 2001; Nichols et al. 2004），圖中描繪的合作機制具備幾種普遍特徵，這項計畫創造了各方議程都能公開透明、也能協商共同目標的討論環境，無論是研究主旨、研究進路或行為準則，都是各方共同決定。研究過程中運用了科學知識與在地知識，條件是雙方必須相互學習。他們會持續以初步研究結果的方式回饋部落，部落則提出進路修正及驗證，以此來回饋研究團隊。同時按照約定共享研究結果，調查結果也以合乎文化的方式存放於部落之中。論文發表前會交由部落審查，並表彰在地專家的貢

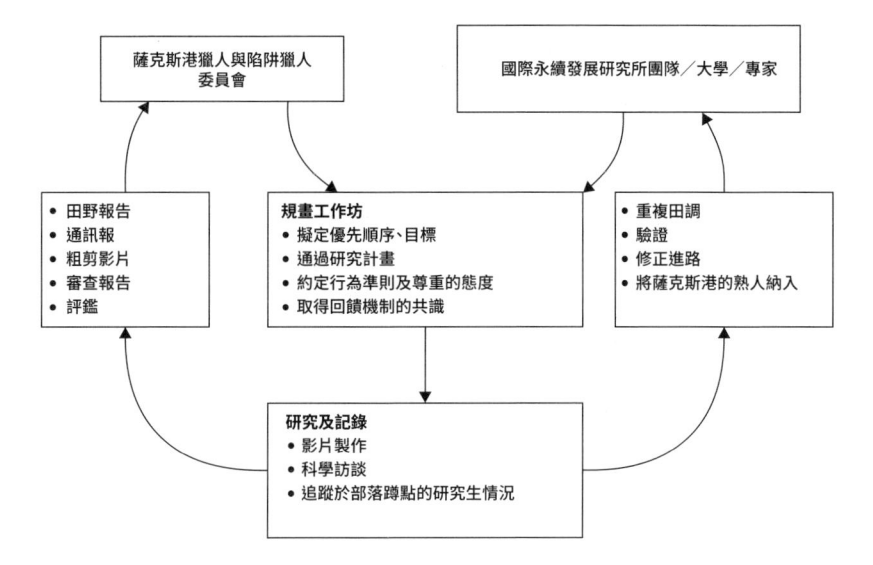

圖 8.2 結合原住民及西方知識的合作模型：因紐特族氣候變遷觀測計畫。

獻，透過這種方式來承認族人有權掌管自己的知識。

　　計畫執行地點位於加拿大西部北極地區班克斯島（Banks Islands）的薩克斯港（見「圖 8.3」），那裡住著西加拿大因紐特人，他們是阿拉斯加因紐皮雅特人、麥肯齊三角洲（Mackenzie Delta）及加拿大中部北極地區民族的後代。1984 年時，政府將西加拿大因紐特自治區的土地歸還給族人，薩克斯港則是自治區中規模最小的部落（三十餘戶）。

　　1990 年代的薩克斯港的居民開始擔心，他們的土地上發生環境變遷，會增加狩獵的難度，並製造一些安全方面的問題。1998 年時，部落邀請國際永續發展研究所團隊（IISD）製作一段影片，記錄在地觀察到的氣候變遷，希望對於南方人及決策者能有些啟發，並探討西加拿大因紐特人的知識對於氣候變遷能提供哪些可能的助益。接著因有曼尼托巴大學的職員加入原本的國際永續發展研究所團隊，而發展

出第二個目標。

2000 年製作的影片〈席拉‧艾倫哥圖克：因紐特人觀察到的氣候變遷〉（Sila Alangotok: Inuit Observations on climate Change），在海牙舉行的第六屆聯合國氣候變遷大會進行發表，並同步發表於渥太華及薩克斯港（IISD 2000）。薩克斯港獵人及耆老的觀察，與氣候變遷確鑿的證據有驚人的一致性。據說他們於一九九〇年代觀察到的，是史無前例的現象，而且那些變化遠遠超過西加拿大因紐特人認知的正常範圍，他們回報的變化包含對於海冰的面積、厚度及類型，天氣狀況的時間點及強度、魚類及野生動物的分布，以及永凍土與土壤侵蝕的觀察，這些當地觀察到的氣候變遷結果，可用五大標題來概述，分別為：物理環境變遷、環境容易預測與否、陸地及冰上交通安全、

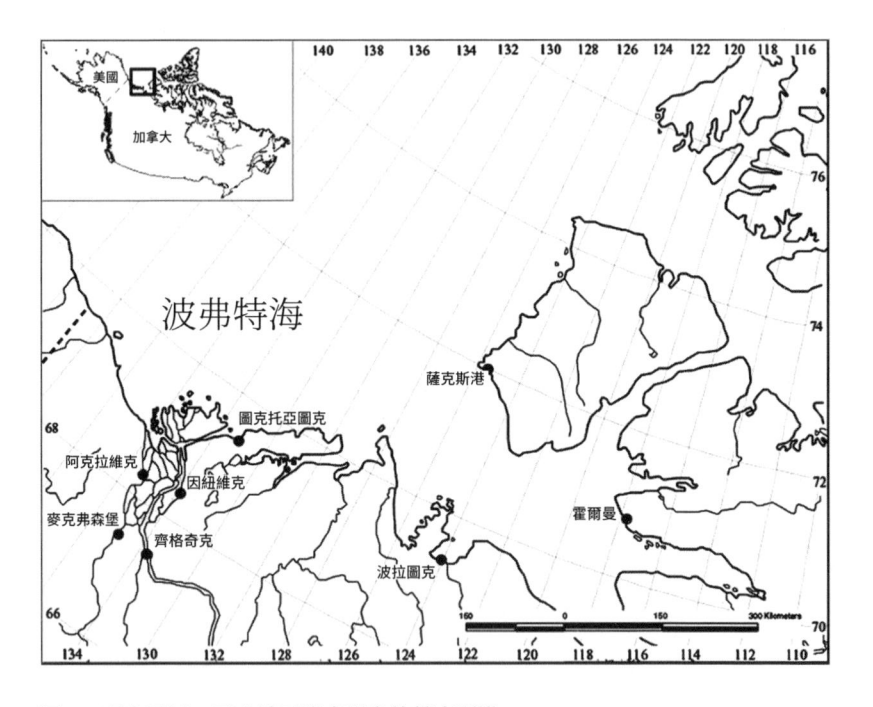

圖 **8.3** 研究區域：西北地區班克斯島的薩克斯港。

照片 8.1　檢查加拿大西北地區班克斯島薩克斯港捕撈北極鮭魚（char）的魚網，海冰分布模式、破裂與凍結時間的模式改變，以及時時改變的季節性，都影響自給捕撈的漁獲。北極鮭魚（目前為止）仍未大幅受到影響。／照片提供：伯克斯。

資源取用、以及動物的分布與狀態（見「表8.2」）。

　　部落認為海冰的變化是最優先需要進一步調查的現象，並指明由十六名耆老及部落族人擔任海冰專家。這些專家受邀參與半結構式的訪談法（Huntington 1998），分享自己的觀察與知識，並認為其中以多年冰（multi-year ice）量逐步遞減、多年冰之間距離逐步遞增、一年冰（first-year ice）變薄等變化、海冰破裂及凍結的時間點改變、海冰的移動、以及風與暴風這幾項主題最為重要，而這些也都是訪談方針的基礎（見「表8.3」）。

　　「圖8.4」描述秋冬兩季的情形，並闡明研究對象對於海冰變化看法的共識，另外根據春夏情形製作了相仿的圖（Nichols et al. 2004），只是並未收錄於此。「圖8.4」顯示，西加拿大因紐特人將焦點放在幾種變數之間的關係，並未區分生理性、物理性或人為變數之間的差

表 8.2 環境變遷影響了薩克斯港的生計活動

1. 物理環境變遷

   · 夏季的多年冰不再靠近薩克斯港
   · 夏季冰較少，意味著海況更加嚴峻
   · 冬季時開闊性的海域離港較近
   · 夏秋雨量變大，使交通變得不便
   · 許多地方的永凍土都不如以往堅硬
   · 地面的冰融化及陷落後，從湖泊流到海裡
   · 雪過於鬆散與鬆軟（結構並不緊密）使移動變得困難

2. 環境容易預測與否

   · 河冰破裂的時機點變得較難預料
   · 春天來臨時間難以預測
   · 氣象與暴風預測困難
   · 有時會風會「失常」
   · 下雪、高吹雪（blowing snow）及白矇天（whiteout）現象更多

3. 陸地及冰上交通安全

   · 冬天破冰過多，導致交通危險
   · 海冰變幻莫測，使交通變得危險
   · 多年冰變少，代表他們必須整個冬天都必須在一年冰上移動，因此較不安全
   · 夏季冰覆蓋變少，代表地面更難行走，海上也容易出現較危險的暴風

4. 資源取用

   · 缺少多年冰，增加了獵海豹的難度
   · 冬季缺少堅硬冰面的覆蓋，因此狩獵時無法走遠
   · 春季融冰速度太快，因此增加獵雁的難度
   · 夏季變得較為溫暖，雨水增多，代表植被增加，動物糧食增加

5. 動物的分布與狀態

   · 海豹脂肪含量變少
   · 觀察到以前沒見過的魚種及鳥種
   · 蚊變多，以前從未出現蚊子
   · 冰減少導致秋季看到的北極熊變少
   · 漁網中出現更多湖白鮭以外的魚種

文獻來源：改編自瑞德林格和伯克斯（2001）以及伯克斯和裘利（2001）。

表 8.3 薩克斯港耆老論海冰的後續追蹤問題訪談方針

主題	後續追蹤問題
多年冰	多年冰的豐富度是否發生任何變化？ （港內）以前每年是否都有多年冰？
一年冰及冰的特徵	流冰群是否出現移動情形？是漂得離岸邊更遠／更近嗎？ 夏季的冰是否比以前小（比以前少）？ 通常會在哪裡形成壓力脊？ 壓力脊是否有任何變化（地點、形狀、大小）？ 通常會往哪個方為（方向）移動？
季節	破冰日期是否有變？ 冰固結（凍結）日期是否有變？ 通常都是何時換季？ 你們如何定義各個季節？是根據冰川運動嗎？ 捕獵／動物遷徙情形為何？有幾季？
狩獵及冰上交通	獵海豹最理想的情況為何？ 你們的狩獵以及冰上交通的地點及方式為何？ 狩獵季是否有所改變？ 狩獵情形式否有所改變？若有的話，發生了哪些改變？
風及暴風情況	暴風多常發生？ 部落是否對於冰雹相當陌生？ 暴風雨現在是否更常／更少發生？是否比以前更嚴重／不嚴重？是否持續很久？ 風吹的模式是否與以往不同？ 風力是否變強／弱？這些情況通常發生於何時？

文獻來源：尼可勒斯等人（2004）。

異，出乎意料地，海冰變化及相關關係的總和，有助於我們瞭解完整的海冰變化，形成瞭解灣海冰環境及氣候變遷對之產生影響的心智模型。

　　薩克斯港專家都觀察到相同的多年冰（形成超過兩年夏天，是某些野生動物的重要飲水來源及棲地），以及冰的厚度與豐富度情形（見「表8.4」）。冰破裂與凍結日期的觀察也相當一致，這些日期對於交通、捕獵是否方便及安全皆十分關鍵。他們也一致同意，現在

的風較為強勁，或有風的天數比以往多。然而多數專家認為，目前風的方向並未改變，或僅有些微改變（Nichols *et al.* 2004）。

北極區其他研究已證實，因紐特人的海冰觀察，為氣候變遷提供了重要的線索。我們都會觀察到並記得自己覺得重要的事情，而因紐特人最首要的就是海冰。研究氣候變遷時，很適合從觀察海冰開始建立合作關係，賴德勒（2006）指出，最理想的情況是，因紐特人對於海冰的看法能與科學觀點相輔相成，由因紐特人提供見解及在地觀察，再由科學提供概要性的觀點。因紐特人也已注意到這點，並開始藉由西方科學與科技補充他們知識的不足。海冰變幻莫測，危險性高（Laidler *et al.* 2009），許多因紐特人部落已經很習慣運用衛星地圖及遙測圖像，來幫助自己瞭解異常破冰模式及其潛在危險等情形。並

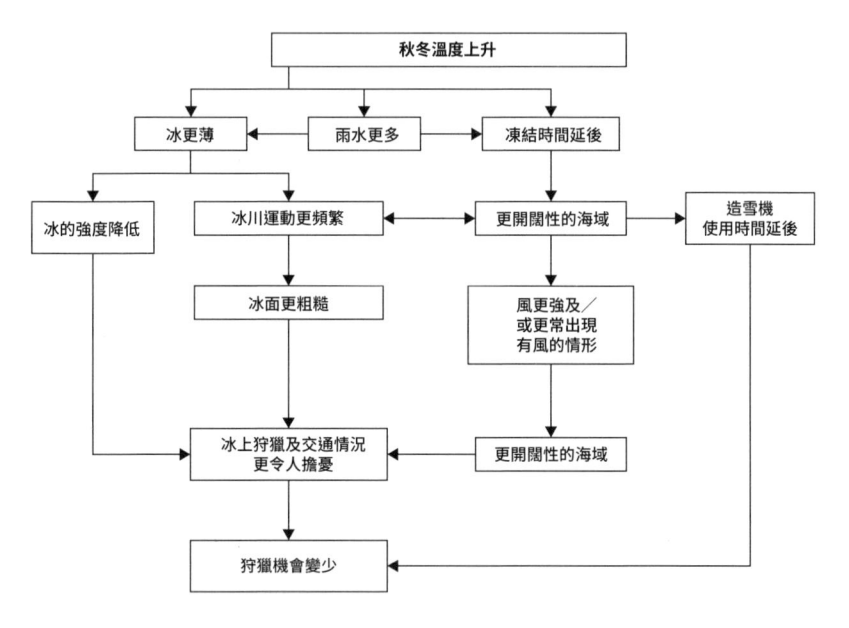

圖 8.4 薩克斯港人觀察到的海冰及秋冬時連帶關係的季節變化。
文獻來源：尼可勒斯等人（2004）。

表 8.4 訪談薩克斯港在地專家關於多年海冰及一年海冰的豐富度及分布

訪談對象	多年豐富度	多年分布情形	一年冰厚度	冰的整體豐富度
A		更遠	更薄	變少
B		更遠	史薄	變少
C	變少	更遠	更薄	變少
D	變少	更遠	更薄	變少
E	變少		更薄	變少
F	變少	更遠	更薄	
G				
H	變少	更遠	更薄	
I	變少	更遠	更薄	變少
J	變少	更遠	更薄	變少
K	變少	更遠	更薄	變少
L	變少	更遠	更薄	變少
M	變少	更遠		變少
N	變少	更遠	更薄	變少
O	變少	更遠	更薄	變少
P	變少		更薄	變少

文獻來源：尼可勒斯等人（2004）。

非所有的部落都會運用相同程度的新科技，以格魯利克（Igloolik）四周的海水往往暗藏殺機，島上的人很習慣使用衛星圖像（Laidler *et al.* 2009），但圖克托亞圖克（Tuktoyaktuk）及阿克拉維克（Aklavik）的獵人卻表示，他們只有獵北極熊時會運用這項技術，一般時候不太需要也沒有用到，薩克斯港的獵人使用程度似乎介於上述兩個例子之間（Berkes and Aritage 2010）。

調查結果的匯集

約自 2000 年以來，許多研究發表都顯示，薩克斯港計畫的調查結果並非特例（Krupnik and Jolly 2002; Gearheard *et al.* 2006; Krupnik *et al.* 2010; Leduc 2011），近期研究更深入、仔細地呈現出那些觀察（Laidler *et al.* 2009; Pearce *et al.* 2009）後顯示，獵人越覺得狩獵的旅途辛苦，且越來越難找到獵物時，就代表氣候變遷可能會造成糧食來源不穩等情況，影響人的福祉與健康（Berkes and Jolly 2001; Ford and Berrang-Ford 2009）。舉例而言，根據亨廷頓（Huntington *et al.* 2016）的調查報告，阿拉斯加的因紐皮雅特及育空的獵人已觀察到，海冰及氣象發生大範圍的變化影響了海洋哺乳類的遷徙時機、分布及行為，以及狩獵方法的成效。

這種變化影響了狩獵的成功率，也容易阻礙傳統知識的傳承，人們認為後者是適應能力當中相當重要的面向（Pearce *et al.* 2015），同樣地，氣候變遷也會阻礙狩獵，因此影響了地方感及地方依附（Cunsolo Willox *et al.* 2012b）。影響健康的社會、經濟及環境因子出現的任何變化，都會對於拉不拉多省居民的情緒造成影響，導致他們出現精神健康問題（Cunsolo Willox *et al.* 2013）。

早期的在地氣候變遷及其影響的觀察，絕大多數來自北部的沿海原住民族，後來中亞及北亞等北方內陸地區也陸續跟進（Crate 2008; Crate and Nuttall 2009; Marin 2010），現在世界各地都累積了不少氣候變遷的觀察報告（Salick and Ross 2009; Nakashima *et al.* 2012; Savo *et al.* 2016）。比較 2012 年及 2016 年的參考文獻數目，就能推測在地觀察的發表情形有相當程度的急速增長。中島等人（2012）有 305 篇參考文獻，而薩佛等人（2016，補充表1）則有 1,017 篇文獻，單單四年內就增加了三倍。

為何原住民族及其他一些依賴資源的民族，會變成敏銳的觀察家？事實上，北方民族早在環境變遷的科學出現以前，就已開始注意到並仔細記錄了環境的變化，如某種影響大範圍地區黃色氣團的「北

極霾」（Arctic haze）現象，便是極為貼切的例子。北方的原住民1970年代起就注意到這種現象，還曾埋怨北極地區的能見度不如以往清晰。到了1980年代，終於有人展開研究，發現原來是硫酸鹽氣膠（sulphate aerosols）。後續研究更發現，原來這是硫酸鹽從北方地區的工廠裡被釋放到大氣後，被困在繞極冬季高壓裡，接著被帶到北極附近所造成，這項發現後來促成北極生態系統污染物長程傳播的研究（Schindler and Smol 2006）。

在氣候變遷方面，早期有些氣候變遷的例子都是1980年代於加拿大中部的北方／副北極地區，以及1990年代於哈德遜灣及詹姆士灣所觀察到的氣候異常現象（McDonald *et al.* 1997），但最早那些報告的內容卻很籠統，對於外界影響不大。觀察者應該原本也不太清楚自己觀察到什麼，但透過參與式研究以及知識的共同生產，能促進對於觀察結果的理解，特別是有些變化背後有許多理不清的因素存在，加拿大東部副北極地區的詹姆士灣研究個案即很好的例子。

遷徙的雁鵝是詹姆士灣東部克里族的主要糧食來源，但遷徙的雁鵝自一九七〇年代已降就不斷減少。整體的族群數（主要是加拿大雁，*Branta canadensis*）都屬正常，因此並非過度狩獵或其他一些導致整體族群衰減等問題。麥唐納等人（1997）的區域性傳統生態知識研究發現，將詹姆士灣、哈德遜灣周圍的克里族，以及因紐特族部落所觀察到的綜合來看，雁鵝從沿岸到內陸之間遷徙路線，似乎發生了重大變化。最合理的解釋是，詹姆士灣的水力發電計畫興建了幾座水庫，使得雁鵝逐漸遠離海岸。

沛洛昆（2007）與詹姆士灣東部的維民吉克里族部落展開部落研究計畫時，目的是希望能找出影響雁鵝分布的各種因素，但從未預料主因竟是氣候變遷。然而，維民吉克里族認為雁鵝大幅改變內陸飛行路徑，不僅是單純的因果關係問題，也包含人類在沿岸的干擾因素，如直昇機的使用、新建公路網相關因素，以及詹姆士灣水力發電計畫造

成的衝擊（Peloquin and Berkes 2009）。但同時還有一些因素，與氣候變遷影響雁鵝棲地及雁鵝獵人的環境有關，沛洛昆說道：

> 1970 年代以來，天氣的改變相當大，冬天不像以前那麼冷，而且冰凍結之後，必須等好長一段時間才能在冰上行走。族人也說現在的冰不像以前那麼厚，即使在詹姆士灣裡也是如此。事實上，我在 2 月底時從距離這裡 5 公里的地方下網，詫異地發現冰很薄，只有 10 英寸，以前的冰有 3-4 英尺厚，因此冰上鑽洞變得相當輕鬆。
>
> （Peloquin 2007: 99）

海冰變薄之後，增加了初春獵雁時在海冰上行走的危險性，克里族認為春天來得太早太快，雪融及破冰速度也快。有位克里族獵人說道：「雁鵝出現在這裡（黑石灣，重要的獵場）時，已經沒有雪，只剩下冰了。」其他跡象也透露出情況有異，有位獵人表示，他曾於 3 月看到海鷗，這時間點異常地早。

> 大概在二十五到三十年前，通常到了 5 月 15 日都還能騎雪上摩托車，但現今因為冰大多變得太薄，最早會在 4 月中旬就無法騎行。
>
> 我父親以前常在 5 月 20 日騎著雪上摩托車回來，現在 4 月底河冰就會破裂，沿海的冰則是 5 月第三週時破裂。
>
> 內陸情況也是如此，現在這裡也比較變得比較溫暖了。夏天時也一樣，有時有幾天還變得非常熱，變化地非常快，變化速度比以前快。

這些變化都增加活動的危險性及氣象預測的困難，直接影響獵雁的機率，他們認為春天提早來臨以及冰提早破裂，加上溫暖的天氣，都是造成獵雁情況重要改變的因素。

天氣太溫暖了，這種天氣不適合雁鵝，所以牠們會直接飛過⋯⋯，這應該是雁鵝改變飛行模式的原因。

以前秋天時，我們 11 月就會在冰上移動，但現在大多只有新年過後才算安全。

凍結需耗費的時間變長了，我們（入秋後）必須等很久才能在冰上移動，春天時冰又融得太快，實在融太快了。

克里族人認為這些變化影響了其他生物物理作用，進而經由一連串氣候造成的間接變化，影響了雁鵝，岩高蘭（black crowberry, *Empetrum nigrum*）這種作物即為其中之一。雁鵝秋天飛往南方時會以岩高蘭為食，獵人說，炙熱的夏天，使得這些莓果都在太陽底下「被烘烤」。等雁鵝 9 月飛回這裡時，莓果都已變得又乾又硬，他們認為這是造成雁鵝不在此地久留，導致捕獲機率變低的原因。「圖 8.5」的心智模型闡釋了影響維民吉人獵雁情形的各種氣候相關因素，雖然有些與氣候變遷無關，但有趣的是，這模型與薩克斯港耆老製作的（見「圖 8.4」）有相似之處。

在地觀察及地方研究的意義

全球氣候模型的目的不在於預測天氣，而是顯示一般天候的緩慢變化平均值，這些模型多年來逐步演變，不僅更加清晰易懂，也新增一些物理參數，包含某種須搭配海洋與海冰模型來看的大氣成分，以及某種地表成分，再以氣候系統背後的物理性法則為基礎，利用近期氣候資料來進行檢驗。

這些模型確實相當重要，又非常有效。舉例而言，從這些模型可以看到，阿拉斯加以及加拿大西部北極地區的氣候變遷影響應該會特

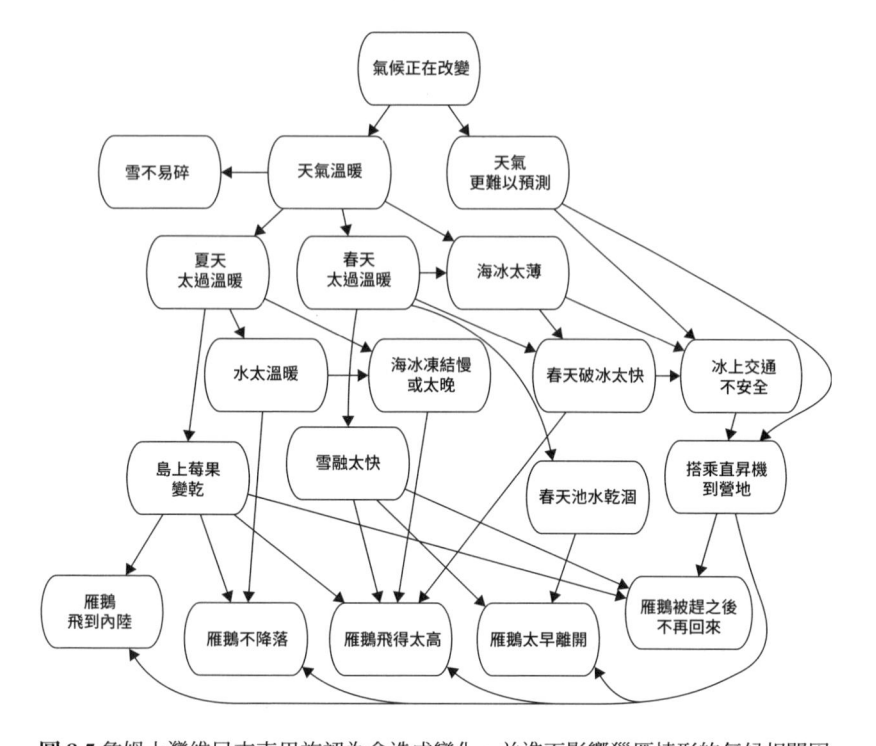

圖 8.5 詹姆士灣維民吉克里族認為會造成變化，並進而影響獵雁情形的氣候相關因素。

文獻來源：沛洛昆（2007）。

別明顯，而這預測與實際的觀察吻合（Krupnik and Jolly 2002）。然而，這些模式不一定都能成為主流的氣候變遷論述。全球氣候變遷的模型，是否能提供完整的答案呢？

　　這問題可透過以下兩點來探討：第一，沒有結合在地觀察的全球變遷模型，解釋能力有限；第二，模型雖可作為一般變化的指標，卻無助於我們瞭解這些變化實際產生的社會及生態衝擊，而且只能呈現極端情況及無法預測的狀態，無法顯示這些變化的平均值。

　　而在模型的解釋能力方面，環境變遷屬於複合系統問題，而複合系統無法透過單一層面來分析。複合適應性系統思維主要的啟示之

一是，氣候變遷等複合系統的現象有各種尺度（Levin 1999），會產生不同層次的狀況反應，有時是地理層次不同（局部、區域性、全球性），有時是社會組織層次的差異（個人、家戶、部落）（Berkes and Jolly 2001），無所謂「正確的」分析層次，不能單從全球層次來理解氣候變遷，也不能單從在地觀點來理解。由於各層次之間彼此相關，因此應同時進行不同層次間的分析。

我們要如何利用原住民的觀察及傳統知識來協助解決問題？就這方面而言，結合多個部落並研究原住民觀察的區域性及在地計畫，就變得相當重要，因為這類計畫有助於我們瞭解不同層次的議題（McDonald et al. 1997; Krupnik and Jolly 2002; Oozeva et al. 2004），也能呈現同一區域的變化情形。舉例而言，玻利維亞安地斯山地區的克丘亞人，在山谷中觀察到氣候變遷帶來的影響，與周圍山區截然不同，即使是相鄰的兩個山谷亦有天壤之別（Boillat and Berkes 2013），但全球性及區域性的模型卻無法顯露出這些差異。

互動式會議也同樣重要，透過這種方式，能集結在地專家及科學專家，試圖理解變遷模式代表的意義。哈德遜灣的生態分區計畫就成功運用了這套方法，這是最早顯示出大規模環境變遷的原住民觀察記錄（McDonald et al. 1997）。這種蘊含各種層次的觀察，以及在地專家與科學家之間的知識交流，彌補了全球性變遷模型發現結果的不足，也有助於更完整理解環境變遷的全貌。

談到衝擊方面的問題，顯示平均變化的全球模型，理解重大社會及生態影響的能力有限。極端的天氣情況會帶來極大的影響，因此研究影響時，不能只著重記錄漸進的變化平均值，而是必須將極端天氣也納入考量。有些全球變遷的模型會包含更高的最高／最低溫及降雨量等所觀察，及推測性的參數變化，此舉雖然有幫助，但仍不夠充分，因為我們從玻利維亞人的案例可以看到，極端天氣往往會在該地方及區域，造成實際的影響（Boillat and Berkes 2013）。

生態學家及人類學家相當熟悉地方性／區域性的極端天氣情況，對於北極野生動物族群的意義。冰與雪會限制北美馴鹿及麝牛到森林覓食，而冬天的暴風雪等極端天氣，會使大批動物餓死，而全世界的人類，無一不藉由洪水、冰風暴、龍捲風及颶風等現象，體會到極端天氣的重要性。在北極地區方面，克魯普尼克和裘利 (2002) 那本書中，有好幾章透過一些例子來探討極端氣候的重要性時，也都談到衝擊和導致適應方面問題。任何一個簡單的事件，如冬至發生暖冬現象，就足以打亂冰上公路的交通運輸，進而瓦解整個地區的經濟，加拿大北部過去十年來即是如此。暖冬會打亂獵人的冰上交通，也會造成安全問題，因此而影響了在地經濟。

進一步分析氣候變遷對於社會造成的主要影響後，他們發現天氣更多變、更難預測、極端天氣更常出現這三種彼此現象相關，這個結果與北極地區原住民觀察如出一轍（Krupnik and Jolly 2002; Fox 2003）。從薩克斯港的研究及其他地方的後續研究可以看到，這三種相關變遷的整體影響，都會對於原住民的生活、營養及安全情況造成潛在的危害（Ford 2009; Laidler *et al*. 2011; Pearce *et al*.2015），以下進一步要談的是大家特別關注的可預測性議題。

原住民知識及適應能力

在地知識可以彌補全球氣候變遷模式不足的解釋能力，並提出證據確鑿的實際影響（Nakashima *et al*. 2012; Savo *et al*. 2016）。在地回應這些影響的方式，進而使我們瞭解到人都有適應環境的可能性。二○一○年代，多數人都在研究在地及傳統知識，與北方的民族（Ford *et al*. 2010; Turner and Spalding 2013; Wolf *et al*. 2013; Pearce *et al*. 2015）及世界各地其他許多族群（Gómez-Baggethun *et al*. 2012; Leonard *et al*. 2013; Ross *et al*. 2015; Hopping *et al*. 2016; Vogt *et al*.2016; Blanco and Carriére 2016）的適應能力之間有何相關性。

我們在「因紐特族氣候變遷觀測計畫」執行期間，發展出一套方法：第一，觀察及分析部落實際回應氣候變遷的方式；第二，透過那個社會現有的適應策略，來評估他們觀察到的現象；第三，運用這兩條調查路線的結論，來瞭解薩克斯港的人的適應能力，亦即承擔變遷造成的影響、從中獲得的啟示及與之共存能力（Berkes and Jolly 2001）。薩克斯港的生計活動現今的確受到了氣候變遷的影響，但都能因彈性變更季節週期及短期間的調整獲得緩解，有時為了調整或權宜性策略，就必須改變生計活動的模式（即：改變狩獵及捕撈的時間、地點及方式），並試圖將風險和不確定性降至最低（見「表 8.5」）。

　　這些權宜性策略與我們所知因紐特人適應環境變幻莫測及反覆無常的生活方式一致，北極地區的生物生產力低、資源零散、現有資源狀況難以預測，這些條件皆有利於彈性變更季節週期並經常移動的小群體生存。經常移動的群體，未必會循著相同的順序逐一到各個地點

表 8.5 薩克斯港面對環境變遷的短期或權宜性回應，及因紐特人文化實踐與長期適應情形的比較

薩克斯港面對環境變遷的短期或權宜性回應

- 改變捕獵活動的時機，來補償冰破裂及凍結日期，以及動物遷徙時間點的改變
- 因應冰覆蓋與積雪的改變，以及後續運輸與交通路線模式的變更，改變捕獵活動的地點
- 趁某些物種變多及新物種出現時，改混獵其中某幾種獵物
- 更仔細監測河冰及海冰狀況，並限制技巧不太純熟的獵人及海員踏上危險的旅途，藉此將風險及不確定性降至最低

面對北極環境時的文化實踐與長期適應

- 狩獵團的移動性、季節性的定點安頓，以及藉由自給自足經濟單位分組及重組，調整團體規模彈性
- 藉由口傳傳統的支持，彈性變更捕獵與資源利用的季節週期，形塑集體記憶
- 詳細的在地環境知識（傳統知識）及相關的捕獵、航海及食物處理綜合技能
- 互相支持及降低風險的分享機制及社會網絡；社會高度重視分享及慷慨的價值
- 部落間貿易是在人際網絡及貿易夥伴之間進行，目的是為了處理資源取用的區域性差異

文獻來源：伯克斯和裘利（2001）。

狩獵，或依賴同樣幾種資源。他們考量到情況變幻莫測，因此遇到任何有機會捕獲的獵物都不會放過，也會趁機改變獵捕目標，例如春天獵環斑海豹的大豐收，可以彌補雪雁太晚遷徙的損失。

　　在北極的生態系中謀生，必須具備對於當地環境的詳細知識及相關綜合技能，現有資源的狀況原本就難以預測，因此人人都必須掌握各種狩獵及捕撈技巧，並累積不同物種的知識。部落相當重視陸地上的才能（生存技能），因此每個人都能享有高度的個人自主權。同時，傳統的因紐特人也像許多其他原住民族一樣，非常重視分享食物的價值。因紐特人分享食物，通常不僅限於直系親屬，因紐特人往往有非常複雜的人際網絡，因此交流的網絡範圍相當廣，人脈網絡也會包含其他部落，隨時有食物能與他人分享的就是最有名望的家族。這些文化實踐，其實是他們長久以來的北極環境的適應性回應（見「表8.5」）。

　　薩克斯港的人不僅未自視為氣候變遷事件的受害者，反而認為他們能夠一起解決問題。薩克斯港的人與其他因紐特族群一樣，認為自己能隨機應變、適應力強，他們提出的權宜性策略，是根據因紐特人適應北極環境的過程中歷經時間考驗的方式而來，而且許多適應機制至今仍相當可行。由於族人現今已經改為定居，因此第一個策略（經常移動）已被淘汰，但其他四組適應方式仍舊可行，而且最後一組（部落間貿易），或許已變得比以前更加重要。

　　彈性變更捕獵及資源利用的季節週期，能產生面對更多變、更不可預測的環境時必要的韌性，並形成適應變化的能力。他們面對現有獵物供給情形及獵物捕獲方式的模式改變時，有各種不同的短期應變方式，由此可知他們具備了韌性。他們的文化強調應獵捕任何現有的獵物及趁機行動，這些價值觀無疑形成了我們觀察到的權宜性策略，而要想出這些權宜性策略，必須具備詳盡的知識庫及經驗，透過相互分享，才能確保部落全體族人都能存活下來。因紐特人必

須維護他們的傳統價值觀，才能確保適應環境的能力（Thorpe *et al.* 2001; Wenzel 2004）。部落文化必須要堅定貫徹重視慷慨、互惠及社群主義（communitarianism），同時避免勵囤積及個人主義，才會願意分享。

　　薩克斯港的案例對於瞭解社會如何適應氣候變遷的研究，十分具有啟發性。他們有一套短期的回應方式，這些就是他們的權宜性機制。因紐特人擅長於多變的環境裡生活，既有能力改變捕獵目標，也能調整狩獵的「時機、地點及方式」，因此至今為止都能應付氣候變遷。原住民族適應在北極環境變化多端的生活而改變他們的文化，這使他們產生了面對環境變遷衝擊的韌性，儘管如此，他們仍到達了極限。氣候變遷會產生更嚴重的衝擊，使環境變化更加劇烈、更難以預測，在在挑戰了他們權宜性及適應性的回應方式。

　　長遠來看，這兩種回應方式並非截然不同，權宜性回應及適應性策略具有時間上的連續性，今日的權宜性策略制訂完成之後，就會成為明日的適應性策略（Berkes and Jolly 2001）。短期及長期回應方式涉及的範圍及程度，決定了部落面對變遷時的韌性。如果這些回應方式有問題，居民就容易受到變遷帶來的傷害。氣候變遷的影響之所以引發憂慮，是因為有些地區的部落韌性，似乎因為受到嚴重健康與福祉方面的衝擊而受到了考驗（Cunsolo Willox *et al.* 2012b; Cunsolo Willox *et al.*2013; Ford *et al.*2015）。

結論

　　氣候變遷的例子顯示，傳統環境知識會不斷演進。薩克斯港及維民吉的人以前並不具備任何與氣候變遷有關的「傳統」知識，只是能敏感察覺環境中能顯示情況有異的關鍵跡象及徵兆。在薩克斯港的例子當中，族人邀請外部團隊來記錄他們的觀察前，早已確定能將不尋常的變化稱為氣候變遷。在維民吉人的情況當中，氣候變遷是相當複

雜的綜合因素，同時包含大型水力發電開發計畫帶來的影響（Peloquin and Berkes 2009）。在兩種案例當中，以社區為主的參與式研究，促進了知識的共同生產，同時也幫助這些部落理解這些變遷代表的意義，並培養他們處理問題的能力。在上述兩種案例當中，部落都不但不認為自己是受害者，反而相信自己有能力掌握自身命運。

傳統生態知識是如何演變的呢？要如何進行社會學習呢？首先必須能敏銳察覺環境中的跡象及徵兆，這一群人必須非常熟悉自己的環境，才能分辨何謂「正常」的跡象與徵兆，因此，當這些徵兆超過預期的變異範圍而變得不正常時，他們必須要有能力評估這些變化。在薩克斯港及維民吉的例子當中，族人會經常於評估問題時提及以前的情形。

適應環境變遷的社會學習，一直是備受關注的領域。一開始的部落培力能使他們對於本身擁有的知識及認識事物的方法產生自信，因此非常重要。在某些情況當中，透過共管協議也能進行類似的培力工作（Armitage *et al.* 2011）。然而，單靠培力以及解殖民方法論（Leduc 2001）本身，或許仍不足以解決問題。面對氣候變遷等議題，往往必須建立知識之間的合作關係，因為沒有任何一方能完全瞭解變遷的全貌。不同層次（在地、區域性、全球性）的觀察及理解，能誘發學習及適應，或形成學習與適應的機制（Davidson-Hunt and O'Flaherty 2007; Armitage et al. 2011; Ross *et al.* 2015）。社會學習不僅限於個人，也能於更大的社會網絡中進行（Olssson *et al.* 2004）。原住民知識與西方知識共同為了解決問題而合作時，似乎會經常出現這些學習網絡或學習共同體（Robson *et al.*2009）。

本章闡釋了以地方為主的研究與在地觀察，如何在環境變遷的研究中扮演關鍵性的角色。這套研究氣候變遷的方法不是靠模式來判定，而固定於某個地理範圍，從某個文化歷史的切入點來進行探討，同時考慮到尺度問題。複雜性理論（complexity theory）最重要的，是使我們瞭解到尺度的重要，探討全球層次時，也必須同時處理在地

方及區域層次的問題。傳統環境知識是理解在地環境變遷時的重要關鍵。

　　在地研究時必須透過合作來進行，透過學者及利害關係人之間的交流來建立知識，這與強調專家才具備權威的科學不同。事實證明，共同生產知識來解決問題時，越來越需要重視這種交流，並且建立「學習共同體」（Davidson-Hunt and O'Flaherty 2007; Iverson and McPhee 2008; Robson *et al*. 2009）。更重要的一點在於，由業餘人士及利益關係建立的公民科學的加入，對於綜合環境問題的決策很有助益。其實世上並無所謂「專門」解決問題的專家，研究者必須與利害關係人交流，才能界定出關鍵的問題、一起參與研究，並詮釋調查出來的結果（Kates *et al*. 2001）。

　　回到全球模型是否充分合乎需要的問題，我們可以說，模型對於瞭解適應性策略並無太大幫助。我過去數年來於北方各地的觀察，也與許多原住民專家討論，這些都顯示出可預測性本身就是極其重要的議題。要在北方靠土地維繫生計的人，必須要具備預測天氣（「是否有暴風要來襲了，我可以出去嗎？」）、「解讀」冰的狀況（「我該不該過河？」）、判斷雪的狀態（「我能否在傍晚前回到部落？」），以及預測動物遷移和分布的能力。

　　環境變遷所帶來的影響，不斷削弱北方獵人豐富的知識、預測的能力、以及靠著自己的謀略維生的自信。威洛克斯等人（2012b）在拉不拉多省的研究發現，這現象最後可能導致他們變得完全不了解自己生活的土地。北方民族是擅長於適應各種外人覺得非常嚴苛的環境，但這其實是人類面對情況變化的速度與強度時，學習與適應速度有多麼快的問題。變化快，就必須學得快，若是不可預測的變化，又會妨礙到人的學習能力。

　　儘管原住民的知識沒有科學隨手可用的技術及量化工具，但有些知識系統似乎已發展出面對複雜情況時能處理問題的方法（Gadgil *et al*.

1993）。氣候變遷既具有在地的特性，也是全球性的現象，同時很適合當作一個平台，來探究複合系統的議題，此即第九章要談的主題。西方科學處理氣候變遷等複合環境問題時遭遇重重的困難，因此任何原住民智慧這方面的見解，都極有可能吸引到大家的關注。

第九章
原住民知識的整全性、複雜系統與模糊邏輯

　　據說原住民擁有面對這個世界的整全知識，從第八章探討氣候變遷的例子來看，也可略知一二。好幾位學者都認為，原住民的整全思維屬於一種複雜系統方法（Walsh *et al.* 2013），有些人將這套方法建立成數學模型（Lansing 1998），有些則建立量化的模型（Alcorn and Toledo 1998）。其中一種影響特別深遠的，是豪伊特（2002）的研究，他結合澳洲原住民的知識系統與現象學的思考方式，提出一種透過時間、空間及尺度的想像來分析文化地景的地理尺度。

　　環境系統這種複雜系統具有幾個單一系統沒有的特徵，諸如尺度、不確定性、自我組織能力、以及非線性的動態變化（Levin 1990）。尺度是理解生態系統時的重要概念，舉例來說，生態系統可能是一種巢狀系統，大的河流流域中鑲嵌了一個小的流域，以此類推。生態系統同時含有時間及空間的尺度，例如：作用速度有快有慢（如：一年生植物的生長及森林的生長）。這種時間與空間的尺度，使得生態系統很難預估及掌控。不確定性的產生，是由這些多尺度系統中各變數之間的不穩定及捉摸不定的關係所造成。因此，要管理生態系統及處理氣候變遷等多重尺度的環境問題，會產生非常嚴重的問題。

　　一般的實證科學認為，單一具體的現實世界可以切割成各自獨立的變數，進而達到化約的目的，或許還能歸納出脫離時間尺度及脈絡的概論（Kuhn 2007），這種假設用於實驗室等有場域性及可控的系統。

以西方科學思維為主的社會為了管理生態系統，往往將其化約，而單一作物栽培形態也與傳統農林間作大相逕庭（第四章）。同樣地，以西方科學思維為主的社會為了提高產量，將其控制在可預測的狀態，而降低生態系統中的天然變異性，代價卻是因此削弱了更新週期的功能及生態系統的韌性（Holling 1986; Gunderson and Holling 2002; Chapin *et al.* 2009）。

從這脈絡來看，某些鄉村及原住民知識及實踐就非常具有意義。儘管原住民的知識沒有科學隨手可用的量化工具及方法，但有些在地及原住民的知識系統，似乎已經發展出面對複雜情況時能處理問題的方法，第四章至第八章即包含了許多例子，但這並不是說原住民的系統已發展出萬無一失的解決方法，我們都知道，古代有不少社會都曾一手毀了自己生存的天然環境（Krech 1999; Diamond 2005），但也有一些社會長期與他們生活的生態系統共存。後來根據越來越多的證據，特別是一九九〇年代以來的證據顯示，有些原住民族資源利用的做法，透露出他們對於生態關係及動態變化極其細膩的理解，其中幾個例子更是特別展現出他們對於陸地上各種主要關係的全盤瞭解，換句話說，他們展現了與化約論截然不同的整全觀點。

儘管我們對於原住民認識事物的方式及知識系統仍認識不深，卻越來越能清楚看到，有些傳統社會富有解讀環境變數的經驗，因此有能力處理生態的複雜性。但我們很難知道這些原住民的方法是如何運作的，他們是如何做到的呢？

這就是本章的主題，我首先將探討對於涉及複雜性的經驗法則，其中有些法則能作為環境監測的指標。接著，我將進一步說明那些展現複雜系統思維的實踐方式，再以原住民知識及複雜性的某個理論為基礎來談後續兩節。第一節透過格瑞那達的加勒比海漁民的知識及實踐的探討，將在地知識視為一種模糊邏輯專家系統，第二節則以因紐特人對北極生態系統觀察到的污染情形為基礎，來分析原住民知識的模糊邏輯。

經驗法則：化繁為簡

　　印度生態學家賈吉爾自一九七〇年代開始，就已開始研究人類透過文化適應生態系統的情形。他提到印度鄉村及部落居民不是像西方人那樣靠各種規例來實施在地保育，而是仰賴他們基於過去及文化上對於環境的理解，所形成的簡單訓示，亦即所謂的經驗法則，這些經驗法則大多與宗教信仰、儀式、禁忌及社會傳統一致。以生物多樣性保育為例，印度及其他各地許多不同的原住民社會，似乎都以下四大經驗法則（Gadgil *et al.* 1993），包含：

1、選定某幾個棲地進行全面保護（如：神聖樹林及其他習慣性避難所）。

2、全面保護某幾種動物或植物（如：禁忌物種）。

3、針對某些物種生活史中容易遭受威脅的階段，所實施的相關禁令（如：印度南部有果蝠白天棲息時的狩獵禁忌）。

4、監測族群及其棲地的做法。

　　第一條經驗法涉及神聖的樹林或灌木林（Ramakrishnan *et al.* 1998），以及第二條經驗法則與禁忌物種有關（Colding and Folke 2001），這些應該是最廣為人知及最常記錄到的實踐方法。然而，應該還有相當多的民俗知識，可能也濃縮了能透過簡化複雜情況解決問題的法則或做法。我們可以想想第二章裡，安地斯人依據昂宿星團的經驗法則預測降雨的民族氣候學的例子（Orlove *et al.* 2002），或毛利人靠著經驗法則治癒原生樹種 *ti* 疾病的例子，他們主張：「*ti* 不能單獨種在農場裡，必須與其他各種不同的植物種在一起。」（見「學習方塊 9.1」）

　　用經驗法則來傳遞表現訓示的內容，有助於人記住那些複雜的決策，又能透過社會手段在當地實施。亞太地區傳統的礁岩及潟湖使用權制度（第四章）及其禁區、禁忌物種，以及儀式上公告捕獵季開始與結束的日期，背後皆蘊含相同的邏輯（Johannes 2002a）。

　　北美西北部太平洋地區許多原住民族都會舉行的「鮭魚首迴祭典」，原先或許只是制訂簡單的開放捕撈季規定作為經驗法則。這些部族禁止族人捕撈河裡迴流的鮭魚，規定他們必須等舉行祭典之後，才能開始捕魚（Swezey and Heizer 1993）。許多部族會仰賴他們委派的家族去視察鮭魚，也會靠信差到上游告知他們鮭魚不久候即將出現。儀式主理會先與視察鮭魚逆流而上的人商議後才做出決定。他可能會透過一些量化的方式，來評估公告開放捕魚季及舉行儀式之前，是否有足夠的產卵魚能成功逆流逃脫。

　　雖然「鮭魚首迴祭典」明顯本身就具備文化的重要性，但背後的生態功能卻與教導人尊重鮭魚的故事及儀式中蘊含的文化價值觀一致，這些故事和儀式的存在，使生物得以繁衍，不會妨礙到帶頭遷

徙、迴游的動物，並建立人與一般非人生物互相履行義務的互惠關係（Williams and Hunn 1982; Swezey and Heizer 1993; Turner and Berkes 2006）。領導原住民系統的人具有豐富經驗，非常熟悉鮭魚生態，這種原民系統是否能達成與生物學管理相似的成果？我們可以說，以量化方式評估有充足的魚群回來產卵之後，才開放捕撈，這種方式與利用族群模型、魚柵、每日數據管理，以及實施捕撈配額等方式進行生物學系統管理相仿，只是前者並不具備完整的研究基礎設施、量化資料的需要，也無須投入相關成本。

我對於這種可能性相當感興趣，因此決定請教專家，一個簡易的質性觀察系統，是否能具有目前這種管理方式那樣的功能。我利用某次去美國奧勒岡州（當地是原住民鮭魚知識的熱點）旅行的機會，與一些部落生物學家會面。人是否真的能透過視覺的質性觀察來衡量逆流而上的鮭魚狀況？絕對可以，他們這麼說。事實上，目前管理方式的做法也相似，只是他們會用魚柵這種更侵入性的手法，迫使鮭魚穿過人造的孔洞。雖然部落生物學家本身也會按照他們實施的共管協定，運用一些生物技術，並仰賴科學數據來決定開漁期及休漁期，但許多人仍認為，利用傳統的質性評估及「鮭魚首迴祭典」來管理，就已是相當可行的做法。

我隨後又造訪了一次奧勒岡州時，曾與雷克見面，他詳述了「鮭魚首迴祭典」在管理方面的作用方式、它的文化意義，以及未來強化部落資源管理的可能性（Lake 2007）。鮭魚是重要的糧食來源（Reed and Norgaard 2010），加州西北部克拉馬斯河（Klamath River）的卡魯克人（Karuk）仍會舉行「鮭魚首迴祭典」，而且有些地方仍出現河道縮減、可透過肉眼評估鮭魚迴游狀況的地形。

雷克（個人通訊）曾說，伊喜必喜瀑布（Ishi-Pishi Falls）是薩姆斯巴鎮附近卡魯克人的傳統重要漁場，卡魯克人的卡提米（Ka'timin）（Ka 意為「上」，Timin 意為「瀑布」）聚落是該族的中心，聚落

的邊緣有一座山，叫做奧為奇山（Au'witch），美國地圖上又稱糖麵包山（Sugar Loaf）。在捕魚季期間，卡魯克人的家族會將山脈陰影與瀑布相交的時候訂為捕魚季，於此時進入抄網（dip-netting）的漁場。有些家族的捕撈權是繼承來的，有的是大量鮭魚及其他魚類迴游產卵期間，與其他家族交易及／或共享的（Lake，個人通訊）。現今的卡魯克人會到伊喜必喜瀑布，進行傳統的八目鰻、鮭魚及虹鱒捕撈（Senos et al. 2006）。

以社區為主的監測行動及環境變遷

在地環境監測的基本概念相當簡單，使用者由於就近資源所在地，所以能夠仔細地觀察環境，甚至有時能每天監測環境的變化（Wavey 1993; Lauer and Matera 2016）。這種能如此仔細觀察環境的優勢，並非原住民獵人（第六章）及漁民（第七章）獨有，許多農人、博物學家、休閒狩獵的獵人，以及經常待在陸地上的漁民，都具備這項能力。

我曾於一九七○年代中期參與過地中海僧海豹（*Monachus monachus*）的保育計畫，據說這種海豹是歐洲最稀有的哺乳類動物。在那裡停留一段時間之後，眾人逐漸清楚意識到，即使研究團隊在沿岸待上數週或數個月，也看不到任何一隻地中海僧海豹，因此我們開始與當地漁民團體合作。我們在社區裡的茶館與土耳其愛琴海小規模漁業的漁民會面，利用社區調查的結果，在地圖上標出曾看到地中海僧海豹出沒的位置。同時，也造訪許多漁村，重覆進行製圖的動作，利用周邊社區的觀察記錄來交叉驗證（Berkes *et al.* 1979）。

我們首次在保育研討中發表這些發現時，聽到許多人批評我們並未遵循正規的科學方法，只依賴漁民提供的資訊。（肯定不可靠！）但此事唯有親身經驗過才能知其好壞。三十五餘年過後，地中海僧海豹仍棲息於土耳其愛琴海沿岸，且數量大致與一九七○年代相去不

遠。而土耳其地中海僧海豹保育區範圍劃設的基礎，就是我們依據漁民提供的原始監測情報所繪製的地圖（Monachus Guardian 2011）。

　　世界上的監測網不計其數，多數都是基於保育的需要，並運用博物學家及其他公民科學家集體的觀察力量，每年記錄物種樹木及族群大小，並記錄隨著時間推移發生的變化。有些是針對某個領域的大型專業網絡，如位於華盛頓大學的COASST（2011）網絡，COASST是「沿海觀測及海鳥調查團隊」（Coastal Observation and Seabird Survey

照片 9.1　卡魯克傳統漁場，位於加州西北部克拉馬斯河的伊喜必喜瀑布。卡魯克人的家族會將山脈陰影與瀑布相交的時候訂為捕魚季，於此時進入抄網的漁場。／照片提供：雷克。

Team）的縮寫，他們培訓了一些觀測志工來記錄美國太平洋沿岸的海鳥死亡情形，並大範圍進行其他觀察。

原住民族有詳細的環境知識，以及代代累積的觀察記錄，在以社區為主的監測領域占有一席之地。我們同樣也越來越能清楚看到，許多原住民族群早已依據自己認識事物的方式，發展出他們的傳統監測方法（Kofinas *et al.* 2002; Heaslip 2008; Castello *et al.* 2009）。原住民使用的傳統監測方法，大多是他們狩獵、捕撈、採集森林產物，或是帶牲畜吃草時，本身就會進行的評估方式，不僅動作迅速、成本低，又簡單易懂。因此，多數已知的族群監測方法某方面都與捕獵收穫有關（見「表9.1」）。第七章詳述克里族漁業顯示，收穫率或單位努力漁獲量（CPUE）評估法，或許是慣常利用資源的人最廣泛運用及實用的族群監測指數。

第二種傳統一般使用的監測方法，是運用第六章談到北美馴鹿時，所提及的身體狀況或肥胖指數監測。如上所述，在北美馴鹿生活範圍裡的許多原住民族群都會運用肥胖指數。有時會在決定捕獵某隻動物之前，從牠活著時走路時的姿勢（如：臀部脂肪）來進行監測，有些是在宰殺過程中，進行骨髓脂肪等某些類型的回溯監測（Kofinas *et al.* 2003）。克里族的獵人不僅將這種監測方式用於北美馴鹿，也會固定查看他們常捕獵的獵物，包含魚與雁鵝在內，而且並非只有北美洲會如此查看獵物的身體狀況，獵鳥的毛利人，當然還有其他許多原住民族群，也都會勘查動物的身體狀況（Moller *et al.* 2004）。

其他傳統監測方法包含幼體數量觀測，這種指數可作為未來捕獲量指標的。經常狩獵、捕撈及採集的人，大多是能倚靠自己的感官大略判斷獵豐富度的專家。有些原住民獵人能從動物足跡的密度推測出豐富度，有些克里族獵人能從雁鵝吵鬧及發出臭味的程度，確定棲息的雁鵝族群規模。有時毛利人是透過「觸覺、感覺及視覺」（Moller *et al.* 2004; Moller and Lvyer 2010）來理解自己的環境。當然，以「目測」評估

鳥類、獵物及魚類數量也是相當普遍的方法，迴游鮭魚的例子即是如此。

　　原住民獵人及漁民經常透過觀察及質性的方法，評估諸多不同的變數，這也包含許多生物學家通常會研究的變數。「表9.1」雖未涵蓋所有變數，卻列出了目前不同族群偏好運用的幾項變數，這些變數的作用，或許有助於降低情況的複雜性。舉例而言，肥胖指數是諸多環境變數綜合產生的結果，因此只要監測某項指標，就能同時掌握好幾項變數。傳統知識能利用成本低廉的方式進行科學監測，但這並非此處的重點，儘管有許多變數正好是兩種知識會評估的內容，但這兩種知識系統的邏輯卻不必然相同。

　　這兩種知識監測時其中一大差異是，原住民監測時除了會運用生物物理系統以外的指標，如人與環境之間的關係。伯克斯等人（2007）為了透過文字描繪克里族及因紐特人理解的健康環境指標，以及一

表 9.1 監測族群及其健康情形的傳統方法

方法	內容
單位努力漁獲量	捕獵成功率或捕撈率，多以每單位時間，或每單位時間與努力量計算
身體狀況指標	捕獵前或後對於許多不同動物身體部位肥胖狀況的觀察
繁衍成功率	每隻成體或每個巢穴的幼體數量，或族群內的幼體與成體比例
族群密度探測	用「感覺、看、摸、聞、聽及嚐」進行質性評估
注意到異常模式的出現	留意極端情形（出現分布奇特、罕見情形、繁殖失敗、意料之外的行為等）來偵測變化
觀察獵物的物種混合情形	是否有或沒有出現理想或不理想的獵物或組合
集體狩獵	眾多捕獵者橫掃大片區域獲得的集體性資訊

文獻來源：改編自莫勒等人（2004）。

些顯示問題存在的指標，特意重新檢視了《海灣之聲》（*Voices from the Bay*）文件（McDonald *et al.* 1997）多處提到跡象及徵兆的內容，從中找出了四組要素，首先是展現敬意的觀念，第二組觀念是健康的人與環境關係，其他兩組依序為：平安健康的跡象與徵兆，以及出現問題的跡象與徵兆。其他人所做的研究也與《海灣之聲》裡的解讀吻合，這意味著許多原住民族都認為，解讀肥胖指數等比較偏向「生理方面」的指標前，應先展現敬意並建立合宜的環境關係（Manseau *et al.* 2005b; Parlee *et al.* 2005b; Kendrick and Manseau 2010）。

這些指標雖未必適用其他領域及脈絡，卻與原住民心目中人與環境及其他生物的健康關係一致，也與尊敬、人與非人生物之間互惠的原則相符。這些說法都透露出，原住民族看待環境的方式，以及他們看待土地健康與人類健康的方式，兩者實屬同一件事（Parlee *et al.*2005b; Reed and Norgaard 2010）。對於許多原住民族而言，人地是否合一是人類健康與否的決定因素之一（Richmond 2015）。澳洲「有健康的族鄉，才有健康的人」這段話，即體現了這種關係的意涵（Garnett *et al.* 2009; Maclean *et al.* 2013）。若原住民的監測方法自有其規則及邏輯，那麼不僅聘請在地專家進行科學監測，而是仰賴傳統生態知識，來設計以社區為主的監測系統時，能預期什麼樣的前景？國際社會對於以社區為主的監測計畫極感興趣，然而，儘管相關文獻如雨後春筍，對這議題的探討卻相當籠統。這些研究似乎比較著重知識的整合，而非探究以傳統生態知識為基礎的監測方法（Aswani and Lauer 2006a, 2006b; Steinmetz *et al.* 2006; Chalmers and Fabricius 2007; Goldman 2007）。

科菲納斯等（2003）不談知識整合，也不認為傳統生態知識僅適用當地，他們的研究主張，社區監測以傳統生態知識為基礎，並運用北美馴鹿的肥胖指數，這種監測方式適用廣闊的地理區域。以此類推，薩克斯港、維民吉及其他地方進行氣候研究出的證據（Krupnik and Jolly 2002; Gearheard *et al.* 2006; Berkes and Armitage 2010）也顯示，原住民的觀察都非

常一致及紮實，也能概括廣闊的地理區域。

　　哈德遜灣的生態分區研究計畫也證明，在地及傳統的環境知識，不僅與在地變遷的監測有關，也與大規模區域性環境變遷的監測有關。計畫記錄了部落對於格蘭德河開發後當地環境變化的描述，結合在地觀察，形成整個區域的全貌，並以此作為基礎資料來說明水力開發情形，完整報告了觀察到的所有變化，其中有些似乎與污染物及氣候變遷，以及水力開發有關，在多數情況下很難一一區分這三種變遷帶來的影響（McDonald *et al.* 1997）。人們對於全球化影響的看法不斷演變，現在普遍認為，「全球變遷」是由各種因素的交互作用所造成，而上述研究的結果與這種看法相符（Young *et al.* 2006）。

　　總而言之，在地及原住民的社區監測系統，評估的環境變數雖然絕大多數與科學相同，但仍與科學監測之間有幾點重大差異。首先，前者屬於質性的評估，既不生產也不會運用量化測量。再者，前者包含價值判斷，會判斷哪些相對上較為重要的測量方式。他們選擇的測量方式多為綜合性、容易觀察到的，如肥胖指數或捕撈時的單位努力漁獲量。第三，環境健康或不健康的跡象與徵兆，通常會包含所謂的脈絡變數（contextual variables），諸如尊敬、分享、互惠及各種交互關係等規則是否運作無礙等。鄉村及在地聚落具有解讀自身的環境及回應環境徵兆的能力，這已是大家比較熟知的事實（Berkes and Folke 1998; Berkes *et al.* 2000），國際社會也對於一些族群偵測大規模變遷的能力相當有興趣（Kofinas *et al.* 2002; Manseau *et al.* 2005b）。無論如何，目前已有人開始整合許多各自獨立的在地觀察，試圖全面掌握全球氣候變遷的情況（Savo *et al.* 2016）。

原住民知識及複雜適應系統

　　討論監測的經驗法則與背後牽涉的含意之後，本節將探討有哪些

證據，能證明原住民族群本身具備了複雜系統的思維。有些傳統社會具有一些與生態系統相仿的概念（第四章），有些傳統知識及管理系統在強調狀況反應學習及處理所有生態系統固有的不確定性方面，與適應性管理之間有些許相似性（第六、七章）。此外，有些傳統的社會，會像克里族漁業一樣，將資源分為幾個不同的層次來管理（第七章）。複雜性理論包含整全的土地觀，也會探討到不確定性及尺度的問題。但我們必須更進一步探究人們以直觀的方式理解複雜適應系統的證據，在這種系統當中，傳統知識及管理系統會探討到完整整體內各個組成及交互作用，並展現出學習及調整的能力。

「表9.2」有助於我們進一步探討某些傳統方式，這些例子都能展現出複雜適應系統的思維，其中一個經典案例，就是峇里島由祭司管理的水稻梯田灌溉系統，這種系統稱作蘇巴克，曾有一段時間因為綠色革命的稻米品種及其特殊的管理要求而遭到解體（現代化）的命運，但因為後來建立的系統不再依祭司設計來彈性調整放水時機，情況變得一塌糊塗，因此又恢復原有系統。蘭辛（1991）不但重現出整個系統的架構，顯示出蘇巴克背後的邏輯思維，更因此以此作為《祭司與系統設計者》（*Priests and Programmers*）書名的靈感。蘭辛等人（1998）於延伸研究當中，利用修正過的「雛菊世界模型」（Daisyworld model），納入環境與灌溉設備之間產生的狀況反應，將稻米耕種方式的選擇，製作成依各系統而定的選擇過程模型（基於狀況反應所做的選擇，會不斷改變後續所做的選擇），能準確預測到實測的稻米生產模式，提出相關的解決辦法。

第二個運用模型來分析的，是安地斯山高地的例子。傅瑞能等人（Flannery *et al.* 1989）利用模型來分析秘魯瓦馬尼人（Wamani）牧人的決策情形。由於駱馬可能會造成過度放牧的問題，因此有限制牲畜數量的必要。但要做到這點，必須以社會關係為手段，而瓦馬尼人有一套複雜的贈禮及互惠規定來進行動物分配

表 9.2 展現複雜適應系統思維與生態動態變化整體理解的在地與原住民制度

案例及內容	文獻出處
印度教祭司管理的「水神廟」，負責規範印尼峇里島村民的農耕稻作灌溉用水。	蘭辛（Lansing 1991）；蘭辛等人（1998）
贈禮及互惠制度不僅能規範駱馬豢養的規模，也能定期在秘魯阿亞庫喬（Ayacucho）高地養殖駱馬的族人當中，重新建立人與自然的關係。	傅瑞能等人（1989）
根據北太平洋鯡魚漁民的做法，建構出「若……則……」的經驗法則模型，呈現他們的決策過程。	麥金森（Mackinson 2000, 2001）
圖卡諾族的薩滿負責在哥倫比亞的亞馬遜森林裡實落實一些規定，透過這種方式同時管理人與生態系統的健康。	賴歇爾-多爾馬托夫（1976）
新幾內亞高地的園藝農民會定期舉行殺豬及部落戰爭的儀式，來控制資源管理及族群規模。	拉帕波特（Rappaport 1984）
非洲薩赫爾的牧人透過監測牧草情況，決定要在各處之間輪流放牧，或將牲畜移至別處，藉由這種做法來營造緊急放牧時所需的緩衝區。	尼亞米爾（Niamir 1990）；尼亞米爾-富樂（Niamir-Fuller 1998）
米爾帕這種墨西哥多用途的週期性玉米栽種系統，或許可稱為「文化腳本」（cultural script），所謂「文化腳本」是指一種由一連串的例行常規，搭配其他替代性的部分日常工作，及判斷節點所組成的內部設計圖。	阿爾康和托萊多（1998）

　　麥金森（2000, 2001）利用模糊邏輯這套方法，做出加拿大卑詩省鯡魚漁民的決策模型，他一開始先指出，在地知識不僅並不適合以數學呈現，發展方向也不同。鯡魚漁民利用模糊邏輯專家系統，結合科學資訊及本身擁有的知識，來瞭解鯡魚群的動態變化。這種非原住民的例子提醒了我們，人們很少單純只有利用傳統知識，而是會融合各種不同的知識內容（Begossi 1998; Dove 2002）。

　　接下來那四個例子都是運用語言模型，而非數學模型，也都是本

書前幾章介紹過的例子。此處強調的是案例中的整全觀，以及複雜適應系統的思維，哥倫比亞亞馬遜地區圖卡諾族這個經典例子，以及拉帕波特（1984）的巴布亞新幾內亞研究，都是早期研究人員嘗試做些分析的例子，他們認為原住民的系統屬於一種能自我調節、根據狀況反應的神經機械系統（cybernetic system）（Reichel-Dolmatoff 1976）。管理獵物及人類行為的儀式，是由薩滿負責取舉行，物種豐富度則由隨機安排的短程狩獵團負責監測，來協助薩滿判斷哪些物種需要保護。薩滿不僅是能治療人的疾病，也是生態系統的醫生（見「學習方塊3.3」）。

根據尼亞米爾 - 富樂（Niamir 1990; Niamir-Fuller 1998）的描述，非洲薩赫爾的牧人在降雨情形多變的邊緣環境管理牲畜時相當機靈聰敏，他們會模仿隨季節遷徙的大群非洲野生動物，帶著牲畜隨降雨遷移，隨時監測牧草情況，來決定要在各處之間輪流放牧，或將牲畜移至別處，也會在每年放牧的範圍內設保留區，乾旱時可供作緊急使用的飼料，降低乾旱帶來的影響，使牲畜及牧人都能保有韌性。伯克斯等人（1993）、尼亞米爾 - 富樂（1998）、斯庫尼斯（Scoones 1999）皆指出，這些非洲的傳統牧養系統大多採用彈性的決定方式，來適應多變、不平衡的半乾旱生態系統。除此之外，他們也提到，在這些生態系統中運用強調動態平衡，以及承載力與放牧率（stocking rate）的科學牧場管理方式，成效會很糟糕。

米爾帕是比較廣為人知，會涉及到火燒及演替管理的一種游耕系統（第四章）。墨西哥中東部熱帶雨林瓦斯特克人實施的米爾帕，已經完全適應當地環境，能促進這種生態系統的多重利用方式（Alcorn and Toledo 1998）。以火燒清理地面後再生的植被，形成作物與非食用性產品的連續採收系統。許多重新長出來的物種最後會長成樹木，供人作為柴火、建材、著色、藥材及其他資源之用。阿爾康和托萊多（1998）稱米爾帕為「文化腳本」，意指由一連串的例行常規，搭配其他替代

性的部分日常工作，及判斷節點所組成的內部設計圖，同時也蘊含學習與實驗空間，會有一位「玉米文化英雄」看顧米爾帕，警告世人若做法不當會承擔什麼後果，同時確保社會每個人都能遵守實踐守則。

這些例子來自世界各地、各個文化及不同資源系統，產生各式各樣的案例，顯示許多原住民的系統都是根據適應環境之後，形成極為詳盡在地知識建構而成的整全做法，這種綜合了人類與自然系統，既可稱為易於透過最佳化模型來描述的神經機械系統，亦可稱作模擬模型、模糊邏輯專家系統、經驗法則或文化腳本。

這個研究問題的啟發之一，就是我們所謂的「非動態平衡之神聖生態學」（non-equilibrium sacred ecology）。人們通常認為，原住民雖然擁有生態系統中各種自然史的豐富知識，但卻不了解生態系統的各種作用（Thomas 2003）。但此處回顧的內容顯示情況並非如此。這些案例及其他證據（Alcorn 1989; Berkes *et al*. 2000; Muchagata and Brown 2000）暗示，原住民知識往往都相當完整地包含關於生態系統作用的知識，尤其是原住民似乎極度仰賴「干擾生態學」（disturbance ecology）的觀念來維持資源系統。類似米爾帕等所有演替管理方法，一開始都是由干擾事件所觸發。薩赫爾的牧人移動至下一區之前，會讓他們的牲畜在某個區域大量吃草，來模擬區域範圍的再生情形，克里族漁民（第七章）輪漁之前也會先在某區先進行大量捕撈。

湯瑪斯（Thomas 2003）主張，我們必須向巴布亞紐幾內亞的赫瓦人（Hewa）學習，他們是透過小規模的干擾來進行保育，我們一般的保育工作會排除干擾，以在動態平衡中創造不受干擾、穩定的系統為目標。「自然界中平衡」及動態平衡的想法，使一些保育人士以為保育自然最好的方式，就是找出具有高度生物多樣性的地方，即所謂的原始生態系，並且排除任何人為影響（如：將稻草割下曬乾、放牧、採收木材以外的森林產品、用火），透過穩固生態作用來恢復天然生物多樣性，但這種方法大多行不通。生態系統隨時在變，而包含某些

程度人為利用及干擾的干擾作用，都十分有助於維持生態作用的穩定
（Berkes and Davidson-Hunt 2006; Miller and Davidson-Hunt 2010; Robson and Berkes 2011; Molnár and Berkes 2017）。

第四章在最後提出的主張，與適應性管理及生態系統韌性的文獻一致（Gunderson and Holling 2002），認為所有的生態系統需要經過定期擾動來促進更新，這些都挑戰了強調動態平衡核心概念的一般資源管理科學，以及一般保育科學，有些原住民系統裡的非動態平衡之神聖生態學，包含實施小規模的擾動、互惠式義務關係的觀念，以及社會中透過儀式規範（如：鮭魚首迴祭典）及文化英雄所強制要求族人遵守的道德觀念，都能使我們對於一般觀念有些不同的瞭解。以下兩節將透過兩個案例的分析，來瞭解該如何運用這兩種比較另類的方式。

在地知識及專家系統

無論情況多麼複雜，都會存在經驗法則，而文化腳本有助於我們大致理解原住民知識系統的運作方式。或是運用另一套針對由變數及其之間的關係組成的系統做出的質性模型，稱為模糊認知圖法（Özesmi and Özesmi 2004），模糊邏輯專家系統的運用，又是另一套相關進路。

格瑞那達位於加勒比海的東半部，格蘭特研究當地古亞夫（Gouyave）漁民的延繩釣知識後，主張可將這種知識視為一種專家系統。本節大量引用格蘭特和伯克斯（2007）發表之後，自此之後，其他研究也開始運用類似的近路（Deepananda et al. 2016）。加勒比海的漁民知識，通常並未包含代代相傳的文化傳承，而且關於漁民知識的研究亦不多（Warner 1997; Gomes et al. 1998; Breton et al. 2006）。加勒比海地區富含各種才剛建立不久的系統，因此很適合用來檢視漁民知識的生成過程。每當引進新的捕撈技術時，漁民從經驗培養出學習能力的過程中，就會迅速形成漁民的知識，不斷生成新的知識。

我們都知道漁民知識的存在，卻很少知道漁民知識系統實際上會如何運作。我們認為漁民具有一套可稱之為專家系統的應用知識系統，所謂專家系統，意指「一套提出智能行為自動化理論及方法的人工智慧分支，這種電腦程式會運用經驗法則來儲存知識，並加以利用，推斷出解決方法，協助解決通常交由人類專家處理的複合問題」（Mackinson 2001: 534）。專家系統的假設是，人類專家運用經驗法則，儲存一些解決問題時會用到的知識，並協助提供解決問題的方式。用於決策的知識並非量化知識（如科學數據），而是包含了模糊集合的質性知識（Mackinson 2000, 2001）。

專家系統包含三大部分（見「圖 9.1」），知識庫儲存了各種能幫助人類決策者解決問題的規則、事實、一般案例、例外情形及關聯性。推理機（inference engine）是能巧妙運用知識庫來進行推論並取得結論的機制，並依循「若發生某種情況，則可能出現某種已知結果」的規則，有時也會以「而且」、「抑或」、「則不」等連接詞來描述幾種情況。最後再由使用者介面，提供系統與使用者之間的連結（Mackinson 2001）。專家系統是相當有用的概念，不僅能說明漁民的生態及技術知識（知識庫），更能達到更進一步的目的，使我們有機會瞭解漁民利用「若 - 則」的規則找出、捕捉魚群的決策支援系統（推理機），以及如何運用社會關係，取用知識的資料庫及決策支援系統（使用者介面）。

古亞夫位於格瑞那達西部沿海，他們自一九七九年起，因古巴的捕魚專家引進，而開始使用延繩釣捕魚。當地漁民以前是用手釣法、曳地網及魚陷阱。延繩釣歷經許多階段，發展神速（Grant *et al.* 2007），最後成為當地經濟的主流漁法。水面延繩釣是一種固定後讓它漂在水面上，過一段時間後再回收的漁具。古亞夫的主繩可長達 10 公里，支繩上有餌的餌鉤逾 300 個，目標包含黃鰭鮪（yellowfin tuna, *Thunnus albacares*）、大西洋旗魚（Atlantic sailfish, *Istiophorus*

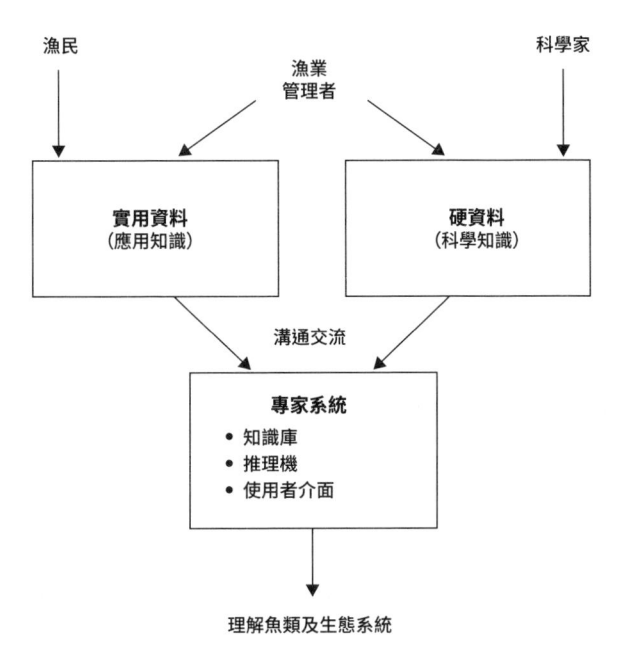

圖 9.1 漁民知識專家系統模型內容示意圖
文獻來源：改編自麥金森（2000）。

albicans），及鬼頭刀（dolphinfish, *Coryphaena hippurus*）等大型遠洋（寬闊海域）魚類，而且是加勒比海獲利較多的漁業之一。

延繩釣漁民將用來找出並捕捉大型遠洋魚類的知識庫，區分為九大類（見「圖 9.2」），我們建議讀將這張圖表視為簡單的示意圖，因為決策過程往往比這更為複雜。一開始必須先掌握魚類的收穫季及繁殖季，以及該用哪一種餌、魚的豐富度及可捕捉的尺寸。漁民可以依據季節及餌的種類，選擇最合適的支繩加重類型。天氣情況適合，他們就會去捕魚。在海上時，餌的種類、魚的習慣及行為，以及魚群移動情形，都會決定他們採取的捕撈策略。他們仰賴自己的「民俗海洋學知識」（是否有海鳥、海水顏色、洋流強度及方向），來決定實際定置延繩的地方。有幾類知識掌握在漁民手裡，有些則否。魚餌、

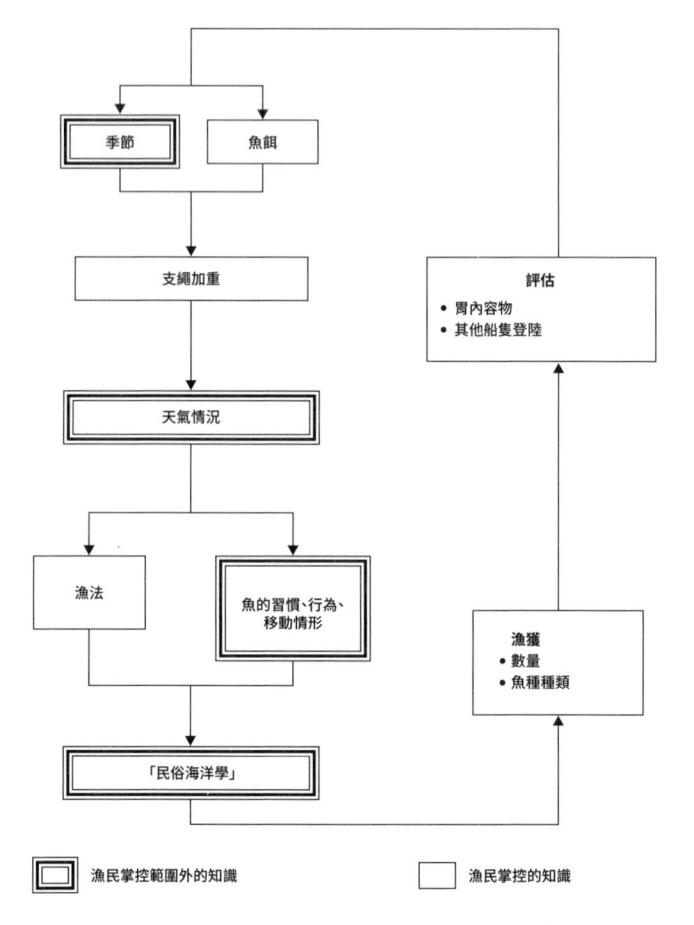

圖 9.2 依據格瑞那達古亞夫延繩釣漁民的實踐方式，製作的漁民決策及知識生產的
過程。

文獻來源：改編自格蘭特和伯克斯（2007）。

支繩加重、捕撈方式都是漁民可以掌握的選擇，情況允許的話，他們可以改變延繩的重量及魚餌種類，因此，漁民可以利用他們掌控的變數來做實驗，同時從無法掌控的變數（季節及天氣、魚的習慣及行為）來學習。

「學習方塊 9.2」藉由若發生某種情況，則可能出現某種已知結果的句型，來闡釋多層決策樹（multi-layer decision-tree）的專家系統。基本上為了分析漁民如何做出捕撈相關的決定，我們會將屬性歸在「若」的類別，情況說明歸於「則」的部分。這些條件的結果，即代表漁民能夠於過程中學習的狀況反應及機會。

每當一趟捕魚將近尾聲時，漁民會回想他們的觀察及決定，如

學習方塊 9.2
古亞夫延繩釣漁民決策過程實例

若　　季節在 12 月

而且　有中型及小型的鰺科魚可做魚餌用

則　　在鳥很多的情況下，準備避鳥繩（light-light longline）

而且　海水是藍的

而且　洋流向北或西北

而且　進行魚的追蹤——50 公里向西

則　　應捕撈旗魚

若　　捕撈旗魚，但漁獲歉收

而且　其他漁船大豐收

則　　評估成績——淘汰魚餌、船員表現、延繩、「民俗海洋學」

而且　再試一次

文獻來源：格蘭特和伯克斯（2007: 168）。

何影響當天的捕撈結果，評估內容包含與其他漁船的魚貨量比較，並分析自己的成績。若其他漁船漁獲量較多，漁民就會審慎分析自己的成績表現，且通常會系統性淘汰可能影響漁獲的知識。舉例來說，為了瞭解是否需要淘汰原本的魚餌，漁民會檢查魚胃的內含物，判斷是否是魚餌喜好的問題。通常漁民都找人一起討論是否有任何改善漁獲的辦法，下次捕魚再進行必要的調整。漁民每次出海捕魚，都會重覆這種知識生產的過程。古亞夫各個漁民團體當中會互相證實已知的知識，同時分享新的經驗，團體之間相互聯繫，匯聚成一個知識庫。

原住民知識的模糊邏輯分析

模糊邏輯與原住民知識似乎相當吻合，而且由此切入，或許有助於我們明白或深刻瞭解在地及原住民知識系統如何面對複雜性的問題。本節大量引用伯克斯等人 (2009) 的內容，重點在於探討觀察變數及建立心智模型背後的模糊邏輯 (Zadeh 1965, 1973)，同時探究原住民知識是否能運用與模糊邏輯思維相符的一些訓示，以類似複雜適應系統的方式，面對生態系統的各種狀況。原住民知識會以質性方法來考量大量變數，來瞭解事物的全貌，而西方科學較容易集中針對少量變數進行量化分析。讓我們用北極地區污染的例子，來闡釋這項論點。

北極地區過去數十年來發生了急速的變化，而北方原住民觀察到的氣候變遷 (第八章) 及北極生態系統污染相關的動物異常現象，則是最大的隱憂 (Cobb *et al.* 2005)。原住民觀察時雖然沒有收集量化數據，但他們觀察的及評估變遷的方式，卻能使我們對於原住民如何建構他們的整全觀有深入的瞭解。

歐尼爾等人 (John O'Neil *et al.* 1997) 與加拿大北部哈德遜灣地區的因紐特人合作，記錄他們如何理解詮釋污染物的議題。他們在許多動物身上，尤其是海豹身上觀察到的異常現象，這點最令人擔憂。要判斷

一隻動物是否生病，必須觀察許多指標，因紐特人知道哪些動物生病了或不正常，他們根據許多年來的集體經驗，知道正常動物會有哪些狀態，也提到出現了某些跡象，就代表動物身體不舒服，因此並不能食用，例如：身上有腫塊（*manimiq*）、骨頭變色、肝異常、腸出現淺藍色斑點，或是骨瘦如柴的動物。因紐特人也會觀察動物的行為、覓食情形、游泳狀態、對於掠食者的反應，日積月累，持續解讀這些判斷健康情形的跡象（O'Neil *et al.* 1997）。

　　因紐特人及其他原住民的知識持有者經過多年觀察後，累積了不少這類資訊（類似大量採樣）、與其他獵人及漁民分享知識（資料匯集），形成可用來判斷何謂健康動物的集體心智模型。那些與動物健康及異常情形有關的「資料」都不是「數據」，主要是透過語言來表示，並將感覺分成不同等級來比較（如：胖、瘦、非常瘦）。語言會形塑詞語及概念，因此無論是資料收集、概念形成及持存，或是原住民心智模型的形成，這些心路歷程都會與語言使用的模式一致。舉例而言，眾人皆知因紐特人不重視數字的精準，而且也不會像在實證科學界那樣輕易歸諸因果關聯（Kuhn 2007），反而是以經驗的連結，去理解環境變遷及相關的觀察。基本上他們推估因果關係時，都會避免系統性地概括，並認為系統性概述非常「幼稚」，欠缺理性或所謂的 *ihuma*（Omura 2005）。

　　模糊邏輯主張認為，因紐特人極有可能具有整全觀的思維，是因為他們會避免精確分類及概述，若要以整全觀的角度一一指出其中所有概念及關係，重點將會複雜到難以切入探討。系統的複雜性與可用來進行有意義描述的精確度之間，彼此呈現出反向關係，澤德（Zadeh 1973:28）稱之為「互斥原則」（Principle of Incompatibility），意指：「精確性與意義性（相關性）幾乎很難不互相排斥，除非能超越某個門檻，否則只要系統越是複雜，我們就越難針對系統的運作情形，提出精確並有意義的描述。」

從這點來看，複雜系統運作情形的精確量化分析，不太可能切合真實情況。原住民的知識背後存在一種模糊邏輯，以致於有以下特點：第一，資訊量十分驚人；第二，處於不斷收集資訊的狀態；第三，出現新的資訊時，這些變化也會併入集體心智模型之內，而這些就是原住民知識與模糊邏輯的基本相似之處。上述三點也是模湖邏輯模型的基本綱領（見「學習方塊 9.3」）。這兩種情況雖然都會分析複雜系統的運作情形，卻是透過豐富的質性語言資料，而非透過精確的數據。

學習方塊 9.3
模糊邏輯基礎知識

發展出模糊集合這套方法，是為了表達出日常生活資訊不精確的特性，在大多數情況中，要求精確可能一點用處也沒有（「遇到紅燈前 25 公尺處應踩煞車」），反而籠統的指示（「很快就要踩煞車了」）才符合資料及人腦能力不精確的本質，而且相當有用。模糊邏輯在電子與電腦系統的實際運用，包含可以偵測並因應情況變化調整的自我監測及調整「智慧型」系統。決策支援系統等所有的軟性計算，都是運用模糊邏輯。模糊邏輯是一套用來處理不確定性的方式，適合用於界線含糊的概念與系統。但這種切入方式會打破凡命題必有是非真偽的笛卡兒式二元邏輯，因此是比較特別的入方式。

從模糊邏輯的思維來看，一件事若無法以數學來呈現，就無須量化，這種思維也模擬人類心智的運作，將資訊粗略分成幾個大類。「前提是，人類基本上不是以數字來思考，而是以模糊集合的符號來思考，換句話說，物品從某一類歸屬到非某一類的分類

是漸進式，而非突然發生的」（Zadeh 1973: 28）。模糊邏輯有三大顯著特徵，包含：以語言變數代替數字變數（numeric variables）、以模糊條件陳述（fuzzy conditional statement）來描述變數之間簡單關聯性的特徵、以模糊演算法（fuzzy algorithms）描述複合關聯性的特徵。舉例來說，如果「胖、瘦、非常瘦」是肥胖值，則肥胖就是一種語言變數，並以「若 a 則 b」這種模糊條件陳述為基礎，建立一連串按順序排列的指令（ordered sequence of instructions），稱為模糊演算法。

文獻來源：貝茲德克（Bezdek 1992）；澤德（1965, 1973）。

模糊模型倚賴的是基於語言來表達的資訊，這種資訊能變成簡單的數學式，以此進行數學推論。舉例而言，觀察「瘦巴巴的海豹」或「肥美的魚」時，肥胖就是一種語言變數（linguistic variable），形容詞即為語言值（linguistic value），「而且」、「抑或」、「則不」等限定條件的詞語（qualifying terms）是語言連接詞。回到因紐特人對於病弱海豹的觀察，打個比方，哈德遜灣因紐特族經驗豐富、長期獵捕海豹的獵人（採樣量大），發現許多隻海豹都出現異常情形。他們在許多狩獵季期間都注意到（連續觀察），有些海豹很瘦，有些骨頭變色，有些則有肝異常現象。經過一段時間之後，經驗豐富的獵人會開始評估海豹的整體健康情形。

以模糊模型的術語來說，獵人於採樣期間觀察到海豹的肥胖情形（變數 1）。經驗豐富的獵人及耆老的經驗與集體記憶裡，存在著這項變數各種數值（不同的胖瘦程度）的心智模型。他們心裡會將每隻海豹與這個隱性模型（tacit model）相互比較，然後評估這些海豹上基本上比較瘦，並將這項變數標上一這個數值。在模糊邏輯裡，會以 1 到 10 的數值來代表權重，骨頭變色（變數 2）、肝的情況（變數 3）等其他變數則以此類推，分別根據可食用的健康海豹現有的心智模

型，標示不同權重。

　　所有相關變數都會根據心智模型標示權重，「若」變數 x 瘦的程度是 a，「則」以某句模糊條件陳述來形容這些海豹。這種推論方式不僅用於所有明確列出的變數，也有助於評估食用海豹的整體健康情形。我們在探討漁民知識的最後一節，看到好幾種不同的「若 a 則 b」陳述方式。由於權重可能會隨著日積月累的觀察而改變，所以能靈活調整。模糊模型雖能量化（標示數字或權重）獵人從本身的專門知識得出的質性判斷，但此處暫且不談。

　　因紐特人對於海豹胖瘦（即其他變數）的觀察，產生的既非量化的數據，也不需要量化。從獵人使用的語言可以推測出動物的胖瘦，而胖瘦的類別又能透過模糊邏輯標示近似值。模糊邏輯利用權重及因紐特族專家的心智模型，再標出數值，來模擬人腦理解大量變數時的判斷過程。

　　因紐特人認識污染物影響的方式，與毒物科學之間有何差異？科學與原住民知識之間的主要差異在於，毒物學研究偏向一次採用一種分析工具，集中探討單一或少量的指標。反之，原住民知識則是專心探討大量較不明確（甚至可能具有多重因素），但會同時運用的一組指標。科學方法主要目的在於取得明確的指標，並針對少量的指標進行量化研究，不過以原住民知識為主的切入方式，卻不會生產出固定的概論。但將一些簡單的指標（而非少數幾種詳盡但成本高昂的指標）廣泛歸為一組，卻能使狩獵團體掌握環境健康的各種狀況反應，完整瞭解環境的狀態。

結論

　　本章提出原住民知識如何發展出整全進路的問題，一開始先討論經驗法則、原住民的監測方式，並探討原住民知識及實踐當中一些

複雜適應系統思維的證據。接著，我們透過近年來加勒比海在地知識系統的例子，探究漁民的知識建構是如何構成邏輯專家系統（Grant and Berkes 2007）。最後，我們將焦點放在建構環境知識集體心智模型的模糊邏輯，來解釋他們如何運用經驗法則及其他簡單的訓示，來處理複雜性的問題（Berkes and Kislaioglu Berkes 2009）。

最後兩節特別指出的是適應性學習（adaptative learning），而非知識內容本身的重要性。加勒比海漁民及哈德遜灣因紐特獵人的例子都顯示，我們可將知識生產視為一種學習過程。經年累月接觸各種變數並評估結果的經驗，迭代豐富了知識持有者的經驗，使他們能夠適應環境。第八章也指出，原住民知識培養了他們適應的能力，持續學習的過程，以及有彈性面對新處境的能力，都使知識持有者成為適應環境的專家。同樣地，在上述兩個案例當中，知識皆非私人所有，而是大家共用。建立公共心智模型的目的，則是為了敘述這個世界的樣貌，並制訂出能化繁為簡的相關規定。

在複雜適應系統裡，我們能從簡單的規則推論出背後的複雜性，此事眾所周知（Levin 1999），反之，簡單的規則似乎也適合用來處理複雜適應系統（Berkes 2012）。原住民知識透過質性方法來考量大量變數，如此似乎就能對於環境產生完整的理解，但科學傾向以量化方式集中處理少數變數，此即澤德（1973）的理論所表達的權衡折衷（tradeoff），意指系統的複雜性與能實際描述的精確性之間，存在著反向關係。

複雜適應系統存在極大的不確定性，限縮了能精確（又有意義）陳述系統運作情形的能力。一般科學之所以無法輕鬆理解複雜適應系統，純粹是因為這麼大量的資料會使我們招架不住，甚至無法確知哪些是有意義的資料。澤德認為我們應認知到問題的本質，並捨棄笛卡兒式的二元論及精確性主張，以他工程師的身分而言，這似乎相當地諷刺，但若考量到這名學者的東方文化（亞塞拜然／土耳其、伊朗、俄羅斯）背景，倒也不令人意外。

分析結果暗示了，澤德提出的解方符合原住民知識及其面對生態系統複雜性時的整全做法，後者既會運用經驗法則，也會粗略將簡單的指標分類。我們亦可用模糊邏輯的分析，來探討其他面向的原住民知識如何面對複雜系統的問題時，氣候變遷（第八章）即為一例。薩克斯港人觀察到多不勝數的變數（見「表 8.2」），且持續將近年來的情況，與具有預期變異範圍的健康環境的心智模型相互比較。同樣地，薩赫爾牧人可能也具備何謂好牧場的心智模型，實施米爾帕制度的人心目中應該有一套所謂的正確做法，必要時會借助「玉米文化英雄」的力量來鞏固這套心智模型。

　　我們研究克里族的狩獵時發現，原住民的獵人以質性方法處理的變數，種類或許出人意料地多（Peloquin and Berkes 2009）。原住民的知識可以追蹤多少變數呢？我們不知道答案。但我們確實知道，許多原住民知識系統會集中追蹤幾個綜合性變數（如評估動物健康的肥胖指數）。科學則是累積前後一致的科學證據之後，才會得出關鍵性的變數，透過這種過程產生的關鍵變數往往不多。環境毒物學及氣候變遷的科學都認為，再怎麼適切的指標，可能仍無法充分表達背後的複雜性。原住民的解決辦法相當聰明，他們透過長期監測大量變數，累積並取用大量的質性資料，並建立健康動物及環境的集體心智模型，就能產生整全的理解。

　　即使不將我們觀察到的世界，化約成具體（且可量化的）變數，也能透過因此建構的整體概念來評估變化情形。貝特森曾說：「自然的連續性，常因為我們進行描述的動作，而被拆解成不連續的變數。」（Bateson 1987: 165）一般科學一直都是透過量化少數幾個變數來解決問題，但原住民的知識長久以來都是不斷找出一些方式，來覺察自然的連續性，並與自然攜手合作。

第十章
在地與傳統知識
是如何發展出來的

　　上一章主張，簡單的規則或許適合用來處理複雜系統。但我們要如何發展出一些方法，來體察貝特森所謂自然是連續體的觀念，理解並活在我們稱之為生態系統的複雜系統裡呢？目前雖然探討環境識覺及環境教育的相關理論，但還沒有眾人普遍接受的理論，能用來闡釋原住民知識的發展或演變。

　　本章以原住民部落及原住民以外的社區為例，提出一個探討知識發展的進路。第一步，本章主要根據原住民經驗，提出一套簡易的在地及原住民知識發展架構。第二步，利用加勒比海東部群島的四個例子闡釋上述架構，說明他們如何產生及精進那些新的知識。第三步論述的是，在地知識與傳統知識的區別主要與時間的尺度有關。在地知識必須仰賴充分的演進時間，才能成為通過時間考驗的傳統知識。最後，本章將討論知識／實踐及體制發展之間的關係，尤其是共有地體制，有了共有地體制資源權與取用保障權，而這些權利正是在地管理系統的基礎。因此，本章詳細闡述了傳統知識分析層次的「圖1.1」，指出管理必須靠體制才能落實經驗知識及實際做法。第十章提到「圖1.1」分析中的第四個層次——世界觀，但不多做分析，將於第十一章再重新提出探討。

在地及傳統知識發展架構

「表 10.1」 簡要說明了以下要討論的三大領域，分別為：知識發展模型、知識系統的要素，以及知識發展機制。此處某部分是根據兩篇探討兩種保育實踐演進模型的綜合性論文 (Turner and Berkes 2006; Berkes and Turner 2006) 來討論的，其中一個模型強調，一個群體的環境知識發展是漸進式的，逐步瞭解他們周圍的生態系統，形成越來越複雜的知識，稱為環境認知模型，這套模型的基礎包含增量學習法、信仰系統的並行發展、知識編碼及交流的方式，以及鞏固這種知識的體制發展 (Turner and Berkes 2006)。

第二個模型在本書中稱為危機處理學習模型，強調資源危機及犯錯在形塑環境知識及實踐，尤其是保育實踐的發展過程中，扮演相當重要的角色。有幾位作者則指出，能否記取教訓，會深深影響未來資源利用的做法 (Berkes and Folke 2002; Holt 2005)。約翰尼斯認為，太平洋地區早在數百年前，幾乎就已實踐過所有的海洋保育方式 (見「表 4.2」)。「太平洋島嶼居民必須先意識到自己擁有的天然資源有限，才會設計並施行周密的保育措施，不然一定會耗盡所有資源」(Johannes 2002b: 3)。

然而，實際上那些資源耗盡的事件，大多已隨著時間的流逝

表 10.1 在地和傳統知識及實踐的發展

知識及實踐發展模型	知識及實踐發展要素	知識及實踐發展機制
‧環境理解	‧增量學習法	‧觀察及監測
‧危機處理學習	‧體制發展	‧反覆試驗
	‧知識編碼及實踐	‧從其他時代與地方學習
	‧信仰系統發展	‧語言及敘事的知識

文獻來源：改編自透納和伯克斯 (2006)；伯克斯和透納 (2006)。

逐漸被人遺忘，變得難以辨識或記錄。我們目前能追蹤並分析的兩個例子，分別是一九一〇年代的北美馴鹿過度獵捕事件（第六章），以及一八八〇年代薩尼吉魯（Sanikiluaq）（貝爾徹群島，Belcher Islands）北美馴鹿消失的事件（Nakishima 1991）。

　　證據就在於，一般知識及實踐發展出來的主要方式，就是環境理解模式。看看多方面環境及資源管理實踐案例就會發現，這些做法太過複雜，又在文化中根深柢固，因此絕不可能是單純因危機處理學習所發展出來的產物（Turner and Berkes 2006）。但危機或許也觸發了一些學習活動，同時強烈影響到環境倫理及價值觀，進而形塑出後續做法，北美馴鹿過度獵捕的情形似乎就是如此。薩尼吉魯北美馴鹿消失事件似乎並未對於價值觀造成影響，而是改變了學習的方向及速度。因紐特人學會改用冰島雁鴨的鳥羽來製作防寒大衣，失去北美馴鹿的危機必然激起了某段時間內的密集實驗及快速學習活動，並從新的知識及實踐方法當中，形成冰島雁鴨鳥羽大衣精巧的製作系統，而且這種系統獨步整個北極地區。

　　「表 10.1」根據透納和伯克斯（2006）以及透納本人（2006）書中審視的研究素材，列出在地及傳統知識及實踐發展的四大要素。首先，仔細觀察及體驗自然中各種變異之後，個人與團體就會開始逐步遞增並闡釋他們對於環境的認識，進而對於他們生活其中的生態系統產生細緻的理解。舉例來說，天然火燒會吸引鹿來吃草，並於之後數年提升莓果產量，人注意到這個現象之後，就會想要發展人為燒墾（Boyd 1999）。

　　第二個要素是實踐背後的體制發展，所謂體制，意指實際使用的規則或實際運作的規則（Ostom 1990）。這種體制包含規範與認知面向，由於是社會建構的，因此其中蘊含了價值觀（Jentoft et al. 1998），那些規定取用權及明訂何謂合宜行為的規則集（rule sets），稱作使用權制度或公共體制（Trosper 2002, 2009）。原住民及其他鄉村聚落使用的資源，

多數都屬於共用（共用資源），這類資源很難排他，共用也代表會有減損（Berkes *et al.* 1989; Feeny *et al.* 1990）。

　　因此，共用資源的制度要順利運作，有兩大必要條件。首先必須建立財產權來管制所有潛在使用者的取用權，進而解決排他性的問題。接著是制定並落實有權使用者本身的資源使用規則，來解決耗損性的問題。財產權及資源使用規則建立之後，任何管理行動的成本與效益都將由同一群個人及群體承擔，這也因此成為他們起而保育資源的誘因。例外還有一種體制，大衛森 - 杭特和伯克斯（2003）及大衛森 - 杭特（2006）稱之為「知識體制」，意指透過建構發明、學習及記憶的過程，來訂定某個群體中知識演進的規則。

　　第三，我們有必要發明及延續一些編碼、交流及傳播知識與實踐的方法，其中一例就是透過故事及教導的方式，跨時空傳播人們對於環境知識及實踐的理解。無論是觀察與經驗或指導原則，都能代代傳授與習得，並透過社區相傳的故事、儀式典禮及交談傳開（Turner *et al.*; Turner *et al.* 2003）。社區集會就是深化這些價值觀的場合，領袖扮演的角色，及其對於人民、資源和領域之間的責任等社會關係，也會於上述場合中更加鞏固。社區裡的個人及團體，都能在天時地利人和之際，傳授各自擁有的專門知識（如：婦女的知識）（Turner 2003）。

　　第四則是並行發展的信仰系統，而信仰系統不僅能為知識與實踐背書，也能合併次要價值觀。態度是以社會作為媒介，以及受到社會左右的產物，會支配並決定我們的行為。舉例而言，尊敬的概念在許多傳統信仰系統中占主導地位（Callicott 1994; Atleo 2011）。安德生（1996）主張，能保護環境的實踐必須融入信仰系統中，才能發揮最佳效果。更廣泛來說，貝特森（1987）認為，或許只能透過宗教或神聖性的譬喻，才有辦法理解何謂自然的合一（亦即人與文化重新與生態系統融合）。這是屬於信仰、宇宙觀或世界觀的領域，而且與「圖 1.1」的第四層分析相符。

「表 10.1」列出的是在地及傳統知識發展的四大機制，在氣候變遷（第八章）及北極污染物（第九章）的例子顯示出，人們會持續透過生活經驗、日常觀察及環境監測不斷學習。北美馴鹿過度獵捕的例子也顯示，若新事件與危機處理學習有關，就可能加速學習的過程，或改變學習方向。氣候變遷的例子則暗示了，有些小型危機，如冰變得意外的薄而險些釀成意外，都會促使人多多學習，並引發新的詮釋。

　　所有觀察到的結果及各個事件，都會經過文化過濾，而過濾的機制就負責制定學習方式的知識體，透過這種合乎文化的方式，能傳播知識並培養個人能力，他們觀察到的現象也能成為群體中公認權威知識的一環（Davidson-Hunt and Berkes 2003）。除了觀察到的現象本身以外，一些詮釋與推論，也能被融入豐富又複雜的知識及實踐系統之中。

　　個人的知識會與社區中其他人的知識相互混合，「一個人的知識與觀察，久而久之會與其他人的經驗混和，不斷合成、累積，增進知識及智慧，甚至一輩子都是如此」（Turner and Berkes 2006: 504）。或許有些人認為，這其中混合的並非知識內容，而是知識形成的過程（Ingold 2000; Neves-Graca 2004）。詹姆士灣的克里族總是很審慎地區分第一手知識與混合知識，第八章談到的計畫裡，薩克斯港的西加拿大因紐特人，批評那些只報告自己觀察的人。如此來說，即使個人知識及經驗往往非常獨特，但也會因為加入群體的知識變得更加豐富，並且會受到群體認識事物方式的影響。「表 10.1」的機制並未區分個人與群體的過程。

　　觀察及監測季節變化、動物遷徙、植物生活週期及莓果產量，都使人有能力偵測到不同以往的變異（Lantz and Turner 2003）。這當中有許多的觀察，都會追蹤植物演替等動態變化的過程（Alcorn 1989），透過各種實驗反覆試驗以及增量式修正，在克里族漁民等族群中皆十分常見，而且或許能解釋蛤蠣田可能的發展歷程，他們可能不斷實驗該如何清理海灣裡的石頭，整理出更多牡蠣可以棲息的空間，除去多餘

的蛤蠣養殖場，讓蛤蠣幼苗生長（Deur et al. 2015）。選擇性開採香柏樹皮（而不殺死樹木）等做法，或許也能用這種不斷實驗的說法來解釋（Deur and Turner 2005）。活樹的開採及管理亦在世界各地都很常見，形式也相當多元（Turner et al. 2009）。

向其他時代與地方學習的這個特色，在傳統知識中較為常見，在地知識系統較為少見。跨界傳播的科技、產品及想法，往往都能在語言文字中找到蛛絲馬跡（Turner et al. 2003; Turner 2014）。許多原住民族群都會向動物學習（如：熊「修剪」莓果的行為）（Turner 2005），人類也會以植物作為教材（Kimmerer 2013）。語言及敘事是知識交流與傳播的主要途徑，詞彙能將概念具像化，象徵與寓言則是透過傳統教導代代相傳。

這四大組機制或途徑，是從透納和伯克斯（Turner and Berkes 2006）所談的十大項目之中濃縮而來。請注意到，絕大多數的機制都合乎傳統知識系統的描述，但僅少數可用來敘述在地知識系統即時見。舉例而言，從「向其他時代學習」是典型的傳統知識特徵，但在地知識並無這項特色。我們之後會闡述這點，來區分傳統與在地知識的不同。接下來讓我們先透過四個當代的案例，來仔細審視在地知識及實踐的發展。

這些例子都是與加勒比海天然資源研究院（Caribbean Natural Resources Institute）在加勒比海東部群島共同合作進行的研究，加勒比海天然資源研究院當時位於島國聖露西亞（McIntosh and Renard 2010）。東加勒比海嚴格上來說並不存在傳統系統，因此環境與實驗室相仿。無論是群島上的原住居民，或是所有任何可能曾經存在的傳統知識，都已幾乎完全煙消雲散。現今於聖露西亞、多明尼加、格瑞那達、牙買加及巴貝多等加勒比海群島上的居民，絕大多數都屬於殖民者帶來的非洲人後裔，是近代才轉型成為捕撈、森林採集及耕作的聚落。

案例一：紅樹林保育及煤炭業者

我 1984 年開始與加勒比海天然資源研究院合作展開研究時，有機會於曼科特（Mankòtè）見識煤炭的製作過程，曼科特有聖露西亞最大的紅樹林分，在那之前也由加勒比海天然資源研究院指定為優先保育區域。當時的曼科特似乎不像會被劃入保育或發展的區域，紅樹林裡滿布垃圾，少有成熟的樹木，多處都是從假紅樹（white mangrove, *Laguncularia racemosa*）堆裡長出的瘦小幼苗及樹枝。林地上遍布最近砍下的樹枝，這些都是煤炭業者挑出最適合用於煤窯的材料。煤炭業者本就是鄉村的經濟弱勢人口，怎麼看與島上其他族群一樣地窮困。

曼科特紅樹林在二戰期間仍隸屬美軍基地，當時曾覆滿成熟的樹木。那時除了軍隊之外，閒雜人等禁止進入，由於無人開採，反而因此達到保育的效果。基地於 1960 年關閉之後，那裡就變成人人隨意進出的公共領域，利用方式也相當多元，例如：季節性捕魚、捕蟹、戲水、放牧，也有人用那裡的木材製作煤炭或建材，甚至有人違法丟棄垃圾，無人管制使用情形持續了二十年，使紅樹林的環境處於高度退化的狀態。

我 1992 年再度造訪時，目睹到了驚人的變化。煤炭業者仍是同一群人，只是現在身上穿的不再是破舊的衣服，而是乾淨的新工作服。現今煤炭包裝作業，是透過高效能的產線來進行，秤好每包重量直接上市。煤炭業者已經變成很有組織的小型企業，紅樹林本身似乎也與以往不同了。林地上少有砍過留下的枝枒，這代表煤炭業者現在更懂得如何篩選煤窯所要的木材，樹樁上的矮樹林看起來很健康，雖然仍缺乏成熟的樹木，但森林的林冠層已變得更高、更滿了，曼科特的紅樹林正逐漸恢復當中。

促成上述變化的原因，來自於以下三個因素的結合：在地知識庫

與管理系統的演變、煤炭業者資源使用權獲得認可、民間組織協助將煤炭業者組織起來，並為了造福在地人及保育紅樹林，執行保育開發的整合計畫（Renard 1994）。目前已產生一些符合時間序列的資訊，能用三種變數資料來測試這項計畫是否確實達成了目標，包含：紅樹林的生理狀態、煤炭生產量、以及紅樹林資源使用者的在地知識與管理方法演進。

　　早在主要的計畫介入之前，就已有人於 1986 年時進行過紅樹林的調查，後來又於 1989 及 1992 年的介入後再度進行調查。結果顯示，紅樹林粗於某個程度的莖，密度已於 1986 至 1992 年間大幅增長。胸高斷面積（所有莖的底部面積總和）增長也超過四倍，這變化在統計上相當顯著，但莖的平均直徑改變不大，因此胸高斷面積觀察到的增長，是再生及莖密度提升的結果（Smith and Berkes 1993）。紅樹林持續恢復的同時，煤炭製造業的數據也顯示，煤炭業獲得的利潤仍舊不輸以往（Smith and Berkes 1993）。是什麼逆轉了退化的趨勢，轉而明顯朝著永續的方向發展？

　　曼科特採用的並非傳統系統的管理方式，在地實施管理方式的第一個證據，可追溯至一九八〇年代，加勒比海天然資源研究院研究者注意到，有些煤炭業者會輪流到不同區域砍伐。曼科特的做法發展於一九八〇年代以及一九九〇年代初期，主要是到某個莖很大的地點，以之字形進行長條區域的砍伐，再移動到新的地點。輪伐並無固定形式，分配也無相關規則，只是單純持續在使用者群體中進行交流，按先來後到的次序運作，並彼此尊重各自的砍伐區域。

　　或許再生有所改善，最重要的因素在於砍伐做法的改變。一九八〇年代中以前，他們都是採取皆伐及任意亂砍的做法。1989 年至 1992 年間發生了一個特別重要的轉變，他們不再皆伐及亂砍，改而透過兩年的輪伐，砍伐莖幹大的樹木，並避免傷及莖幹小的樹木。由於煤炭業者是透過選擇性砍伐樹樁上較大的幼苗來取得木材，

所以實際砍伐的樹木，生長時間通常比兩年伐木週期更長。

　　是什麼情況，造成煤炭業者管理做法的改變？那些利用到相關資源的人也證實，這是因為 1980 年時，曼科特紅樹林從開放開採變為共用資源。以前所有可能用到相關資源的人都能自由開採林木產品，現在則僅限少數幾間煤炭業者的組織團體開採。提升資源使用權的保障，也促使行為及態度的改變。資源使用權的保障使他們不再任意砍伐，反而砍伐時更加審慎，並長期保育資源。煤炭業者現在已能確知他們不會將林木砍伐殆盡，未來仍能進行下一次的伐木。

　　他們目前仍持續監測煤炭的生產情況，不僅不再有人棄置垃圾，開採資源的人也參與自救工作，諸如恢復紅樹林濕地的排水功能（Renard 1994）。根據目前已制訂的共管計畫草案，煤炭業者及政府管理單位，必須共同成安管理責任。雖然計畫並未正式通過，但煤炭業者的自律系統卻持續發展演變。顯然到了一九九〇年代中，他們已經開始為了保護比較優良的區域，摒棄了之字形區域的砍伐方式。每區皆由一家開採公司管制，這些公司會在同一個季節期間，依序移往下一個林分。同時，煤炭業者也必須持續試驗各種不同的輪伐規畫及管理技術（Hudson 1997）。

案例二：多明尼加的鋸木工人：發展私人管家責任制度

　　鋸木工人用鏈鋸努力鋸了半小時之後，大蠟燭木（gommier, *Dacryodes excelsa*）終於倒地，但辛苦的工作現在才要開始。鋸木工人在當他助理的兒子協助下修剪枝幹，並將樹幹鋸成三段之後，開始一層又一層地將每一段樹幹切成木片，方便之後用手將其運出山谷。將一株大型大蠟燭木切成木片，單靠一個小小的工作小組，幾乎就必須耗費一整天的時間，而且最後只會留下枝幹和堆得高高的木屑。

　　這是在多明尼加進行的參與式觀察研究，我留在那個田野，某

部分是因為想親身瞭解大蠟燭木這種特別硬又富含二氧化矽的木材，是如何只用手持鏈鋸就砍成木片的。那座森林鳥類豐富，以多明尼加的島嶼面積而言，該島的鳥類相可說是加勒比海所有海島當中最豐富的（Evans 1986）。那裡的鳥類包含特有種亞馬遜鸚鵡（*Amazona parrot*），牠們會住在大棵老樹的樹洞裡，且被列為瀕危物種，最嚴重的環境問題之一，就是熱帶森林的破壞及連帶的生物多樣性流失，在這情況下，多明尼加的鋸木工人到底是造成了問題，還是有辦法協助解決問題呢？

多明尼加並未大規模遭到農耕或觀光發展所踐踏，供養了東加勒比海覆蓋面積最廣闊的熱帶森林，因此常被稱為加勒比海的「自然之島」。到了 1985 年，島嶼仍有三分之二至四分之三之間的面積是森林地，多數森林分布於陡坡上（Evans 1986）。那座島嶼的面積僅 22 乘以 47 公里，但內陸崎嶇不平，可瞬間陡升 1,420 公尺。崎嶇的地形保護了森林植被，因為很難發穩定發展農業，商業砍伐的木材也很難運出。過去數十年來，多明尼加的伐木業曾運用兩種不同的策略，其一為機械化砍伐，運用拖拉機及其他重型設備，且需要興建穿越森林的產業道路；其二為鋸木工人團隊，請小型伐木團隊用鏈鋸當場於森林中將木頭鋸成木片，而這兩種策略對於熱帶森林生態系統產生截然不同的影響。崎嶇的地形、豐沛的雨量、內陸道路交通不便，都是機械無法進入森林產量豐富之處操作的原因（Putney 1989）。1902、1947、1968、1977 及 1991 年時，都曾有人嘗試大規模或中等規模進行開採，但都以失敗告終。多明尼加的地面潮濕又寸步難行，在這種地形上使用重型機械，不僅造成了水土流失及土壤壓實的問題，也破壞了剩餘的植被（Putney 1989）。

鋸木工人與機械化作業相反，他們是個別挑選樹木來砍，當場將木頭鋸成木片，再徒步將木材一片片運出森林。他們無需產業道路，就能在多明尼加顛簸的地形上作業，對於土壤及植被殘留的影響

不大，鋸木工人「把工廠帶到樹林裡，而非把樹拖到工廠裡」（Putney 1989: 19）。鋸木工人能夠移動，因此能延長開採的時間並擴大伐木量。那些鋸木工人與資金密集的企業不同，既沒有太多經濟壓力，也無需為了支付龐大的資金成本而開採高單位面積伐採材積，因此可以實施低度砍伐、高度選擇並審慎伐採的方式。

多明尼加的伐木至少已施行超過三代，許多鋸木工人都擁有在地知識。他們熟知地形、樹種分布、如何到達陡峭的地方，以及如何在陡坡上進行砍伐。以前小鋸木工人會用雙人大鋸（pit-saw）來伐木，使用這種鋸子時，必須兩、三人一起由上而下地操作。在 1979 年颶風大衛（Hurricane David）侵襲過，因為需要迅速清除颶風肆虐過後的吹倒掉落物，所以鏈鋸的使用後變得非常普遍，之後更因為這項科技，得以開採珍貴但很難砍伐的大蠟燭木。

1987 年時，這群鋸木工人建立了類似公司的組織，稱為「農舍森林工業」（Cottage Forest Industries），並同時以商業開發及保育目標為創立宗旨。多數成員一開始最主要關心的是生計議題，但 1991 年的調查及團體訪談，卻顯示鋸木工人的心態出現了有趣的轉變。鋸木工人表示自己選擇這個行業，是因為在經濟發展機會不多的情況下，這份工作薪資非常優渥。他們喜歡當鋸木工人有諸多原因，包含可以自己當老闆、對於自己的技能及自力更生的狀態十分自豪、熱愛戶外，以及喜歡團隊合作。然而，許多鋸木工人認為，在農舍森林工業的工作不僅是伐木而已，更代表他們擁有更豐富的森林知識，也更有責任保育森林。

這種管家的責任感是從何發展而來的？一名鋸木廠領袖表示，他年輕時只關心砍木頭和賣木頭，年齡漸長之後也逐漸改變對於森林的想法。他在森林中的經驗及公共教育的投入，都促成了他想法方面的改變。農舍森林工業在農夫市集舉辦鋸木的街頭遊行時，會有小孩來找他，問他是否會砍大樹。如果樹上有洞，裡面有鸚鵡築巢，他會砍

這棵樹嗎?這些問題都促使身為鋸木工人／商人的鐵漢思考,促使他們肩負領導的責任,並支持擇伐的做法。

多明尼加鋸木工人的例子是否只是個動人的故事而已?或對於加勒比海以外的地區也有意義?商業伐木與農業空地,都是造成全球熱帶森林遭到砍伐的主要原因。多明尼加鋸木工人的作業是以在地知識為主,這代表我們確實有可能創造一種機制,鼓勵在地小型伐木場形成類似小型獨立商會那樣的組織,以永續的方式利用熱帶森林資源(Pearce 1993)。

案例三:聖露西亞海藻養殖

有些資源供應量並不大,也可能或本身補充能力有限,卻又遇到需求或壓力增加,此時會出現什麼情況呢?透過在地知識是否有助於提升供應量?又或者,如果資源崩解,屆時新發展的知識是否能派上用場?各個地方及許多不同的資源都會遇到這些問題,我們可以透過聖露西亞海藻的田野研究,來仔細探究這些問題。

海藻是幾種食用性紅藻的統稱,物種多以江蘺屬(*Gracilaria*)為主,在加勒比海有許多傳統用途。海藻裡面的多醣能溶於沸水,冷卻後變稠形成膠質。加勒比海很常用這種稠化劑來煮湯、粥及製作飲品,如某種用海藻、鮮奶及蘭姆酒釀造的啤酒。

以前的聖露西亞人是到野外以人工採集海藻,採收工人主要來自島上三個地區。採收是季節性活動,他們也會靠其他季節性活動為生,海藻採集只是其中一種,或許因此讓海藻得以趁著採收空檔持續再生。由於一九六〇年代及一九七〇年代需求大增,價格攀升,湧入了新的一批採收工人,他們大多是失業或就業不穩定、毫無海藻採收經驗,想要迅速獲利的年輕人,造成開放取用(人人自由進出)的局面,使當時的保育工作陷入困境,造成海藻枯竭。沒有施行跳躍式採

收法，江蘺屬海藻養殖場就無法再生，植物的附著器也從基質連根拔起，天然生長與補充的速度都不足以維繫海藻的生存。淺水區域的海藻幾乎蕩然無存，只留下零星幾撮，與巴貝多等等其他海藻枯竭的加勒比海地區相同（Smith *et al.* 1986）。

1981 年時，聖露西亞漁業署因應野外海藻族群減少，建立的了海藻養殖業，為沿海聚落開創新的生計之道。1984 年時設置了第一間商業養殖場，1985 年，加勒比海天然資源研究院展開了海藻生產的研究及培訓計畫。他們用將海藻的藻體插進每條繩子之間的底土，用同一套基本的附苗繩法（seeding line）來測試以下各種不同的養殖技術，包含菲律賓式插樁延繩法（stake-and-line）、筏式延繩（bamboo rafts with floating lines）法，以及之後以兩端固定的 10-15 公尺的長延繩來附苗的養殖法。

培訓計畫一開始以漁民為主要的對象，某部分是因為他們理應相當熟知海洋資源，但後來發現他們很難轉換成「養殖業者的思維」。同樣地，採收野生海藻的人也對於養殖不感興趣，也許是因為他們不願將心態調整成養殖業者的思維，因為養殖業者需要每天工作，收成時間不僅較晚，還會斷斷續續。因此後來證明，以為最熟知沿岸的海洋環境的人，最容易適應與資源其他生產模式有關的方法及觀念，這種假設並不正確（Renard 1994: 12）。後來這項海藻計畫的成員來自各行各業（包含婦女），他們除了從事生計導向的活動，也會花其他時間從事以賺錢為導向的各種活動，這也是西印度群島鄉村社會的典型形態。

到一九六〇年代末，海藻養殖已變成聖露西亞東南及西南沿海常態的小型產業。無法繼續增長的原因既非經濟方面（價格很好），也與生物層面（延繩上的江蘺屬生長茂盛）無關，除了有許多人不懂或不願採用養殖的方式，構成了一些障礙之外，短期的問題也包含偶爾颶風侵襲造成的損失，長期則有水產養殖的權利毫無保障的問題。如

果養殖業者擁有養殖江蘺屬植物的延繩，卻對於水域和水產養殖地點毫無控制權的話，要如何才能夠避免養殖的海藻，與野外的江蘺屬植物面臨到相同的命運？

全球各地都曾設計不同的方法來解決權利方面的問題，其中大多是透過政府承認個人或團體進行生產活動的水域權。許多國家的沿海族群都海洋資源傳統利用權（第四章），其他國家則會將潟湖及沿海養殖地租給個人養殖戶、公司及合作社。聖露西亞的海藻案例蘊含相當豐富的資訊，因為這個例子涉及共用資源順利運作時會遇到的實際問題。聖露西亞的政府劃分出每家養殖場的範圍，並鼓勵海藻養業者申請正式租賃，但問題在於，許多養殖業者的申請文件都會卡在官僚系統之中，即使重新遞出申請，過了十多年之後，他們在法律上享有的養殖區權也不會優於以前（Berkes and Smith 1995）。由於欠缺形式上的權利，養殖業者只好與其他養殖業者及政府官員合作，透過聯合監管來取得區域的控制權，他們依據加勒比海傳統鄉村地區的 koudmen（意指互惠互助），訂出了互惠條款。

案例四：食用性海膽資源復育

許多遊客到了加勒比海，都沒有機會享用某一種在地佳餚，那就是海膽，因為海膽在巴貝多及馬丁尼克等人口較為稠密的島嶼，幾乎已捕撈殆盡。白棘海膽（white-spined sea urchin, *Tripneustes ventricosus*）當地俗稱「海蛋」（sea egg），因其生殖線而身價不斐，以前是基於各個家庭需要，以及小型生產業者為了在地市場而捕撈。海膽一歲後開始繁殖，住在有海草的淺水區，自由潛水就可輕鬆採集，因此很容易過度捕撈，但如果受到保護，似乎也能迅速恢復（Pena *et al.* 2010）。

一九八〇年代以前的聖露西亞人利用海膽這種資源時，似乎都是

採用永續的方法。捕撈海膽是家庭活動，而且通常會安排在學校放假期間，親子共同參與採集及料理海膽的工作。主要捕撈區域位於島嶼南方，為期兩個月，其他十個月則讓海膽休養生息。然而，近數十年來需求激增，使海膽採集變成一種商業式的投機活動，吸引了想找兼職收入的年輕及打零工的人士，當時常年捕撈成了常態。

　　1979、80 年的颶風對聖露西亞的海膽族群造成嚴重影響，族群雖於 1983 年恢復，但有些區域（馬丁尼克）卻因為境外市場有強烈需求，造成採集活動無人管制的情形，使資源嚴重枯竭。聖露西亞 1987 年時，為了保護野外族群而禁止採集。禁令頒布之前，聖露西亞有些地方在常年捕撈時，不僅移除了抱卵個體，也傷害了許多生殖線尚未成熟的個體，這是物種生物學層面的解釋。雖然這種海藻的繁殖也有季節性高峰的情形，但其實整年都能產卵，因此至少有些海膽的生殖線是隨時處於成熟的狀態。1987 年時，加勒比海天然資源研究院開始透過一項海膽的計畫，來確認聖露西亞沿岸三個不同區域中的海膽族群大小及密度。計畫主要宗旨在於確立一些族群復育的必要條件，制訂海膽管理準則。以政府施行的禁令而言，這些目標可說是合乎其時。計畫選出三個生態條件相似，同時已是長久以來重要的傳統捕撈地點。除此之外，這項研究也透過海膽採集的人及其他海膽產相關人士，收集與捕撈和市場銷售相關的資訊（Smith and Berkes 1991）。

　　研究顯示，政府在瑪麗亞島馬丁尼克保護區（Maria Islands Martinique Reserve）實施的禁令十分有效，馬丁尼克市場停止了商業海膽採集活動，某部分也是因為在地媒體呼籲保護保留區海域所致。但意外的是，那項研究的其中一處——沿岸的拉博里村（Laborie），海膽密度也相當高。拉博里村位於一個小海灣內，一直保有夏季捕撈海膽的習慣，全年只有夏季才能採集，無論在地居民或外部人士皆是如此。在這兩個地方都在繁殖季高峰之後，出現了每平方公尺有 5 到 7 隻海膽的高峰密度。

相反地，第三個地點奧皮坎（Aupicon）的海膽族群在整個研究期間，數量一直維持在每平方公尺低於 0.1 隻海膽的低點。奧皮坎並無社區管理組織，也沒有實施政府禁令，海膽採集實質上都維持開放各界開採的狀態。但無論如何，即使在繁殖季高峰後，成體都留下不多，而且幾乎沒有幼膽。這份研究結果暗示，復育海膽時必須要有某個最低數量的成體存在，一旦成體像在奧皮坎那樣消失殆盡，將只會留下少數幼蟲棲息，且幾乎很難復育成功（Smith and Berkes 1991）。

海膽漁民在研究期間都能隨時瞭解研究進度，加勒比海天然資源研究院將研究結果與漁業署及在地潛水捕撈海膽的人分享，他們一開始先討論透過共管計畫管制捕撈情形的可行性。漁場關閉近三年之後，政府於 1990 年解除捕撈禁令，但條件有三：一、捕撈的人必須遵守商定的捕撈季日期；二、必須遵守最小尺寸的限制；三、發現最小尺寸以上的海膽消失殆盡時，必須通報漁業署（以便開始禁捕）。除此之外，也會設立捕撈區，建立捕撈證照制度（Warner 1997）。

海膽研究計畫不僅提供了建立管理準則時必要的生物學方面資訊，也展現出季節性捕撈的傳統智慧，海膽過一段時間就會重新恢復。海膽的生活史是一年（但至少可以活三年），所以這種管理方式只要確定受到保護的成體達到某個關鍵性的數量，族群就不會枯竭。傳統系統的設計強調關閉捕撈季以及維持最小族群密度的重要性，因此對於制訂新法規的準則相當有幫助。

此外，聖露西亞新式海膽管理也算相當創新，因為建立捕撈的人與政府管理者之間，建立了一種夥伴關係，一起觀察海膽反應的狀況來彈性調整管理法規，而非只是維持固定不變的季節及配額。這種安排是為了善用海膽捕撈的人的在地知識，來決定應何時開放捕撈、何時禁捕（Renard 1994; Warner 1997）。雖然聖露西亞的海膽共管制度只實施到 2002 年，但東加勒比海已有許多島嶼開始實驗各種不同的管理方式，依據海膽族群的情形來開放捕撈（Pena *et al.* 2016）。

在地知識案例的啟示

這些加勒比海的案例，能使我們瞭解在地知識及管理系統的形成或發展過程，不僅是因為這些島嶼的環境較為緊密，且與實驗室相仿，也因為他們的發展議題與世界上許多地方都很雷同。他們與前幾章的克里族及因紐特人部落相反，克里及因紐特人一九七〇年代以前都住在半離群索居之處，也非這世界上典型農村社會。包含加勒比海地區在內的各地部落其實都沒有詳實的傳統生態知識，也沒有依據這套知識所建立、通過時間考驗的管理系統。更典型的現象是，在地傳統知識及管理系統裡的內涵往往隨著人口壓力及資源壓力而崩毀。然而，加勒比海的案例顯示，其實隨時都會有新的在地知識及管理系統繼之而起。

紅樹林的案例顯示，雖然煤炭製作及伐木的在地知識無疑經過了代代傳承，但資源輪流利用的系統卻可能是於一、兩代內開始出現的。同樣地，多明尼加絕大多數的鋸木工人擁有的在地知識，都具有三、四代的歷史，甚至年代久遠到堪稱傳統的程度。但在這情況之中，沒有任何一種當地設計的管理系統可與聖露西亞紅樹林的案例比擬，海藻的案例之所以不尋常，是因為它顯示一個選擇了養殖（而非到野外採集）的文化取向，比實際在地知識以及對於某種生態環境（沿岸海洋環境）的熟悉度更為重要。但海藻養殖是一種新興職業，至於有哪些知識技能會傳承到下一代，目前仍不清楚。反之，海膽捕撈卻有歷史悠久的代代傳承的背景，足以促進相關知識的傳播，並使有效的管理策略變得更加細緻周延。

聖露西亞及多明尼加，並非唯一能展現在地知識形成與發展的唯一例子，雖然人們從不認為加勒比海擁有在地知識，但其實那裡還有不少類似的例子。舉例而言，一九八〇年代以前，東加勒比海並無任何海洋使用權制度的記錄。東加勒比海與普遍具備礁岩與潟湖海洋使

用權制度的大洋洲不同（第四章），人們認為東加勒比海缺乏這些制度的原因，或許與當地後殖民時期居民近代史有關，但一九八〇年代的詳細研究曾記錄到，牙買加北岸有一些基本的領土制度，雖然不如大洋洲那麼精細（Johannes 1978, 2002a），但仍能確實在地圖上標記出來，在過度捕撈的區域也能發揮限制捕捉珊瑚礁魚類資源的作用（Berkes 1978b）。

捕魚社會裡擁有的礁岩魚類生物學知識及棲地在地知識，都相當豐富，有些更是透過文化傳播並代代相傳的知識。技術的運用（獨木舟及漁具）混合了許多世代相傳的傳統，其中有些來自原住民族（目前已於牙買加絕跡）與非洲。加勒比海地區也曾記錄到別種海洋使用權制度，例如：芬利（Finlay 1995）研究了格瑞那達的海灘圍網漁業時曾提到，他們為確保公平性及管理衝突，訂定了十條圍網地點使用規則，其中九條都是漁民接受的。

在巴貝多採用與在牙買加相仿的方法來進行研究，無法使我們對於巴貝多漁場有任何瞭解，也不會有任何預期。巴貝多與牙買加相較之下，擁有非常重要的棚礁及珊瑚礁，因此巴貝多的傳統漁業主要是於開闊海域中進行，一九五〇年代以前，那裡尚無引擎動力，當時巴貝多漁民都是利用一天往返海島，開著帆船來捕捉飛魚，經常面臨被吹到開闊的大西洋而往非洲飄去的風險。機械化程度的提升，擴展了巴貝多船隊捕魚的範圍，到了一九八〇年代初，他們已能一路航行至千里達及托巴哥共和國（Berkes 1987b）。

漁民運用尖端科技時，一定會喪失解讀天氣、風、浪的技能，但同時也會學到其他技能，例如透過無線電與別組漁民配合尋找魚群，並交流魚群聚集的情報。（飛魚是聚集性高的物種。）與此同時，公海範圍內移動能力的提升，意味著漁民也因此磨練了他們的知識，以及透過解讀環境線索找出魚群的能力。高美斯等人（1998）及格蘭特和伯克斯（2007）的東加勒比海研究顯示，他們有一套知識系統，是利用

海水顏色作為飛魚及鬼頭刀等大型遠洋物種的指標，其中有些知識能與西方科學（海洋學及漁業學）對應，有些則否。有些類型的知識各島相互矛盾，每個島上的漁民擁有的知識內容也不盡相同。第九章探討的格瑞那達延繩釣漁業知識，或許是近年來在東加勒比海開闊海域比較前後一致的漁民知識體系。

在地 vs. 傳統知識：起源及時間維度

本章一開始就問道，在地與傳統知識系統是如何發展出來的。總體而言，知識是透過增量累積及精鍊，循序漸進發展出來的（Turner and Berkes 2006）。加勒比海沒有任何一項案例，可用危機處理學習模式來解釋。但煤炭業者獲得開採資源權的保障後，知識發展及應用迅速發生變化。從格瑞那達的延繩釣知識發展（第九章；Grant et al. 2007）可以看到熟悉的模式如下：從別處引進技術性知識（此處指的是古巴），經過多次反覆試驗的實驗、觀察，及監測運用各種漁具技術、魚餌，並運用海洋學線索的結果。

我們雖然能從上述案例看到知識與實踐精鍊的過程，卻無從瞭解知識與實踐的起源，要記錄到知識一開始被發掘出來的過程並不容易，雖有少數幾個詳盡的傳統知識傳承民族學研究（如：Ohmagari and Berkers 1997; Athayde et al. 2009; Wyndham 2010），但都未談及知識起初產生的情形。舉例而言，我們不知道中島（1991）研究中的貝爾徹群島因紐特人，究竟是如何於一八八〇年代首度製作出冰島雁鴨防寒外套的，只知道潛鳥等鳥羽的加工，在北極地區相當普遍，加上貝爾徹群島或許早已具備淵博的冰島雁鴨知識了（Nakashima，個人通訊）。

「學習方塊 10.1」描述的原始知識形成過程，即是少數的例外。採用陷阱網捕魚法（pound net fishing）的丹麥漁民在世紀之交時發現，改造這些漁網（大型定置陷阱網）之後，就能捕捉北歐珍貴的物

種——鰻魚，「學習方塊 10.1」的案例即是敘述了當時那段過程，這套新改良的漁法對於延長捕魚季很有幫助，同時降低了商業漁民的裝備成本，使身兼農民的漁民很難與他們競爭（Vestegaard 1991）。

有一種方式能用來研究知識的形成，就是挑出一個鮮為人知的物種，並調查知識持有者是如何理解零星資訊的。格陵蘭島鯊（Greenland shark，*Somniosus microcephalus*）住在海洋深處，因此因紐特人不太認識這個物種。但巴芬島（Baffin Island）班尼頓因紐特人（Pangnirtung Inuit）發現，這種魚偶爾會出現於底延繩釣商業捕魚法的混獲之中，因此對於格陵蘭鯊有些認識。因紐特人如何將日積月累與這物種接觸的經驗拼拼湊湊，發展出這個物種的生物學及生態學知識呢？他們觀察格陵蘭鯊的胃內含物，並運用「若 - 則」推論法（第九章）來判斷鯊魚是食腐動物（絕對是的）、奉行機會主義的掠食者（沒錯），或是主動出擊的掠食者（有時是）。因紐特人拼湊出生物學知識之後，會利用他們對於海洋環境中其他物種的廣博知識，推測出鯊魚在海洋食物網中扮演的角色（Idrobo and Berkes 2012）。鯊魚的例子顯示，新的在地知識與原有的傳統知識之間，關係可能十分複雜。加勒比海那些例子呈現出許多在地知識系統的特徵，以及在地知識與傳統知識之間的差異（見「表 10.1」）。在知識的元素方面，可以看出增量式學習法及一些體制性發展，但極少或無法透露出知識編碼及交流的情形，也沒有證明背後有鞏固次要價值觀的信仰系統；在機制方面則顯示，人們會觀察、隨時注意其他地方，並向他們學習，因為在五個探討技術的例子當中，就有三種（鋸木工人、海藻、延繩釣）技術是由外部引進的，卻未顯示出，他們曾經從「其他時代」學習的證據，以及編入語言和敘事中的知識。

　　在地知識及傳統知識之間一項最重大的差異，似乎與時間維度有
關（Turner and Berkes 2006）。只要時間夠長、觀察夠充分，因紐特人的格
陵蘭鯊知識就會變成「傳統」知識，從原住民知識標準來看，加勒比
海有許多都是很新的知識，只有鋸木工人的案例中可見已有第三代的
鋸木工人。在格瑞那達延繩釣魚民的例子（第九章）當中，由於知識發
展仍舊相當新，又相當快速，所以甚至船隊中有幾艘船，是由知識較
為淵博的兒子擔任船長，而父親則在船員之列！

　　文獻中有少數例子顯示，住在同一區域的不同群體之間，擁有的
知識程度亦不同。穆恰伽塔和布朗（Muchagata and Brown 2000）與巴西亞
馬遜地區的殖民地居民合作，發現居民當抵達殖民地時，先形成的是
在地物種及土壤種類的知識，住久了之後才能明白具有生態作用的知
識，並適應這些作用方式，發展出自己的做法。

巴拉德和亨特辛格（Ballard and Huntsinger 2006）與華盛頓州北美白珠樹（salal）收成工人合作，他們有的經驗豐富（具備八年以上經驗），有的經驗不足，北美白珠樹屬於木材以外的林產品，用於花卉產業。他們檢視了知識與實踐的組成後發現，經驗老道的收成工人會實施輪流收成系統及物種管理方式，他們與新手工人不同的是，能瞭解演替作用，也熟知如何管制這些作用，以達成收成目標；而且熟稔木材管理實務，以及這些作用對於北美白珠樹等林下物種會造成什麼影響。重點在於，新的在地知識似乎是隨著時間逐漸變而成。經過一段時間之後，這些老練的在地知識及實踐會開始變得與傳統系統相仿。即使形式上並未擁有資源權或土地使用權的移工（多來自拉丁美洲），也能於短短十年之內，成為熟知生態知識的華盛頓州森林北美白珠樹收成工人（Ballard and Huntsinger 2006）。

上述研究結果提醒我們必須停下來，重新思考一些假設性的想法。極大部分探討傳統知識的文獻都談到傳統知識的消失（如：Chap1991; Ruddle *et al.* 1992; Ford and Martinez 2000; Brosi *et al.* 2007; Turner and Turner 2008; Reyes-Garcia *et al.* 2013; Yuan *et al.* 2014; McCarter and Gavin 2014; Tang and Cavin 2016）。傳統知識及相關語言（Maffi 2005）與文化流失的問題絕對非常嚴重，許多原住民知識持有者也非常擔心流失的問題，有些傳統系統確實也因為那個族群的人遭到推翻或消滅而消失了（如：Shipek 1993），但過度強調傳統知識的流失及消失仍有問題，原因有二。

第一，強調流失會使我們容易輕看新知識的發展。如本章舉出的例子所闡釋，在地知識一直不斷地被創造出來，而且處處都有初形成的「傳統系統」。舉例而言，墨西哥北部的塔拉烏馬拉族，在木材以外的林產品利用方面，有相當豐富的傳統。拉羅謝爾研究他們食用性的綠色野生植被後發現，有好幾種植物都屬於半馴化的物種（而非完全野生採集），而且族人也大量進行農業實驗（LaRochelle and Berkes 2003）。全球化之後的新知識往往是因應在地需求及開創新的市場機

會而形成（Ruiz-Pérez *et al.* 2004; Sears *et al.* 2007），可能包含在地資源的新用途、新興技術及新的市場連結，大多都是結合了非傳統知識所形成的混成知識（hybrid knowledge）（Reyes-Garcia *et al.* 2014），而且絕大部分與北美白珠樹的收成情況相似，皆屬於生計導向的知識（第十一章有詳細經濟發展及生計討論）。

過度強調流失的第二個問題，則與「文化流失」（cultural loss）的觀念有關，當代人類學認為文化是持續變化的過程，而非會遭受破壞或流失的靜態物體（Kirsch 2001），因此認為文化流失的觀念是有問題的。皮耶洛提（2001）的說法是，傳統知識及背後的文化是動態的，會與時俱進。事實上，在地及傳統知識培養了人適應的能力，使人能夠面對環境變遷的整個概念，都預設了這種知識，本身即是一種動態知識。

體制及知識發展

加勒比海的例子都顯示出，知識及實踐系統在形成的過程中，極度需要發展在地體制，此處主要意指共有地體制、取用管控的在地規則，以及團體內的規則制訂。本章舉出的例子皆顯示出，他們往往會有自我組織的能力，制訂出以社區為主並運用在地知識的管理方式。國際上有許多文獻都指出，在地人自主做出管理決策時，在地知識才能蓬勃發展（Hanna 1998; Seixas and Berkes 2003; Acheson 2003; Shukla and Gardner 2006），這些例子也都與那些文獻相符。

從那些加勒比海例子來看，在地知識的發展雖是社區管理的必要條件，但往往不是充分條件。資源管理需要的不僅僅是知識，還有發展管理體制的能力（Olsson and Folke 2001; Agrawal 2005），否則要如何防止其他人開採業者保育的紅樹林，或是防止其他捕撈海膽的人，挖走重視永續的捕撈者遺留下來的海膽，又或者防止養殖的海藻與野外海藻

一起淪落相同的命運呢？

　　並非只有紅樹林木材、海膽或海藻這些資源，才會碰到在地體制的問題，這議題是共有地利用探討資源權時的根本議題，並非加勒比海地區獨有（Berkes 2015）。世界各地的資源財產權都已從以前的共用財產（取用及管理權由同一群人管制），轉變成可供人人皆可取用的公開取用資源，有時則是變成私有財產（Nayak and Berkes 2011）。聖露西亞的海藻及海膽都是因為迫於族群及資源壓力而開放取用，但有時資源的開放取用是因為殖民及中央政府的經濟政策所造成（如：Johannes 1978; Berkes 1985; Turner et al. 2013; Stephenson et al. 2014）。

　　許多共有地的研究（McCay and Acheson 1987; Bromley 1992; Ostrom et al. 2002）都清楚顯示，造成共有地悲劇的是公開取用制（而非共用制），造成個人賺取私人收益，卻將成本轉嫁於社會，最後使資源本身承受災難性後果的現象。我們能從拉博里等地的公共資源使用權及海藻養殖的個人使用權切入，來解決沿岸海域的共有地悲劇問題。

　　在地管控對於海洋保護區也十分重要。阿斯瓦尼和漢彌爾頓（Aswani and Hamilton 2004）調查索羅門群島海洋保育運用的原住民生態知識時，發現當地鄰近聚落實施保育規定的情形皆有明顯差異，因此有必要區分哪些是有保障使用權（亦即共有地權穩固到足以實施管控）的聚落，哪些又是沒有保障使用權的聚落。唯有在地管控穩固到足以排除鄰近族群侵占，才有辦法落實在地保育。他們斷定：「簡單來說，無論當地的海洋生物多樣性有多麼豐富，若無法排除外人並落實限制的規定，實施管理系統就毫無意義。」（Aswani and Hamilton 2004: 79）除此之外，社區管控原則，也是斐濟社區保育地的基礎（Calamia et al. 2010; Berkers 2015）。

結論

在地及傳統知識與實踐的發展，往往會依循漸進式學習及理解的模式，有時是因危機處理學習受到刺激或矯正的結果。從現代加勒比海及別處那些小規模利用資源的社區案例可以看到，有時只需短短一代的時間就能形成知識 - 實踐系統。這些知識系統與傳統知識系統不盡相同，後者的知識與理解較為深入，除了知識會出現編碼的情形，社會價值觀及信仰系統的發展，也會與那些知識一致。

知識及實踐持續演進及發展是本章的重點之一，也是皮耶洛提（2011）、雷耶斯 - 加西亞（2014）及其他許多人的研究闡釋的概念，因此我們最後的主張是，我們應考量到在地及傳統系統中知識的形成與流失，而非僅想到知識的流失，才是平衡的觀點。這並不代表流失不重要，當然流失是重要的議題，尤其是語言方面的流失，因為語言裡也包含了傳統知識（Turner and Berkes 2006; Turner 2014）。

另一項要點與資源管控有關，社區必須要有土地權及資源權的保障，才能運用在地及傳統知識。加勒比海的那些例子顯示，在地知識及管理系統發展的阻礙，並非欠缺知識，而是欠缺土地及資源權的落實，少了土地權與資源權，就無法制訂規則，也無法實施在地管理。世界觀又是如何於「知識 - 實踐 - 體制 - 信仰複合體」當中浮現出來的呢？文化演進背後更大的脈絡，以及信仰系統與世界觀的出現，即為下一章要探討的主題。

第十一章
原住民文化的脈絡：
神話、世界觀與當代應用

　　西雅圖酋長是否確實說過：「萬物相互關聯？」原住民知識與其他學科相比，更需要全力對付主流及學術界對於傳統民族的迷思。在那之前，還必須要發展一套能解釋長久以來人類與自然之間關係的原住民理論，才能理解那些相互矛盾的證據，並前後一致地描述傳統生態知識對於生物多樣性保育等當代議題具有的真正意義。

　　傳統生態知識研究的阻礙，包含目前幾個對於傳統民族的迷思，而且這些迷思往往相互矛盾。其中一個西方環境保護界常見的迷思「外來他者」認為，原住民更接近大地，非常瞭解大自然，因此似乎能與他們的環境「和平」共處，「生態思想高貴的野蠻人」（Buege 1996; Smithers 2015）絕對不會犯錯，他們的照片不僅被刊在流行雜誌的封面上，也能當作永久的影像教具，來教導一般大眾認識傳統生態知識（Linden 1991）。艾倫（1993: 126）主張，傳統生態知識不知怎麼地隨著部族消失的這個觀念，清楚明白地複製出「原始的異族概念，這更是人類學家李區（Edmund Leach）以他特有的先見之明稱之為『無意義的無病呻吟』的一種觀念」。

　　第二種迷思「入侵的敗家子」，將人類視為不屬於自然的入侵者、原始生態系統的掠奪者與外來者（Evernden 1993）。原始民族並非高貴的野蠻人，而是大多無知、迷信、散漫及落後。這觀念質疑傳統民族曾「與自然和平共處」過，至少絕對沒有文化適應的能力。他們任由

自然的力量及超自然的信仰擺布，生活方式與受限於自身資源的生物族群相似，絕對無法稱為藉由自身「知識 - 實踐 - 信仰複合體」來適應環境的組織性團體。人口不多、技術簡單，對環境無害時，造成的衝擊或許不大，但即使是數千年前原始時代的獵人也很容易造成環境破壞，這事實已由古代滅絕事件獲得印證。

第三種迷思則以二元的「高貴野蠻人／墮落的天使」來形容傳統民族。他們必須一直保持「原始」的生活方式，才不會威脅到周圍的生態系統。拉莫斯（Ramos 1994）曾探討巴西印地安人先是受到世人的吹捧，後來開始爭取土地權時遭到詆毀的循環，阿爾康（1994: 7）的事情，據他解釋：

> 許多北部的保育人士（生物保存人士）想要在無人居住、天然純淨的環境中保護生物多樣性，他們將在那裡居住、工作的人視為威脅……。另一方面，北方的文化保存派則認為這些異國民族是理想的優越文化，「與自然和諧共存」，並未受到市場經濟污染，因此想將他們保存下來。

這種文化受到污染之後，人就會如到處捅婁子的墮落天使，對於環境以及自己本身形成威脅。

這三種簡化的傳統民族的形象，有些時候會相互重疊，或許幾乎每個人對於原住民族的看法都是先入為主，且通常也都模稜兩可，許多人或許都會相信其中幾種看法，這也包含原住民族本身，人們的想法也會因心中浮現的傳統民族不同而改變。這些看法都是錯誤的嗎？這三種看法與所有迷思相同，都有些真實之處。但本書認為儘管如此，這三種看法總體而言仍屬迷思。

本章要先討論第一個迷思「外來他者」，並探討一些原住民知識的限制。接著處理第二個迷思「入侵的敗家子」時，將聚焦於古代發

生物種滅絕的問題，同時建立文化演進觀點來區分入侵者與在地人。第三個迷思「高貴野蠻人／墮落天使」，則是透過辯論西方與原住民在保育世界觀及荒野概念之間的差異來談。接下來，本章將研究一些知識及實踐系統可能轉型及相互結的一些可能方式，並接續討論傳統系統如何適應當代的脈絡背景。由於使原住民及其他依賴資源的鄉村居民，在這全球化後的世界裡，是依賴永續在地經濟來維持生計，因此也會探討這對於發展永續在地經濟的重要意義。本章也將於最後，提出保育及傳統知識系統概念演進的一些結論。

外來他者：原住民知識的限制

傳統不見得都具備適應的能力，也不是所有的傳統民族都能成為睿智的環境管家。舉例而言，第六章北美馴鹿的故事就證明了，實踐與意識形態之間確實存在著落差。在北美馴鹿的例子中，人們最後終於恢復保育措施，並非出於高貴野蠻人的情操，而是能用社會學習、環境知識、口傳歷史及健全的原住民體制來解釋。約翰尼斯和路易斯（1993: 106）指出，「認為所有傳統生態知識永遠不會犯錯的想法太過偏激，幾乎與完全摒棄傳統生態知識一樣糟糕。傳統民族並非永遠不會犯錯，他們一直以來經常都在濫用天然資源，而且直到現在仍是如此。」

布羅修斯（1997, 1999）分析環保人士對於砂勞越原住民族的形容後，發現外人的敘述及說法通常都不太可信。達·庫尼亞（da Cunha 2009）則觀察到，「文化」原本是人類學的專業術語，原住民卻常為了政治目的使用這個外來語，聽說有些原住民族與保育人士結盟，其實主要是為了獲取實質利益，索羅門群島的其中一族即為其中一例，據說他們受邀加入社區保育計畫後，立即要求對方提供鏈鋸（Hviding 2003）。同樣地，原住民的詮釋可能與西方科學抵觸，有些傳統知識

或許的確有誤（如有些西方科學研究結果，後來也證實有誤一樣），傳統生態知識出現幾個不符事實的例子，但也有幾次出現傳統知識糾正西方科學的情形（Freeman 1992; Johannes *et al*. 2000）。

有些誇大原住民智慧的例子其實並非原住民本身，也非研究者的責任，西雅圖酋長的故事即為其中一例。西雅圖酋長是否說過「萬物相互關聯」，或「土地不屬於人，而是人屬於土地」？他是否真的稱大地為母親、河流為兄弟，或稱芬芳的花朵為我們的姊妹？並沒有。這些文字都是一九七〇年代初才出現的作品（Wilson 1992），西雅圖酋長一八五〇年代簽訂北美西北部太平洋沿岸的條約時確實發表過演說，但他演說的內容及意義，卻不斷遭到大幅更改。華盛頓領地（Washington Territory）是 1853 年所建立，當時的州長也要負責處理與印地安人之間的關係。他們為了排除在普吉特灣（Puget Sound）簽訂條約的障礙，1854 年 12 月時召集杜瓦米希族（Duwamish）的族人，並由州長提出締約的方案內容，杜瓦米希族的西雅圖酋長則發表演說回應。

史密斯（Henry A. Smith）當時也在場，他對於酋長的演說印象深刻，數年後透過當地報社刊登西雅圖酋長演說的報導，之後數十年內重刊數次，一九六〇年代時，德州大學古典學教授艾羅史密斯（William Arrowsmith）將演說修改成現代化用語。同樣任職於德州大學的作家佩瑞（Ted Perry）聽到艾羅史密斯的版本後，決定將部分內容用於環保電影《家園》（*Home*）的劇情之中。他不僅重寫部分演說內容，更另外杜撰一些文字來增強生態的意象。1974 年參觀斯普肯世界博覽會（Expo' 74 in Spokane）美國館的遊客，看到的又是另一個版本的演說，那次根據《家園》的劇本改編的版本，簡潔到令人難忘，當然仍註明出處是西雅圖酋長（Wilson 1992）。最後，德國人類學家開薩（Rudolf Kaiser）於 1984 年的國際研討會中說溜了嘴，才使學界注意到這件事（Knudtson and Suzuki 1992），但這迷思在那之後仍

繼續流傳多年。

史密斯的版本與現代諸多版本有幾項重大差異，威爾森（Wilson 1992）認為最主要的差異在於，他們將西雅圖酋長塑造成一位土著生態學家。威爾森（1992:15）引述史密斯版本中「對我的人民而言，這片鄉土中每一寸土地都屬乎神聖。無論高山低谷，無論平原或樹林，都因我們族人的美好回憶或傷心經歷而成聖」這段文字，一字一句都透露出對於土地的熱愛。現代版本則充斥著生態意象，字裡行間都談到人與自然的關係。在某個程度上，西雅圖酋長的故事使人想起愛斯基摩人冰雪詞彙的騙局（第三章），這例子證明西方社會的確很容易相信誇大形容本土生態知識及智慧的說辭（見「學習方塊 11.1」）。雖然這顯然不是原住民族及研究者的錯，卻提醒了傳統知識學者永遠都要更加警惕。

入侵的敗家子：入侵者 vs. 在地人

原住民族生態智慧浮誇的說法引發一陣社會強烈反彈聲浪，與此同時，有些研究者也列舉了幾個部落族人及古代社會確實會剝削在地資源的例子（如：Diamond 1993、2005; Krech 1999）。舉例而言，研究者發現，新世界熱帶地區的大森林裡的動物數量並不多，代表那裡有過度獵捕問題（Redford 1991）。凱伊（Kay 1994: 359）認為，「美洲土著並未施行任何有效的保育措施，獵捕有蹄類動物（如麋鹿）的方式也恰好與任何能預料到的保育方式相反」的主張，這種現象可能與「人類的演化穩定策略鮮少會包含保育」的概念有關。

有幾位作者質疑，原住民會保育環境的說法是否站得住腳。舉例來說，史密斯和威士寧（Smith and Wishnie 2000）主張，若以成效及設計這兩個條件來定義保育，會很難證明原住民確實有在保育環境。換句話說，任何行動或做法「應該：第一，預防或減少資源枯竭、物種滅

學習方塊 11.1
製造神話：西雅圖酋長演說的案例

「如果所有的野獸就此消失，人的靈魂將因巨大的孤寂而死，因為野獸的命運，很快也將降臨在人類的身上。」科普作家史特勞斯（Stephen Strauss）說上述那段話非常偉大，可惜西雅圖酋長從未說過，一切都是佩瑞編造的。史特勞斯接著檢視的是，為什麼我們西方社會很容易接受訴諸情感的謬誤；他說道：「這部杜撰的作品，後來變成 1972 年的電影《家園》裡其中一部分內容。佩瑞先生原本宣稱他想像的靈感來自西雅圖酋長，後來把這詭計告訴了製作人……，自此都市傳說就開始流傳。即使那只是以假亂真的演說，佩瑞那段感性的話已開始引起共鳴，演說開始大量轉載、翻譯，史上最厲害的迷思就這麼歷久不衰……」

「現在到底是什麼情況？」史特勞斯問道，「尤其佩瑞先生竟然告訴每個人，包含《西雅圖酋長的宣言》（*Brother Eagle, Sister Sky*）的出版商，他們宣傳的西雅圖酋長演說，其實是假的。他以印地安人的環保意識之名，厚顏無恥地改寫了歷史……。（出版商）說，管它什麼歷史記錄，……『我們手上沒有（西雅圖酋長）真正的演說內容。』所以他的公司可以任意曲解他的話，重點是大家都相信西雅圖酋長確實說過那些感性的話。他表示，『大家都認為那些話是酋長說的或是他想要表達的，生態運動有段時間也曾用過那些字句。』但也有人指出，那些包裝智慧的方式才是真正的問題，人們似乎以為，那些話只有從有智慧的土著口中說出來，才能引起真正的共鳴。卡德威爾（Rick Caldwell）則說，『若是一個叫做泰德的人所說，聽起來就不一樣了。』他是西雅圖歷史與工業博物館（Seattle Museum of History and Industry）館長，經常向好奇的人分享西雅圖酋長演說的實情。」

文獻來源：史特勞斯（1992）。

絕或棲地退化的情形；第二，為了這些目的而設計」（Smith and Wishnie 2000: 51）。有些人指出的，則是早期的人移民美洲及世界各地的大小島嶼後引發了一波波物種滅絕的問題。

馬丁（1973）提出一個假說，冰河時期許多美洲巨型動物群（megafauna）（多為大型哺乳類）遭到滅絕，是那些狩獵技巧純熟的人類造成，過去大家以為更新世冰河作用及氣候帶移動是造成那次滅絕的原因。馬丁的文章標題〈發現美洲〉（The discovery of America）非常挑釁，開門見山就談到最後一次冰河時期的末期，當時有狩獵大型獵物的獵人從西伯利亞來到北美洲。這些入侵者發現北美大陸幾乎渺無人煙，到處都是大型獵物，因此逐漸往南遷移。人口激增使他們所到之處，長毛象、馬、駱駝及地懶（ground sloths）等從未接觸過人類的獵物無一倖存。根據馬丁所說，在動物滅絕之前，獵人與巨型動物群共存一處的時間並不超過十年，這並未給予動物足夠的時間學會防禦性行為，也不足以發展出其他的適應方式。

馬丁的過度獵捕假說確實毫無證據，卻相當合理地解釋了巨型動物群的滅絕，但缺乏殺戮現場的存在，且動物突然（而非逐漸）滅絕，這個長久以來困擾古生物學家的奇特現象。舉例而言，某個地區的地懶滅絕事件，幾乎與石器時代獵人的出現同時發生。即使氣候變遷等混雜因素的存在，都暗示原本的解釋模型或許過於簡化，但大家普遍仍同意古代美洲人是造成許多大型物種滅絕的原因（Martin and Klein 1984）。

入侵者導致馬達加斯加、紐西蘭及夏威夷等島嶼的許多物種滅絕，是更確切無疑的事實。最明確的或許是紐西蘭的例子，毛利人的祖先是造成不會飛的恐鳥（moa）及許多其他大型鳥類物種滅絕的原因。過去一千年來，陸地鳥類至少有 44 種特有種滅絕，時間點與史前人類聚落的出現不謀而合（Steadman 1995）。整個太平洋都發生了重大的滅絕危機。人類在大約距今三千五百前來到西波里尼西亞及密

克羅尼西亞，到了距今一千年前幾乎就已遍及整個大洋洲。斯戴曼（Steadman 1995）逐島詳盡進行的考古研究及其他人的研究都顯示，這些島上許多種陸鳥及海鳥族群都是因人類活動而絕種，狩獵會造成影響，棲地改變及非原生種的哺乳動物獵捕也會造成物種滅絕。熱帶太平洋地區鳥類生物多樣性的喪失，大多是因歐洲人移民前的入侵者所造成，滅絕的物種可能逾 2000 種，等於減少了全球 20% 的鳥種。

簡單來說，我們或許能藉由闡述過度獵捕的假說來主張，非洲狩獵科技發展到最後，使得獵人無須像其他掠食者那樣，必須近距離才能進行獵殺。人類長久以來與非洲野生動物相互共存，使動物能與人類這種掠食者共同演化，避免滅絕的發生。這些獵人從非洲擴散出去，因而有機會接觸到那些還不習慣人類這種掠食者的純樸動物。大型動物受到的衝擊最為劇烈，不僅是因為獵人會將目標瞄準這些動物，也是因為大型動物的幼崽數量往往較少，族群更新速率較慢。若單以更新世的基礎來解釋滅絕，動物應該無論大小都會受到影響，但情形卻非如此（Owen-Smith 1987）。

這些調查結果對於傳統生態知識及一般人類生態學而言，象徵了什麼呢？就是摧毀了充滿環境智慧的「外來他者」的迷思，但也不一定支持「入侵的敗家子」的迷思。重要的是，那些批判原住民保育的人，援引的大多是自然界中的考古學或民族史證據（Krech 1999; Smith and Wishnie 2000），這暗示我們應仔細探究保育知識及實踐的演進。

知名的達斯曼（Dasmann 1988）等幾位人類生態學者已指出，入侵者及在地人，兩者一定要區分出來。人類入侵不熟悉的新生態系統時，或許一開始會對於環境造成巨大的影響，但當人開始形成知識庫、記取教訓，並接受新環境的有限時，原本的關係也會逐漸改變。長期定居的在地人往往會與環境共演化，且通常會與環境達到某種程度的共生（Dasmann 1988; Callicott 1994）。這在短時間內不太可能發生，知識庫必須經過長時間的發展，而且需要更長的時間才能從這類知識衍生出相

關做法。土地及海洋使用權都奠基於體制之內，所有做法亦都如此。

　　從入侵者轉變成在地人並非容易研究與記錄的過程，絕大多數都是間接證據。例如，毛利人的祖先或許消滅了一些恐鳥和其他大型鳥類，但現代毛利人（及其他許多太平洋島嶼民族）都已具備完善的生態知識實踐及原住民環境倫理系統（Roberts *et al.* 1995; Moller 2009; Moller *et al.* 2009; Wehi 2009; Moller and Lyver 2010），這代表毛利人明顯已從經驗學到教訓。同理，雖然北美洲十著的祖先曾造成巨型動物群的滅絕，但後代子孫卻已發展出極為複雜的生態倫理系統（Callicott 1982, 1994）。我們無須訴諸西雅圖酋長的演說才能表明重點，因為許多美國原住民的文化中，確實存在著「萬物相依相連」這種概念的世界觀（Cajete 2000; Atleo 2004, 2011; Kimmerer 2013; Turner 2014）。

　　我們已經看過許多例子，詹姆士灣東部的克里人與水獺（Feit 1986）、雁鵝（Berkes 1982; Scott 1986）、駝鹿（Feit 1987）、黑熊（第五章、Tanner 1979）等動物之間，都存在相互關聯與彼此尊重的關係。馬丁（1973）的假說認為，古代巨型動物群急速遭到大規模過度獵捕，但自從當地冰河數千年前消退以來，詹姆士灣反而從未記錄到任何一種大型哺乳類動物的滅絕。我們必須解釋入侵者會轉變成在地人的理論，才能理解這些相互矛盾的證據。

高貴野蠻人／墮落天使：原住民會保育環境嗎？

　　傳統民族議題的爭論大多可簡化成一個問題，即：他們天生就是保育人士嗎？外來他者的迷思主張他們是保育人士，入侵的敗家子的迷思則主張不是。高貴野蠻人／墮落天使的迷思承認兩種情況皆有可能，卻無法提出細膩的解決方法。然而，這個問句本身也是問題之一，我們反而應該探究世界觀的問題，要問的是：是哪一種保育？

　　西方傳統有兩種完全不同的保育方式，分別為「明智利用式」的

保育（conservation）以及保存主義（preservation）（Worster 1977; Norton 1991, 2005; Borgerhoff Mulder and Coppolillo 2005）。現代保育結合了上述兩種類型的要素。在摒棄功利主義，以及工具性價值，或將自然視為商品的價值這點，與明智利用不同；與保存主義有別之處，則在於它不主張刻意保存大面積的無人荒野地區，摒棄（斥之為不實際）純粹不干預自然的方式。現代保育的目標在於維持物種及生態系統的存在，並逐漸以追求生物多樣性為大目標。以下瑞得福和斯蒂爾曼以及阿爾康之間的討論即透露出，生物多樣性保育與傳統保育之間的交互影響，是傳統生態知識領域的重大議題之一。

　　雖然生物多樣性的概念源自於保育生物學領域，但除了生物學家以外，許多人都主張人類有資格住在亞馬遜盆地的雨林裡，尤其是原住民（Redford and Stearman 1993; Redford and Mansour 1996）。這些原住民及其支持者，一直都傳達出「為了救原住民族與世界上僅存的天然地區，我們必須支持部落的土地權及主權」的訊息（Redford and Stearman 1993: 250）。但原住民族所關心的是否與生物多樣保育一致呢？這些作者主張，此舉雖然出於好意，但過度積極嘗試將所有原住民族刻畫成自然保育人士，形同不切實際地以為原住民在分得土地後，會將土地保存在原本的狀態。這時有許多原住民族都已結合市場經濟，可能也被迫參與一些無論是類型或強度，都與傳統資源利用類型與強度不同的活動。

　　根據這些作者所言，原住民認為保存生物多樣性，明顯意味著防止進行大規模破壞（水力發電計畫、採礦、大型農場等），並保育某種「合理」程度的生物多樣性，這種生物多樣性的觀念沒有排除供應市場需求的游耕方式、小規模牧牛業、商業伐木時採用擇伐、自給經濟，甚至是商業狩獵等，上述有些活動能保留了部分的生物多樣性，而非完整保護了生物多樣性。舉例而言，目前已知的是，巴西資源開採保留區裡採橡膠的活動會改變森林生物多樣性。「若要完全保留某

塊土地上所有天然豐富的基因、物種及生態系統多樣性，就不能容許任何顯著的人類活動⋯⋯。即使是低度的原住民活動，都能改變生物多樣性」（Redford and Stearman 1993: 252）。因此，若希望同時保存某個地方的生物多樣性及原住民的需求，就必須明確處理取捨的問題（Redford and Stearman 1993; McShane *et al.* 2011）。

阿爾康（1993）認為，瑞得福和斯蒂爾曼的原住民生物多樣性保育觀點（「為了防止大規模破壞」），既不夠充分，又使人誤解。原住民保育還包含許多其他要素，許多族群都展現出關心如何維持生態作用的態度，也會保護有助於生態作用進行的物種。原住民部落裡德高望重的在地專家，會對稀有植物很有興趣，世界各地都有天然聖地（sacred natural sites）的傳統，許多民族的群體中都會強制執行一些資源使用的規則。儘管有原住民族的目標不必然符合瑞得福和斯蒂爾曼狹義的保育目標，但「更貼近保育人士廣義的目標，這些保育人士意識到，無論現今或以後，地景必須有人居住其中，才會存在生物多樣性」（Alcorn 1993: 425）。

阿爾康接著主張，保育人士與原住民族的合作，是最能有效達成保育目標的方式，但這種合作關係有個阻礙，就是保育人士覺得自己掌握了能夠「棄」權的權力。

> 瑞得福和斯蒂爾曼談到原住民「宣稱他們有立場」參與保育工作討論的那份聲明，隱約承認其中有個問題，即原住民家鄉未來的命運面臨緊要關頭時，討論桌上沒有他們置喙的餘地，但「保育人士」卻擔任了守門人的要角，有權決定誰能參與討論。（Alcorn 1993: 426）

我們會仔細探討瑞得福和斯蒂爾曼以及阿爾康之間的辯論，是因為這不僅突顯出這議題的政治面向（將於第十二章詳談），也突顯出

背後存在著西方與原住民雙方對於保育看法差異的問題。要銜接兩種立場之間的落差，端視讓原住民參與保育工作並實施共管是否可行，同時也必須看看是否能夠找出跨文化的普世保育概念。

德瓦爾（Dwyer 1994: 91）以簡明扼要的方式，闡釋了這個問題：

> 原住民的資源管理系統的成效，大多與西方保育人士的理想非常雷同，差異在於脈絡、動機及基礎概念。但若是因此認為原住民管理系統極有希望滿足現代保育工作的需求，或背後有相同的倫理觀念基礎，那都是魯莽又錯誤的想法。

其實從第五章克里族印地安人等例就能看出，兩者倫理基礎的迥異是清楚明確的事實。克里人相信資源必須有人利用，才能持續維持生產力，實際來說，利用就是義務。其他還有許多例子，例如毛利人的環境倫理，是以保存人類利用的資源為導向。傳統禁令的目的是為了確保資源的生產力，而不是為了守護一些所謂固有價值的主張——僅僅是因為毛利人的世界觀裡，並無人類-自然或自我-他者的二元觀念（Roberts *et al.* 1995）。

實際發生的情形是，毛利人追求永續利用的保育倫理與紐西蘭1987 年保育法（1987 Conservation Act）相抵觸，後者規定為了達成保育目標，必須「保存」並「把土地保留下來」（Roberts *et al.* 1995），問題不僅在於他們以政治控制土地，也在於從毛利人的觀點來看，西方那種從人與自然二分法為基礎的保育關念，是他們無法接受的。這種二分法「只會更加異化全人類，尤其會使毛利人與土地更加疏遠，進而更加疏忽自己『守護』（*kaitiaki*）的責任」（Roberts *et al.* 1995: 15）。

尋求普世的保育概念

探討荒野的概念，對於理解阿爾康、德瓦爾、羅伯茲及其同僚的想法將很有幫助，因為西方思想建構了現代保育觀念，而荒野又是兩大思潮之一的保存主義流派核心概念。保存主義主張，人類的存在與自然環境的福祉存在著反向關係。人們認為荒野地區是在無人的情況下自我提升及維護，屬於未曾經過人為干預的原始環境。根據 1964 年《美國荒野法》（1964 U.S. Wilderness Act）所定義，荒野是「人只是短期造訪，不會長期停留的地方」（Gómez-Pompa and Kaus 1992a）。將荒野的概念視為普世保育觀的基礎時，必須考量到以下兩點：第一，荒野的概念是否經得起跨文化批判的考驗？第二，荒野是否真實存在於生態界裡？

對於許多原住民族，以及偉大的亞洲宗教等西方以外的多數文化而言，自然與文化的分野都不具任何意義。許多西方以外的世界觀，都與嚴格的自然／文化或心靈／自然二分法迥異（Berkes 2013）。舉例而言，中國哲學的陰陽圖騰裡，陽裡有陰，陰裡有陽（Hjort af Ornas 1992）。第二章也提過，外在環境或自然與人類社會分離的概念，是以笛卡兒式的心物二元論為基礎，進而發展出人類與環境的二元論（Bateson 1972: 337）。「荒野」是某個民族的思想產物，這民族自認與環境分離，這價值觀適合不再需要直接與自然打交道的科技工業社會，而且除了他們以外，世界上原住民文化及其他農村社會皆無這種觀念（Klein 1994; Selin 2003）。將荒野當作一種生態概念，也是有問題的。雖然有些地方確實符合荒野渺無人煙的常態定義（如：南極洲），但仍有些地方以前被視為荒野，經過仔細勘查後發現其實是文化地景（或稱人因地景，anthropogenic landscape）（Posey 1998; Thomas 2003; Salick *et al*. 2007; Hunn 2008; Johnson and Hunn 2010; Davidson-Hunt *et al*. 2010）。許多表面上純淨天然的地方，其實以前曾供養了一大群人的生活，他們當

時的活動也影響了今日遺留下來的景觀。舉例而言，早期歐洲人在北美洲發現的「荒野」，「小說家朗費羅（Henry Longfellow）誤指為『原始森林』的地方，美洲大陸上幾乎到處都是，且在不同程度上都屬於人因地景」（Lewis 1993b: 395）。此外，「科學也發現，基本上全球各個角落，從北方森林到潮濕的熱帶地區，過去都有人類居住、更動或管理的痕跡」（Gomez-Pompa and Kaus 1992a: 273）。

這些必須考量到的問題都顯示出，我們不能以荒野及荒野保存作為跨文化普世保育觀念的基礎。比較有希望的是永續的概念，因為《關心地球》（*Caring for the Earth*）將保育廣泛定義為「為確保人能永續利用，而針對生物或生態系統的人類利用情形進行管理。保育的層面除涉及永續利用之外，還包含保護、維持、復育、復原及族群與生態系統的提升」（IUCN/UNEP/WWF 1991）。保存主義人士曾批評這種定義過於功利取向，但這卻顯示現今的保育思想當中，有股試圖將人類帶回地景之中的趨勢（McNeely 1994, 1996; Borgerhoff Mulder and Coppolillo 2005）。2012 年為了評估生物多樣性的狀態及生態系統對於社會提供的服務，成立了國際組織「跨政府生物多樣性與生態系服務平台」，即延續了這種趨勢（Díaz *et al.* 2015）。西方保育界重大的典範轉移，使許多保育人士開始致力優先保育運行地景（working landscape）（Kareiva and Marvier 2012）。從這觀點來看，我們必須承認自己是住在以人為本的世界裡，原始荒野已經消失了，因此，弱化保護自然的固有價值，轉而支持工具性價值，亦即強調保護環境為人類提供的好處，或許能重新將焦點放在保育生物學的領域上（Doak *et al.* 2014）。但有個新的觀點主張，單單重視工具性價值（或固有價值）仍會使問題失焦：

> 人很少會單單依據事物的內在價值或為了滿足喜好（分別意指固有價值及工具性價值）做出個人選擇時，而是會考量如何才能與自然及他人之間保持合宜的關係，包含哪些行動及習慣能使生活變得

美好，使生活有意義又令人滿足，以哲學術語而言，即所謂關係價值（關係方面的喜好、原則及美德）。（Chan *et al.* 2016: 1462）

　　從原住民族的脈絡來看，保育價值的辯論蘊含跨文化的面向。原住民的保育實踐與西方保育具有脈絡及動機方面的差異，而且兩者或許永遠也無法成功結合（或結合情形不理想），儘管詹凱等人（2016）也很快指出，關係價值並非原住民獨有，我們仍應如前文所述，找出兩者在永續及關係價值方面的共通點。或許我們應認為原住民保育能補充西方保育的不足，使人與非人環境之間增加多一些有意義的個人關係。

　　接納原住民原有的保育方法，本身就是保育界重大的典範轉移。在西方主流的實證典範中，專業保育人士認為自己最懂。但這種保育方式忽視了在地人的價值觀、需求及渴望、他們的知識及管理系統，以及體制和世界觀。舊的思維試圖將人排除於自然之外，新的思維則能在保育地景時，將人視為地景的一部分，以便讓在地人參與決策，並鼓勵多元世界觀的存在（Pimbert and Pretty 1995; Pretty 2007; Johnson and Hunn 2010）。原住民「知識 - 實踐 - 信仰複合體」有幾個特色，能幫助我們更深入瞭解原住民保育。

　　文化關鍵物種（cultural keystone species）的概念，即是人屬於地景的其中一個例子。關鍵物種意指具有關鍵生態功能的物種（Gadgil *et al.* 1993），文化關鍵物種，則是構成某個文化脈絡基礎的物種（Cristancho and Vining 2004），北美西北部太平洋沿岸北美原住民文化中的美國西部紅側柏（western red cedar）（Garibaldi and Turner 2004）、甸尼族的北美馴鹿（第六章），以及詹姆士灣克里族的白魚（第七章），皆屬於這類例子。庫里爾等人（Cuerrier *et al.* 2015）另外提出一個相關概念，認為開發計畫或設立新保護區等研擬規畫活動時應特別納入考量，且具有強列文化情感的地方，即為文化關鍵地（cultural keystone

places），定義是：「對於一群以上的人明顯具有文化意義，現今或從古至今都對於該族的文化認同扮演特別重要角色的某個地點或位置。」文化關鍵地與天然聖地有關，只是定義更加廣泛（Cuerrier *et al.* 2016: 431）。

上述那些想法也與文化地景的概念有關，文化地景意指人刻意規畫設計或土地利用方式不斷演進而形塑的地方，不僅具有美感、生物多樣性、文化重要性，也蘊含在地認同連結等價值（Rössler 2006）。許多地圖上不會出現當地地名，都能因文化地景而繼續存在。對於澳洲原住民（Mulligan 2003），以及加拿大安大略省西北部的阿尼什納比族（奧吉布瓦族）（Davidson-Hunt *et al.* 2012）等在地民族而言，這些地名都象徵他們的所有權，也透露出那裡的傳統知識。以前這種實踐方式隨處可見。瓊斯（2016）研究後發現，這些地名是以盎格魯薩克遜的語言古英文命名，約於公元 550 至 1100 年間出現。古英文地名似乎是蘊含傳統生態智慧的寶庫，含意也與世界上許多原住民地名極為相似（Jones 2016）。

特別的地方／地景及其地名都代表人與土地間各種不同的關聯，這點與關係價值的論述一致（Chan *et al.* 2016）。對於太平洋島嶼民族而言，所謂特別的地方，或許就是他們個人的生態系統，如第四章裡夏威夷的 *ahupua'a*，對於因紐特人以 *miut* 為字尾的族群而言，或許就是意指鄰近族群用來為他們的族群取名的地方（-*miut* 意指「某個地方的人」）。重點在於，一個原住民族或傳統民族，應該會有一些可做為文化認同、形塑文化意義的文化關鍵物種及地方，後者可能包含聖地及文化地景，但這可能都不會百分之百受到主流社會的認同。舉例而言，對於安大略省西北部的阿尼什納比族來說，那些外人視為荒野的土地，其實都有地名，而且處處都有人住，蘊含了豐富的故事（Davidson-Hunt *et al.* 2010）。

這些特殊區域使人產生地方感，即巴索（Keith Basso）於 1996

年出版的經典著作《處處有智慧》（*Wisdom Sits in Places*）所談，人與地方之間那種以文化為媒介的深刻關聯。地方感不僅與居住地或利用某個土地範圍有關，反而反映出一群人與某個地方之間的深厚情感，有時那群人不一定是原住民，一般來說意指的是意義及有感價值的中心，亦即「原本是普通的空間，後來變成我們認為有價值的地方」（Tuan 1977: 6）。地方感原本是地理學概念，後來環境心理學、環境教育、觀光及其他領域都出現了詳細探討地方感的大量文獻。

二〇〇〇年代時，有幾本專書探討了原住民保育的各種面向，並舉出許多不同文化及各個地方的例子，探討的內容包含：保護區地景及農業生物多樣性（Amend *et al.* 2008）、保護區地景及文化／靈性價值（Mallarach 2008）、保護區的神聖性（Papayannis and Mallarach 2009）、天然聖地（Schaaf and Lee 2010），以及原住民權利及資源管理（Painemilla *et al.* 2010）。除了那些著作之外，從許多研究當中也都能看到原住民獨特、講求實際卻又充滿靈性，同時以生計為本的保育觀，其中又以天然神聖區域最具普遍性，可說是世界上最早出現的一種保護區（Gadgil and Vartak 1976; Castro 1990; Dei 1993; Ramakrishnan *et al.* 1998）。

廣義而言，天然聖地意指人認為有特殊靈性意義的水域及陸域（Wild and McLeod 2008; Verschuuren *et al.* 2010; Verschuuren and Furuta 2016），包括樹林、山脈、湖泊、泉水及岩石等天然地形，充滿力量與靈氣，他們如同歷久不衰的社區保育地（Borrini-Feyerabende *et al.* 2004a），存在於在非洲、拉丁美洲、南亞與東南亞（Thorley and Gunn 2008; Pungetti *et al.* 2012），以及中亞（Verschuuren *et al.* 2010; Verschuuren and Furuta 2016）一些地方。有一份探討美國共用土地上美洲原住民聖地的文獻，基本上都在談原住民的財產權。馬丁尼茲（Martinez 2006: 218）嘲諷道：「美洲土著從未贏過聖地保護的官司……因為印地安人的聖地都屬於天然環境，不是其他族群的教堂或清真寺那種人造建築。」按定義來說，聖地包含文化要素，但或許是因為西藏（Salick and Moseley 2012）以及印度（Bhagwat and Rutte

2006）等世界各地的聖地，都在生物多樣性保育工作中扮演重要的角色，所以那份文獻才會比較強調「天然的」聖地。

西高止山脈（Western Ghats）的生物多樣性熱點，絕大部分都位於印度喀拉拉邦（Kerala）境內，有些位於保護區範圍內，有些位於社區保育的神聖樹林裡，有些則位於農林混種間作的農業區裡。巴格瓦等人（Bhagwat et al. 2005）在這三種土地利用的區域中研究樹木、鳥類及大型真菌後發現，神聖樹林區及多物種農業區的生物多樣性足以與保護區匹敵。這三區的特有鳥種及受威脅鳥種分布並無顯著差異，雖然森林保留區的特有種樹木比神聖樹林區豐富，但後者受威脅的樹種比前者更為豐富。

巴格瓦等人（2005, 2008, 2011）推斷，神聖樹林是靠著傳統與多功能文化地景的維繫才得以存在，多功能文化地景又是由數百年歷史的農耕系統所塑造，因此我們必需將神聖樹林，視為生物多樣性保育策略的重要的一環。曾於卡納塔克邦（Karnataka）與梅加拉亞邦（Meghalaya）研究過聖地的歐斯比（Ormsby 2013），也呼應上述結論。但天然聖地能夠整合到國內與國際生物多樣性保育策略之中嗎？杜德利（Dudley et al.2009: 568）警告說：「將天然聖地併入國內保護區系統之中，雖然能加強該地的保護，卻可能危害一部分的靈性價值，或甚至保育價值。」政府的涉入可能會剝奪在地社區的控制權，並使當地人逐漸遠離他們的聖地。

薩馬科夫和伯克斯（Samakov and Berkes 2016, 2017）的中亞吉爾吉斯共和國研究，證明聖地與政府保護區之間的關係非常複雜。研究地點位於伊塞克生物圈保護區（Ysyk-Köl Biosphere Reserve），園區內有一百三十多個聖地，聖地裡大多為植被（老樹、樹林）、水域（泉水、池塘、冰河、湖泊）、岩層，以及一些人因地景（如墓園）。結合兩種保護區的做法，乍看之下很有道理，因為那座生物圈保護區缺乏資金，執行力不足，與在地居民沒有交集，而聖地雖由在地管理，但也

承受各種壓力，兩者都需要政府的支持與認可。

　　這麼做似乎有可能綜合效應，在地的聖地知識可以用來提倡生物圈保護區的概念，並使在地社區瞭解保育工作的意義。聖地能連結自然與文化，形塑生物圈保護區裡（已列為聯合國教科文組織指定遺址）那些與生物多樣性及文化多樣性有關的保育工作。然而，研究團隊訪談後卻發現，受訪者完全不知道聖地與生物圈保護區之間的關聯。更驚人的是，這些受訪的政府機關代表有二十三名，除了其中兩位以外，其他都明顯不知道聖地的存在（也無任何興趣）。與此同時，當地人對於生物圈保護區的分區及規則也知之甚少，而且並不信任政府管理者，對他們抱持懷疑的態度，因此至少短期內很難展開合作，也很難將聖地納入正式的保育工作之內（Samakov and Berkes 2016）。

結合傳統知識及科學知識

　　傳統系統是否可能轉型，或是否能適應當現代的環境？傳統實踐如何逐步演進，來回應這時代面臨的壓力？我們可以透過研究不同例子當中的變遷及適應情形，瞭解傳統管理系統的限制與能力。既然永續是西方保育與原住民保育都關心的領域，那麼評估兩種系統是否能夠相輔相成的其中一種方式，就是找出一些例子，證明系統經過轉型或混合後，能達到生物、經濟與文化上的永續。本節一開始會先探討兩個過去的例子，說明區域性系統轉化的情形，接著討論現代嘗試結合兩種系統的各種方式。

　　人與自然的整個系統進行永續轉型不僅可能，而且以前確實曾經發生，其中一例就是古代印尼水稻灌溉系統的興起（Geertz 1963），其次是菲律賓的例子，透過這個例子，我們還能瞭解熱帶森林生態系統是如何一步步完全轉變成另一種系統的，最好的例子，就是康納利（Conelly 1992）的菲律賓巴拉望傳統游耕轉型稻作生產研究。轉型必須

一步步完成，先將火耕從長期休耕的火耕變成短期休耕，再變成密集的水稻灌溉生產。

目前已有不少計畫，試著將傳統科學及西方科學結合起來，範圍遍及廣闊的原住民知識領域，包含農業（Warren *et al*. 1995; Babai and Molnár 2014）、農林間作及林業（Dove 2002; Bray *et al*. 2005; Ramakrishnan 2007; Trosper 2007; Parrotta and Trosper 2012）、木材以外的森林產品（Pengally and Davidson-Hunt 2012; Davidson-Hunt *et al*. 2013）、草地保育規畫（Molnár 2012; Molnár *et al*. 2016）、環境評估（Reid *et al*. 2006）、物種基因多樣性復育（Winter and McClatchley 2009; Winter 2012），以及生態系統復育（Higgs 2005; Uprety *et al*. 2012）。

目前急速大量累積的，是傳統方法與合宜的科學與科技相互結合的經驗，包含結合傳統計數方法與現代統計模型與資料分析來管理鮭魚（Corsiglia and snively 1997）、結合傳統知識與地理資訊系統來規畫海洋保護區（Aswani and Lauer 2006b; Ban *et al*. 2008）、結合傳統知識與海星衛星追蹤技術（Huntington *et al*. 2004; Laidler *et al*. 2011），以及結合毛利人的知識與海鳥保育的生物技術（Newman and Moller 2005）。從氣象預測的一些例子可以看出，傳統生態知識與科學之間的結合，往往是尺度的問題（Reid *et al*. 2006; Gagnon and Berteaux 2009）。有人曾於布吉納法索嘗試同時利用科學與在地的方法來預測氣象（Roncoli and Ingram 2002）。科學的氣象預報可以預測區域性總雨量，在地的預報則會運用許多不同的環境指標，主要預測降雨持續時間及分布（第十章）。印度泰米爾納德邦（Tamil Nadu）的雨量不僅很低，也難以預測，拉傑（Raj 2006）在他的研究中，談到將科學雨量預測方法到引進當地農村聚落的倡議。如同布吉納法索的例子一樣，區域性預測法雖然能彌補農民手邊的資訊不足，卻未取代在地根據豐富的環境指標來預測雨量的複雜傳統。

知識在不同尺度間相輔相成整合的例子，有許多來自應用保育界。羅斯（2004）指出，泰國以國家為主的保護區科學知識及社區知識，

有各自不同的運作空間尺度，要順利推行保育工作，就需在同時不同尺度運用兩種知識。「學習方塊 11.2」有個例子，談到運用原住民杜順族（Dusun）在地知識建立馬來西亞某座國家公園植物名錄的經過，研究者本身就是杜順族人，這項與聯合國教科文組織、世界野生動物基金會、以及邱園（Kew Botanical Gardens）合作的計畫，將在地、國內與國際三個層面連結起來。計畫首先建立的是實用植物名錄，包含當地重視的甘蔗物種，結果促成雙向互動，在地人分享了他們的知識，這項計畫整體而言促進了社區經濟的發展。

學習方塊 11.2
祖傳的生態保育

根據馬丁所說，塔東（Dius Tadong）對於祖國馬來西亞的熱帶森林瞭若指掌，他任職沙巴州立森林局期間，曾在家鄉婆羅洲走遍全境各處，數年後決定回到杜順族其中一個部落，也就是自己的家鄉。杜順族是至今大部分仍依賴自然環境為生的原住民族，他們住在保護區京那巴魯國家公園（Kinabalu National Park）邊緣，這座國家公園非常大，占地 753 平方公里。塔東與村民合作，一起收集並建立植物名錄，他們進行的那項計畫，主要是希望透過提供培訓及協助，使人更瞭解保護區內的植物及植物物種的用途。

「京那巴魯國家公園的植物群非常豐富，」馬丁寫道：「應該有4000 種，第一階段是製作這些植物的名錄，先從人類覺得有實用價值的植物開始記錄，並規畫了後續藥用、食用、觀賞用植物的研究。其他五位一起採集植物的族人平時仍在村裡工作，塔東也一樣持續在田裡耕作。他們主要採集的是棕櫚樹，包含一些用來

製作藤杖的棕櫚樹，那些都是在地居民覺得重要的物種。這些樹既可食用，也是傳統藥用植物，既是屋頂建材，也能用來製作繩索、用於藝術及工藝品等⋯⋯

其他地方也進行了類似的計畫，包括玻利維亞、喀麥隆、墨西哥、烏干達及加勒比海地區，目的是為了建立以祖傳知識為本的生態意識。後來人們發現，這些與熟知森林的在地人合作進行的計畫，進行起來比以前那種研究計畫更加值得。」

文獻來源：馬丁（1993: 5）。

為了在全球化的時代維持生計而改變傳統知識

許多時候傳統知識及實踐必須不斷發展演進，原住民及其他倚賴資源的農村居民才得以為生，本節要討論的是藥用植物、熱帶農林間作、林業、特殊食物及食用野菜，以及保育發展計畫等與生計有關的幾個例子。

「學習方塊 11.3」裡祖魯族（Zulu）藥草師的例子，談的是藥用植物的馴化與保育。藥用植物供不應求時，資源危機的發生就會加速解決辦法的誕生。用來驅逐惡靈、淨化血液的 *mathithibala*（黃脂木科鷹爪草屬，*Haworthia spp.*）等物種，在苗圃出現的時候都早已消失，保育人士希望確保藥用植物未來都得以保存。但如果管理者力圖阻止過度開採，只會使其轉往地下交易，因此他們一方面邀請當地一所大學共同參與，一方面爭取一間捐款機構的資金補助，並開始栽種一些要用植物，包含祖魯王國（Zululand）北部原生、野外已相當稀有的穆蘭加十數樟（pepperbark tree）。苗圃計畫的成功，有部分可歸因於傳統藥草師的加入，他們為計畫貢獻自己的知識之後，也學到如何種植自己的植物，更甚者，他們的知識也回饋到部落之中，例如，

苗圃指導採集者削下樹皮之後，以傳統的祖魯做法來處理，將泥土覆蓋於樹木受傷之處。

學習方塊 11.3
南非祖魯族草藥師的存在是植物保育的基本要素

「充滿沙礫的烏姆拉濟（Umlazi，一個黑人城鎮）與鄰近的印度城查茨沃斯（Chatsworth）中間，勉強擠了一塊孤寂的都市綠地，這塊 220 公頃的綠地為在地保育及藥用植物交易孕育出璀璨的未來。南非第一座及最大型的藥用植物苗圃『烏姆拉濟苗圃』（Umlazi Nursery），位於德班公園管理處的銀谷自然保護區（Durban Parks Department's Silverglen Nature Reserve），苗圃裡種了 350 種植物數以千計的樣本，而且都是常見的傳統藥草……栽種植物是科學，從種子、球莖、插枝抽芽、以及高科技的組織培養繁殖，全程都在德班公園管理處的實驗室裡進行。但苗圃的成功卻取決於祖魯族藥草師擁有的神祕知識，例如：口傳奧祕傳統繼承人席爾（Mkhuluwe Cele），他能辨識已經在野外消失的重要植物，並解釋其用途。

『我好幾次因為採集保護名單內的植物，而被納塔爾公園委員會逮到，』席爾當時笑著承認說：『我看到銀谷的植物覺得很嫉妒，心裡想著，畢竟，我自己也有土可以種。』席爾原先靠著心懷感激的銀谷團隊協助，現今在自己的苗圃裡也種了數千株植物。他育有十一名子女，其中一位目前正於銀谷學習苗圃管理及民族植物學。」

文獻來源：姆巴內福（Mbanefo 1992: 11, 12）。

農林間作無論是在生態及農村經濟效益，或是生計的維持方面，都有許多人關注。從第四章可以看到，全球各地都有人實施作物、非作物及樹木等多物種的栽種方式，我們可將這些系統當作開發其他經濟發展的基礎，有些農林間作的基礎十分精細，能啟發人開始規畫一些韌性系統的開發。舉例而言，阿米悌居（2003）將印尼蘇拉維西農業生態做法與知識框架當作適應性管理的基礎時，其實是在強調學習、創新與彈性。

這種系統是如何演進的呢？東非的 vihambas 有助於我們稍微瞭解，不會破壞原始森林植被的商業農林間作是如何演進的。坦尚尼亞的查加人（Chagga）住在吉力馬札羅這座高山附近，他們混合了不同種族，每個族群都貢獻自己有的作物，久而久之就馴化了各種植物，促使他們發展出 vihamba 這種多層樹木園圃的土地利用方式，那裡具有高度生物多樣性，使訪客有如置身伊甸園（Kuchli 1996）。查加人擅於混種各種需要不同採光，且根系深度不同的植物。Vihamba 將森林裡原本就有些實用物種的區塊合併，天然森林裡的其他地方則以他們栽培的物種取代。到了世紀之交時，查加人已在 vihambas 裡成功栽種耐蔭的咖啡樹叢，將咖啡變成經濟作物。現代的查加農民單單在相當於一個足球場面積的土地上，栽培的樹種就多達 60 種。

查加人的情形並非個案，博卡熱和塞佩克口傳傳統工作坊（1997）提出的墨西哥案例與查加人的例子驚人地相似，墨西哥北部山脈南部地區的納瓦族（Nahua），擁有生物多樣性及產量十分豐富的咖啡農林間作系統。墨西哥的生物多樣性全球排名第四，國內有許多不同的傳統管理系統，以及發展神速的社區森林企業。卡斯蒂略和托萊多（Castillo and Toledo 2001）探討墨西哥農林間作系統多樣性生態意義的研究顯示，商業利用不會危害生物多樣性。新聖約翰（Nuevo San Juan）等公司都是由原住民管控、以部落為主的企業，過去逾二十年的成績記錄顯示，他們推出各種產品的同時，森林植被總面積也隨之

增加。布雷等人（2003, 2005）認為，墨西哥的社區森林管理可作為永續森林地景的全球模型。

　　雖然傳統森林相關知識已隨現代森林工業而衰微，但這種知識在世界各地，卻能用來當作各種生態系統永續利用的準則（Parrotta and Trosper 2012）。美國已將森林相關的傳統知識用於森林位置的分類學（Hummel and Lake 2015）及建立森林名錄（Emery *et al.* 2014），且特別關注傳統知識及價值觀在部落森林管理上的運用。有些例子是透過傳統與西方科學知識的整合，來建立各種理解森林的架構（Buessey *et al.* 2016）。例如，威斯康辛州管理商業森林的美諾米尼族（Menominee），一直希望能找到與美國原住民相符的一些政策與價值觀，來當作營運的準則（Trosper 2007; Menominee Tribal Enterprises 2011），「學習方塊 11.4」則概述這些政策與價值觀。

學習方塊 11.4
制訂與美國原住民價值觀相符的經濟政策：以美諾米尼族為例

美諾米尼族的森林管理原則強調要尊敬自然，他們會要求森林管理者遵守以下管理準則：

　1、生產質量兼優的木材。

　2、別將所有雞蛋放在同一個籃子裡。

　3、記得我們現在使用的森林是向子孫借的。

前兩項原則展現了團體性與相互連結性的原則。要生產質量兼優的木材，就必須等樹木長大以確保品質，但這樣就無法量產。那裡有大批老樹，這代表他們一次砍光了所有高級樹木，只留下這些等級不高的樹。所有生物都能活得好好的，是因為雞蛋（森林生產力）被分散放在不同籃子裡（物種）。森林是我們向子孫借

來的概念，其實就是「七代之約」（seventh-generation）的概念。

文獻來源：特斯伯（1995: 84）。

　　許多傳統系統是透過各種不同的利用方式，才能長久維持豐饒又具有各種功能的地景，其中有些利用方式更是十分巧妙，舉例而言，原住民能辨識逾 100 種飢荒及救命植物（Turner and Davis 1993），他們把這些植物當作特殊食物、替代食物、緊急食物、抑制飢餓及止渴食物來保存，平時不會食用。這類飢荒食物在非洲有些地方，明顯具有救命的價值（Muller and Almedom 2008）。

　　不僅原住民具備利用植物的詳盡知識，印度（Gadgil *et al.* 2000）及土耳其多處農村居民似乎也十分瞭解如何利用各種植物。位於土耳其境內的安納托利亞半島（小亞細亞），是植物多樣性的熱點。距今兩千多年前，迪奧斯克理德斯（Pedanius Dioscorides）在小亞細亞完成了藥草植物的百科全書，共有五冊。今天的鄉村居民仍保有這些傳統（Cetinkaya 2006），而科學研究也證明，那些植物具有重要的營養益處（Samancioglu *et al.* 2016）。卡爾吉奧魯等人（Kargioglu *et al.* 2010）於土耳其愛琴海中部地區所做的報告指出，根據報導人表示，他們辨識出的 964 種植物當中，有 184 種植物具有民族植物學的用途（19%），包含食用（65 種）、動物飼料（111 種）、藥用（119 種）及其他用途（70 種）。愛爾圖（Ertung 2000）指出，靠近安納托利亞中部一個新石器時代考古遺址的梅藍迪斯平原（Melendiz Plain），當地村民能辨識出 300 種實用植物，其中 100 餘種為食用野菜。愛爾圖（2000）表示，傳統植物知識會如此豐富，某部分或許可用歷史的連續性來解釋，並認為民族植物學的發現，能提供考古學家，以及藥理學家與植物學家一些線索。

　　一個人可以吃到幾種不同的野菜？食用物種這種冗餘的概念與新興的生物多樣性觀念雷同，後者主張功能重複的物種，有助於生態系

統在多變環境中維持韌性（Holling *et al.* 1995; Gunderson and Holling 2002）。有些物種更加耐旱，有些於酷寒環境中也能生存，有些火燒過後恢復迅速等，各個皆於生態系統（或維持生計的系統）中扮演不同的角色，而這類物種同時存在，構成了一種韌性。毫無疑問地，上述這些傳統用途對於維持高度生物多樣性極有幫助。「即使是低度的（人類）活動，也會改變生物多樣性的狀態」（Redford and Stearman 1993: 252），但這些活動也會產生小規模的干擾，促進生態系統更新循環、形成許多區塊並增加物種數量（第二章圖 2.1、第四章）。

保育開發計畫能在全球化經濟體系中幫助人們建立謀生之道這方面，發揮特殊的作用。在地人必須有能力在不破壞地景及環境中生物多樣性的前提下，靠環境維持生計，才能維持世界上絕大多數的生物多樣性，無論在印度、土耳其及墨西哥（Toledo *et al.* 2003; Robson and Berkes 2011）或是別處（Parrotta and Trosper 2012）都是如此。而在地知識及傳統，是否能促進同時保育與開發目標的達成呢？

我們研究過聯合國開發計畫署「赤道倡議」（Equator Initiative）資料庫裡的四十二個原住民案例，這些案例都曾入圍全球熱帶國家成功整合保育 - 開發計畫的「赤道獎」（Equator Prize）（Berkes and Adhikari 2006）。雖然有的熱帶地區鄉村居民為了維持生計，會威脅到生物多樣性的保育，但也有不少實驗利用在地資源創造經濟機會，同時保護了生物多樣性，而這些實驗皆富含教育意義。

聯合國開發計畫署這些案例顯示，那裡的商業開發及資源利用方式非常多樣化，而且經常會同時利用多種資源，而非只有一種商品。社會企業通常都是為了將社會分紅回饋給社區而成立，它們不採用功利取向的經濟模式，而是利用資源來達到經濟、環境、文化及政治等更大目標的模式，而且能帶來非常多的好處，包含能夠自決、復振文化、保護集水區及聖地、提供就業及培力（Berkes and Adhikari 2006）。有時候在全球各地參與行動的人，可能是與地方毫無感情的機會主義者

及路過的「流寇」，但聯合國開發計畫署這個例子當中的許多行動者都是草根人士，他們與在地有感情，也信奉其文化及環境價值觀。

其中一個例子，是墨西哥其中一個以社區為主的森林企業——新聖約翰原住民部落計畫（Comunidad Indigena de Nuevo San Juan project）（Castillo and Toledo 2011; Bray et al. 2003）。當時有個原住民族希望重新拿回土地的控制權，來重建自治政府，後來在生物多樣性豐富的地區，取得 11,000 餘公頃林地的控制權，並建立土地共有的制度。他們透過計畫，成立一間管理林業、林產品、觀光、農林間作及野生動物的多元社會企業。部落因計畫的實施，感受到不少裨益，包含減少人口外流、協助維持基本生活需求、擺脫赤貧、提高醫療水平、改善住宅品質，甚至因此有了住宅用水、衛生設備及電力（Orozco-Quintero 2007; Orozco-Quintero and Berkes 2010）。

某些聯合國開發計畫署的案例中，原住民在技能與方面都具有一種比較優勢，農林間作產品、藥用植物、生態觀光及生態復育等相關計畫都屬於這種例子（Berkes and Adhikari 2006）。只要談到上述領域，原住民族都能貢獻他們獨有的成果或用處，這都與他們從環境中習得的技能有關，而且外人很難學到。上述的比較優勢與席爾斯（Sears et al. 2007）小型木材公司管理的研究相呼應，巴西亞馬遜東部地區的農民利用混成知識成立一間在地木材工廠，這種小型開發的產業，某部分的基礎，就是某幾種森林的在地生態知識，以及天然更新等生態作用的管理方法。

這種經濟開發模式似乎不會造成傳統知識的流失。雖然有些研究者認為在地生態知識的流失與市場經濟擴張有關，但也有其他研究者發現，有些在地生態知識即使歷經重大社會經濟變遷，仍舊能夠屹立不搖，甚至有人發現，透過在地以開採資源為主的產業進行經濟整合，能促使人們更快學會在地生態知識。雷耶斯 - 加西亞等人（2007）發現，給薪勞動與民族植物學知識的流失有關，但以利用在地資源為

主的經濟開發，卻不會造成在地生態知識逐漸流失，若經濟開發能將透過一些方式，將人留在土地上並保有自己的文化，實際上甚至還能鞏固在地生態知識。

結論：走向傳統知識的演進理論

本章舉出的許多例子，都能導出一項重要的結論，即：原住民知識及資源管理系統並非僅是傳統，而是隨著時間演進的適應性回應，有些甚至是近代才出現的。有時不同地理區域，也會出現相似系統的演進情形（即演化生物學所謂的趨同演化），例如：全球幾乎所有熱帶地區都有游耕的例子（Brookfield and Padoch 1994; Parrotta and Trosper 2012）。有時是從某個基本管理模式，逐漸發展更為精細的其他不同形式（適應輻射），從大洋洲的礁岩及潟湖使用權制度的例子，即可看出這種現象（Johannes 1978, 2002a）。或許也與人與植物的共同演化有關，情形如夏威夷芋頭及卡瓦胡椒等植物的例子中所見（Winter and McClatchley 2009）。巴拉望水稻灌溉的例子呈現的，則是從某個生產系統轉型到另一個生產系統，使地景發生轉變的情形（Conelly 1992）。有時綜合幾種傳統及當時的商業壓力能相互結合，形成永續及完美的系統，吉力馬扎羅的 *vihambas* 即為一例（Kuchli 1996）。上述例子都顯示，適應性回應能夠解決新出現的資源管理問題，且有助於回應變遷。

這些適應方式有兩種明顯的特徵，第一，如前文所提，全世界生態系統相仿、文化不同的地方，都有極為相似的基本設計，反而有時彼此相鄰的地區做法有時卻驚人地多元。舉例而言，庫奇利（Kuchli 1996）認為，*vihambas* 是「無可匹敵的」農林間作複雜系統，但事實上並非如此，第四章裡印尼的 *pekarangan* 家庭園圃與 *vihambas* 之間有諸多相似性，而且 *vihambas* 也非獨有的咖啡農林間作系統。在奈及利亞（Warren and Pinkston 1998）、肯亞、新幾內亞（Brookfield and Padoch

1994）、墨西哥（Beaucage and Taller de Tradición Oral del Cepec 1997; Castillo and Toledo 2001; Toledo *et al.* 2003）及其他各地，都能夠找到各種不同的在地熱帶農林間作系統。

第二個特色是，適應性回應環境理解模型並非流暢平穩地逐步形成，而是偶爾有段時間發生急速轉變，但長期相對穩定地發展而成（間斷平衡，punctuated equilibrium）。巴拉望清楚說明了火耕先由長期休耕變成短期休耕，再變成密集的水稻灌溉生產，其實是斷斷續續發生的過程。麥高文等人（McGovern *et al.*1998）的維京時代的北大西洋群島殖民地研究，則提出了考古學的證據，證明急速轉變是間歇性發生的。生態系統更新及資源管理體制的發展，似乎也十分相似（Gunderson *et al.* 1995; Gunderson and Holling 2002）。

從入侵者變成在地人的轉變機制，發展方式應該也十分雷同。克里族人狩獵北美馴鹿時會仰賴經驗及口傳歷史，我偶然觀察到這些狩獵方式出現變化（第六章）之後，對這方面有了更深入的瞭解。生態知識及理解逐步累積，促使社會學習及文化演進的發生，這就是傳統生態知識主要的發展機制（第十章），但危機學習或許也能加速或影響那段過程，使那群人與其資源之間發展出新的關係。

有許多因素都會影響到知識的演進，使其變得更加複雜。雖然資源危機的經驗在某些情況中相當重要，我們也不能因此認為這是社會學習的必要或充分條件。人若要成功適應新環境，就必須觀察到並正確解讀環境的徵兆。另一個必要條件，是必須發展合宜的保育倫理，融入實踐背後的信仰系統或世界觀。長期相對穩定但偶爾有段時間急速轉變的狀態，也是發展的可能條件。目前尚未有充分的證據，能發展出倫理觀念與資源管理實踐之間關係的定律，儘管如此，我們或許仍能假設，倫理觀念在「知識－實踐－信仰複合體」當中，屬於慢速變數（slower variable），其中一條線索是，詹姆士灣克里族的陷阱獵人於 1920 及 1930 年時，明顯暫時將保育倫理觀拋諸腦後，改變了

他們的做法，造成水獺資源的枯竭。然而，法律承認他們的資源使用權之後，他們約於 1950 年之後，根據過去的倫理觀，恢復了正確的做法（Feit 1986; Berkes *et al.* 1989）。

　　如果一個族群無法度過危機或不具備解讀危機的能力，或許永遠也無法發展出他們的保育倫理。托雷斯海峽群島（Torres Strait islands）的島民或許是一個恰當的例子（Johannes and Lewis 1993）。這個族群住在特別豐饒的地區，那裡位於動物遷徙的路徑上，應該不會像許多太平洋島嶼民族那樣，有機會經歷資源枯竭的危機（Robert Johannes，個人通訊）。然而，唐娜‧關（Kwan 2005）近年來發現，有些儒艮的管理方式或許可證明，托雷斯海峽群島的島民於約翰尼斯早期完成研究之後，已發展出他們的保育措施，保育倫理在短短幾十年內就發生演進，這種情形其實很常見。阿格拉瓦爾（2005）詳細記錄了印度北部庫馬翁山（Kumaon Hills）一九二〇年代已降的森林保育演進歷程，以及在地森林管理體制的發展後發現，個人行為、團體措施、以及藉由體制發展出來的行為準則之間，存在著密切關係。

　　我們並不清楚的是，為何某些情況無法發展出保育倫理。人們常以復活節島（Diamond 2005）令人不安的例子為例，復活節島位於太平洋上更偏遠、更大的群島當中，距今一千五百年前曾被玻里尼西亞的祖先殖民過，那裡的環境退化雖是逐步發生，程度卻非常嚴重，陸地生物的流失比大洋洲其他相同面積的島嶼更加嚴重，島上的森林在距今五百五十年前幾乎已被夷為平地（Steadman 1995）。然而，太平洋地區及其他地方的許多社會與復活節島民不同，他們似乎能夠從經驗中學習，並發展出解決環境問題的正確倫理觀及做法。世界各地的鄉村居民都需要倚靠永續在地經濟維持生計，而適應力又是發展永續在地經濟的關鍵要素。即使貌似保有一些神聖性的文化（Crate 2006），傳統生態知識通常也是一種混成知識，其發展也會受到各種需求及機會的影響（Ruiz-Pérez *et al.* 2004），知識整合的過程中，會不斷進行各樣實驗（Reid

et al. 2006; Davidson-Hunt and O'Flaherty 2007; Woo *et al.* 2007; Ballard *et al.* 2008; Moller *et al.* 2009; Sileshi *et al.* 2009; Knapp *et al.*2011; Armitage *et al.* 2011）。在地知識及傳統知識能滿足開發及生計的需要（Berkes 2007），合宜又以土地為主的經濟發展機會，同樣也能滿足知識發展的需要（Reyes-Garcia *et al.* 2007）。墨西哥（Bray *et al.* 2005）及印度喀拉拉邦（Bhagwat *et al.* 2005）的經驗顯示，從在地知識及生物多樣性發展出來的經濟，或許是創造永續未來最好的選擇。

第十二章
邁向心智與自然的合一

　　自一九九〇年代初以來,國際社會對於傳統生態知識及廣義原住民知識的關注,出現了顯著增長,從學術論文的數量增長及主題多元等現象可見一斑。原住民知識從原本「世界環境與發展委員會」(WCED 1987) 只有少數人懂的概念,一躍成為〈千禧年生態系統評估〉(MA 2005; Capistrano *et al.* 2005; Reid *et al.* 2006) 及〈北極氣候衝擊評估報告〉(ACIA 2005) 二〇〇〇年代這兩大主流提倡的重要觀念。到了二〇一〇年代,「政府間氣候變遷專門委員會氣候變遷報告」(IPCC for climate change) (Miller and Erickson 2006; Nakshima *et al.* 2012; Ford *et al.* 2016) 雖然歷經一番掙扎,但仍與「跨政府生物多樣性與生態系服務保育科學政策平台」(IPBES for biodiversity conservation) 同為兩個開始探討原住民知識的全球性倡議。原住民知識文獻增長的同時,原住民知識的主題更加多元,劃分出各種主題領域及次領域 (第二章)。

　　除了原住民知識主題越趨多元之外,促進原住民知識交流的媒體工具也更加多樣化。我於一九八〇年代中期開始協助詹姆士灣克里族人編撰青年最佳狩獵法教科書 (Bearskin *et al.* 1989),當時能夠使用的媒體工具仍不多,但現在要進行這項計畫,就能建構網站、製作 DVD 及 CD、錄音帶、錄影帶,或許還能製作電子地圖集、電子海報及電子書。我們能混用這些電子工具,找出最符合知識類型及目標閱聽者的方法,以及適合交流那種知識的媒體類型 (Bonny and Berkes 2008)。閱聽者本身也形形色色,除了學者、資源管理者及決策者之外,鄉村及原住民社區本身,也會用到原住民知識研究的成果,他們實施土地及

資源代管、發表政治言論、復振文化、發展經濟及教育青年學子時，都會運用這些研究成果。西方文化的全球化代表了許多含意，包含環境及資源管理的西式作風已傳到全球各地，即使那些僅存的傳統制度十之八九逃不過歷史的宿命，我們仍能以傳統認識事物的方式為基礎，緊緊抓住瞬息萬變的世界中稍縱即逝的機會，轉型成多元、創新的混合系統（第十、十一章），並且激發新的環境代管方法，促進不同於由上而下、極權式管理的參與式草根做法。

　　世界各地傳統知識及實踐系統的多樣性在過去一百年內，都已由大一統的西方資源管理科學取代。直到幾年前，人們仍舊認為現代、理性、科學式管理系統的普及是「自然而然發展而成」的現象之一。但問題在於，西式科學資源管理即使再強大，似乎也無法遏止資源的枯竭及環境的退化。造成這種自相矛盾的原因或許是，基本上這些西式資源管理及化約科學，都是為了滿足殖民者及工業開發者功利、剝削、宰制自然的世界觀所發展出來的（Worster 1977; Gadgil and Berkes 1991）。功利主義的科學最適合把資源當作取之不盡、用之不竭，提高資源使用的效率，現今新古典經濟學理論的放任主義仍透露出這種思維。但功利主義不足以創造永續的可能，反之，我們需要一套新哲學，來承認生態的有限及人與自然實為一體的事實，並盡力滿足社會與經濟的需求。

　　或許世界觀及信仰確實很重要，就是傳統生態知識最根本的唯一啟示。幾乎所有的傳統生態知識系統，都是知識、實踐及信仰的複合體，而且幾乎人人都會接觸到某種非主流、尊重人與自然之間關係的倫理觀，或某種神聖生態學，這些都屬於傳統生態知識中信仰的部分。不僅克里族人（第五、六、七章）如此，許多其他民族亦然。舉例來說，澳洲原住民所謂「愛護族鄉」及「族鄉健康，人才會健康」的說法，即透露出這樣的關係。斐濟人的「供養我的土地，亦是我的歸屬」（*ne qau vanua*），以及「人即土地」（*na vanua na tamatu*）（Ravuvu

1987），也常出自美洲、非洲、澳洲或新幾內亞的原住民族的口。西方社會也並非絲毫沒有人與土地合一的概念，例如，如果你與蓋爾人打招呼，他們會說：「你是哪裡人？」這句話特別暗示了人與土地之間緊密的關係（Mackenzie 1998）。

認為人與自然同體的概念，可追溯到一神宗教（只有一位神）以前仍以泛神論（多神）為主的傳統，這些信仰存在於基督教出現之前的歐洲，也一度存在於聖方濟的基督教神祕主義時代（White 1967），現在或許仍可見於伊斯蘭教、印度教、佛教及道教傳統（Callicott 1994; Taylor 2005; Jenkins 2010）。雖然泛神論的宗教都已不復存在，但與它有關的世界觀卻沒那麼快消失（Johnson *et al*. 2016，及《永續科學》特刊的其他論文）。認同自然的世界觀之所以衰微，應該與多神信仰式微有關，也與一心想要控制自然並推崇功利主義、去人性化科學的科學工業國家興起有關。

生態科學占據了非常獨特的位置。雖然生態學大部分算是一種一般化約科學，卻也以更整全的方式使人重新認識地球，意識到地球是萬物相連、人類與萬物休戚與共的生態系統。然而，羅斯札克（1972: 404）的「生態學到底是末後的舊科學？抑或最新出現的新科學？」這問題仍懸而未決。這不是一個生態學者輕鬆就能回答的問題，例如，許多人不太喜歡「生態學發掘了一種不同於過去長久以來存在於人類思想之中的『魔幻世界』」這個論點（Berry 1988）。雖然李奧波（1949）是以生態學詞彙來說明土地倫理，而且他的土地倫理能用現代的韌性生態學概念及用詞來解釋（Berkes *et al*. 2012），但生態學倫理仍尚未成為生態學界的主流，或許單純是因為西方科學的定義本來就不包含倫理或信仰的層面。

然而，傳統生態知識卻包含倫理與信仰層面，而且不令人意外的是，李奧波與貝特森等諸多另類思想家，也在環境代管責任中談到價值、智慧、信仰等內容。諾頓（Norton 2005）指出，生態學既然主張

追求維持永續或韌性的規範性目標，就不可能價值中立。諾頓很期待「後實證生態學」（post-positivist ecology）的發展，這點與羅斯札克不謀而合。

本章先談傳統知識中的政治生態學考量，接著探討這在原住民族及其他依賴在地資源的邊緣族群培力過程中，扮演了什麼角色。主要論點在於，原住民知識的運用可能會改變原住民族與主流社會之間的關係，因此是一種政治。之後本章會根據一般資源管理的批判，以及適應性管理等另類環境管理方法的發展，回頭來思考傳統知識如何形成對於西方科學中實證化約主義典範的挑戰，接著再談如何從科學的角度來理解原住民知識，並進行原住民知識與西方科學後實證主義方法之間的比較。

這會導引出一個整合傳統生態知識與西方科學時的潛在問題，兩者的相互合成是否可能？以及是否理想？此處要論述的是，同時推行這兩種知識，才是產生最好的效果。與其採用那些強調宰制及控制的科學觀念，我們或許可透過複雜性理論及模糊邏輯等與代管自然觀念相符的某種整全式西方科學，來與傳統知識產生交集。最後，本章會回顧傳統生態知識的重要啟示，包含：多元概念兼容並蓄令人信服的論述、鼓勵參與、以社區為主的模式取代從上到下的資源管理方式，同時具有在生態科學及資源管理加入倫理的探討，進而恢復「心智與自然合一」（Bateson 1979）。

原住民知識的政治生態學

查平（個人通訊）認為：

> 所有「原住民知識」的討論，都鮮少會談到背後的社會、政治脈絡，這當中涉及的不僅是會產生作用的知識系統，而是包含處理方

式與之相異的社會系統，兩者信仰及價值觀不同、優先次序不同、決策系統不同。

社會科學原本要是想瞭解政治與文化複雜的人類社會與人類宰制的自然之間的關係為何，過程中衍生出了政治生態學。與政治經濟學不同的是，社會科學領域往往會忽視生態關係，將一切化約為社會建構。政治生態學擴大生態學分析的範圍，納入文化與政治，尤其是權力關係的層面（Blaikie 1985; Rocheleau 1995; Scott 1998）。

政治生態學於原住民知識的應用，原本是專注於探討他們熟悉的政治與經濟領域的行動者（actors）（利益團體或利害關係人）劃分，「國際、國內、在地利害關係的劃分，南北方的劃分、科學與政治的劃分、官方與民間的劃分，以及在地不同階級、種族及性別衍生的權力關係」（Blaikie and Jeanrenaud 1996:1）。

要解釋複雜的傳統知識議題，使之更容易理解的話，或許必須思考到以下因素：每個行動者與議題中的資源之間的關係皆不同，定義知識、生態關係及資源的方式及地理尺度也不同，不僅如此，他們的文化及經驗，都會影到這些定義，也會利用不同的定義來進行他們的「計畫」或政治企圖（Blaikie 1985; Colchester 1994; Robbins 2004）。

智慧財產權的爭議性議題，就是很有幫助的例子，有些工廠及政府為了獲得專利，會極力施壓，希望將生物製品納入智慧財產權的範圍。其中一個爭論中的議題，就是各種農作品種、每種基因，以及天然物種或生物基因工程物種相關生物化學產品私有化的問題。那如果是傳統管理系統發展出來的農作品種，或已有悠久利用傳統的物種呢？印度苦楝樹（neem tree, *Azadirachta indica*）即屬於這類物種，印度的傳統醫生及農民利用這種樹木已有數百年之久，但美國、日本的公司卻於 1985 年時，替印度苦楝製品登記了幾項專利，引發激烈的爭論，印度人控訴跨國公司沒有權利「侵占原住民做了幾百年水果

實驗的成果」（Shiva and Holla-Bhar 1993）。

印度苦楝樹的例子證明，國際、國內與在地各有不同的利害關係，南北方的利害關係也迥異。同樣地，這例子也顯示，每個行動者與議題中的資源之間的關係皆不同，定義資源的方式及地理尺度也不同，且會利用不同定義來進行他們自己的計畫。智慧財產權通常不適合用來保護在地權利，版權及專利這種西方的法律工具，也不是原住民知識容易使用的手段（Brush and Stabinsky 1996; Zerbe 2004）。我們目前仍不清楚這些不同的族群，如何能夠在國際法底下捍衛自己的智慧財產權，目前已有幾個團體能有效在普羅大眾中推廣公共利益，總部設於印度的「蜜蜂網絡」（Honey Bee Network）（SRISTI 2011）即為其中之一。一旦社區有權利獲得商業利潤，就會出現其他政治生態學的問題，由於社區本身並非均質的群體，所以地方上可能會出現涉及公平性的棘手問題。社區裡總是存在著各式各樣的利害關係，以及與資源之間存在不同關係的行動者（Agrawal 1997）。

第二個例子是，將傳統知識用加拿大北美西北部太平洋沿岸地區（NWT）環境評鑑的爭議。加拿大北部美西北部太平洋沿岸地區是加拿大第一個為了發展傳統知識利用政策而建立的管轄區，採納工作小組報告（Legat 1991）的建議：「要瞭解天然環境及其資源、天然資源的利用，以及人與土地之間與人際之間的關係時，原住民傳統知識是很有根據又必要的情報來源。」獲得當地政府採納，環境評鑑小組也向代表公司（必和必拓礦業公司，BHP Diamonds Inc.）發布一道命令，規定評估挖礦計畫時必須平等重視傳統知識與科學（Stevenson 1996），落實了這項政策。

霍華德和威多森（Howard and Widdowson 1996）隨後就起而反對這道命令，以及命令背後延伸的意義，在加拿大的公共政策領域，引發傳統知識本質及角色的激烈辯論。霍華德和威多森（1996）主張，「傳統的靈性知識會對於環境評估造成威脅」，因為「唯靈論會使我們無法理

性地認識這個世界」。他們的結論是，傳統知識是「傳統知識顧問及原住民領袖的搖錢樹」，而且「價值不高，與知識無關」，更甚者，「關注傳統知識是出於政治動機」。

這項爭議闡釋了北方（此處以主要由原住民組成的加拿大北美西北部太平洋沿岸地區政府作為代表）與南方（表面同理原住民的擔憂與價值觀的主流歐洲 - 加拿大文化）之間的區別，同時顯示每個行動者與議題中的資源之間的關係皆不同，定義知識的方式亦不同。霍華德和威多森（1996）藉由加拿大北美西北部太平洋沿岸地區政府的傳統知識定義（「土地或靈性教導的……知識及價值觀」，加重語氣為作者所加）闡釋，唯靈論的觀點就是主要的問題所在，因為這會使主流文化認為，傳統知識是籠統、不值得認真看待的事物，當然主流價值重視的是「理性」（Berkes and Henley 1997）。

霍華德和威多森的主張引人關注的原因，某部分是因為他們針對傳統知識的信仰層面，來質疑傳統知識的正當性及應用性，這背後的假設是，其他種類的科學皆不具有任何信仰層面或文化脈絡，但這也是費耶阿本德（1987）及諾頓（2005）等哲學家駁斥的觀點。上述議題使我們聯想到霍姆斯（1996）的觀察，他表示西方人往往認為原住民的價值觀或宇宙觀只是一種「迷思」或「資料」。反對唯靈論只是詆毀傳統知識的藉口，資源管理者權力及合法性才是癥結點。這項爭議並非個案，紐西蘭也發生類似的問題，並且辯論了好幾年。狄金生（Dickison 1994: 6）寫道：「早在歐洲人移民之前，毛利人就已實踐了另一種不同的原住民科學，並且傳承給後代子孫，這說法相當動人。」但他提出的問題是，毛利人的知識要如何能與一般所定義的科學看齊呢？「答案似乎不太樂觀」，因為「毛利人取得知識的方式既不客觀（像宗教信仰一樣信賴），又不理性（混合超自然與世俗的解釋）」。但我們也看到，根據其他人所評估，毛利人的知識確實非常有辦法「與科學看齊」（Lyver 2002; Mulligan 2003; Moller et al. 2004; Newman and Moller 2005;

Stephenson and Moller 2009）。

　　若以李維史陀（1962）及費耶阿本德（1987）等思想家的觀點來回答，毛利人的科學應該就是科學，只是並非西方的科學。更重要的是，毛利人的知識或任何原住民的知識系統，雖然不必然與所有的西方科學吻合，但絕對與西方科學中的實證化約主義傳統，以及專家學者最懂的觀念不同。我們進一步探討如何運用原住民知識來培力，並指出傳統知識的運用往往也與政治非常有關。

　　對於世界上許多地方的原住民族群而言，傳統知識一直是重新找回文化知識主控權的象徵。重新取回自己的知識權已變成在地再教育及復振運主要採取的策略（Kimmerer 2002; Ross and Pickering 2002; Alcorn *et al.* 2003）。各族群的目標大抵相同，包含：取得土地與資源的控制權來發展在地經濟、取得自決權及自治權，以及有權透過他們的政治組織來代表自己（Colchester 1994; Smith 1999; Battiste and Henderson 2000），而要達到這些目標，就必須進行培力的工作。培力有各式各樣的機制，以下將討論其中兩種。第一種是繪製部落土地地圖，第二種是透過協議保障傳統知識的所有權。

　　原住民繪製的在地地圖，同時也是使他們得以達成政治目標的工具，所謂的政治目標，主要是指取得並捍衛土地與資源（Chapin and Threlkeld 2001）。殖民時代製圖師的工作，是將世界上許多地方劃為殖民地，而今天政府與跨國公司想要控制能開採石油與天然氣、水力發電、採礦及發展林業的廣闊土地時，第一步就是繪製地圖，證明這些廣大的土地都是無人居住的「渺無人煙」地區，再利用這些地圖為開發者所有權或使用權背書。世界各地的原住民族為了對抗這種情形，也開始用電腦繪製土地及資源領域的地圖（Weinstein 1993; Chapin *et al.* 2005）。「表 12.1」簡述了以下四個例子。

　　在「表 12.1」所有例子當中，傳統知識的利用都是出於政治目的，因為如此就有可能改變原住民族與政府及開發者之間的權力平衡。以

表 12.1 透過反製圖培力部落的例子

族群及地區	內容
加拿大努那武特及加拿大北美西北部太平洋沿岸地區的因紐特人	繪製第一張土地利用及占用情形的在地地圖，是在加拿大北部及阿拉斯加，為了記錄原住民土地及水源利用所繪（Freeman 1976, 2001; Riewe 1992）。 這張結合各種資源及不同時期的合成地圖顯示，因紐特人幾乎都已利用過那些南方人以為「渺無人煙」的北極地區。這些地圖都是因紐特人利用《1993 年努那武特協定》（Nunavut Agreement 1993）選定的土地，後於 1999 年組織了因紐特地區的自治政府。
中美洲不同的土著民族	中美洲原住民族會失去土地，大多是因為他們無法拿出所有權的證明。巴拿馬各族因為 1992 年洪都拉斯的某項計畫開始製圖，後來尼加拉瓜與瓜地馬拉的族群也都加入，繪製他們的領域地圖，記錄那些與印度土地相似的土地利用系統及健康的森林。這些行動創造的政治聲勢，提升區域性的意識，吸引了保育團體的注意力，並迫使國家當局開始注意原住民的土地權（Chapin and Threlkeld 2001; Chapin et al. 2005）。
澳洲的原住民族	早期歐洲移民普遍認為澳洲原住民沒有自己的領域範圍，只是「漫無目的地遊蕩」。但一九七〇年代以降的研究都透露出原住民會透過生態及靈性知識，分配共用土地與資源的權利，且通常是以家族為單位（Young 1992; Kalit and Young 1997）。理解土地所有權的複雜性（Sutton 1995; Davies 1999），對於原住民族共管的規畫及實施十分重要（Ross et al. 2009）。
北美洲五大湖區的阿尼什納比人	阿尼什納比人的各個部族目前正在進行生物文化復育。例如，復育密西根州大馬尼斯蒂河（Big Manistee River）的湖鱒，有助於阿尼什納比人藉由重新認識湖鱒，來達到「過著美好又尊敬自然的生活」（baamaadziwin）的目的（Whyte et al. 2016）。許多族群都透過反製圖，相互交流一些如何主張領土權及對抗其他反對主張的想法。這些地圖有利於培力，也是促進主權發展的有力工具——但只在現行（不公平的）社會政治制度內有效（Willow 2013）。

製圖來培力的想法，符合原住民依附於土地的文化重要性。強森和拉森（Johnson and Larsen 2013: 10）所言：「脈絡對於知識而言是必要的，知識是從地方發展出來的，也通過了地方的考驗。」製圖已成為一種政治過程，也成為傳統知識研究最創新及最活躍的領域，這是因為製圖會運用到地理資訊系統及遙測等現代科技，因而刺激了相關技術的開發，也發展了以跨文化的參與方式來探討研究過程的方法（Weinstein 1993; Duerden and Kuhn 1998; Murray *et al*. 2008; 第二章表 2.2）。

第二種培力的機制，是利用協議來保障傳統知識的所有權。研究者及原住民族之間的協議是 2000 年以後才變得普遍，毛利人與紐西蘭奧塔哥大學（University of Otago）之間的協議（Moller *et al*. 2009），是最早的研究合作協議（1994-2009）之一。上述研究與毛利人捕獵 *titi* 的爭議性議題有關，*titi* 又稱灰鸌（sooty shearwater），這是毛利人能完全自己掌控的最後一種鳥類狩獵活動。當時亟需要取得 *titi* 的科學資料，這任務事關重大，而且毛利人毫無理由相信科學家，因為背後的保育生態觀才是最根本的問題。

紐西蘭以 1987 年的保育法為由，命令保育部必須依據 1840 年《懷唐伊條約》（Treaty of Waitangi）的原則，與毛利人訂定共管協議。問題在於，該法案採用的保育倫理，涉及「保存及保護……資源，以維持其固有價值」。相較之下，毛利人的保育倫理，背後依據的卻是不同的思維。毛利人認為人類與「具有人性、充滿靈性的『環境是一家人』……他們認為大地將資源慷慨贈與人類，因此使用的人類必須與自然形成互惠關係，來維持資源的長久」，同時肩負起守護的責任（Roberts *et al*. 1995: 14）。將西方人與自然二分的觀念加諸於他們身上，並特別規畫保育用地，只會使毛利人與土地更加疏遠，並疏忽自己的管理責任。

有些紐西蘭科學家與毛利人共同開發一些創意來解決僵局，他們透過共管，搭建出兩種文化之間的橋樑，創造雙方對話（Taiepa *et al*.

1997; Stephenson and Moller 2009）。在 titi 的例子中，他們發展了幾種機制來象徵彼此尊重，並保障毛利傳統知識持有者的智慧財產權，其中一種是稱作「文化保全契約」（Cultural Safety contract）的協議（見「學習方塊 12.1」）。這例子之所以特別著名，是因為爭議的原因在於保育觀。毛利人主張他們保育觀的正當性，並願意透過與大學研究者合作，來幫助主流社會瞭解。這份協議並不只是研究協定，而是能分享知識力量，同時不損及原住民知識持有者權益的工具。保育觀的衝突夾雜權利鬥爭，類似的例子世界各地俯拾皆是。研究薩摩亞的雨林保留區的考克斯和艾爾姆奎斯特（Cox and Elmqvist 1997: 84）發現，「西方保育組織意外地難以接受原住民的控制原則，他們終究不願意將決策權交給原住民族。」但隨著原住民族逐漸控制了研究者獲取資料的途徑（Mauro and Hardison 2000），且各種合作關係發展出來之後（Sheil and Lawrence 2004; Woo et al. 2007; Pearce et al. 2009; Gamborg et al. 2012; Whyte et al. 2016），這些態度也急速發生轉變。

學習方塊 12.1
紐西蘭不同知識系統間制訂互相尊重的規定

毛利人獵捕海鳥 titi 的傳統活動，雖然受到一些環保團體的施壓，遭指控是造成 titi 數量減少的原因，但紐西蘭南端的人非常支持毛利人。大學研究者研究及監測 titi 生態及狩獵情形時，與拉奇烏拉島毛利人達成合作協議，那項研究最主要的目的，是為了瞭解捕鳥人的傳統知識，後來也發現他們的知識確實非常廣博精深。奧塔哥大學的莫勒（Henrik Molle）解釋道：「捕鳥人長久以來記錄並告訴我們的這些資料，實在太令人震驚了。有位『守護者』去找她的母親，並提供記錄了四十年的脂肪計分資料及 titi

雛鳥的相對數量。」

他們擬定了一份正式的合約，清楚載明資料披露及研究得出資訊的所有權相關規定。合約保留了拉奇烏拉島毛利人對於傳統知識的智慧財產權，研究中收集的 *titi* 生態及狩獵相關科學資料由大學與毛利人共同擁有。合約也保證，為了不損及大學研究者的誠信，無論 *titi* 族群資料是否預測了這種鳥能長久存在，他們都會發表資料，並規定大學研究者必須先告知毛利人研究結果，使他們有時間在成果公開發表之前，有時間聚集並針對最後的結果共同擬定回應。平時應透過電子報，以白話文向毛利人回報研究結果。合約也保障「守護者」百分之百存取資料的權利、為徵詢第三方意見而提交資料的權利，以及抽閱與評論發表成果的權利。

文獻來源：泰培帕等人（1997）；莫雷特等人（Mollet *et al*. 2009）和莫勒（個人通訊）。

　　利用部落土地地圖以及運用協議保障傳統知識的所有權，這兩種方式對於培力、獲得土地及資源的控制權，或是達成自決皆相當重要。傳統知識的利用，必然同時涉及政治及哲學議題，接受及利用原住民知識，都可能打破一般資源管理科學對於「真理」詮釋的壟斷。這節重點在於政治生態學探討，下一節我們將轉而討論科學哲學，更仔細探究原住民知識系統與西方科學之間的差異。

原住民知識的存在，挑戰了實證化約主義典範

　　自 17 世紀初已降，實證主義（又稱邏輯實證論或理性主義）就已在科學中占主要地位，這觀點假設真實世界的背後，存在一種人們找尋普世真理的過程中所發現的永恆定律，科學的角色就是挖掘出這些真理，並以預測及控制自然為終極目標。科學包含價值中立的自然客觀事件描述，並假設科學家本身超脫世界，進行科學研究的環境也

是價值中立的（Norton 2005）。實證主義利用化約論將系統拆解成一個個零件來分析，並根據分析結果進行預測，接著再將與這世界有關的知識，綜合成脫離脈絡、空間與時間的概論與定律（Capra 1996）。

我用「實證化約主義典範」一詞，是為了強調化約論在這種思想中占了關鍵地位的重要性。本書在談這個論述時，重點會放在化約論，而非傳統生態知識的整全觀。雖然前述的實證化約主義典範的確太過簡化，少有科學家會對於上述典範的觀念照單全收，但實證化約主義已成為一般資源管理及保育思維的主流卻是事實（Berkes and Folke 1998），從紐西蘭及其他地方的例子就可見一斑。

近十年來，生態學對於複雜性及自然變異的理解與分析已有長足的進步。越來越多人認為生態系統會持續不斷地變化，因此必須發展出多元動態的思維，並關注系統的韌性（Holling 1973; Norberg and Cumming 2008; Chapin *et al.* 2009）。雖然現今有少數的生態學家會捍衛動態平衡的概念，但漁業、野生動物產業及林業還是抱持著以動態平衡為中心的「最大持續生產量」觀念，以及其他密切相關的概念。短期而言，確實很適合用「最大持續生產量」等量化的目標，來達到漁業或其他資源的有效利用，彷彿這些族群都是各自獨立於時間與空間的商品，但由於這些前提是錯誤的，所以「最大持續生產量」反而製造了問題，並阻礙了健康生態系統長久持續的永續性（Francis *et al.* 2007; Berkes 2012）。

重點在於，無論是生態學，或是一般與機械式世界觀底下發展出來，並且受到工業時代功利主義前提所影響的資源管理科學，都「對於保育資源較冷感，但對於人類開採資源的使命很有想法」（Worster 1977: 53）。管理這種資源的主管不僅是只知計算量化目標的技術官僚，也是實證化約主義典範的權威人物。這些管理者只因為這些傳統與典範不符，就排斥傳統知識及管理系統，而那些傳統皆具以下特色：知識根深柢固於在地文化之中、在地知識有時間與空間性的界線、重視

群體、自然與文化及主體與客體不分、依附在地環境，以及不將自然視為工具（Banuri and Apffel Marglin 1993）。

現代國家興起之後，國家事務複雜到一般國民無法處理，因此區分出資源利用者／管理者，以及治理對象／治理者，合理化了技術官僚及政治官僚階級的發展。權威人物會以去鑲嵌的、具普遍性、個人主義至上、自然文化及主客體二分、充滿不定性，以及視自然為工具的功利態度建立另一種系統，來取代傳統管理系統（Banuri and Apffel Marglin 1993; Norton 2005）。

資源與環境管理科學裡的這些改變，都不應該視為特例，而是要從社會與價值觀自十七世紀啟蒙時代以來發生鉅變的脈絡來看。實證化約科學的發展與工業化的出現，以及資本主義與共產主義這兩種經濟理論息息相關。科學家與經濟學家藉由科技宰制地球，承諾「為每個人創造更公平、理想、便利與豐饒的生活，但又以創造他們自己的美好生活為更優先」（Worster 1988: 11）。其實他們只是將每間企業從傳統階級制度與群體的約束中解放出來，有的是人際約束，有的是來自環境的約束（Kellert 1997），這等於使人人以為對待地球與其他人，「都不必受制於因道德情操或美感，大可直接放膽任意獨行」（Worster 1988: 11）。

他們教導人在追求個人財富時，可以將土地、資源及自己的勞動力，視為市場上的商品。根據波蘭尼（Polanyi 1964）研究，科學經濟體系的鉅變也與社會態度發生劇烈轉變息息相關。「人每天與大自然打交道的方式改變之後，從人際關係延伸出來的生態關係，也因為逐漸疏離而變得越來越具破壞性。創造了新的勞工貧困階級，利用他們來營利的資本家，也用同樣的方式，把地球當作勞動力來剝削」（Worster1988: 12）。

研究傳統知識與西方科學之間的關係時，可以透過上述的考量得出一個結論，即原住民知識系統本質上與某種西方科學不同，這裡

具體指的是實證化約主義的傳統。一開始取代傳統知識的就是這種典範，這種思維不僅堅持專家最懂，也聲稱資源利用者無法管理資源。實證化約主義的傳統既重視個人勝於群體、對自然抱持功利態度，又堅持人與自然、主體與客體二分，因此顯然不太可能作為理解原住民知識，或是整合西方科學與其他知識類型的框架。

許多西方人相信，知識都會匯流成一個統一的整體，諾爾高（Richard Norgaard）談論科學時，將知識比喻成一座座的島嶼，島嶼面積不斷增長，逼使無知之海後退。相信西方科學終將獲得勝利的人，也相信所有文化會統一以「正確」的方式來思考這個世界、人類發展及福祉的問題。舉例而言，開發派的經濟學家通常會先斷定，所有社會與經濟改變到最後，都只會採取唯一一種西方的思考方式，接著就會將「開發」輸出到非洲及同化原住民族等政策合理化。等到這些人效法西方開發與「進步」，卻發現這種方式無效之後，才發現自己應該重新建立對於未來的想像（Norgaard 1994, 2002）。

如果這些知識島嶼確實會合併，我們應該會發現，知識島嶼會在面積逐漸擴大後開始無縫接軌併在一起。然而，我們看到的卻是，有人從根本上，質疑資源與環境管理界奉為圭臬的科學舊典範。舉例而言，新古典經濟學提出的假設，都因為生態因素的影響，遇到了生物物理方面限制，強調動態平衡的供應／需求分析也經常預測失準，這些現象都促使典範的轉移。生態學與經濟學目前都處於比較混亂的狀態，因為後實證主義極有可能取代舊典範。現今的實證化約主義的典範面臨了許多挑戰，而原住民知識可能是其中之一。

實證主義與其他不同的進路：原住民知識該歸在何處？

原住民知識挑戰了何謂知識的本質。透納（1997: 560）主張，深入探究在地及原住民知識之後會發現，「這些知識絕不可能與標準的西

方見解如出一轍」，反而往往會看似「混合了知識、實踐、值得信賴的權威、靈性價值觀，以及在地社會與文化組織形成的一種知識空間」。儘管如此，傳統民族的古老智慧仍與當代自然科學與社會科學有些後實證主義進路非常切合，有時你甚至必回顧過去，才能展望未來（Berkes and Folke 2002; Turnbull 2009）。

原住民知識的基本假設，應如何與實證主義及後實證主義的觀點相互比較呢？孔恩（2007）探討了後實證主義的複雜性理論，並將之與實證主義相互比較。她除了以林肯與古巴（Lincoln and Guba 1985）作為研究基礎，也將後實證主義與另一種後實證主義的進路──社會建構論（social constructivism）（自然主義研究，naturalistic research）相互比較。「表 12.2」從孔恩（2007）區分實證主義與後實證主義的進路的五大範疇，挑出其中三大範疇，來概述原住民知識與實證主義、社會建構論及複雜性理論之間的差異。

原住民知識在真實世界的本質方面，摒棄了實證主義主張只有一種真實世界的觀點，這點與社會建構論及複雜性理論相符。同樣地，在概論方面，原住民知識也同意社會建構論和複雜性理論的主張，認為要達到實證主義所追求，那種以脫離脈絡的方式概括普世真理，基本上並不可能辦到。原住民知識絕大多數的傳統都容許以概括的方式來談尊重及互惠的重要性等價值觀，以及人類無法預測與控制自然的觀念。在價值扮演的角色方面，社會建構論、複雜性理論及原住民知識都拒絕接受科學是價值中立的主張。大多數的原住民知識傳統的觀念，可能會比社會建構論及複雜性理論更進一步，認為價值是驅使人探求知識的動力。加拿大原住民領袖暨傳統生態知識工作小組組長布魯克（Jim Bourque）以前常說：「傳統知識其實都在談道德價值觀。」

最後，「表 12.2」並未列出孔恩（2007）另外的兩組範疇，其中一組涉及認知主體（knower）與認識對象（the known）之間的關係（認識論），另一組則與因果關聯的可能性有關。從這兩點來看，原住民

知識又再度與社會建構論及複雜性理論站同一陣線，摒棄實證主義所相信的認知主體與認識對象各自獨立，以及無法區分因果之間差異等主張。

原住民知識不是一種科學哲學，至少形式上而言並非如此，而

表 12.2 實證主義與其他進路背後的基本信仰（公理）

	真實世界的 本質方面	形成概論的 可能性方面	價值扮演的 角色方面
實證主義	僅存在一種有形的真實世界，能被拆解成各自獨立的變數。	脫離時間與脈絡來形成概論確實可能辦到，因此能做出脫離時間及脈絡的真理陳述。	價值觀不會影響知識的探究，知識的探究屬於價值中立的活動。
社會建構論	世上存在多種不同建構出來的真實世界，最好能以整全的角度來研究。	初步假說絕對不能脫離時間與脈絡。	知識的探究是蘊含價值的活動，人探究知識時，會透過選擇探究過程背後的典範、收集資料背後的理論以及探討處理的各種過程，來表達他的價值觀。
複雜性理論	真實世界瞬息萬變。會自行組織而成，也會突然出現，同時存在一種及多種真實世界。	初步假說絕對不能脫離時間與脈絡，談到非常一般性的組織性原則除外。	探究的過程本來就蘊含價值觀，重點往往會放在有助於探討過程順利得出成果的價值觀。
原住民知識	真實世界難以捉摸，時常受到觀察結果的檢驗，並交符合資格的人來進行詮釋。	概論容易簡化不可知的相互關聯，因此並不鼓勵這麼做，但探討社會基本價值時除外。	知識會明顯顯露出價值觀，認識事物的方式，會受到價值觀及信仰影響，從（甸尼族的）「心腦合一」與（毛利人的）「科學有情」可見一斑。

且世界上也不只一種「原住民知識」，原住民知識意指許多不同的傳統。儘管如此，看到原住民知識（根據本書簡述的豐富素材來看）站出來清楚反對實證主義的科學固然有趣，但看到原住民知識與社會建構論，以及複雜性理論這兩種後實證科學，竟然在公理方面有許多相符之處，也同樣有趣。後實證科學是否能用來理解原住民知識，並成為兩種知識系統之間的橋樑呢？

環境管理採取的別種後實證主義的進路則以複雜性理論、系統性思考，以及漸進演變的思考進路為代表，這一派思維的應用，就是適應性管理，並且認為不確定性及意想不到的事物，全都是預期內的狀況反應（Holling 1978）。適應性管理基本上是結合各種歷史研究方法、比較研究方法及實驗方法的跨學科管理法，將問題視為一種運作複雜又難以預測，問題起因複雜的系統性問題來處理。適應性管理包含多元動態平衡的思維，也關心統整完的完整性（integrity），會將重點放在生態系統的作用過程，而非生態系統出產的產品。自然界中的生態關係除了不是線性關係之外，也橫跨時間與空間的尺度，並具有漸進演變的特性（Holling et al. 1978）。

第六、七、八章所探討的適應性管理與傳統生態知識十分吻合，也可能成為生態及資源管理領域中西方與原住民這兩種認識事物方式之間的橋樑（Berkes et al. 2000）。適應性管理屬於西方科學中整全觀傳統的一部分，雖非主流的那種傳統，但仍相當是相當重要的一環。這種整全觀的傳統包含系統理論、完形心理學、量子物理學及生態學（Capra 1996）。系統理論常等同於複雜適應系統，其中或許也包含模糊邏輯（非指卡普拉的主張）。許多這種具有整全觀的科學，或許都能作為整合西方知識與原住民知識框架。

第八、九章特別強調複雜性理論，第九章則更具體運用模糊邏輯，來理解在地及傳統制度處理複雜情況時的整全觀。本書是運用歷史／漸進演變的思考進路（第十章）來建構一套原住民知識的理論，但

在地及傳統知識談的是實踐，這也是為何他們必須保存實踐的做法，而非像博物館那樣收集一些「最佳做法」的案例（Agrawal 1995a, 2002）。因此，建構原住民知識的理論，悖離了原住民知識等於實踐的真實情況。為了那些需要倚賴複雜性理論與模糊邏輯才能理解原住民知識的西方思想家，我試著以謙卑的態度，在本書中「做理論」（do theory），但原住民知識持有者本身並不需要理論，因為理論早已被他們實踐出來了。

原住民知識持有者實踐的內容，與化約科學呈現出來的現實天差地遠，儘管如此，仍有些科學家願意聽聽傳統知識的想法。特斯伯和帕羅塔（Trosper and Parrotta 2012）提出的問題是：科學家接受了多大部分的傳統知識？而且是哪些科學家？他們先列出傳統知識要素（從「萬物相連」、「人屬於系統之中」等，到「知識主要來自實際的土地經驗」），接著一一從社會生態系統、韌性理論、永續科學及生態經濟學，以及拉圖爾（Latour 2014）的行動者網絡理論（actor-network theory）當中，檢驗哪種科學能接受哪些要素，來建構「認知階梯」（ladder of recognition）。雖然特斯伯和帕羅塔列出的科學與「表12.2」迥異，但兩者都認為，其實有幾種西方科學及人文學科都能理解並領會傳統生態知識或其觀點。

理解原住民知識之後，就會遇到如何使知識系統相互結合的問題（Reid et al. 2006）。人們一致認為，氣候變遷知識共同生產過程中的多元實證本位方法（Tengö et al. 2004）（第八章），以及同時運用在地／傳統知識與科學來實際解決問題，完全沒有任何問題（Berkes 2009; Mistry and Berardi 2016）。尤其在無法取得以前生態資料的情況下（Robertson and McGee 2003），復育計畫要成功不能單靠科學知識，因為科學知識絲毫不具備任何在地知識、經驗，以及從在地生態系統知識延伸出來的見解（Higgs 2005; Uprety et al. 2012）。其他知識相互結合的例子包含：森林管理（Bussey et al. 2016; Rist et al. 2016）、保育規畫（Nabhan and Martinez 2012）、環

境變遷監測（Kofinas *et al*. 2002; Eamer 2006）、環境決策（Gómez-Baggethun *et al*. 2013; Hernández-Morcillo *et al*. 2014），以及永續科學（Johnson *et al*.2006）。有些探討知識相互結合的研究指出，方法論中的綜合效應情形。例如，歐默等人（Ommer *et al*. 2008）證明，原住民知識及人文學科皆擅長運用敘事，而宣傳氣候變遷也擅長運用敘事的方法（Lejano *et al*. 2013）。

不過，該如何同時運用西方知識與原住民知識呢？這方面仍有許多努力的空間，但也或許不然。在某些情況當中（如：靈性修煉），或許知識整合根本不適合，也不理想（Johnson *et al*. 2016）。瑞斯威爾等人（2015）以綜合性的角度提出一套背景條件（認識論、方法論、仲介機制、治理）的類型學（typology）來結合兩種知識。希爾等人（2012）研究了二十一個澳洲的案例，建構出一套原住民投入參與的類型學，並發現原住民治理及由原住民主導共同治理的時候，最有機會發展知識整合。

企圖進行整合時，無可避免地會遇到權力共享及決策的問題。無論是本章概述的案例或第二、十、十一章分享的例子都顯示，運用原住民知識能培力在地族群，同時充實決策的知識。但原住民知識經常遭到忽視或摒棄，有時反而是原住民不太願意與西方科學家合作，或與科學家分享他們的知識。

探討氣候變遷時（第八章）及他處都曾提到，我們應認為原住民知識能彌補西方科學知識的不足，而非取代了西方科學知識。西方知識與傳統知識基礎不同，權力亦不對等，因此很難兼併。即使以其中一種整合觀的傳統來代表西方知識，這兩種知識的合併仍不可能，也不適宜。兩者本身在各自的脈絡中都有其正當性，也各有優點。我們可以同時追求這兩種知識，必要時以其中一種知識，補充另一種知識的不足之處。不少作者都藉由《兩排貝殼串珠條約》（Two Row Wampum Treaty）來譬喻兩種知識的交流情形。

《兩排貝殼串珠條約》是一條串珠帶，用來象徵荷蘭人與易洛魁

聯盟之間友誼條約，帶子上的兩條串珠，代表的是「生命之河」上並排航行的荷蘭人艦隊及易洛魁聯盟獨木舟船隊。雖然這兩隊人馬的航線一直是兩條平行線，但船上的人卻一定會相互交流，必要時也會彼此協助（Doubleday 1993; McGregor 2004; Stevenson 2006）。這種關係很接近與尊重兩種認識事物方式的完整性，同時又保有兩種知識能互相充實的可能性。金麥羅（2013）則提出另一種想像原住民智慧與科學知識能如何相互交織的方式，稱為「茅香草編織」（braiding sweetgrass），這個譬喻也十分細緻又富含深意。

向傳統知識學習

　　近年來對於傳統生態知識的關注量暴增的現象，反映出人們想要瞭解原住民的環境代管與資源利用做法相關見解的需要，也代表某部分而言，人們認為我們必須以原住民智慧為基礎，來發展新的生態倫理。將原住民認識事物的方式視為「知識 - 實踐 - 信仰複合體」，有助於我們於探究經驗知識、實踐做法、體制及世界觀的同時，也一併研究他們的動態變化。此處整理的一些傳統知識主要的啟示，共分為三大範疇，第一類探討的是原住民系統的統一性及多元性，第二種是參與式及以社區資源管理方式的重要性，第三種則是神聖生態學倫理。

• 原住民系統的統一性及多元性

　　傳統管理系統呈現出一種悖論。從一方面來說，地理區域與文化不同、生態系統相仿的傳統管理系統，會有非常相似的基本架構，如全世界熱帶森林地區的民族都有游耕的傳統，依賴海洋資源的島嶼民族也都有礁岩及潟湖使用權制度。但另一方面，他們在做法上卻有驚人的多元性，即使比鄰而居的族群亦是如此。以游耕為例，各地實際

混種的作物與詳細的運作方式都不相同，在礁岩與潟湖使用權制度的例子當中，使用規則以及開採管制機制也不同，在半乾旱地區的放牧制度中，輪牧及遷徙的具體運作則會配合當地環境，並因地而異。另外，在地實施規則時會有彈性，也可能年年不同，他們會利用生態系統顯露的跡象，透過知識的累積及精鍊來適應環境的變動，這點也相當值得注意（Berkes *et al.* 2000; Parlee *et al.* 2006）。

有些人認為傳統生態知識是在當地發展出來的知識，因此只與在地人切身相關，這觀念非常狹隘，因為有許多做法在各種不同的生態系統中皆非常普遍，甚至可稱之為法則，如（游耕系統及用火管理的）干擾生態學、開採區域輪流開放，以及領域制度的運用。甸尼族以監測北美馴鹿脂肪含量進行品質管理，這種做法不僅出現於鄰近區域及有親屬關係的民族當中，從阿拉斯加省到拉不拉多省的北美洲也都能看到。紐西蘭毛利人獵捕海鳥的系統，也包含藉由脂肪含量的監測整合生態系統各項資訊的方式，這代表有些在地發展出來的做法，有可能成為普遍的管理法則。

上述結果都與歷史及演進發展觀點吻合，這種觀點主張原住民資源管理系統不僅是傳統而已，而是隨著時間演變而來的適應性回應，同時也是本書主要論點之一。學者長久以來都極少關注傳統知識系統的演進，但目前已有相關證據，能顯示演化生物學家所謂趨同演化、適應輻射、共同演化、間斷平衡情形的存在。第六章證明，透過改變管理實踐與世界觀所形成的適應性回應，或許可透過有時由資源危機所觸發的社會學習及文化演進來解釋。第十、十一章特別強調在地知識如何透過各種機制而精鍊，成為歷經時間考驗、代代傳承的傳統知識，同時在過程中不斷試驗及學習。

西方科學能夠從中學習的是，或許我們應該建立一種接納另類思維的資源管理系統，與其固守某些觀念，我們更需要能與這世界各種不同想法共存的一種科學（Miller *et al.* 2008）。要做到這點就必須明確承

認，西方科學中有許多模型，「不能只有符合某種前後連貫的單一理解……，而是概念多元論」（Norgaard 1994: 96）。所謂多元論，意指有各式各樣的觀看、思考、進行方式（Howitt 2001），其中可能包含各種認識事物的方式，如西方以外對於某些生態系統的認識，以及西方以外詮釋該知識的觀點。西方知識是西方文化的產物，因此僅能代表一種觀點。認識事物的方式千奇百怪，並無放諸四海皆準的方式，能決定知識的正確性。對於某些人而言，這無疑是與實證科學的一般智慧背道而馳的爭議性觀點。

• 參與式社區資源管理

傳統制度的第二個啟示，是以社區為主體來推動實踐與規則發展的重要性，這同時也意味著，現代資源管理必須結合參與式的方法。目前有證據顯示，社區自主建立體制同時建構可持續實踐的知識，已是一種整體趨勢。然而，第十章中那些例子也顯示，即使在地知識的發展雖是必要條件，通常卻不是永續發展的充分條件。

森林、放牧地、野生動物及漁場等共有資源的共有地權利定義，才是背後根本的問題（Ostrom et al. 2002）。世界上許多不同地方的財產權，皆從以前的共用財產（開採與管理權利皆由同一群人掌握），逐漸變成開放取用（人人皆可取用）（Johannes 1978; Nayak and Berkes 2011）。有些地方以前開採資源時會對外開放，而且不重視永續發展，此時恢復傳統資源使用權制度，就能創造財產權建立的條件。一旦建立財產權並制訂資源利用規則之後，任何管理行動的成本及效益都將由同一個人或同一群人來承擔／享有，此即成為他們想要保護資源的誘因。

鄉村與傳統民族實施保育工作與否原因，是取決於上述的基礎論點，原因不在於某一群人原本就應該是或不是保育人士。傳統民族如同其他所有民族一樣，都會對誘因產生反應。一般來說，人會保育生物多樣性保育或是注重資源的永續利用，關鍵都在於是否能兼顧個人

利益與社會制裁。資源權若能兼顧責任義務，同時配合維護這些權利的公共資源管理系統，那麼無論是何處的保育倫理，都能變得更加穩固（Berkes 1989a; Trosper 2009; Painemilla *et al.* 2010）。

傳統制度刺激了新興管理科學的產生，開放利用資源的人參與管理工作，實施益於從上到下集權資源管理的在地方式（Berkes 2015），同時應儘量採用當地的管理方式，政府無須太多控制，這麼做有助於使資源管理更加人性化，處理到在地需求，並顧及在地知識、做法及價值觀。要促進在地參與決策，必須先透過對於土地的認識及文化地景的理解（Suchet-Pearson and Howitt 2006; Davidson-Hunt *et al.* 2016）來培養一些能力（Sen 1999）。社會學習不僅是結合參與式方法與適應性管理的關鍵（Armitage *et al.* 2007），對於培養面對社會及環境變遷的適應性能力也極為重要（Armitage *et al.* 2011）。

原住民族的培力特別需要運用傳統知識。從澳洲內陸到巴西亞馬遜地區，原住民已越來越意識到資源枯竭的情形，並要求一起參與管理決策。原住民可透過運用傳統知識形成一套機制或切入點，來實施共管並運作自治政府，並於決策過程中結合在地人的價值觀（King 2004; Ross *et al.* 2009; Premauer and Berkes 2015）。尊重原住民知識及管理系統，創造了公平競爭的環境，同時有助於找出對抗專家主導的實證科學的新平衡。

• 神聖生態學倫理

傳統制度的第三個啟示，與建立新生態及資源管理倫理原則的潛力有關。目前已有多位學者舉出西方「知識 - 實踐 - 信仰複合體」的缺點，但傳統知識有能力解決其中幾個問題，解決方法包含恢復心智與自然的合一、意識到環境本質既非線性又相當複雜、處理自我認同與周圍世界疏離的問題，並恢復以倫理道德建立的世界觀。

將自然與文化結合，重新將人類整合到生態系統之中，或貝特

森所謂的「心智與自然合一」狀態，或許是面對上述挑戰的基石。雖然貝特森本身並未探討過原住民知識，但他確實透過親身的大洋洲人類學研究經驗，認識過原住民認識事物的方式。他提出的神聖性概念（Bateson and Bateson 1987: 2）與世上許多原住民及其他民族的神聖生態學實踐不謀而合。這種神聖生態學基本上教導的，就是世界觀的重要性。實證科學雖然聲稱並未承載任何價值，但事實卻與之相反。如果「人宰制自然」觀念象徵實證主義的典範，那麼「生命共同體」的世界觀就象徵神聖生態學。有幾種生態學接受後者的概念，但大多數的現代生態學仍運用化約論的思維，這對於心智與自然的合一毫無幫助。

困難在於應如何發展拒絕接受唯物傳統，並質疑牛頓機械論的生態系統觀的後實證生態學，反對主張生態系統是由太陽驅動的巨大齒輪系統。各個不同族群，從北美洲副北極地區的克里族與甸尼族，到南太平洋地區的毛利人及斐濟人，他們的原住民知識系統都屬於另類的生態系統觀，這種生態系統觀充滿了生命及靈性，融合了屬於那塊土地並與其他生物能和平共存的人。

在許多原住民的觀點中，這種共存的思維並不反對人利用資源。李奧波（1949）談土地倫理時，主張人類的道德應包含自然，但動物無須對人類盡任何義務。相反地，詹姆士灣克里族（第五章所述）與北美洲，以及其他一般原住民族倫理觀都認為，人與自然之間不是單向的關係，反而有明顯的互惠關係，動物有義務供養人類，而人類應以尊敬及其他合宜的行為回報（Callicott 1994; Preston 2002）。

有些作者拒絕接受原住民族的倫理觀，批評他們是人類中心主義，只知利用自然，誤以為那是一種功利主義。許多原住民倫理系統，並不僅包含人類與自然間的互惠關係，這點使原住民倫理觀與功利主義之間存在鮮明的差異，因為後者摒除道德的觀念，將自然視為商品。傳統生態知識建構新的生態倫理觀的同時，也消弭了功利主義

的工具性價值，以及生物中心主義的固有價值之間的鴻溝。傳統知識與第三種價值觀，亦即關係性價值觀一致，所有人與自然的關係皆屬於關係性價值。這些關係性價值「雖然不存在於事物之中，卻是從人與自然的關係及責任義務衍生出來的」（Chan *et al.* 2016: 1462; Tadaki *et al.*2017）。

　　神聖生態學的範圍包含生態科學、環境科學與永續科學外圍的各種意義與價值，李奧波的土地倫理、環境倫理、深層生態學、蓋亞假說、戀地情節、生態分區主義，以及愛生哲學／生命之愛等環境倫理，都在探究生態科學中欠缺的個人意義及生態神聖性。許多原住民傳統的「知識 - 實踐 - 信仰複合體」都蘊含一種智慧，能明顯或暗中啟發許多想法，使人明白背後那更大的核心意義與美感，以及人類在其中所處的位置。

參考書目

Acheson, J. M. 1975. "The lobster fiefs": economic and ecological effects on territoriality in the Maine lobster industry. *Human Ecology* 3: 183–207.

Acheson, J. M. 2003. *Capturing the Commons. Devising Institutions to Manage the Maine Lobster Industry*. Lebanon, NH: University Press of New England.

ACIA. 2005. *Arctic Climate Impact Assessment*. Cambridge: Cambridge University Press. [online]: http://www.acia.uaf.edu

Adoukonou-Sagbadja, H., A. Dansi, R. Vodouhe, and K. Akpagana. 2006. Indigenous knowledge and traditional conservation of fonio millet (*Digitaria exilis, Digitaria iburua*) in Togo. *Biodiversity and Conservation* 15: 2379–95.

Agrawal, A. 1995a. Indigenous and scientific knowledge: some critical comments. *Indigenous Knowledge and Development Monitor* 3(3): 3–6.

Agrawal, A. 1995b. Dismantling the divide between indigenous and scientific knowledge. *Development and Change* 26: 413–39.

Agrawal, A. 1997. *Community in Conservation: Beyond Enchantment and Disenchantment*. Gainesville, FL: Conservation and Development Forum Discussion Paper.

Agrawal, A. 2002. Indigenous knowledge and the politics of classification. *International Social Science Journal* 173: 287–97.

Agrawal, A. 2005. *Environmentality*. Durham, NC: Duke University Press.

Ahmed, M., A. D. Capistrano, and M. Hossain. 1997. Experience of partnership models for the co-management of Bangladesh fisheries. *Fisheries Management and Ecology* 4: 233–48.

Alcorn, J. B. 1984. *Huastec Mayan Ethnobotany*. Austin, TX: University of Texas Press.

Alcorn, J. B. 1989. Process as resource. *Advances in Economic Botany* 7: 63–77.

Alcorn, J. B. 1990. Indigenous agroforestry strategies meeting farmers' needs. In *Alternatives to Deforestation* (A. B. Anderson, ed.). New York: Columbia University Press, 141–51.

Alcorn, J. B. 1993. Indigenous peoples and conservation. *Conservation Biology* 7: 424–6.

Alcorn, J. B. 1994. Noble savage or noble state? Northern myths and southern realities in biodiversity conservation. *Ethnoecológica* 2(3): 7–19.

Alcorn, J. B. and V. M. Toledo. 1998. Resilient resource management in Mexico's forest ecosystems: the contribution of property rights. In *Linking Social and Ecological Systems* (F. Berkes and C. Folke, eds). Cambridge: Cambridge University Press, 216–49.

Alcorn, J. B., J. Bamba, S. Maisun, I. Natalia, and A. G. Royo. 2003. Keeping ecological resilience afloat in cross-scale turbulence: an indigenous social movement navigates change in Indonesia. In *Navigating Social–Ecological Systems* (F. Berkes, J. Colding, and C. Folke, eds). Cambridge: Cambridge University Press, 299–327.

Alegret, J. L. 1995. Co-management of resources and conflict management: the case of the fishermen's *confreries* in Catalonia. MARE Working Paper No. 2. Aarhus, Denmark: Aarhus University.

Alessa, L., A. Kliskey, J. Gamble, M. Fidel, G. Beaujean, and J. Gosz. 2016. The role of indigenous science and local knowledge in integrated observing systems: moving toward adaptive capacity indices and early warning systems. *Sustainability Science* 11: 91–102.

Alexiades, M. N. (ed.) 2009. *Mobility and Migration in Indigenous Amazonia*. New York and Oxford: Berghahn.

Amarasinghe, U. S., W. U. Chandrasekara, and H. M. P. Kithsiri. 1997. Traditional practices for resource sharing in an artisanal fishery of a Sri Lankan estuary. *Asian Fisheries Science* 9: 311–23.

Amend, T., J. Brown, A. Kothari, A. Phillips, and S. Stolton (eds) 2008. *Protected Landscapes and Agrobiodiversity Values*. Gland: IUCN and GTZ.

Ames, E. P. 2004. Atlantic cod stock structure in the Gulf of Maine. *Fisheries* 29(1): 10–28.

Anadón, J. D., A. Giménez, R. Ballestar, and I. Pérez. 2009. Evaluation of local ecological knowledge as a method for collecting extensive data on animal abundance. *Conservation Biology* 23: 617–625.

Anderson, E. N. 1996. *Ecologies of the Heart: Emotion, Belief, and the Environment.* New York: Oxford University Press.

Anderson, E. N. and F. M. Tzuc. 2005. *Animals and the Maya in Quintana Roo.* Tucson, AZ: University of Arizona Press.

Anderson, M. K. 2005. *Tending the Wild: Native American Knowledge and the Management of California's Natural Resources.* Berkeley, CA: University of California Press.

Anderson, M. K. and M. G. Barbour. 2003. Simulated indigenous management: a new model for ecological restoration in national parks. *Ecological Restoration* 21: 269–77.

André, N. 1989. Shamanism among the Montagnais. *Rencontre* 10(3): 5–6.

Ari, Y., A. Soykan, F. Caki, D. Tokdemir, and D. Aykir. 2005. Cultural ecology of Kaz Mountain National Park. Scientific and Technical Research Council of Turkey, Project No. Caydag—103Y105. Balikesir, Turkey.

Armitage, D. 2003. Traditional agroecological knowledge, adaptive management and the socio-politics of conservation in Central Sulawesi, Indonesia. *Environmental Conservation* 30: 79–90.

Armitage, D., F. Berkes, and N. Doubleday (eds). 2007. *Adaptive Co-management: Collaboration, Learning, and Multi-Level Governance.* Vancouver: University of British Columbia Press.

Armitage, D., F. Berkes, A. Dale, E. Kocho-Schellenberg, and E. Patton. 2011. Co-management and the co-production of knowledge: learning to adapt in Canada's Arctic. *Global Environmental Change* 21: 995–1004.

Arnakak, J. 2002. Incorporation of Inuit Qaujimanituqangit, or Inuit traditional knowledge into the Government of Nunavut. *The Journal of Aboriginal Economic Development* 3: 33–39.

Aswani, S. 1997. Troubled waters in south-western New Georgia, Solomon Islands. *Traditional Marine Resource Management and Knowledge Information Bulletin* 8: 2–16.

Aswani, S. and R. J. Hamilton. 2004. Integrating indigenous ecological knowledge and customary sea tenure with marine and social science for conservation of bumphead parrotfish (*Bolbometopon muricatum*) in the Roviana Lagoon, Solomon Islands. *Environmental Conservation* 31(1): 69–82.

Aswani S. and M. Lauer. 2006a. Benthic mapping using local aerial photo interpretation and resident taxa inventories for designing marine protected areas. *Environmental Conservation* 33: 263–73.

Aswani, S. and M. Lauer. 2006b. Incorporating fishers' local knowledge and behaviour into geographical information systems (GIS) for designing marine protected areas in Oceania. *Human Organization* 65: 80–101.

Athayde, S. F., A. Kalabi, K. Y. Ono, and M. N. Alexiades. 2009. Weaving power: displacement and the dynamics of basketry knowledge amongst the Kaiabi in the Brazilian Amazon. In *Mobility and Migration in Indigenous Amazonia* (M. N. Alexiades, ed.). New York: Berghahn, 249–70.

Atleo, E. R. (Umeek). 2004. *Tsawalk: A Nuu-chah-nulth Worldview.* Vancouver: University of British Columbia Press.

Atleo, E. R. (Umeek). 2011. *Principles of Tsawalk.* Vancouver: University of British Columbia Press.

Babai, D. and Z. Molnár. 2014. Small-scale traditional management of highly species-rich grasslands in the Carpathians. *Agriculture, Ecosystems & Environment* 182: 123–30.

Babaluk, J. A., J. D. Reist, J. D. Johnson, and L. Johnson. 2000. First records of sockeye (*Oncorhynchus nerka*) and pink salmon (*O. gorbuscha*) from Banks Island and other records of Pacific salmon in Northwest Territories, Canada. *Arctic* 53: 161–4.

Baines, G. B. K. 1989. Traditional resource management in the Melanesian South Pacific: a development dilemma. In *Common Property Resources* (F. Berkes, ed.). London: Belhaven, 273–95.

Baines, G. and E. Hviding. 1993. Traditional environmental knowledge for resource management in Marovo, Solomon Islands. In *Traditional Ecological Knowledge: Wisdom for Sustainable Development* (N. M. Williams and G. Baines, eds). Canberra: Centre for Resource and Environmental Studies, Australian National University, 56–65.

Baird, I. G. 2006. Strength in diversity: fish sanctuaries and deep-water pools in Lao PDR. *Fisheries Management and Ecology* 13: 1–8.

Balée, W. 1994. *Footprints of the Forest. Ka'apor Ethnobotany—the Historical Ecology of Plant Utilization by an Amazonian People*. New York: Columbia University Press.

Bali, A. and G. P. Kofinas. 2014. Voices of the Caribou People: a participatory videography method to document and share local knowledge from the North American human-*Rangifer* systems. *Ecology and Society* 19(2): 16. [online]: http://dx.doi.org/10.5751/ES-06327-190216

Ballard, H. L. and L. Huntsinger. 2006. Salal harvester local ecological knowledge, harvest practices and understory management on the Olympic Peninsula, Washington. *Human Ecology* 34: 529–47.

Ballard, H. L., M. E. Fernández-Giménez, and V. E. Sturtevant. 2008. Integration of local ecological knowledge and conventional science: a study of seven community-based forestry organizations in the USA. *Ecology and Society* 13(2): 37. [online]: http://www.ecologyandsociety.org/vol13/iss2/art37/

Ban, N. C., C. Picard, and A. C. J. Vincent. 2008. Moving toward spatial solutions in marine conservation with indigenous communities. *Ecology and Society* 13(1): 32. [online]: http://www.ecologyandsociety.org/vol13/iss1/art32/

Banfield, A. F. W. and J. S. Tener. 1958. A preliminary study of the Ungava caribou. *Journal of Mammalogy* 39: 560–73.

Banuri, T. and F. Apffel Marglin (eds). 1993. *Who Will Save the Forests?* London: United Nations University/Zed Books.

Barnston, G. 1861. Recollections of the swans and geese of Hudson's Bay. *Canadian Naturalist and Geologist* 6: 337–44.

Barreiro, J. 1992. The search for lessons. *Akwe:kon Journal* 9(2): 18–39.

Barrera-Bassols, N. and V. M. Toledo. 2005. Ethnoecology of the Yucatec Maya: symbolism, knowledge and management of natural resources. *Journal of Latin American Geography* 4: 9–41.

Barsh, R. L. 1997. Fire on the land. *Alternatives Journal* 23(4): 36–40.

Basso, K. H. 1972. Ice and travel among the Fort Norman Slave: folk taxonomies and cultural rules. *Language in Society* 1: 31–49.

Basso, K. H. 1996. *Wisdom Sits in Places: Landscape and Language Among the Western Apache*. Albuquerque, NM: University of New Mexico Press.

Bateson, G. 1972. *Step to an Ecology of Mind*. New York: Ballantine.

Bateson, G. 1979. *Mind and Nature: A Necessary Unity*. New York: Dutton.

Bateson, G. and M. C. Bateson. 1987. *Angels Fear: Towards an Epistemology of the Sacred*. New York: Bantam Books.

Battiste, M. and J. (Sa'ke'j) Youngblood Henderson. 2000. *Protecting Indigenous Knowledge and Heritage*. Saskatoon: Purich Publishing.

Bearskin, J., G. Lameboy, R. Matthew, J. Pepabano, A. Pisinaquan, W. Ratt, and D. Rupert. 1989. *Cree Trappers Speak* (compiled and edited by F. Berkes). Chisasibi, Quebec: Cree Trappers Association's Committee of Chisasibi and the James Bay Cree Cultural Education Centre.

Beaucage, P. and Taller de Tradición Oral del Cepec. 1997. Integrating innovation: the traditional Nahua coffee-orchard (Sierra Norte de Puebla, Mexico). *Journal of Ethnobiology* 17: 45–67.

Begossi, A. 1998. Resilience and neo-traditional populations: the *caiçaras* (Atlantic forest) and *caboclos* (Amazon, Brazil). In *Linking Social and Ecological Systems* (F. Berkes and C. Folke, eds). Cambridge: Cambridge University Press, 129–57.

Begossi, A., N. Hanazaki, and N. Peroni. 2000. Knowledge and the use of biodiversity in Brazilian hot spots. *Environment, Development and Sustainability* 2: 177–93.

Begossi, A., N. Hanazaki, and J. Y. Tamashiro 2002. Medicinal plants in the Atlantic Forest (Brazil): knowledge, use and conservation. *Human Ecology* 30: 281–99.

Begossi, A., S. V. Salivonchyk, L. G. Araujo *et al.* 2011. Ethnobiology of snappers (*Lutjanidae*): target species and suggestions for management. *Journal of Ethnobiology and Ethnomedicine* 7: 11.

Behnke, R. H., I. Scoones, and C. Kerven (eds). 1993. *Range Management at Disequilibrium: New Models of Natural Variability and Pastoral Adaptation in African Savannas*. London: Overseas Development Institute.

Belcher, B., M. Ruiz-Pérez, and R. Achdiawan. 2005. Global patterns and trends in the use and management of commercial NTFPs: implications for livelihoods and conservation. *World Development* 33: 1435–52.

Berkes, F. 1977. Fishery resource use in a subarctic Indian community. *Human Ecology* 5: 289–307.

Berkes F. 1979. An investigation of Cree Indian domestic fisheries in northern Quebec. *Arctic* 32: 46–70.

Berkes, F. 1981a. Some environmental and social impacts of the James Bay hydroelectric project, Canada. *Journal of Environmental Management* 12: 157–72.

Berkes, F. 1981b. Fisheries of the James Bay area and northern Quebec: a case study in resource management. In *Renewable Resources and the Economy of the North* (M. M. R. Freeman, ed.). Ottawa: Association of Canadian Universities for Northern Studies/Man and the Biosphere Program, 143–60.

Berkes, F. 1982. Waterfowl management and northern native peoples with reference to Cree hunters of James Bay. *Musk-Ox* 30: 23–35.

Berkes, F. 1985. Fishermen and the "tragedy of the commons." *Environmental Conservation* 12: 199–206.

Berkes, F. 1986a. Common property resources and hunting territories. *Anthropologica* 28: 145–62.

Berkes, F. 1986b. Chisasibi Cree hunters and missionaries: humour as evidence of tension. In *Actes du Dix-Septième Congrès des Algonquinistes* (W. Cowan, ed.). Ottawa: Carleton University Press, 15–26.

Berkes, F. 1987a. Common property resource management and Cree Indian fisheries in subarctic Canada. In *The Question of the Commons* (B. J. McCay and J. M. Acheson, eds). Tucson, AZ: University of Arizona Press, 66–91.

Berkes, F. 1987b. The common property resource problem and the fisheries of Barbados and Jamaica. *Environmental Management* 11: 225–35.

Berkes, F. 1988a. The intrinsic difficulty of predicting impacts: lessons from the James Bay hydro project. *Environmental Impact Assessment Review* 8: 201–20.

Berkes, F. 1988b. Environmental philosophy of the Cree people of James Bay. In *Traditional Knowledge and Renewable Resource Management in Northern Regions* (M. M. R. Freeman and L. Carbyn, eds). Edmonton: Boreal Institute, University of Alberta, 7–21.

Berkes, F. (ed). 1989a. *Common Property Resources: Ecology and Community-Based Sustainable Development.* London: Belhaven.

Berkes, F. 1989b. Cooperation from the perspective of human ecology. In *Common Property Resources: Ecology and Community-Based Sustainable Development* (F. Berkes, ed.). London: Belhaven, 70–88.

Berkes, F. 1992. Success and failure in marine coastal fisheries of Turkey. In *Making the Commons Work* (D. W. Bromley, ed.). San Francisco, CA: Institute for Contemporary Studies Press, 161–82.

Berkes, F. 1993. Traditional ecological knowledge in perspective. In *Traditional Ecological Knowledge: Concepts and Cases* (J. T. Inglis, ed.). Ottawa: Canadian Museum of Nature and the International Development Research Centre, 1–9.

Berkes, F. 1998. Indigenous knowledge and resource management systems in the Canadian subarctic. In *Linking Social and Ecological Systems* (F. Berkes and C. Folke, eds). Cambridge: Cambridge University Press, 98–128.

Berkes, F. 2007. Community-based conservation in a globalized world. *Proceedings of the National Academy of Sciences* 104: 15188–93.

Berkes, F. 2009. Indigenous ways of knowing and the study of environmental change. *Journal of the Royal Society of New Zealand* 39: 151–6.

Berkes, F. 2011. Restoring unity: the concept of social-ecological systems. In *World Fisheries: A Social-Ecological Analysis* (R. E. Ommer, R. I. Perry, K. Cochrane, and P. Cury, eds). Oxford: Wiley-Blackwell, 9–28.

Berkes, F. 2012. Implementing ecosystem-based management: evolution or revolution? *Fish and Fisheries* 13: 465–76.

Berkes, F. 2013. Religious traditions and biodiversity. *Encyclopedia of Biodiversity*, 2nd edn, Volume 6. Waltham MA: Academic Press, 380–88.

Berkes, F. 2015. *Coasts for People. Interdisciplinary Approaches to Costal and Marine Resource Management.* New York and London: Routledge.

Berkes, F. and M. MacKenzie. 1978. Cree fish names from eastern James Bay, Quebec. *Arctic* 31: 489–95.

Berkes F. and T. Gonenc. 1982. A mathematical model on the exploitation of northern lake whitefish with gill nets. *North American Journal of Fisheries Management* 2: 176–83.

Berkes, F. and A. H. Smith. 1995. Coastal marine property rights: the second transformation. In *Philippine Coastal Resources Under Stress* (M. A. Juinio-Menez and G. F. Newkirk, eds). Quezon City: University of the Philippines, 103–13.

Berkes, F. and H. Fast. 1996. Aboriginal peoples: the basis for policy-making towards sustainable development. In *Achieving Sustainable Development* (A. Dale and J. B. Robinson, eds). Vancouver: University of British Columbia Press, 204–64.

Berkes, F. and T. Henley. 1997. Co-management and traditional knowledge: threat or opportunity? *Policy Options* March: 29–31.

Berkes, F. and C. Folke (eds). 1998. *Linking Social and Ecological Systems: Management Practices and Social Mechanisms for Building Resilience.* Cambridge: Cambridge University Press.

Berkes, F. and D. Jolly. 2001. Adapting to climate change: social-ecological resilience in a Canadian western Arctic community. *Conservation Ecology* 5: 18. [online]: http://www.consecol.org/vol5/iss2/art18

Berkes, F. and C. Folke. 2002. Back to the future: ecosystem dynamics and local knowledge. In *Panarchy: Understanding Transformations in Human and Natural Systems* (L. H. Gunderson and C. S. Holling, eds). Washington, DC: Island Press, 121–46.

Berkes, F. and T. Adhikari. 2006. Development and conservation: indigenous businesses and the UNDP Equator Initiative. *International Journal of Entrepreneurship and Small Business* 3: 671–90.

Berkes, F. and I. J. Davidson-Hunt. 2006. Biodiversity, traditional management systems, and cultural landscapes: examples from the boreal forest of Canada. *International Social Science Journal* 187: 35–47.

Berkes, F. and N. J. Turner. 2006. Knowledge, learning and the evolution of conservation practice for social-ecological system resilience. *Human Ecology* 34: 479–94.

Berkes, F. and M. Kislalioglu Berkes. 2009. Ecological complexity, fuzzy logic and holism in indigenous knowledge. *Futures* 40: 6–12.

Berkes, F. and D. Armitage. 2010. Co-management institutions, knowledge and learning: adapting to change in the Arctic. *Etudes/Inuit/Studies* 34: 109–31.

Berkes, F., H. Anat, M. Esenel, and M. Kislalioglu. 1979. Distribution and ecology of *Monachus monachus* on Turkish coasts. In *The Mediterranean Monk Seal* (K. Ronald and R. Duguy, eds). Oxford: Pergamon Press, 113–27.

Berkes, F., D. Feeny, B. J. McCay, and J. M. Acheson. 1989. The benefits of the commons. *Nature* 340: 91–3.

Berkes, F., P. J. George, R. J. Preston, A. Hughes, J. Turner, and B. D. Cummins. 1994. Wildlife harvesting and sustainable regional native economy in the Hudson and James Bay Lowland, Ontario. *Arctic* 47: 350–60.

Berkes, F., C. Folke, and M. Gadgil. 1995a. Traditional ecological knowledge, biodiversity, resilience and sustainability. In *Biodiversity Conservation* (C. Perrings, K.-G. Maler, C. Folke, C. S. Holling, and B.-O. Jansson, eds). Dordrecht: Kluwer, 281–99.

Berkes, F., A. Hughes, P. J. George, R. J. Preston, B. D. Cummins, and J. Turner. 1995b. The persistence of aboriginal land use: fish and wildlife harvest areas in the Hudson and James Bay Lowland, Ontario. *Arctic* 48: 81–93.

Berkes, F., M. Kislalioglu, C. Folke and M. Gadgil. 1998. Exploring the basic ecological unit: ecosystem-like concepts in traditional societies. *Ecosystems* 1: 409–15.

Berkes, F., J. Colding, and C. Folke. 2000. Rediscovery of traditional ecological knowledge as adaptive management. *Ecological Applications* 10: 1251–62.

Berkes, F., J. Colding and C. Folke (eds). 2003. *Navigating Social-Ecological Systems: Building Resilience for Complexity and Change.* Cambridge: Cambridge University Press.

Berkes, F., T. P. Hughes, R. S. Steneck *et al.* 2006. Globalization, roving bandits and marine resources. *Science* 311: 1557–8.

Berkes, F., M. Kislalioglu Berkes, and H. Fast. 2007. Collaborative integrated management in Canada's North: the role of local and traditional knowledge and community-based monitoring. *Coastal Management* 35: 143–62.

Berkes, F., G. P. Kofinas, and F. S. Chapin, III. 2009. Conservation, community and livelihoods. In

Principles of Ecosystem Stewardship (F. S. Chapin, III, G. P. Kofinas and C. Folke, eds). New York: Springer, 129–47.

Berkes, F., N. C. Doubleday, and G. S. Cumming. 2012. Aldo Leopold's land health from a resilience point of view: Self-renewal capacity of social-ecological systems. *EcoHealth* 9: 278–87.

Berlin, B. 1973. Folk systematics in relation to biological classification and nomenclature. *Annual Review of Ecology and Systematics* 4: 259–71.

Berlin, B. 1992. *Ethnobotanical Classification: Principles of Categorization of Plants and Animals in Traditional Societies*. Princeton, NJ: Princeton University Press.

Berlin, B., D. E. Breedlove, and P. H. Raven. 1974. *Principles of Tzeltal Plant Classification: An Introduction to the Botanical Ethnography of a Mayan-Speaking People of Highland Chiapas*. New York: Academic Press.

Berry, T. 1988. *The Dream of the Earth*. San Francisco, CA: Sierra Club Books.

Bezdec, J. 1992. Fuzzy models—what are they and why? *Transactions on Fuzzy Systems* 1: 1–5.

Bhagwat, S. A. and C. Rutte. 2006. Sacred groves: potential for biodiversity management. *Frontiers in Ecology and Environment* 4: 519–24.

Bhagwat, S., C. Kushalappa, P. Williams, and N. Brown. 2005. The role of informal protected areas in maintaining biodiversity in the Western Ghats of India. *Ecology and Society* 10: 8. [online]: http://www.ecologyandsociety.org/vol10/iss1/art8/

Bhagwat, S. A., K. J. Willis, H. C. B. Birks, and R. J. Whittaker. 2008. Agroforestry: A refuge for tropical biodiversity? *Trends in Ecology & Evolution* 23: 261–7.

Bhagwat, S. A., N. Dudley, and S. R. Harrop. 2011. Religious following in biodiversity hotspots: challenges and opportunities for conservation and development. *Conservation Letters* 4: 234–40.

Bielawski, E. 1992. Inuit indigenous knowledge and science in the Arctic. *Northern Perspectives* 20(1): 5–8.

Biggs, R., M. Schlüter, and M. L. Schoon (eds). 2015. *Principles for Building Resilience: Sustaining Ecosystem Services in Social-Ecological Systems*. Cambridge: Cambridge University Press.

Bird, D. W., R. B. Bird, and C. H. Parker. 2005. Aboriginal burning regimes and hunting strategies in Australia's western desert. *Human Ecology* 33: 443–64.

Bird, R. B., D. W. Bird, B. F. Codding, C. H. Parker, and J. H. Jones. 2008. The "fire stick farming" hypothesis: Australian aboriginal foraging strategies, biodiversity, and anthropogenic fire mosaics. *Proceedings of the National Academy of Sciences* 105: 14, 796–801.

Bishop, C. A. and T. Morantz (eds). 1986. Who owns the beaver? Algonquian land tenure reconsidered. Special issue of *Anthropologica* 28(1 & 2).

Bjorkan, M. and M. Qvenild. 2010. The biodiversity discourse: categorisation of indigenous people in a Mexican bio-prospecting case. *Human Ecology* 38: 193–204.

Blackburn, T. C. and K. Anderson (eds). 1993. *Before the Wilderness: Environmental Management by Native Californians*. Menlo Park, CA: Ballena Press.

Blaikie, P. 1985. *The Political Economy of Soil Erosion in Developing Countries*. Harlow: Longman.

Blaikie, P. and S. Jeanrenaud. 1996. Biodiversity and human welfare. Geneva: United Nations Research Institute for Social Development (UNRISD) Discussion Paper No. 72.

Blanco, J. and S. M. Carrière. 2016. Sharing local ecological knowledge as a human adaptation strategy to arid environments: evidence from an ethnobotany survey in Morocco. *Journal of Arid Environments* 127: 30–43.

Boas, F. 1934. *Geographical Names of the Kwakiutl Indians*. New York: Columbia University Press.

Bocco, G. 1991. Traditional knowledge for soil conservation in Central Mexico. *Journal of Soil and Water Conservation* 46: 346–48.

Boillat, S. and F. Berkes. 2013. Perception and interpretation of climate change among Quechua farmers of Bolivia: indigenous knowledge as a resource for adaptive capacity. *Ecology and Society* 18(4): 21. [online]: http://dx.doi.org/10.5751/ES-05894-180421

Boillat, S., E. Serrano, S. Rist, and F. Berkes. 2013. The importance of place names in the search for ecosystem-like concepts in indigenous societies: an example from the Bolivian Andes. *Environmental Management* 51: 663–78.

Bonny, E. and F. Berkes. 2008. Communicating traditional environmental knowledge: addressing the diversity of knowledge, audiences and media types. *Polar Record* 44: 243–53.

Borgerhoff Mulder, M. and P. Coppolillo. 2005. *Conservation: Linking Ecology, Economics, and*

Culture. Princeton, NJ: Princeton University Press.

Borrini-Feyerabend, G. 1996. *Collaborative Management of Protected Areas: Tailoring the Approach to the Context*. Gland, Switzerland: IUCN (International Conservation Union).

Borrini-Feyerabend, G., A. Kothari, and G. Oviedo. 2004a. *Indigenous and Local Communities and Protected Areas*. Gland, Switzerland: World Commission on Protected Areas/IUCN (International Conservation Union).

Borrini-Feyerabend, G., M. Pimbert, M. T. Farvar, A. Kothari, and Y. Renard. 2004b. *Sharing Power. Learning-by-Doing in Co-management of Natural Resources Throughout the World*. Tehran: IIED and IUCN/CEESP, and Cenesta.

Boyd, R. T. (ed.). 1999. *Indians, Fire and the Land in the Pacific Northwest*. Corvallis, OR: Oregon State University Press.

Brannlund, I. and P. Axelsson. 2011. Reindeer management during colonization of Sami lands: a long-term perspective of vulnerability and adaptation strategies. *Global Environmental Change* 21: 1095–105.

Brascoupe, S. 1992. Indigenous perspectives on international development. *Akwe:kon Journal* 9(2): 6–17.

Bray, D. B., L. Merino-Perez, P. Negreros-Castillo, G. Segura-Warnholtz, J. M. Torres-Rojo, and H. F. M. Vester. 2003. Mexico's community-managed forests as a global model for sustainable landscapes. *Conservation Biology* 17: 672–7.

Bray, D. B., L. Merino-Pérez, and D. Barry (eds) 2005. *The Community Forests of Mexico: Managing for Sustainable Landscapes*. Austin, TX: University of Texas Press.

Breton, Y., D. Brown, B. Davy, M. Haughton, and L. Ovares (eds). 2006. *Coastal Resource Management in the Wider Caribbean: Resilience, Adaptation, and Community Diversity*. Ottawa: International Development Research Centre.

Brightman, R. A. 1993. *Grateful Prey: Rock Cree Human–Animal Relationships*. Berkeley, CA: University of California Press.

Brokensha, D., D. M. Warren, and O. Werner (eds). 1980. *Indigenous Knowledge Systems and Development*. Washington, DC: University Press of America.

Bromley, D. W. (ed.). 1992. *Making the Commons Work*. San Francisco, CA: Institute for Contemporary Studies Press.

Brondizio, E. S. and E. F. Moran (eds). 2013. *Human-Environment Interactions: Current and Future Directions*. Dordrecht: Springer.

Brondizio, E. S., E. Ostrom, and O. R. Young 2009. Connectivity and the governance of multilevel social-ecological systems: the role of social capital. *Annual Review of Environment and Resources* 34: 253–78.

Bronowski, J. 1978. *The Origins of Knowledge and Imagination*. New Haven, CT and London: Yale University Press.

Brook, R. K. and S. M. McLachlan. 2008. Trends and prospects for local knowledge in ecological and conservation research and monitoring. *Biodiversity Conservation* 17: 3501–12.

Brookfield, H. and C. Padoch. 1994. Appreciating agrodiversity: a look at the dynamism and diversity of indigenous fanning practices. *Environment* 36(5): 6–11, 37–45.

Brosi, B., M. Balick, R. Wolkow *et al.* 2007. Cultural erosion and biodiversity: canoe-making knowledge in Pohnpei, Micronesia. *Conservation Biology* 21: 875–9.

Brosius, J. P. 1997. Endangered forest, endangered people: environmentalist representations of indigenous knowledge. *Human Ecology* 25: 47–69.

Brosius, P. 1999. Analyses and interventions: anthropological engagements with environmentalism. *Current Anthropology* 40: 277–309.

Brosius, J. P. 2001. Local knowledges, global claims: on the significance of indigenous ecologies in Sarawak, East Malaysia. In *Indigenous Traditions and Ecology* (J. A. Grim, ed.). Cambridge, MA: Harvard University Press, 125–57.

Brown, J. E. (recorder and ed.). 1953. *The Sacred Pipe: Black Elk's Account of the Seven Rites of the Oglala Sioux*. Norman, OK: University of Oklahoma Press.

Brown, F. and Y. K. Brown (compilers). 2009. *Staying the Course, Staying Alive: Coastal First Nations Fundamental Truths: Biodiversity, Stewardship and Sustainability*. [online]: http://www.biodiversitybc.org

Brown, J. and A. Kothari. 2011. Traditional agricultural landscapes and community conserved areas: an overview. *Management of Environmental Quality* 22: 139–53.

Brush, S. and D. Stabinsky. 1996. *Valuing Local Knowledge: Indigenous People and Intellectual Property Rights*. Washington, DC: Island Press.

Bruun, O. and A. Kalland (eds). 1995. *Asian Perceptions of Nature: A Critical Approach*. London: Curzon Press.

Bryan, J. 2011. Walking the line: participatory mapping, indigenous rights and neoliberalism. *Geoforum* 42: 40–50.

Buege, D. J. 1996. The ecologically noble savage revisited. *Environmental Ethics* 18: 71–88.

Bussey, J., M. A. Davenport, M. R. Emery, and C. Carroll. 2016. "A lot of it comes from the heart": the nature and integration of ecological knowledge in tribal and non-tribal forest management. *Journal of Forestry* 114: 97–107.

Butler, C. 2004. Researching traditional ecological knowledge for multiple uses. *Canadian Journal of Native Education* 28: 33–47.

Butz, D. 1996. Sustaining indigenous communities: symbolic and instrumental dimensions of pastoral resource use in Shimshal, Northern Pakistan. *Canadian Geographer* 40: 36–53.

Byg, A., J. Salick, and W. Law. 2010. Medicinal plant knowledge among lay people in five eastern Tibet villages. *Human Ecology* 38: 177–91.

Cajete, G. 2000. *Native Science: Natural Laws of Interdependence*. Santa Fe, NM: Clear Light Publishers.

Cajete, G. A. 2015. *Indigenous Community. Rekindling the Teachings of the Seventh Fire*. St. Paul, MN: Living Justice Press.

Calamia, M. A., D. I. Kline, S. Kago et al. 2010. Marine-based community conserved areas in Fiji: an example of indigenous governance and partnership. In *Indigenous Peoples and Conservation: From Rights to Resource Management* (K. Walker Painemilla, A. B. Rylands, A. Woofter, and C. Hughes, eds). Arlington, VA: Conservation International, 95–114.

Callicott, J. B. 1982. Traditional American Indian and Western European attitudes toward nature: an overview. *Environmental Ethics* 4: 293–318.

Callicott, J. B. (ed.). 1989. *In Defense of the Land Ethic: Essays in Environmental Philosophy*. Albany, NY: State University of New York Press.

Callicott, J. B. 1994. *Earth's Insights: A Survey of Ecological Ethics from the Mediterranean Basin to the Australian Outback*. Berkeley, CA: University of California Press.

Callicott, J. B. 2008. The new new (Buddhist?) ecology. *Journal for the Study of Religion, Nature and Culture* 2: 166–82.

Camou-Guerrero, A., V. Reyes-Garcia, M. Martinez-Ramos, and A. Casas. 2008. Knowledge and use value of plant species in a Rarámuri community: a gender perspective for conservation. *Human Ecology* 36: 259–72.

Capistrano, D., C. Samper, M. J. Lee, and C. Raudsepp-Hearne (eds). 2005. *Ecosystems and Human Well-being: Multiscale Assessments, Vol. 4*. Washington DC: Millennium Ecosystem Assessment and Island Press. [online]: http://www.maweb.org/en/Multiscale.aspx

Capra, F. 1982. *The Turning Point*. New York: Simon & Schuster.

Capra, F. 1996. *The Web of Life*. New York: Anchor Books, Doubleday.

Carpenter, S. R., K. J. Arrow, S. Barrett et al. 2012. General resilience to cope with extreme events. *Sustainability* 4: 3248–59.

Carroll, C. 2015. *Roots of Our Renewal: Ethnobotany and Cherokee Environmental Governance*. Minneapolis, MN: University of Minnesota Press.

Castello, L. 2003. A method to count pirarucu *Arapaima gigas*: fishers, assessment, and management. *North American Journal of Fisheries Management* 24: 379–89.

Castello, L., J. P. Viana, G. Watkins et al. 2009. Lessons from integrating fishers of Arapaima in small-scale fisheries management at the Mamirauá Reserve, Amazon. *Environmental Management* 43: 197–209.

Castillo, A. and V. M. Toledo. 2001. Applying ecology to the Third World. *BioScience* 50: 66–76.

Castro, P. 1990. Sacred groves and social change in Kirinyaga, Kenya. In *Social Change and Applied Anthropology* (M. Chaiken and A. Fleuret, eds). Boulder, CO: Westview Press, 277–89.

CCA. 2014. *Aboriginal Food Security in Northern Canada*. The Expert Panel on the State of

Knowledge of Food Security in Northern Canada. Ottawa: Council of Canadian Academies.

Ceci, L. 1978. Watchers of the Pleiades: Ethnoastronomy among native cultivators in northeastern North America. *Ethnohistory* 25: 301–17.

Cetinkaya, G. 2006. Medicinal and aromatic plants in Koprulu Canyon National Park, Turkey. *Biodiversity* 7: 31–6.

Chalmers, N. and C. Fabricius. 2007. Expert and generalist local knowledge about land-cover change on South Africa's Wild Coast: can local ecological knowledge add value to science? *Ecology and Society* 12(1): 10. [online]: http://www.ecologyandsociety.org/vol12/iss1/art10

Chambers, R. 1983. *Rural Development: Putting the Last First*. London: Longmans.

Chan, K. M. A., P. Balvanera, K. Benessaiah *et al.* 2016. Opinion: Why protect nature? Rethinking values and the environment. *Proceedings of the National Academy of Sciences* 113: 1462–5.

Chapin, F. S. III, G. P. Kofinas, and C. Folke (eds) 2009. *Principles of Ecosystem Stewardship: Resilience-based Resource Management in a Changing World*. New York: Springer-Verlag.

Chapin, F. S. III, A. F. Mark, R. A. Mitchell, and K. J. M. Dickinson. 2012. Design principles for social-ecological transformation toward sustainability: lessons from New Zealand sense of place. *Ecosphere* 3 (5): article 40; www.esajournals.org

Chapin, M. 1988. The seduction of models: Chinampa agriculture in Mexico. *Grassroots Development* 12(1): 8–17.

Chapin, M. 1991. Losing the way of the Great Father. *New Scientist* 131(1781): 40–4.

Chapin, M. and B. Threlkeld. 2001. *Indigenous Landscapes. A Study in Ethnocartography*. Arlington, VA: Center for the Support of Native Lands.

Chapin, M., Z. Lamb, and B. Threlkeld. 2005. Mapping indigenous lands. *Annual Review of Anthropology* 34: 619–38.

Chapman, M. D. 1985. Environmental influences on the development of traditional conservation in the South Pacific region. *Environmental Conservation* 12: 217–30.

Chapman, M. D. 1987. Traditional political structure and conservation in Oceania. *Ambio* 16: 201–5.

Christianty, L., O. S. Abdoellah, G. G. Marten, and J. Iskandar. 1986. Traditional agroforestry in West Java: the *pekarangan* (homegarden) and *kebun-talun* (annual-perennial rotation) cropping systems. In *Traditional Agriculture in Southeast Asia* (G. G. Marten, ed.). Boulder, CO: Westview, 132–58.

Christy, F. T. 1982. Territorial use rights in marine fisheries: definitions and conditions. Rome: FAO Fisheries Technical Paper No. 227.

Clement, D. 1995. *La Zoologie des Montagnais*. Paris: Editions Peters.

COASST. 2011. Coastal Observation and Seabird Survey Team. Seattle, WA: University of Washington [online]: http://depts.washington.edu/coasst

Cobb, D., M. Kislalioglu Berkes, and F. Berkes. 2005. Ecosystem-based management and marine environmental quality indicators in northern Canada. In *Breaking Ice* (F. Berkes, R. Huebert, H. Fast, M. Manseau, and A. Diduck, eds). Calgary: University of Calgary Press, 71–93.

Colby, B. N. 1966. Ethnographic semantics: a preliminary survey. *Current Anthropology* 7: 3–17.

Colchester, M. 1994. Salvaging nature: indigenous peoples, protected areas and biodiversity conservation. Geneva: UNRISD Discussion Paper No. 55.

Colding, J. 1998. Analysis of hunting options by the use of general food taboos. *Ecological Modelling* 110: 5–17.

Colding, J. and C. Folke. 1997. The relation between threatened species, their protection, and taboos. *Conservation Ecology* 1(1): 6. [online]: http://www.consecol.org/vol1/iss1/art6

Colding, J. and C. Folke. 2001. Social taboos: "invisible" systems of local resource management and biological conservation. *Ecological Applications* 11: 584–600.

Collier, R. and D. Vegh. 1998. Gitxsan mapping workshop. Crossing Boundaries: 7th Conference of the International Association for the Study of Common Property, June. Vancouver, British Columbia.

Colorado, P. 1988. Bridging native and western science. *Convergence* 21: 49–70.

Conelly, W. T. 1992. Agricultural intensification in a Philippine frontier community: impact on labor efficiency and farm diversity. *Human Ecology* 20: 203–23.

Conklin, H. C. 1957. Hanunoo agriculture. Report of an integral system of shifting cultivation in the Philippines. Rome: FAO Forestry Development Paper No. 5.

Coombe, R. J. 2005. Protecting traditional environmental knowledge and new social movements in the Americas. *Florida Journal of International Law* 17: 115–35.

Cordell, J. 1995. Review of traditional ecological knowledge (N. M. Williams and G. Baines, eds). *Journal of Political Ecology* 2: 43–7.

Cordova, V. F. 1997. Ecoindian: a response to J. Baird Callicott. *Ayaangwaamizin: The International Journal of Indigenous Philosophy* 1: 31–43.

Corsiglia, J. and G. Snively. 1997. Knowing home. *Alternatives Journal* 23(3): 22–7.

Costa-Pierce, B. A. 1987. Aquaculture in ancient Hawaii. *BioScience* 37: 320–30.

Costa-Pierce, B. A. 1988. Traditional fisheries and dualism in Indonesia. *Naga* 11(2): 34.

Coulthard, S. 2011. More than just access to fish: the pros and cons of fisher participation in a customary marine tenure *(padu)* system under pressure. *Marine Policy* 35: 405–12.

Couturier, S., J. Brunelle, D. Vandal, and G. St.-Martin. 1990. Changes in the population dynamics of the George River caribou herd, 1976–87. *Arctic* 43: 9–20.

Cox, M., G. Arnold, and S. Villamayor Tomás. 2010. A review of design principles for community-based natural resource management. *Ecology and Society* 15(4): 38. [online]: http://www.ecologyandsociety.org/vol15/iss4/art38

Cox, M., S. Villamayor-Tomas, and Y. Hartberg. 2014. The role of religion in community-based natural resource management. *World Development* 54: 46–55.

Cox, P. A. and T. Elmqvist. 1997. Ecocolonialism and indigenous-controlled rainforest preserves in Samoa. *Ambio* 26: 84–9.

Crate, S. A. 2006. *Cows, Kin and Globalization: An Ethnography of Sustainability*. Lanham, MD: AltaMira.

Crate, S. A. 2008. Gone the bull of winter? *Current Anthropology* 49: 569–95.

Crate, S. A. and M. Nuttall (eds). 2009. *Anthropology and Climate Change*. Walnut Cree, CA: Left Coast Press.

Cristancho, S. and J. Vining 2004. Culturally defined keystone species. *Human Ecology Review* 11: 153–64.

Crona, B. and Ö. Bodin. 2006. What you know is who you know? Communication patterns among resource users as a prerequisite for co-management. *Ecology and Society* 11(2): 7. [online]: http://www.ecologyandsociety.org/vol11/iss2/art7

Cronon, W. 1983. *Changes in the Land: Indians, Colonists, and the Ecology of New England*. New York: Hill & Wang.

Cruikshank, J. 1995. Introduction: changing traditions in northern ethnography. *The Northern Review* 14: 11–20.

Cruikshank, J. 1998. *The Social Life of Stories. Narrative and Knowledge in the Yukon Territory*. Lincoln, NB: University of Nebraska Press and Vancouver: University of British Columbia Press.

Cruikshank, J. 2001. Glaciers and climate change: perspectives from oral traditions. *Arctic* 54: 377–93.

Cruikshank, J. 2005. *Do Glaciers Listen? Local Knowledge, Colonial Encounters and Social Imagination*. Seattle, WA: University of Washington Press and Vancouver: University of British Columbia Press.

Cuerrier, A., N. J. Turner, T. C. Gomes, A. Garibaldi, and A. Downing. 2015. Cultural keystone places: conservation and restoration in cultural landscapes. *Journal of Ethnobiology* 35: 427–448.

Cullis-Suzuki, S., S. Wyllie-Echeverria, K. A. Dick, M. D. Sewid-Smith, O. K. Recalma-Clutesi, and N. J. Turner. 2015. Tending the meadows of the sea: a disturbance experiment based on traditional indigenous harvesting of *Zostera marina* L. (Zosteraceae) the southern region of Canada's west coast. *Aquatic Botany* 127: 26–34.

Cunningham, A. B. 2001. *Applied Ethnobotany: People, Wild Plant Use and Conservation*. London: Earthscan.

Cunsolo Willox, A., S. L. Harper, V. L. Edge, 'My Word' Storytelling and Digital Media Lab, and Rigolet Inuit Community Government. 2012a. Storytelling in a digital age: digital storytelling as an emerging narrative method for preserving and promoting indigenous oral wisdom. *Qualitative Research* 13: 127–47.

Cunsolo Willox, A., S. L. Harper, J. D. Ford, K. Landman, K. Houle, V. L. Edge, and Rigolet Inuit Community Government. 2012b. "From this place and of this place": climate change, sense of

place, and health in Nunatsiavut, Canada. *Social Sciences and Medicine* 75: 538–47.

Cunsolo Willox, A., S. L. Harper, J. D. Ford, V. L. Edge, K. Landman, K. Houle, S. Blake, and C. Wolfrey. 2013. Climate change and mental health: an exploratory case study from Rigolet, Nunatsiavut, Labrador. *Climatic Change* 121: 255–70.

da Cunha, M.C. 2009. *"Culture" and Culture: Traditional Knowledge and Intellectual Rights.* Chicago: University of Chicago Press and Prickly Paradigm Press.

Dasmann, R. F. 1988. Towards a biosphere consciousness. In *The Ends of the Earth* (D. Worster, ed.). Cambridge: Cambridge University Press, 277–88.

Davidson-Hunt, I. J. 2003. Indigenous lands management, cultural landscapes and Anishinaabe people of Shoal Lake, Northwestern Ontario, Canada. *Environments* 31(1): 21–42.

Davidson-Hunt, I. J. 2006. Adaptive learning networks: developing resource management knowledge through social learning forums. *Human Ecology* 34: 593–614.

Davidson-Hunt, I. J. and F. Berkes. 2003. Learning as you journey: Anishnaabe perception of social-ecological environments and adaptive learning. *Conservation Ecology* 8(1): 5. [online]: http://www.consecol.org/vol8/iss1/art5

Davidson-Hunt, I. J. and R. M. O'Flaherty. 2007. Researchers, indigenous peoples and place-based learning communities. *Society and Natural Resources* 20: 291–305.

Davidson-Hunt, I. and F. Berkes. 2010. Journeying and remembering: Anishinaabe landscape ethno-ecology from northwestern Ontario. In *Landscape Ethnoecology* (L. M. Johnson and E. S. Hunn, eds). New York and Oxford: Berghahn, 222–40.

Davidson-Hunt, I. J., P. Jack, E. Mandamin, and B. Wapioke. 2005. Iskatewizaagegan (Shoal Lake) plant knowledge: an Anishinaabe (Ojibway) ethnobotany of northwestern Ontario. *Journal of Ethnobiology* 25: 189–227.

Davidson-Hunt, I., P. Peters, and C. Burlando. 2010. Beekahncheekahmeeng Ahneesheenahbay Ohtahkeem (Pikangikum cultural landscape). Challenging the traditional concept of cultural landscape from an aboriginal perspective. In *Indigenous Peoples and Conservation: From Rights to Resource Management* (K. Walker Painemilla, A. B. Rylands, A. Woofter, and C. Hughes, eds). Arlington, VA: Conservation International, 137–44.

Davidson-Hunt, I. J., N. Deutsch, and A. M. Miller 2012. *Pimachiowin Aki Cultural Landscape Atlas: Land that Gives Life.* Winnipeg: Pimachiowin Aki Corporation.

Davidson-Hunt, I. J., C. J. Idrobo, R. D. Pengelly, and O. Sylvester. 2013. Anishinaabe adaptation to environmental change in northwestern Ontario: a case study in knowledge coproduction for nontimber forest products. *Ecology and Society* 18(4): 44. http://dx.doi.org/10.5751/ES-06001-180444

Davidson-Hunt, I. J., H. Suich, S. S. Meijer, and N. Olsen (eds). 2016. *People in Nature.* Gland, Switzerland: International Conservation Union.

Davies, J. 1999. More than "us" and "them": local knowledge and sustainable development in Australian rangelands. *Proceedings of the VI International Rangelands Congress*, 61–6.

Davis, A. and J. R. Wagner. 2003. Who knows? On the importance of identifying "experts" when researching local ecological knowledge. *Human Ecology* 31: 463–89.

Davis, A. and K. Ruddle. 2010. Constructing confidence: rational scepticism and systematic enquiry in local ecological knowledge research. *Ecological Applications* 20: 880–94.

de Freitas, C. T., G. H. Shepard, and M. T. F. Piedade. 2015. The floating forest: traditional knowledge and use of *matupá* vegetation islands by riverine peoples of the Central Amazon. *PLoS ONE* 10(4): e0122542. doi:10.1371/journal.pone.0122542

Deepananda, K. H. M. A., U. S. Amarasinghe, U. K. Jayasinghe-Mudalige, and F. Berkes. 2016. Stilt fisher knowledge in southern Sri Lanka as an expert system: a strategy towards co-management. *Fisheries Research* 174: 288–97.

Dei, G. J. S. 1992. A Ghanaian town revisited: changes and continuities in local adaptive strategies. *African Affairs* 91: 95–120.

Dei, G. J. S. 1993. Indigenous African knowledge systems: local traditions of sustainable forestry. *Singapore Journal of Tropical Geography* 14: 28–41.

Dekens, J. 2007. Local knowledge on disaster preparedness: a framework for data collection and analysis. *Sustainable Mountain Development* 52: 20–3.

Dene Cultural Institute. 1993. *Traditional Dene Environmental Knowledge: A Pilot Project Conducted*

in Ft. Good Hope and Colville Lake, NWT, *1989–1993.* Hay River, Northwest Territories: Dene Cultural Institute.

Denevan, W. M., J. M. Treacy, J. B. Alcorn, C. Padoch, J. Denslow, and S. F. Paitan. 1984. Indigenous agroforestry in the Peruvian Amazon: Bora Indian management of swidden fallows. *Interciencia* 9: 346–57.

Denslow, J. S. 1987. Tropical rainforest gaps and tree species diversity. *Annual Review of Ecology and Systematics* 18: 431–51.

De Schlippe, P. 1956. *Shifting Cultivation in Africa: The Zande System of Agriculture.* London: Routledge & Kegan Paul.

Deur, D. and N. J. Turner (eds). 2005. *"Keeping it Living": Traditions of Plant Use and Cultivation on the Northwest Coast of North America.* Seattle, WA: University of Washington Press.

Deur, D., A. Dick, K. Recalma-Clutesi, and N. J. Turner. 2015. Kwakwaka'wakw "clam gardens": motive and agency in traditional Northwest coast mariculture. *Human Ecology* 43: 201–12.

Diamond, J. 1966. Zoological classification system of a primitive people. *Science* 151: 1102–4.

Diamond, J. 1993. New Guineans and their natural world. In *The Biophilia Hypothesis* (S. R. Kellert and E. O. Wilson, eds). Washington, DC: Island Press, 251–71.

Diamond, J. 2005. *Collapse. How Societies Choose to Fail or Succeed.* New York: Penguin Books.

Díaz, S., S. Demissew, J. Carabias *et al.* 2015. The IPBES conceptual framework–connecting nature and people. *Current Opinion in Environmental Sustainability* 14: 1–16.

Dickison, M. 1994. Maori science? *New Zealand Science Monthly* May: 6–7.

Doak, D. F., V. J. Bakker, B. E. Goldstein, and B. Hale. 2014. What is the future of conservation? *Trends in Ecology & Evolution* 29: 77–81.

Dominguez, P., F. Zorondo-Rodriguez, and V. Reyes-Garcia. 2010. Relationships between religious beliefs and mountain pasture uses: a case study in the high Atlas mountains of Marrakech, Morocco. *Human Ecology* 38: 351–62.

Doubleday, N. C. 1993. Finding common ground: natural law and collective wisdom. In *Traditional Ecological Knowledge: Concepts and Cases* (J. T. Inglis, ed.). Ottawa: Canadian Museum of Nature and the International Development Research Centre, 41–53.

Dove, M. R. 1993. A revisionist view of tropical deforestation and development. *Environmental Conservation* 20: 17–24.

Dove, M. 2002. Hybrid histories and indigenous knowledge among Asian rubber smallholders. *International Social Science Journal* 173: 349–59.

Drolet, C. A., A. Reed, M. Breton, and F. Berkes. 1987. Sharing wildlife management responsibilities with native groups: case histories in Northern Quebec. *Transactions of the 52nd North American Wildlife and Natural Resources Conference*, 389–98.

Dubos, R. 1972. *A God Within.* New York: Scribner.

Dudley, N., L. Higgins-Zogib, and S. Mansourian. 2008. The links between protected areas, faiths, and sacred natural sites. *Conservation Biology* 23: 568–77.

Dudley, N., L. Higgins-Zogib, and S. Mansourian. 2009. The links between protected areas, faiths, and sacred natural sites. *Conservation Biology* 23: 568–577.

Duerden, F. and R. G. Kuhn. 1998. Scale, context and the application of traditional knowledge of the Canadian North. *Polar Record* 34: 31–8.

Duffield, C., J. S. Gardner, F. Berkes, and R. B. Singh. 1998. Local knowledge in the assessment of resource sustainability: case studies in Himachal Pradesh, India, and British Columbia, Canada. *Mountain Research and Development* 18: 35–49.

Dunbar, M. J. 1973. Stability and fragility in Arctic ecosystems. *Arctic* 26: 179–85.

Dwyer, P. D. 1994. Modern conservation and indigenous peoples: in search of wisdom. *Pacific Conservation Biology* 1: 91–7.

Dymond, J. R. 1933. Biological and oceanographic conditions in Hudson Bay. 8. The Coregonine fishes of Hudson and James bays. *Contributions to Canadian Biology and Fisheries* 8 (NS) No. 28:1–12.

Dyson-Hudson, R. and E. A. Smith. 1978. Human territoriality: an ecological assessment. *American Anthropologist* 80: 21–41.

Eamer, J. 2006. Keep it simple and be relevant: the first ten years of the Arctic Borderlands Ecological Knowledge Co-op. In *Bridging Scales and Knowledge Systems* (W. V. Reid, F. Berkes,

T. Wilbanks, and D. Capistrano, eds). Washington, DC: Island Press, 185–206. [online]: http://www.maweb.org/documents/bridging/bridging.10.pdf

Edwards, S. E. and M. Henrich. 2006. Redressing cultural erosion and ecological decline in a far North Queensland aboriginal community (Australia): the Aurukun ethnobiology database project. *Environment, Development and Sustainability* 8: 569–83.

Eira, I. M. G., C. Jaedicke, O. H. Magga, N. G. Maynard, D. Vikhamar-Schuler, and S. D. Mathiesen. 2013. Traditional Sámi snow terminology and physical snow classification—two ways of knowing. *Cold Regions Science and Technology* 85: 117–30.

Ellen, R. 1993. Rhetoric, practice and incentive in the face of the changing times. In *Environmentalism: The View from Anthropology* (K. Milton, ed.). London and New York: Routledge, 126–43.

Ellen, R. (ed.) 2007. *Modern Crises and Traditional Strategies: Local Ecological Knowledge in Island Southeast Asia*. New York and Oxford: Berghahn.

Ellen, R. F. and P. Harris. 2000. Introduction. In *Indigenous Environmental Knowledge and its Transformations* (R. F. Ellen, A. Bicker, and P. Parkes, eds). Amsterdam: Harwood, 213–51.

Ellen, R. F., P. Parkes, and A. Bicker (eds). 2000. *Indigenous Environmental Knowledge and its Transformations: Critical Anthropological Perspectives*. Amsterdam: Harwood.

Elton, C. 1942. *Voles, Mice and Lemmings: Problems in Population Dynamics*. London: Oxford University Press.

Emery, A. R. 1997. *Guidelines for Environmental Assessment and Traditional Knowledge. A Report from the Centre of Traditional Knowledge to the World Council of Indigenous People*. Ottawa: Centre for Traditional Knowledge.

Emery, M. R., A. Wrobel, M. H. Hansen *et al.* 2014. Using traditional ecological knowledge as a basis for targeted forest inventories: Paper birch (*Betula papyrifera*) in the US Great Lakes region. *Journal of Forestry* 112: 207–14.

Engel, J. R. and J. G. Engel (eds). 1990. *Ethics of Environment and Development*. London: Belhaven.

Ericksen, P. and E. Woodley. 2005. Using multiple knowledge systems in sub-global assessments: benefits and challenges. In *Ecosystems and Human Well-being: Multiscale Assessments, Vol. 4*. Washington, DC: Millennium Ecosystem Assessment and Island Press, 85–117. [online]: http://www.maweb.org/en/Multiscale.aspx

Ertug, F. 2000. An ethnobotanical study in central Anatolia, Turkey. *Economic Botany* 54: 155–82.

Evans, L. S. 2010. Ecological knowledge interactions in marine governance in Kenya. *Ocean & Coastal Management* 53: 180–91.

Evans, P. H. G. 1986. Dominica multiple land use project. *Ambio* 15: 82–9.

Evernden, N. 1993. *The Natural Alien: Humankind and Environment*, 2nd edn. Toronto: University of Toronto Press.

Eyzaguirre, P. B. and O. F. Linares (eds) 2004. *Home Gardens and Agrobiodiversity*. Washington DC: Smithsonian.

Fairhead, J. and M. Leach. 1996. *Misreading the African Landscape: Society and Ecology in a Forest-Savanna Mosaic*. Cambridge: Cambridge University Press.

Falkowski, T. B., S. A. W. Diemont, A. Chankin, and D. Douterlungne. 2016. Lacandon Maya traditional ecological knowledge and rainforest restoration: soil fertility beneath six agroforestry system trees. *Ecological Engineering* 92: 210–17.

Fals-Borda, O. 1987. The application of participatory action-research in Latin America. *International Sociology* 2: 329–47.

Fathy, H. 1986. *Natural Energy and Vernacular Architecture*. Chicago, IL: University of Chicago Press.

Fazey, I, J. A. Fazey, J. G. Salisbury *et al.* 2006. The nature and role of experiential knowledge for environmental conservation. *Environmental Conservation* 33: 1–10.

Feeny, D., F. Berkes, B. J. McCay, and J. M. Acheson, 1990. The tragedy of the commons: twenty-two years later. *Human Ecology* 18: 1–19.

Feit, H. A. 1973. Ethno-ecology of the Waswanipi Cree; or how hunters can manage their resources. In *Cultural Ecology* (B. Cox, ed.). Toronto: McClelland & Stewart, 115–25.

Feit, H. A. 1986. James Bay Cree Indian management and moral considerations of fur-bearers. In *Native People and Resource Management*. Edmonton, Alberta: Society of Professional

Zoologists, 49–65.

Feit, H. A. 1987. North American native hunting and management of moose populations. *Swedish Wildlife Research Vitlrevy Suppl.* 1: 25–42.

Feit, H. A. 1991. Gifts of the land: hunting territories, guaranteed incomes and the construction of social relations in James Bay Cree society. *Senri Ethnological Studies* 30: 223–68.

Felt, L. F. 1994. Two tales of a fish: the social construction of indigenous knowledge among Atlantic Canadian salmon fishers. In *Folk Management in the World's Fisheries* (C. L. Dyer and J. R. McGoodwin, eds). Niwot: University Press of Colorado, 251–86.

Fernández-Giménez, M. E. 2015. "A shepherd has to invent": poetic analysis of social-ecological change in the cultural landscape of the central Spanish Pyrenees. *Ecology and Society* 20(4): 29. [online]: http://dx.doi.org/10.5751/ES-08054-200429

Fernández-Giménez, M. E. and F. F. Estaque. 2012. Pyrenean pastoralists' ecological knowledge: documentation and application to natural resource management and adaptation. *Human Ecology* 40: 287–300.

Feyerabend, P. 1987. *Farewell to Reason.* London: Verso.

Fienup-Riordan, A. 1990. *Eskimo Essays.* New Brunswick, NJ and London: Rutgers University Press.

Finlay, J. A. 1995. Community-level sea use management in the Grenada beach seine fishery. Master's thesis, University of the West Indies, Cave Hill, Barbados.

Flannery, K. V., J. Marcus, and R. G. Reynolds. 1989. *The Flocks of the Wamani: A Study of Llama Herders on the Punas of Ayacucho, Peru.* San Diego, CA: Academic Press.

Ford, N. 2000. Communicating climate change from the perspective of local people: a case study from Arctic Canada. *Journal of Development Communication* 1(11): 93–108.

Ford, J. 2009. Vulnerability of Inuit food systems to food insecurity as a consequence of climate change: a case study from Igloolik, Nunavut. *Regional Environmental Change* 9: 83–100.

Ford, J. and D. Martinez. 2000. Traditional ecological knowledge, ecosystem science, and environmental management. *Ecological Applications* 10: 1249–50.

Ford, J. D. and L. Berrang-Ford. 2009. Food security in Iglooloik, Nunavut: an exploratory study. *Polar Record* 45: 225–36.

Ford, J., T. Pearce, F. Duerden, C. Furgal, and B. Smit. 2010. Climate change policy responses for Canada's Inuit population: the importance of and opportunities for adaptation. *Global Environmental Change* 20: 177–91.

Ford, J., G. McDowell, and T. Pearce. 2015. The adaptation challenge in the Arctic. *Nature Climate Change* 5: 1046–53.

Ford, J., L. Cameron, J. Rubis, M. Maillet, D. Nakashima, and A. Cunsolo Willox. 2016. Including indigenous knowledge and experience in IPCC assessment reports. *Nature Climate Change* 6: 349–53.

Fox, J. 2002. Siam mapped and mapping in Cambodia: boundaries, sovereignty, and indigenous conceptions of space. *Society and Natural Resources* 15: 65–78.

Fox, S. 2003. When the weather is *uggianaqtuq*: Inuit observations of environmental change. CD-ROM. Boulder, Colorado: Cartography Lab, Geography, University of Colorado.

Francis, D. and T. Morantz. 1983. *Partners in Furs: A History of the Fur Trade in Eastern James Bay 1600–1870.* Montreal: McGill-Queens University Press.

Francis, R. C., M. A. Hixon, M. E. Clarke, S. A Murawski, and S. Ralston. 2007. Ten commandments for ecosystem-based fisheries scientists. *Fisheries* 32: 217–33.

Fraser, D. J., T. Coon, M. R. Prince, R. Dion, and L. Bernatchez. 2006. Integrating traditional and evolutionary knowledge in biodiversity conservation: a population level case study. *Ecology and Society* 11: 4. [online]: http://www.ecologyandsociety.org/vol11/iss2/art4

Freeman, M. M. R. 1970. The birds of Belcher Islands, NWT, Canada. *The Canadian Field-Naturalist* 84: 277–90.

Freeman, M. M. R. (ed.). 1976. *Report of the Inuit Land Use and Occupancy Project.* 3 vols. Ottawa: Department of Indian and Northern Affairs.

Freeman, M. M. R. 1984. Contemporary Inuit exploitation of the sea-ice environment. In *Sikumiut: "The People Who Use the Sea Ice."* Ottawa: Canadian Arctic Resources Committee, 73–96.

Freeman, M. M. R. 1989. Gaffs and graphs: a cautionary tale in the common property resource debate. In *Common Property Resources: Ecology and Community-Based Sustainable Development*

(F. Berkes, ed.). London: Belhaven, 92–109.

Freeman, M. M. R. 1992. The nature and utility of traditional ecological knowledge. *Northern Perspectives* 20(1): 9–12.

Freeman, M. M. R. 1993a. The International Whaling Commission, small type whaling, and coming to terms with subsistence. *Human Organization* 52: 243–51.

Freeman, M. M. R. 1993b. Traditional land users as a legitimate source of environmental expertise. In *Traditional Ecological Knowledge: Wisdom for Sustainable Development* (N. M. Williams and G. Baines, eds). Canberra: Centre for Resource and Environmental Studies, Australian National University, 153–61.

Freeman, M. M. R. 2011. Looking back – and looking ahead – 35 years after the Inuit land use and occupancy project. *The Canadian Geographer* 55: 20–31.

Freeman, M. M. R. and L. N. Carbyn (eds). 1988. *Traditional Knowledge and Renewable Resource Management in Northern Regions*. Edmonton: Boreal Institute for Northern Studies, University of Alberta.

Freeman, M. M. R., Y. Matsuda, and K. Ruddle (eds). 1991. Adaptive marine resource management systems in the Pacific. Special Issue of *Resource Management and Optimization* 8(3/4): 127–245.

Friedman, J. 1992. Myth, history and political identity. *Cultural Anthropology* 7: 194–210.

Gadgil, M. 1987. Diversity: cultural and biological. *Trends in Ecology and Evolution* 2: 369–73.

Gadgil, M. and V. D. Vartak. 1976. The sacred groves of Western Ghats in India. *Economic Botany* 30(2): 152–60.

Gadgil, M. and R. Thapar. 1990. Human ecology in India: some historical perspectives. *Interdisciplinary Science Reviews* 15: 209–23.

Gadgil M. and F. Berkes. 1991. Traditional resource management systems. *Resource Management and Optimization* 8: 127–41.

Gadgil, M. and R. Guha. 1992. *This Fissured Land: An Ecological History of India*. Delhi: Oxford University Press.

Gadgil, M., F. Berkes, and C. Folke. 1993. Indigenous knowledge for biodiversity conservation. *Ambio* 22: 151–6.

Gadgil, M., P. R. Seshagiri Rao, G. Utkarsh, P. Pramod, and A. Chhatre. 2000. New meanings for old knowledge: the People's Biodiversity Registers programme. *Ecological Applications* 10: 1251–62.

Gagnon, C. A. and D. Berteaux. 2009. Integrating traditional ecological knowledge and ecological science: a question of scale. *Ecology and Society* 14(2): 19. [online]: http://www.ecologyand society.org/vol14/iss2/art19

Gallagher, C. 2002. Traditional knowledge and genetic discrimination of Lake Nipigon lake trout stocks. Master's thesis, University of Manitoba, Winnipeg.

Gamborg, C., R. Parsons, R. K. Puri, and P. Sandøe 2012. Ethics and research methodologies for the study of traditional forest-related knowledge. In *Traditional Forest-Related Knowledge* (J. A. Parrotta and R. L. Trosper, eds). New York: Springer, 535–62.

Garibaldi, A. and N. Turner. 2004. Cultural keystone species: implications for ecological conservation and restoration. *Ecology and Society* 9: 1. [online]: http://www.ecologyandsociety.org/vol9/iss3/art1

Garnett, S. T., B. Sithole, P. J. Whitehead *et al*. 2009. Healthy country, healthy people: policy implications of links between indigenous human health and environmental condition in tropical Australia. *Australian Journal of Public Administration* 68: 53–66.

Gasalla, M. A. and C. S. Diegues. 2011. People's seas: "ethno-oceanography" as an interdisciplinary means to approach marine ecosystem change. In *World Fisheries* (R. E. Ommer, R. I. Perry, K. Cochrane, and P. Cury, eds). Oxford: Wiley-Blackwell, 120–36.

Gavin, M. C., J. McCarter, A. Mead, F. Berkes, J. R. Stepp, D. Peterson, and R. Tang 2015. Defining biocultural approaches to conservation. *Trends in Ecology and Evolution* 30: 140–5.

Gearheard, S., W. Matumeak, I. Angutikjuak *et al*. 2006. "It's not that simple": a collaborative comparison of sea-ice environments, their uses, observed changes, and adaptations in Barrow, Alaska, USA, and Clyde River, Nunavut, Canada. *Ambio* 35: 203–11.

Geertz, C. 1963. *Agricultural Involution: The Process of Ecological Change in Indonesia*. Berkeley, CA: University of California Press.

Gelcich, S., T. P. Hughes, P. Olsson et al. 2010. Navigating transformations in governance of Chilean marine coastal resources. *Proceedings of the National Academy of Sciences* 107: 16, 794–9.

Geniusz, W. M. 2009. *Our Knowledge is Not Primitive. Decolonizing Botanical Anishinaabe Teachings*. Syracuse: Syracuse University Press.

Ghimire, S., D. McKey, and Y. Aumeeruddy-Thomas. 2005. Heterogeneity in ethnoecological knowledge and management of medicinal plants in the Himalayas of Nepal: implications for conservation. *Ecology and Society* 9: 6. [online]: http://www.ecologyandsociety.org/vol9/iss3/art6

Giarelli, G. 1996. Broadening the debate: the Tharaka participatory action research project. *Indigenous Knowledge and Development Monitor* 4(2): 19–22.

Glacken, C. 1967. *Traces on the Rhodian Shore: Nature and Culture in Western Thought from Ancient Times to the End of the Eighteenth Century*. Berkeley, CA: University of California Press.

Goffredo, S., F. Pensa, P. Neri et al. 2010. Unite research with what citizens do for fun: "recreational monitoring" of marine biodiversity. *Ecological Applications* 20: 2170–87.

Goldman, M. 2007. Tracking wildebeest, locating knowledge: Maasai and conservation biology understandings of wildebeest behaviour in Northern Tanzania. *Environment and Planning D* 25: 307–31.

Golley, F. G. 1993. *A History of the Ecosystem Concept in Ecology*. New Haven: Yale University Press.

Gomes, C., R. Mahon, W. Hunte, and S. Singh-Renton. 1998. The role of drifting objects in pelagic fisheries in the southeastern Caribbean. *Fisheries Research* 34: 47–58.

Gómez-Baggethun, E., V. Reyes-García, P. Olsson, and C. Montes. 2012. Traditional ecological knowledge and community resilience to environmental extremes: a case study in Doñana, SW Spain. *Global Environmental Change* 22: 640–50.

Gómez-Baggethun, E., E. Corbera, and V. Reyes-García. 2013. Traditional ecological knowledge and global environmental change: research findings and policy implications. *Ecology and Society* 18(4): 72. http://dx.doi.org/10.5751/ES-06288-180472

Gómez-Pompa, A. and A. Kaus. 1992a. Taming the wilderness myth. *BioScience* 42: 271–9.

Gómez-Pompa, A. and A. Kaus. 1992b. Letters. *BioScience* 42: 580–1.

González, N., F. Herrera, and M. Chapin. 1995. Ethnocartography in the Darién. *Cultural Survival Quarterly* winter: 31–3.

Gottesfeld, L. M. J. 1994. Conservation, territory and traditional beliefs: an analysis of Gitksan and Wet'suwet'en subsistence, northwest British Columbia. *Human Ecology* 22: 443–65.

Gould, S. J. 1980. *The Panda's Thumb*. New York and London: Norton.

Grant, S. and F. Berkes. 2007. Fisher knowledge as expert system: a case from the longline fishery of Grenada, the Eastern Caribbean. *Fisheries Research* 84: 162–70.

Grant, S., F. Berkes, and J. St. Louis. 2007. A history of change and reorganization: the pelagic longline fishery in Gouyave, Grenada. *Gulf and Caribbean Research* 19(2): 141–8.

Grenier, L. 1998. *Working with Indigenous Knowledge: A Guide for Researchers*. Ottawa: International Development Research Centre.

Grim, J. A. (ed.). 2001. *Indigenous Traditions and Ecology. The Interbeing of Cosmology and Community*. Cambridge, MA: Harvard University Press.

Groenfelt, D. 1991. Building on tradition: indigenous irrigation knowledge and sustainable development in Asia. *Agriculture and Human Values* 8: 114–20.

Gulland, J. A. 1974. *The Management of Marine Fisheries*. Bristol: Scientechnica.

Gunderson, L. H. and C. S. Holling (eds). 2002. *Panarchy: Understanding Transformations in Human and Natural Systems*. Washington, DC: Island Press.

Gunderson L. H., C. S. Holling, and S. S. Light (eds). 1995. *Barriers and Bridges to the Renewal of Ecosystems and Institutions*. New York: Columbia University Press.

Gwich'in Elders. 2001. *More Gwich'in Words About the Land*. Inuvik, Northwest Territories: Gwich'in Renewable Resource Board.

Haggan, N., B. Neis, and I. G. Baird (eds). 2006. *Fishers' Knowledge in Fisheries Science and Management*. Paris: UNESCO Publishing.

Hanazaki, N., F. Berkes, C. S. Seixas, and N. Peroni. 2013. Livelihood diversity, food security and resilience among the Caiçara of coastal Brazil. *Human Ecology* 41: 152–64.

Hanna, S. S. 1998. Managing for human and ecological context in the Maine soft shell clam fishery. In

Linking Social and Ecological Systems (F. Berkes and C. Folke, eds). Cambridge: Cambridge University Press, 190–215.

Hardesty, D. L. 1977. *Ecological Anthropology*. New York: Wiley.

Hart, E. and B. Amos. 2004. *Learning About Marine Resources and Their Use through Inuvialuit Oral History*. Inuvik, Northwest Territories: Inuvialuit Cultural Resource Centre.

Healey, C. 1993. The significance and application of TEK. In *Traditional Ecological Knowledge: Wisdom for Sustainable Development* (N. M. Williams and G. Baines, eds). Canberra: Centre for Resource and Environmental Studies, Australian National University, 21–6.

Healey, M. C. 1975. Dynamics of exploited whitefish populations and their management with special reference to the Northwest Territories. *Journal of the Fisheries Research Board of Canada* 32: 427–48.

Heaslip, R. 2008. Monitoring salmon aquaculture waste: the contribution of First Nations' rights, knowledge, and practices in British Columbia, Canada. *Marine Policy* 32: 988–96.

Heffley, S. 1981. The relationship between North Athapaskan settlement patterns and resource distribution. In *Hunter-Gatherer Foraging Strategies: Ethnographic and Archeological Analyses* (B. Winterhalder and E. A. Smith, eds). Chicago, IL: University of Chicago Press, 126–47.

Hernández-Morcillo, M., J. Hoberg, E. Oteros-Rozas, T. Plieninger, E. Gómez-Baggethun, and V. Reyes-García. 2014. Traditional ecological knowledge in Europe: status quo and insights for the environmental policy agenda. *Environment: Science and Policy for Sustainable Development* 56: 3–17.

Herrmann, T. M., P. Sanderström, K. Granqvist *et al.* 2014. Effects of mining on reindeer/caribou populations and indigenous livelihoods: community-based monitoring by Sami reindeer herders in Sweden and First Nations in Canada. *The Polar Journal* 4: 28–51.

Heywood, V. H. (executive ed.). 1995. *Global Biodiversity Assessment*. Cambridge, UK: United Nations Environmental Program and Cambridge University Press.

Higgs, E. S. 2005. The two-culture problem: ecological restoration and the integration of knowledge. *Restoration Ecology* 13: 159–64.

Hill, R., C. Grant, M. George, C. Robinson, S. Jackson, and N. Abel. 2012. A typology of indigenous engagement in Australian environmental management: implications for knowledge integration and social-ecological system sustainability. *Ecology and Society* 17(1): 23. http://dx.doi.org/10.5751/ES-04587-170123

Hjort af Ornas, A. 1992. Cultural variation in concepts of nature. *GeoJournal* 26: 167–72.

Holling, C. S. 1973. Resilience and stability of ecological systems. *Annual Review of Ecology and Systematics* 4: 1–23.

Holling, C. S. (ed.). 1978. *Adaptive Environmental Assessment and Management*. London: Wiley.

Holling, C. S. 1986. The resilience of terrestrial ecosystems: local surprise and global change. In *Sustainable Development of the Biosphere* (W. C. Clark and R. E. Munn, eds). Cambridge: Cambridge University Press, 292–317.

Holling, C. S., D. W. Schindler, B. W. Walker, and J. Roughgarden. 1995. Biodiversity in the functioning of ecosystems: an ecological synthesis. In *Biodiversity Loss* (C. Perrings, K.-G. Maler, C. Folke, C. S. Holling, and B.-O. Jansson, eds). Cambridge: Cambridge University Press, 44–83.

Holling, C. S., F. Berkes, and C. Folke. 1998. Science, sustainability and resource management. In *Linking Social and Ecological Systems: Management Practices and Social Mechanisms for Building Resilience* (F. Berkes and C. Folke, eds). Cambridge: Cambridge University Press, 342–62.

Holmes, L. 1996. Elders' knowledge and the ancestry of experience in Hawai'i. Ph.D. dissertation, University of Toronto.

Holt, F. L. 2005. The catch-22 of conservation: indigenous peoples, biologists and cultural change. *Human Ecology* 33: 199–215.

Hoole, A. and F. Berkes. 2010. Breaking down fences: recoupling social-ecological systems for biodiversity conservation in Namibia. *Geoforum* 41: 304–17.

Hopping, K. A., C. Yangzong, and J. A. Klein. 2016. Local knowledge production, transmission, and the importance of village leaders in a network of Tibetan pastoralists coping with environmental change. *Ecology and Society* 21(1): 25. [online]: http://dx.doi.org/10.5751/ES-08009-210125

Howard, A. and F. Widdowson. 1996. Traditional knowledge threatens environmental assessment. *Policy Options* Nov.: 34–6.

Howitt, R. 2001. *Rethinking Resource Management: Justice, Sustainability and Indigenous Peoples*. London and New York: Routledge.

Howitt, R. 2002. Scale and the other: Levinas and geography. *Geoforum* 33: 299–313.

Hsu, M., R. Howitt, and C.-C. Chi. 2014. The idea of 'country': reframing post-disaster recovery in indigenous Taiwan settings. *Asia-Pacific Viewpoint* 55: 370–80.

Hudson, B. 1997. A socio-economic study of community-based management of mangrove resources of St. Lucia. Master's thesis, University of Manitoba, Winnipeg.

Hughes, J. D. 1983. *American Indian Ecology*. El Paso, TX: University of Texas Press.

Hummel, S. and F. K. Lake. 2015. Forest site classification for cultural plant harvest by tribal weavers can inform management. *Journal of Forestry* 113: 30–9.

Hunn, E. 1993a. What is traditional ecological knowledge? In *Traditional Ecological Knowledge: Wisdom for Sustainable Development* (N. M. Williams and G. Baines, eds). Canberra: Centre for Resource and Environmental Studies, Australian National University, 13–15.

Hunn, E. 1993b. The ethnobiological foundation for TEK. In *Traditional Ecological Knowledge: Wisdom for Sustainable Development* (N. M. Williams and G. Baines, eds). Canberra: Centre for Resource and Environmental Studies, Australian National University, 16–20.

Hunn, E. S. 1999. The value of subsistence for the future of the world. Cultural memory and sense of place. In *Ethnoecology: Situated Knowledge/Located Lives* (V. D. Nazarea, ed.). Tucson, AZ: University of Arizona Press, 23–36.

Hunn, E. S. 2008. *A Zapotec Natural History*. Tucson, AZ: University of Arizona Press.

Hunn, E. S. and J. Selam. 1990. *Nch'i-Wana "The Big River": Mid-Columbia Indians and their Land*. Seattle, WA: University of Washington Press.

Hunn, E. S., D. R. Johnson, P. N. Russell, and T. F. Thornton. 2003. Huna Tlingit traditional environmental knowledge, conservation, and the management of a "wilderness" park. *Current Anthropology* 44: S79–S103.

Hunt, C. 1997. Cooperative approaches to marine resource management in the South Pacific. In *The Governance of Common Property in the Pacific Region* (P. Larmour, ed.). Canberra: Australian National University, 145–64.

Huntington, H. P. 2000. Using traditional ecological knowledge in science: methods and applications. *Ecological Applications* 10: 1270–4.

Huntington, H. P., R. S. Suydam, and D. H. Rosenberg. 2004. Traditional knowledge and satellite tracking as complementary approaches to ecological understanding. *Environmental Conservation* 31: 177–80.

Huntington, H. P., L. T. Quakenbush, and M. Nelson. 2016. Effects of changing sea ice on marine mammals and subsistence hunters in northern Alaska from traditional knowledge interviews. *Biology Letters* 12: 20160198. [online]: http://dx.doi.org/10.1098/rsbl.2016.0198

Hutchings, J. 1998. Discarding, catch rates and fishing effort in Newfoundland's inshore and offshore cod fisheries: analytical strengths and weaknesses of interview-based data. Workshop on Bringing Fishers' Knowledge into Fisheries Science and Management, May 1998, St. John's, Newfoundland.

Hviding, E. 1990. Keeping the sea: aspects of marine tenure in Marovo Lagoon, Solomon Islands. In *Traditional Marine Resource Management in the Pacific Basin: An Anthology* (K. Ruddle and R. E. Johannes, eds). Jakarta: UNESCO/ROSTSEA, 7–44.

Hviding, E. 2003. Contested rainforests, NGOs, and projects of desire in Solomon Islands. *International Social Science Journal* 178: 539–53.

Hviding, E. 2006. Knowing and managing biodiversity in the Pacific islands: challenges of environmentalism in Marovo Lagoon. *International Social Science Journal* 187: 69–85.

Idrobo, C. J. and F. Berkes. 2012. Pangnirtung Inuit and the Greenland shark: co-producing knowledge of a little discussed species. *Human Ecology* 40: 405–14.

IEMA. 2011. Independent Environmental Monitoring Agency. A Public Watchdog for Environmental Monitoring of Ekati Diamond Mine. [online]: http://www.monitoringagency.net

IISD. 2000. *Sila Alangotok: Inuit Observations of Climate Change*. Video: 42 minutes. Winnipeg: International Institute for Sustainable Development.

Ingold, T. 2000. *The Perception of the Environment: Essays in Livelihood, Dwelling and Skill.* New York: Routledge.

Ingold, T. 2006. Rethinking the animate, re-animating thought. *Ethnos* 71: 9–20.

Ingold, T. and T. Kurttila. 2000. Perceiving the environment in Finnish Lapland. *Body and Society* 6: 183–96.

Inuit Circumpolar Conference. 1992. Development of a program for the collection and application of indigenous knowledge. Presented at the United Nations Conference on Environment and Development (UNCED), Rio de Janeiro.

Irvine, D. 1989. Succession management and resource distribution in an Amazonian rain forest. In *Resource Management in Amazonia: Indigenous and Folk Strategies* (D. A. Posey and W. L. Balée, eds). New York: New York Botanical Garden, 223–37.

Ishigawa, J. 2006. Cosmovisions and environmental governance: the case of in situ conservation of native cultivated plants and their wild relatives in Peru. In *Bridging Scales and Knowledge Systems* (W. V. Reid, F. Berkes, T. Wilbanks, and D. Capistrano, eds). Washington, DC: Island Press, 207–24. [online]: http://www.maweb.org/documents/bridging/bridging.11.pdf

Islam, D. and F. Berkes. 2016a. Can small-scale commercial and subsistence fisheries co-exist? Lessons from an indigenous community in northern Manitoba, Canada. *Maritime Studies* 15: 1. [online:] http://www.maritimestudiesjournal.com/content/pdf/s40152-016-0040-6.pdf

Islam, D. and F. Berkes. 2016b. Indigenous peoples' fisheries and food security: a case from northern Canada. *Food Security* 8: 815–26.

IUCN (International Conservation Union). 1986. *Tradition, Conservation and Development.* Occasional Newsletter of the Commission on Ecology's Working Group on Traditional Ecological Knowledge, No. 4.

IUCN/UNEP/WWF. 1991. *Caring for the Earth: A Strategy for Sustainable Living.* Gland, Switzerland: International Conservation Union.

Iverson, J. O. and R. D. McPhee. 2008. Communicating knowledge through communities of practice: exploring internal communicative processes and differences among CoPs. *Journal of Applied Communication Research* 36: 176–99.

Jackley, J., L. Gardner, A. F. Djunaedi, and A. K. Salomon. 2016. Ancient clam gardens, traditional management portfolios, and the resilience of coupled human-ocean systems. *Ecology and Society* 21(4): 20. [online]: https://doi.org/10.5751/ES-08747-210420

Jackson, L. 1986. World's greatest caribou herd mired in Quebec–Labrador boundary dispute. *Canadian Geographic* 105(3): 25–33.

Jantsch, E. 1972. *Technological Planning and Social Futures.* London: Cassell.

Janzen, D. 1986. The future of tropical ecology. *Annual Review of Ecology and Systematics* 17: 305–6.

Jenkins, W. (ed.) 2010. *The Spirit of Sustainability. Volume I. Encyclopedia of Sustainability.* Great Barrington, MA: Berkshire.

Jentoft, S., B. J. McCay, and D. C. Wilson. 1998. Social theory and fisheries co-management. *Marine Policy* 22: 423–36.

Johannes, R. E. 1978. Traditional marine conservation methods in Oceania and their demise. *Annual Review of Ecology and Systematics* 9: 349–64.

Johannes, R. E. 1981. *Words of the Lagoon: Fishing and Marine Lore in the Palau District of Micronesia.* Berkeley, CA: University of California Press.

Johannes, R. E. (ed.). 1989. *Traditional Ecological Knowledge: A Collection of Essays.* Gland, Switzerland: International Conservation Union (IUCN).

Johannes, R. E. 1994. Pacific island peoples' science and marine resource management. In *Science of the Pacific Island Peoples* (J. Morrison, P. Geraghty, and L. Crowl, eds). Suva, Fiji: Institute of Pacific Studies, University of the South Pacific, 81–9.

Johannes, R. E. 1998. The case for data-less marine resource management: examples from tropical nearshore fisheries. *Trends in Ecology and Evolution* 13: 243–6.

Johannes, R. E. 2002a. The renaissance of community-based marine resource management in Oceania. *Annual Review of Ecology and Systematics* 33: 317–40.

Johannes, R. E. 2002b. Did indigenous conservation ethics exist? *Traditional Marine Resource Management and Knowledge Information Bulletin* 14: 3–7.

Johannes, R. E. and W. MacFarlane. 1991. *Traditional Fishing in the Torres Strait Islands*. Hobart: Commonwealth Scientific and Industrial Research Organization.

Johannes, R. E. and H. T. Lewis. 1993. The importance of researchers' expertise in environmental subjects. In *Traditional Ecological Knowledge: Wisdom for Sustainable Development* (N. M. Williams and G. Baines, eds). Canberra: Centre for Resource and Environmental Studies, Australian National University, 104–8.

Johannes, R. E., P. Lasserre, S. W. Nixon. J. Pliya, and K. Ruddle. 1983. Traditional knowledge and management of marine coastal systems. *Biology International*, Special Issue 4.

Johannes, R. E., M. M. R. Freeman, and R. J. Hamilton. 2000. Ignore fishers' knowledge and miss the boat. *Fish and Fisheries* 1: 257–71.

Johnsen, D. B. 2009. Salmon, science, and reciprocity on the Northwest Coast. *Ecology and Society* 14: 43. [online]: http://www.ecologyandsociety.org/vol14/iss2/art43

Johnson, J. T. and S. C. Larsen (eds). 2013. *A Deeper Sense of Place: Stories and Journeys of Collaboration in Indigenous Research*. Corvallis, OR: Oregon State University Press.

Johnson, J. T., R. Howitt, G. Cajete, F. Berkes, R. P. Louis, and A. Kliskey. 2016. Weaving indigenous and sustainability sciences to diversify our methods. *Sustainability Science* 11: 1–11.

Johnson, L. 1976. Ecology of Arctic populations of lake trout, *Salvelinus namaycush*, lake whitefish, *Coregonus clupeaformis*, Arctic char, *S. alpinus*, and associated species in unexploited lakes of the Canadian Northwest Territories. *Journal of the Fisheries Research Board of Canada* 33: 2459–88.

Johnson, L. M. 1999. Aboriginal burning for vegetation management in northwest British Columbia. In *Indians, Fire and the Land in the Pacific Northwest* (R. Boyd, ed.). Corvallis, OR: Oregon State University Press, 238–54.

Johnson, L. M. and E. S. Hunn (eds) 2010. *Landscape Ethnoecology*. New York and Oxford: Berghahn.

Johnson, M. (ed.). 1992. *Lore: Capturing Traditional Environmental Knowledge*. Ottawa: Dene Cultural Institute and International Development Research Centre.

Jones, R. L. C. 2016. Responding to modern flooding: Old English place-names as a repository of traditional ecological knowledge. *Journal of Ecological Anthropology* 18 (1): 25 pp.

Juhé-Beaulaton, D. 2008. Sacred forests and the global challenge of biodiversity conservation: the case of Benin and Togo. *Journal for the Study of Religion, Nature and Culture* 2: 351–72.

Juniper, I. 1979. Problems in managing an irrupting caribou herd. Proceedings of the Second International Caribou Symposium, Roros, Norway, 722–4.

Kalit, K. and E. Young. 1997. Common property conflict and resolution: Aboriginal Australia and Papua New Guinea. In *The Governance of Common Property in the Pacific Region* (P. Larmour, ed.). Canberra: Australian National University, 183–208.

Kalland, A. 1994. Indigenous knowledge—local knowledge: prospects and limitations. In *Arctic Environment: A Report on the Seminar on Integration of Indigenous Peoples' Knowledge*. Copenhagen: Ministry of the Environment/The Home Rule of Greenland, 150–67.

Kaneshiro, K. Y., P. China, K. N. Duin *et al.* 2005. Hawai'i's mountain-to-sea ecosystems: social-ecological microcosms for sustainability science and practice. *EcoHealth* 2: 349–60.

Kareiva, P. and M. Marvier. 2012. What is conservation science? *BioScience* 62: 962–9.

Kargioglu, M., S. Cenkci, A. Serteser, M. Konuk, and G. Vural. 2010. Traditional uses of wild plants in the middle Aegean region of Turkey. *Human Ecology* 38: 439–50.

Kassam, K-A. 2009. *Biocultural Diversity and Indigenous Ways of Knowing*. Calgary: University of Calgary Press.

Kassam, K.-A., M. Karamkhudoeva, M. Ruelle, and M. Baumflek. 2010. Medicinal plant use and health sovereignty: findings from the Tajik and Afghan Pamirs. *Human Ecology* 38: 817–29.

Kates, R. W., W. C. Clark, R. Corell *et al.* 2001. Sustainability science. *Science* 292: 641–2.

Kay, C. E. 1994. Aboriginal overkill: the role of native Americans in structuring western ecosystems. *Human Nature* 5: 359–98.

Keali'ikanaka'oleohaililani, K. and C. P. Giardina. 2016. Embracing the sacred: an indigenous framework for tomorrow's sustainability science. *Sustainability Science* 11: 57–67.

Keesing, R. M. 1989. Creating the past: custom and identity in the contemporary Pacific. *Contemporary Pacific* 1: 19–42.

Keith, R. F. and M. Simon. 1987. Sustainable development in the northern circumpolar world. In *Conservation with Equity* (P. Jacobs and D. A. Munro, eds). Cambridge: International Union for the Conservation of Nature and Natural Resources, 209–25.

Kellert, S. R. 1997. *Kinship to Mastery: Biophilia in Human Evolution and Development*. Washington, DC: Island Press.

Kellert, S. R. and E. O. Wilson (eds). 1993. *The Biophilia Hypothesis*. Washington, DC: Island Press.

Kendrick, A. and M. Manseau. 2008. Representing traditional knowledge: resource management and Inuit knowledge of barren-ground caribou. *Society and Natural Resources* 21: 404–18.

Kendrick, A. and M. Manseau. 2010. Indigenous wildlife monitoring in Canada's North: a community-based initiative on the Beverly-Qamanirjuaq barren-ground caribou range. In *Indigenous Peoples and Conservation: From Rights to Resource Management* (K. Walker Painemilla, A. B. Rylands, A. Woofter, and C. Hughes, eds). Arlington, VA: Conservation International, 247–56.

Kendrick, A., P. O'B. Lyver, and the Lútsël K'é Dëne First Nation. 2005. Dënesôline (Chipewyan) knowledge of barren ground caribou (*Rangifer tarandus groenlandicus*) movements. *Arctic* 58: 175–91.

Kimmerer, R. W. 2000. Native knowledge for native ecosystems. *Journal of Forestry* 98(8): 4–9.

Kimmerer, R. W. 2002. Weaving traditional ecological knowledge into biological education: a call for action. *BioScience* 52: 432–8.

Kimmerer, R. W. 2013. *Braiding Sweetgrass. Indigenous Wisdom, Scientific Knowledge and the Teachings of Plants*. Minneapolis: Milkweed Editions.

Kimmerer, R. W. and F. K. Lake. 2001. The role of indigenous burning in land management. *Journal of Forestry* 99(11): 36–41.

King, L. 2004. Competing knowledge systems in the management of fish and forests in the Pacific Northwest. *International Environmental Agreements: Politics, Law and Economics* 4: 161–77.

Kirsch, S. 2001. Lost worlds: environmental disaster, "culture loss," and the law. *Cultural Anthropology* 42: 167–98.

Klee, G. (ed.). 1980. *World Systems of Traditional Resource Management*. London: Edward Arnold.

Klein, D. R. 1994. Wilderness: a Western concept alien to Arctic cultures. *Arctic Institute of North America, Information North* 20(3): 1–6.

Knapp, C. N. and M. Fernandez-Gimenez. 2008. Knowing the land: a review of local knowledge revealed in ranch memoirs. *Rangeland Ecology and Management* 61: 148–55.

Knapp, C. N. and M. E. Fernandez-Gimenez. 2009. Knowledge in practice: documenting rancher local knowledge in Northwest Colorado. *Rangeland Ecology and Management* 62: 500–9.

Knapp, C. N., M. Fernandez-Gimenez, E. Kachergis, and A. Rudeen. 2011. Using participatory workshops to integrate state-and-transition models created with local knowledge and ecological data. *Rangeland Ecology and Management* 64: 158–70.

Knudsen, S. 2008. Ethical know-how and traditional ecological knowledge in small scale fisheries on the Eastern Black Sea Coast of Turkey. *Human Ecology* 36: 29–41.

Knudtson, P. and D. Suzuki. 1992. *Wisdom of the Elders*. Toronto: Stoddart.

Kofinas, G. P. 1998. The costs of power sharing: community involvement in Canadian porcupine caribou co-management. Ph.D. thesis, University of British Columbia, Vancouver.

Kofinas, G. with the communities of Aklavik, Arctic Village, Old Crow, and Fort McPherson. 2002. Community contributions to ecological monitoring: knowledge co-production in the U.S.–Canada Arctic Borderlands. In *The Earth is Faster Now* (I. Krupnik and D. Jolly, eds). Fairbanks, AK: Arctic Research Consortium of the United States, 54–91.

Kofinas, G., P. Lyver, D. Russell, R. White, A. Nelson, and N. Flanders. 2003. Towards a protocol for community monitoring of caribou body condition. *Rangifer*, Special Issue No. 14: 43–52.

Kothari, A. 1996. India's protected areas: the journey to joint management. *World Conservation* 2(96): 8–9.

Kothari, A. 2006. Community-conserved areas: towards ecological and livelihood security. *Parks* 16: 3–13.

Kovach, M. 2009. *Indigenous Methodologies: Characteristics, Conversations and Contexts*. Toronto: University of Toronto Press.

Krech, S. III 1999. *The Ecological Indian: Myth and History*. New York: Norton.

Krupnik, I. and D. Jolly (eds). 2002. *The Earth Is Faster Now: Indigenous Observations of Arctic Environmental Change*. Fairbanks, AK: Arctic Research Consortium of the United States.

Krupnik, I., W. Walunga (Kepelgu), and V. Metcalf (eds). 2002. *Akuzilleput Igaqullghet. Our Words Put to Paper*. Washington, DC: Arctic Studies Center, Smithsonian Institution.

Krupnik, I., C. Aporta, S. Gearhard, G. J. Laidler, and L. Holm Nielsen (eds) 2010. SIKU: *Knowing Our Ice. Documenting Inuit Sea Ice Knowledge and Use*. New York: Springer.

Kuchli, C. 1996. Tanzania: a second Garden of Eden. *People and the Planet* 5(4): 20–1.

Kuhn, L. 2007. Why utilize complexity principles in social inquiry? *World Futures* 63: 156–75.

Kuhn, T. S. 1970. *The Structure of Scientific Revolutions*, 2nd edn. Chicago, IL: University of Chicago Press.

Kuhnlein, H. V., B. Erasmus, D. Spigelski, and B. Burlingame (eds). 2013. *Indigenous Peoples' Food Systems and Well-being: Interventions and Policies for Healthy Communities*. Rome: FAO.

Kwan, D. 2005. Traditional use in contemporary *ailan* (island) ways: the management challenge of a sustainable dugong fishery in Torres Strait. *Senri Ethnological Studies* 67: 281–302.

Laidler, G. J. 2006. Inuit and scientific perspectives on the relationship between sea ice and climate: the ideal complement? *Climatic Change* 78: 407–44.

Laidler, G. J., J. D. Ford, W. A. Gough *et al.* 2009. Travelling and hunting in a changing Arctic: assessing Inuit vulnerability to sea ice change in Igloolik, Nunavut. *Climatic Change* 94: 363–397.

Laidler, G., T. Hirose, M. Kapfer, T. Ikummaq, E. Joamie, and P. Elee. 2011. Evaluating the Floe Edge Service: how well can SAR imagery address Inuit community concerns around sea ice change and travel safety? *The Canadian Geographer* 55: 91–107.

Laird, S. (ed.). 2002. *Biodiversity and Traditional Knowledge*. London: Earthscan.

Lake, F. 2007. Co-evolution of people, salmon and place. Paper presented at the Pathways to Resilience Conference, Oregon State University and Oregon Sea Grant, Portland, April 2007.

Langdon, S. J. 2006. Tidal pulse fishing. In *Traditional Ecological Knowledge and Resource Management* (C. R. Menzies, ed.). Lincoln, NE: University of Nebraska Press, 21–46.

Lansing, J. S. 1987. Balinese water temples and the management of irrigation. *American Anthropologist* 89: 326–41.

Lansing, J. S. 1991. *Priests and Programmers*. Princeton, NJ: Princeton University Press.

Lansing, J. S., J. N. Kremer, and B. B. Smuts. 1998. System-dependent selection, ecological feedback and the emergence of functional structure in ecosystems. *Journal of Theoretical Biology* 192: 377–91.

Lantz, T. C. and N. J. Turner. 2003. Traditional phenological knowledge (TPK) of aboriginal peoples in British Columbia. *Journal of Ethnobiology* 23: 263–86.

LaRochelle, S. and F. Berkes. 2003. Traditional ecological knowledge and practice for edible wild plants: biodiversity use by the Raramuri in the Sierra Tarahumara, Mexico. *International Journal of Sustainable Development and World Ecology* 10: 361–75.

Latour, B. 2004. *Politics of Nature: How to Bring Sciences into Democracy*. Cambridge, MA: Harvard University Press.

Lauer, M. and S. Aswani. 2009. Indigenous ecological knowledge as situated practices: understanding fishers' knowledge in the Western Solomon Islands. *American Anthropologist* 111: 317–29.

Lauer, M. and J. Matera. 2016. Who detects ecological change after catastrophic events? Indigenous knowledge, social networks, and situated practices. *Human Ecology* 44: 33–46.

Leach, M. 1994. *Rainforest Relations: Gender and Resource Use Among the Mende of Gola, Sierra Leone*. Edinburgh: Edinburgh University Press.

Leach, M. and R. Mearns (eds). 1996. *The Lie of the Land: Challenging Received Wisdom on the African Environment*. London: The International African Institute.

Leacock, E. B. 1954. The Montagnais "hunting territory" and the fur trade. Menasha, WI: American Anthropological Association, Memoir No. 78.

Leduc, T. B. 2007. Sila dialogues on climate change: Inuit wisdom for a cross-cultural interdisciplinarity. *Climatic Change* 85: 237–50.

Leduc, T. B. 2011. *Climate, Culture and Change: Inuit and Western Dialogues with a Warming North*. Ottawa: University of Ottawa Press.

Lee, K. N. 1993. *Compass and Gyroscope: Integrating Science and Politics for the Environment*.

Washington DC: Island Press.

Lee, R. B. and I. Devore (eds). 1968. *Man the Hunter*. Chicago, IL: Aldine.

Legat, A. (ed.). 1991. Report of the Traditional Knowledge Working Group. Yellowknife: Department of Culture and Communications, Government of the Northwest Territories.

Legat, A., S. A. Zoe, and M. Chocolate. 1995. The importance of knowing. In *NWT Diamonds Project Environmental Impact Statement*, Vol. 1, Apps. Vancouver: BHP Diamonds Inc.

Lejano, R. P. and H. Ingram 2007. Place-based conservation: lessons from the Turtle Islands. *Environment* 49(9): 19–26.

Lejano, R. P., J. Tavares-Reager, and F. Berkes. 2013. Climate and narrative: environmental knowledge in everyday life. *Environmental Science & Policy* 31: 61–70.

Lemelin, R. H., M. Dowsley, B. Walmark *et al.* 2010. *Wabusk* of the Omushkegouk: Cree-polar bear (*Ursus maritimus*) interactions in Northern Ontario. *Human Ecology* 38: 803–15.

Leonard, S., M. Parsons, K. Olawsky, and F. Kofod. 2013. The role of culture and traditional knowledge in climate change adaptation: insights from East Kimberley, Australia. *Global Environmental Change* 23: 623–32.

Leopold, A. 1949. *A Sand County Almanac*. Reprinted 1966. Oxford: Oxford University Press.

Lepofsky, D. and M. E. Caldwell. 2013. Indigenous marine resource management on the northwest coast of North America. *Ecological Processes* 2(1): 12. [online]: http://www.ecologicalprocesses.com/content/2/1/12

Lévi-Strauss, C. 1962. *La pensée sauvage*. Paris: Librarie Plon. (English translation: 1966. *The Savage Mind*. Chicago, IL: University of Chicago Press.)

Levin, S. A. 1999. *Fragile Dominion: Complexity and the Commons*. Reading, MA: Perseus Books.

Lewis, H. T. 1973. *Patterns of Indian Burning in California: Ecology and Ethnohistory*. Ramona, CA: Ballena Press.

Lewis, H. T. 1989. Ecological and technological knowledge of fire: Aborigines versus park managers in northern Australia. *American Anthropologist* 91: 940–61.

Lewis, H. T. 1993a. Traditional ecological knowledge: some definitions. In *Traditional Ecological Knowledge: Wisdom for Sustainable Development* (N. M. Williams and G. Baines, eds). Canberra: Centre for Resource and Environmental Studies, Australian National University, 8–12.

Lewis, H. T. 1993b. In retrospect. In *Before the Wilderness: Environmental Management by Native Californians* (T. C. Blackburn and K. Anderson, eds). Menlo Park, CA: Ballena Press, 389–400.

Lewis, H. T. and T. A. Ferguson. 1988. Yards, corridors and mosaics: how to burn a boreal forest. *Human Ecology* 16: 57–77.

Lewis, J. (Wuyee Wi Medeek). 2004. Forests for the future: the view from Gitxaala. *Canadian Journal of Native Education* 28: 8–14.

Lincoln, Y. and E. Guba. 1985. *Naturalistic Inquiry*. London: Sage.

Lind, A. W. 1938. *An Island Community: Ecological Succession in Hawaii*. Chicago, IL: University of Chicago Press.

Linden, E. 1991. Lost tribes, lost knowledge. *Time* 138(12): 44–56 (Sept. 23).

Linnekin, J. 1983. Defining tradition: variations on the Hawaiian identity. *American Ethnologist* 10: 241–52.

Lobe, K. and F. Berkes. 2004. The padu system of community-based fisheries management: change and local institutional innovation in south India. *Marine Policy* 28: 271–81.

Louis, P. R. 2007. Can you hear us now? Voices from the margin: using indigenous methodologies in geographic research. *Geographical Research* 45: 130–9.

Lovelock, J. E. 1979. *Gaia: A New Look at Life on Earth*. London and New York: Oxford University Press.

Ludwig, N. A. 1994. An Ainu homeland: an alternative solution for the Northern Territories/Southern Kuriles imbroglio. *Ocean and Coastal Management* 25: 1–29.

Lugo, A. 1995. Management of tropical biodiversity. *Ecological Applications* 5: 956–61.

Lutz, J. S. and B. Neis (eds) 2008. *Making and Moving Knowledge*. Montreal and Kingston: McGill-Queen's University Press.

Lyver, P. 2002. The use of traditional environmental knowledge to guide sooty shearwater (*Puffinus*

griseus) harvests by Rakiura Maori. *Wildlife Society Bulletin* 30: 29–40.

MA. 2005. *Millennium Ecosystem Assessment Synthesis Report*. Chicago, IL: Island Press.

Maass, A. and R. L. Anderson. 1986. . . . *and the Desert Shall Rejoice: Conflict, Growth, and Justice in Arid Environments*. Malabar, FL: Krieger.

Mabry, J. B. (ed.). 1996. *Canals and Communities: Small-Scale Irrigation Systems*. Tucson, AZ: University of Arizona Press.

Mackenzie, F. 1998. "Where do you belong to?" Land and the construction of community in the Isle of Harris, Outer Hebrides, Scotland. Crossing Boundaries: 7th Conference of the International Association for the Study of Common Property, June 1998, Vancouver, British Columbia.

Mackinson, S. 2000. An adaptive fuzzy expert system for predicting structure, dynamics and distribution of herring shoals. *Ecological Modelling* 126: 155–78.

Mackinson, S. 2001. Integrating local and scientific knowledge: an example in fisheries science. *Environmental Management* 27: 533–45.

Maclean, K., H. Ross, M. Cuthill, and P. Rist. 2013. Healthy country, healthy people: an Australian Aboriginal organisation's adaptive governance to enhance its social–ecological system. *Geoforum* 45: 94–105.

Maffi, L. (ed.). 2001. *On Biocultural Diversity: Linking Language, Knowledge and the Environment*. Washington, DC: Smithsonian Institution Press.

Maffi, L. 2005. Linguistic, cultural and biological diversity. *Annual Review of Anthropology* 29: 599–617.

Maffi, L. and E. Woodley 2010. *Biocultural Diversity Conservation. A Global Sourcebook*. London: Earthscan.

Magga, O. H. 2006. Diversity in Saami terminology for reindeer, snow and ice. *International Social Science Journal* 187: 25–34.

Majnep, I. and R. Bulmer. 1977. *Birds of My Kalam Country*. London: Oxford University Press.

Mallarach, J.-M. (ed.) 2008. *Protected Landscapes and Cultural and Spiritual Values*. Gland, Switzerland: IUCN, GTZ and Obra Social de Caixa Catalunya.

Malmberg, T. 1980. *Human Territoriality*. The Hague: Mouton.

Manseau, M. (ed.). 1998. Traditional and Western Scientific Environmental Knowledge. Workshop Proceedings. Goosebay, Labrador: Institute for Environmental Monitoring and Research.

Manseau, M., B. Parlee, and G. B. Ayles. 2005a. A place for traditional ecological knowledge in resource management. In *Breaking Ice* (F. Berkes, R. Huebert, H. Fast, M. Manseau, and A. Diduck, eds). Calgary: University of Calgary Press, 141–64.

Manseau, M., B. Parlee, L. Bill, A. Kendrick, and Rainbow Bridge Communications (producers). 2005b. Watching, listening, learning, understanding changes in the environment: community-based monitoring in northern Canada. Video. In *Breaking Ice* (F. Berkes, R. Huebert, H. Fast, M. Manseau, and A. Diduck, eds). Calgary: University of Calgary Press.

Marin, A. 2010. Riders under storms: contributions of nomadic herders' observations to analysing climate change in Mongolia. *Global Environmental Change* 20: 162–76.

Marin, A. and F. Berkes. 2013. Local people's accounts of climate change: to what extent are they influenced by the media? *Wiley Interdisciplinary Reviews Climate Change* 4: 1–8.

Marles, R., C. Clavelle, L. Monteleone, N. Tays, and D. Burns. 2000. *Aboriginal Plant Use in Canada's Northwest Boreal Forest*. Vancouver: University of British Columbia Press.

Marlor, C. 2010. Bureaucracy, democracy and exclusion: why indigenous knowledge holders have a hard time being taken seriously. *Qualitative Sociology* 33: 513–31.

Martin, G. 1993. Dius Tadong: ancestral ecology. *UNESCO Sources* 50: 5.

Martin, G. J., C. I. Camacho Benavides, C. A. Del Campo García *et al.* 2011. Indigenous and community conserved areas in Oaxaca, Mexico. *Management of Environmental Quality* 22: 250–66.

Martin, L. 1986. "Eskimo words for snow": a case study in the genesis and decay of an anthropological example. *American Anthropologist* 88: 418–33.

Martin, P. S. 1973. The discovery of America. *Science* 179: 969–74.

Martin, P. S. and R. G. Klein (eds). 1984. *Quaternary Extinctions*. Tucson, AZ: University of Arizona Press.

Martinez, D. 2006. Protected areas, indigenous peoples, and the western idea of nature. In

People, Places, and Parks (D. Harmon, ed.). Hancock, MI: The George Wright Society, 214–18.

Mathew, S. 1991. Study of territorial use rights in small-scale fisheries: traditional systems of fisheries management in Pulicat Lake, Tamil Nadu, India. Rome: FAO Fisheries Circular No. 890.

Mathias-Mundy, E. and C. M. McCorkle. 1995. Ethnoveterinary medicine and development—a review of the literature. In *The Cultural Dimension of Development* (D. M. Warren, L. J. Slikkerveer, and D. Brokensha, eds). London: Intermediate Technology Publications.

Mauro, F. and P. D. Hardison. 2000. Traditional knowledge of indigenous and local communities: international debate and policy initiatives. *Ecological Applications* 10: 1263–9.

Mayr, E. 1963. *Animal Species and Evolution.* Cambridge, MA: Belknap Press of Harvard University Press.

Mbanefo, S. 1992. Medicine men. *World Wide Fund for Nature,* WWF *News* 76: 11–12.

McCarter, J. and M. C. Gavin. 2014. Local perception of changes in traditional ecological knowledge: a case study from Malekula Island, Vanuatu. *Ambio* 43: 288–96.

McCay, B. J. and J. M. Acheson (eds). 1987. *The Question of the Commons: The Culture and Ecology of Communal Resources.* Tucson, AZ: University of Arizona Press.

McClanahan, T. R., H. Glaesel, J. Rubens, and R. Kiambo. 1997. The effects of traditional fisheries management on fisheries yields and the coral-reef ecosystems of southern Kenya. *Environmental Conservation* 24: 105–20.

M'Closkey, K. 2002. *Swept Under the Rug: A Hidden History of Navajo Weaving.* Albuquerque, NM: University of New Mexico Press.

McDonald, M. 1988. An overview of adaptive management of renewable resources. In *Traditional Knowledge and Renewable Resource Management in Northern Regions* (M. M. R. Freeman and L. N. Carbyn, eds). Edmonton: Boreal Institute, University of Alberta, 65–71.

McDonald, M., L. Arragutainaq, and Z. Novalinga (compilers). 1997. *Voices from the Bay: Traditional Ecological Knowledge of Inuit and Cree in the Hudson Bay Bioregion.* Ottawa: Canadian Arctic Resources Committee and municipality of Sanikiluaq.

McGovern, H., G. F. Bigelow, T. Amorosi, and D. Russell. 1988. Northern islands, human error and environmental degradation. *Human Ecology* 16: 225–70.

McGregor, D. 2004. Traditional ecological knowledge and sustainable development: towards co-existence. In *In the Way of Development. Indigenous Peoples, Life Projects and Globalization* (M. Blaser, H. A. Feit, and G. McRae, eds). London and New York: Zed Books, 72–91.

McGregor, D., W. Bayha, and D. Simmons. 2010. "Our Responsibility to Keep the Land Alive": voices of northern indigenous researchers. *Pimatisiwin: A Journal of Aboriginal and Indigenous Community Health* 8: 101–23.

McGregor, S., V. Lawson, P. Christophersen *et al.* 2010. Indigenous wetland burning: conserving natural and cultural resources in Australia's world heritage-listed Kakadu National Park. *Human Ecology* 38(6): 721–9.

McHarg, I. L. 1969. *Design with Nature.* Garden City, NY: Doubleday/Natural History Press.

McIntosh, S. and Y. Renard. 2010. Placing the commons at the heart of community development: three case studies of community enterprise in Caribbean islands. *International Journal of the Commons* 4: 160–82.

McNeely, J. A. 1994. Lessons from the past: forests and biodiversity. *Biodiversity and Conservation* 3: 3–20.

McNeely, J. A. 1996. Conservation—the social science? *World Conservation* 2(96): 2.

McNeely, J. A. and D. Pitt (eds). 1985. *Culture and Conservation.* London: Croom Helm.

McShane, T. O., P. D. Hirsch, T. C. Trung *et al.* 2011. Hard choices: making trade-offs between biodiversity conservation and human well-being. *Biological Conservation* 144: 966–72.

Menominee Tribal Enterprises. 2011. [online]: http://www.mtewood.com

Menzies, C. R. 2004. Putting words into action: negotiating collaborative research in Gitxaala. *Canadian Journal of Native Education* 28: 15–32.

Menzies, C. R. (ed.). 2006. *Traditional Ecological Knowledge and Resource Management.* Lincoln, NE: University of Nebraska Press.

Mertens, D. M., F. Cram, and B. Chilisa (eds). 2013. *Indigenous Pathways into Social Research.* Walnut Creek, CA: Left Coast Press.

Messier, F., J. Huot, D. Le Henaff, and S. Luttich. 1988. Demography of the George River caribou herd: evidence of population regulation by forage exploitation and range expansion. *Arctic* 41: 279–87.

Miller, A. M. and I. Davidson-Hunt. 2010. Fire, agency and scale in the creation of aboriginal cultural landscapes. *Human Ecology* 38: 401–14.

Miller, A. M. and I. Davidson-Hunt. 2013. Agency and resilience: teachings of Pikangikum First Nation elders, northwestern Ontario. *Ecology and Society* 18(3): 9. [online]: http://dx.doi.org/10.5751/ES-05665-180309

Miller, A. M., I. J. Davidson-Hunt, and P. Peters 2010. Talking about fire: Pikangikum First Nation elders guiding fire management. *Canadian Journal of Forestry Research* 40: 2290–301.

Miller, C. and P. Erickson. 2006. The politics of bridging scales and epistemologies. In *Bridging Scales and Knowledge Systems* (W. V. Reid, F. Berkes, T. Wilbanks, and D. Capistrano, eds). Washington, DC: Island Press, 297–314. [online]: http://www.maweb.org/documents/bridging/bridging.16.pdf

Miller, T. R., T. D. Baird, C. M. Littlefield *et al.* 2008. Epistemological pluralism: reorganizing inter-disciplinary research. *Ecology and Society* 13: 46. [online]: http://www.ecologyandsociety.org/articles/2671.html

Mistry, J. and A. Berardi. 2016. Bridging indigenous and scientific knowledge. *Science* 352: 1274–5.

M'Lot, M. and M. Manseau. 2003. Ka isinakwak askiy: using Cree knowledge to perceive and describe the landscape of the Wapusk National Park area. *The National Parks and National Historic Sites of Canada Research Links* 11: 1, 4–6.

Moller, H. 2009. Foreword. Matauranga Maori, science and seabirds in New Zealand. *New Zealand Journal of Zoology* 36: 203–10.

Moller, H. and P. O'B. Lyver. 2010. Traditional ecological knowledge for improved sustainability: customary wildlife harvests by Maori in New Zealand. In *Indigenous Peoples and Conservation: From Rights to Resource Management* (K. Walker Painemilla, A. B. Rylands, A. Woofter, and C. Hughes, eds). Arlington, VA: Conservation International, 219–34.

Moller, H., F. Berkes, P. O. Lyver, and M. Kislalioglu. 2004. Combining science and traditional ecological knowledge: monitoring populations for co-management. *Ecology and Society* 9: 2. [online]: http://www.ecologyandsociety.org/vol9/iss3/art2

Moller, H., P. O'B. Lyver, C. Bragg *et al.* 2009. Guidelines for cross-cultural participatory action research partnerships: a case study of a customary seabird harvest in New Zealand. *New Zealand Journal of Zoology* 36: 211–41.

Molnár, Z. 2012. *Traditional Ecological Knowledge of Herders on the Flora and Vegetation of the Hortobágy*. Debrecen, Hungary: Hortobágy Természetvédelmi Közalapítvány.

Molnár, Z. and F. Berkes. 2017. Role of traditional ecological knowledge in linking cultural and natural capital in cultural landscapes. In *Re-connecting Natural and Cultural Capital* (M. L. Paracchini, P. C. Zingari, and C. Blasi, eds). Brussels: Office of Publications of the European Union (in press).

Molnár Z., J. Kis, C. Vadász, L. Papp, I. Sándor, S. Béres, G. Sinka, and A. Varga. 2016. Common and conflicting objectives and practices of herders and conservation managers: the need for a conser-vation herder. *Ecosystem Health and Sustainability* 2(4): e01215. doi: 10.1002/ehs2.1215

Monachus Guardian. 2011. [online]: http://www.monachus-guardian.org

Moorehead, R. 1989. Changes taking place in common-property resource management in the Inland Niger Delta of Mali. In *Common Property Resources* (F. Berkes, ed.). London: Belhaven, 256–72.

Morseth, C. M. 1997. Twentieth-century changes in beluga whale hunting and butchering by the Kanigmiut of Buckland, Alaska. *Arctic* 50: 241–55.

Muchagata, M. and K. Brown. 2000. Colonist farmers' perceptions of fertility and the frontier environ-ment in eastern Amazonia. *Agriculture and Human Values* 17: 371–84.

Muir, C., D. R. Rose, and P. Sullivan. 2010. From the other side of the knowledge frontier: indigenous knowledge, social-ecological relationships and new perspectives. *The Rangeland Journal* 32: 259–65.

Muller, J. and A. M. Almedom. 2008. What is "famine food"? Distinguishing between traditional vegetables and special foods for times of hunger/scarcity (Boumba, Niger). *Human Ecology* 36:

599–607.

Mulligan, M. 2003. Feet to the ground in storied landscapes: disrupting the colonial legacy with a poetic politics. In *Decolonizing Nature: Strategies for Conservation in a Post-colonial Era* (W. M. Adams and M. Mulligan, eds). London: Earthscan, 268–89.

Munsterhjelm, E. 1953. *The Wind and the Caribou*. New York: Macmillan.

Murphy, G. I. 1968. Pattern of life history and the environment. *American Naturalist* 102: 391–403.

Murray, G., B. Neis, C. T. Palmer, and D. C. Schneider. 2008. Mapping cod: fisheries science, fish harvesters' ecological knowledge and cod migrations in the northern Gulf of St. Lawrence. *Human Ecology* 36: 581–98.

Murray, S. O. 1982. The dissolution of classical ethnoscience. *Journal of the History of Behavioral Sciences* 18: 163–75.

Nabhan, G. P. 1985. *Gathering the Desert*. Tucson, AZ: University of Arizona Press.

Nabhan, G. P. 2000a. Native American management and conservation of biodiversity in the Sonoran Desert bioregion. In *Biodiversity and Native America* (P. E. Minnis and W. J. Elisens, eds). Norman, OK: University of Oklahoma Press, 29–43.

Nabhan, G. P. 2000b. Interspecific relationships affecting endangered species recognized by O'odham and Comcaac cultures. *Ecological Applications* 10: 1288–95.

Nabhan, G. P. (ed.) 2016. *Ethnobiology for the Future. Linking Cultural and Ecological Diversity*. Tucson, AZ: University of Arizona Press.

Nabhan, G. P. and D. Martinez. 2012. Traditional ecological knowledge and endangered species recovery: is ethnobiology for the birds? *Journal of Ethnobiology* 32: 1–5.

Nadasdy, P. 1999. The politics of TEK: power and the "integration" of knowledge. *Arctic Anthropology* 36: 1–18.

Naess, A. 1989. *Ecology, Community and Lifestyle: Outline of an Ecosophy*. Trans. and ed. D. Rothenberg. Cambridge: Cambridge University Press.

Nakashima, D. J. 1991. The ecological knowledge of Belcher Island Inuit: a traditional basis for contemporary wildlife co-management. Ph.D. thesis, McGill University, Montreal.

Nakashima, D. J. 1993. Astute observers on the sea ice: Inuit knowledge as a basis for Arctic co-management. In *Traditional Ecological Knowledge: Concepts and Cases* (J. T. Inglis, ed.). Ottawa: Canadian Museum of Nature/International Development Research Centre, 99–110.

Nakashima, D. J. 1998. Conceptualizing nature, the cultural context of resource management. *Nature and Resources* 34(2): 8–22.

Nakashima, D. J., K. Galloway, M. McLean, H. D. Thrulstrupel, A. Ramos Castillo, and J. Rubis. 2012. *Weathering Uncertainty: Traditional Knowledge for Climate Change Assessment and Adaptation*. Paris: UNESCO.

Natcher, D. C., S. Davis, and C. G. Hickey. 2005. Co-management: managing relationships, not resources. *Human Organization* 64: 240–50.

Natcher, D. C., M. Calef, O. Huntington *et al.* 2007. Factors contributing to the cultural and spatial variability of landscape burning by native peoples of Interior Alaska. *Ecology and Society* 12(1): 7. [online]: http://www.ecologyandsociety.org/vol12/iss1/art7

Nayak, P. K. and F. Berkes. 2011. Commonisation and decommonisation: understanding the processes of change in Chilika Lagoon, India. *Conservation & Society* 9: 132–45.

Nazarea, V. D. 1998. *Cultural Memory and Biodiversity*. Tucson, AZ: University of Arizona Press.

Nazarea, V. D. (ed.). 1999. *Ethnoecology: Situated Knowledge/Located Lives*. Tucson, AZ: University of Arizona Press.

Nazarea, V. D. 2006. Local knowledge and memory in biodiversity conservation. *Annual Review of Anthropology* 35: 317–35.

Neihardt, J. G. 1932 *Black Elk Speaks*. Lincoln, NE and London: University of Nebraska Press.

Neis, B. 1992. Fishers' ecological knowledge and stock assessment in Newfoundland. *Newfoundland Studies* 8: 155–78.

Neis, B. 2005. A need for historical knowledge for using current knowledge. *Common Property Resources Digest* 75: 5–7.

Neis, B., L. Felt, D. C. Schneider, R. Haedrich, J. Hutchings, and J. Fischer. 1996. Northern cod stock assessment: what can be learned from interviewing resource users? Department of Fisheries and Oceans, Atlantic Fisheries Research Document No. 96/45.

Nelson, R. K. 1969. *Hunters of the Northern Ice.* Chicago, IL: University of Chicago Press.

Nelson, R. K. 1982. A conservation ethic and environment: the Koyukon of Alaska. In *Resource Managers: North American and Australian Hunter-Gatherers* (N. M. Williams and E. S. Hunn, eds). Washington DC: American Association for the Advancement of Science, 211–28.

Nelson, R. 1993. Searching for the lost arrow: physical and spiritual ecology in the hunter's world. In *The Biophilia Hypothesis* (S. R. Kellert and E. O. Wilson, eds). Washington, DC: Island Press, 201–28.

Netting, R. M. 1981. *Balancing on an Alp: Ecological Change and Continuity in a Swiss Mountain Community.* Cambridge: Cambridge University Press.

Netting, R. M. 1986. *Cultural Ecology*, 2nd edn. Prospect Heights, IL: Waveland Press.

Neves-Graca, K. 2004. Revisiting the tragedy of the commons: ecological dilemmas of whale watching in the Azores. *Human Organization* 63: 289–300.

Newman, J. and H. Moller. 2005. Use of mātauranga (Māori traditional knowledge) and science to guide a seabird harvest: getting the best of both worlds? *Senri Ethnological Studies* 67: 303–21.

Newsome, A. 1980. The eco-mythology of the red kangaroo in central Australia. *Mankind* 12: 327–34.

Niamir, M. 1990. Herders' decision-making in natural resources management in arid and semiarid Africa. Rome: FAO Community Forestry Note No. 4.

Niamir-Fuller, M. 1998. The resilience of pastoral herding in Sahelian Africa. In *Linking Social and Ecological Systems: Management Practices and Social Mechanisms for Building Resilience* (F. Berkes and C. Folke, eds). Cambridge: Cambridge University Press, 250–84.

Nichols, T., F. Berkes, D. Jolly, N. B Snow, and the Community of Sachs Harbour 2004. Climate change and sea ice: local observations from the Canadian western Arctic. *Arctic* 57: 68–79.

Norberg, J. and G. S. Cumming (eds) 2008. *Complexity Theory for a Sustainable Future.* New York: Columbia University Press.

Norgaard, R. B. 1994. *Development Betrayed: The End of Progress and a Coevolutionary Revisioning of the Future.* London and New York: Routledge.

Norgaard, R. B. 2004. Learning and knowing collectively. *Ecological Economics* 49: 231–41.

Norton, B. 1991. *Toward Unity Among Environmentalists.* New Haven, CT: Yale University Press.

Norton, B. G. 2005. *Sustainability. A Philosophy of Adaptive Ecosystem Management.* Chicago, IL: University of Chicago Press.

Nyamweru, C. and E. Kimaru. 2008. The contribution of ecotourism to the conservation of natural sacred sites: a case study from coastal Kenya. *Journal for the Study of Religion, Nature and Culture* 2: 327–50.

Odum, E. P. 1971. *Fundamentals of Ecology*, 3rd edn. Philadelphia, PA: Saunders.

O'Flaherty, R. M., I. J. Davidson-Hunt, and M. Manseau. 2008. Indigenous knowledge and values in planning for sustainable forestry: Pikangikum First Nation and the Whitefeather Forest Initiative. *Ecology and Society* 13(1): 6. [online]: http://www.ecologyandsociety.org/vol13/iss1/art6

Ohmagari, K. and F. Berkes. 1997. Transmission of indigenous knowledge and bush skills among the Western James Bay Cree women of subarctic Canada. *Human Ecology* 25: 197–222.

Olsson, P. and C. Folke. 2001. Local ecological knowledge and institutional dynamics for ecosystem management: a study of Lake Racken watershed, Sweden. *Ecosystems* 4: 85–104.

Olsson, P., C. Folke, and F. Berkes 2004. Adaptive co-management for building resilience in social-ecological systems. *Environmental Management* 34: 75–90.

Ommer, R. E., H. Coward, and C. C. Parrish. 2008. Knowledge, uncertainty and wisdom. In *Making and Moving Knowledge* (J. S. Lutz and B. Neis, eds). Montreal and Kingston: McGill-Queen's University Press, 20–41.

Omura, K. 2005. Science against modern science: the socio-political construction of otherness in Inuit TEK (traditional ecological knowledge). *Senri Ethnological Studies* 67: 323–44.

O'Neil, J., B. Elias, and A. Yassi. 1997. Poisoned food: cultural resistance to the contaminants discourse. *Arctic Anthropology* 34: 29–40.

Ontario Ministry of Natural Resources. 1994. *A Proposal for an Environmental Information Partnership in the Moose River Basin.* Kapuskasing, Ontario: Moose River Basin Project.

Oozeva, C., C. Noongwook, G. Alowa, and I. Krupnik. 2004. *Watching Ice and Weather Our Way.*

Washington DC: Arctic Studies Center, Smithsonian Institution.

Orlove, B. S. and S. B. Brush. 1996. Anthropology and the conservation of biodiversity. *Annual Reviews of Anthropology*, 25: 329–52.

Orlove, B. S., J. C. H. Chiang, and M. A. Cane 2000. Forecasting Andean rainfall and crop yield from the influence of El Niño on Pleiades visibility. *Nature* 403: 69–71.

Orlove, B. S., J. C. H. Chiang, and M. A. Cane 2002. Ethnoclimatology in the Andes: a cross-disiplinary study uncovers a scientific basis for the scheme Andean potato farmers traditionally use to predict the coming rains. *American Scientist* 90: 428–35.

Ormsby, A. 2013. Analysis of local attitudes toward the sacred groves of Meghalaya and Karnataka, India. *Conservation and Society* 11: 187–97.

Ormsby, A. A. and S. A. Bhagwat. 2010. Sacred forests of India: a strong tradition of community-based natural resource management. *Environmental Conservation* 37: 1–7.

Orozco-Quintero, A. M. 2007. Self-organization, linkages and drivers of change: strategies for development in Nuevo San Juan, Mexico. Winnipeg, MB: Master's thesis, University of Manitoba.

Orozco-Quintero, A. and F. Berkes. 2010. Role of linkages and diversity of partnerships in a Mexican community-based forest enterprise. *Journal of Enterprising Communities* 4: 148–61.

Ostrom, E. 1990. *Governing the Commons: The Evolution of Institutions for Collective Action*. Cambridge: Cambridge University Press.

Ostrom, E., T. Dietz, N. Dolsak, P. C. Stern, S. Stonich, and E. U. Weber (eds). 2002. *The Drama of the Commons*. Washington, DC: National Academy Press.

Oteros-Rozas, E., R. Ontillera-Sánchez, P. Sanosa *et al.* 2013. Traditional ecological knowledge among transhumant pastoralists in Mediterranean Spain. *Ecology and Society* 18(3): 33. http://dx.doi.org/10.5751/ES-05597-180333

Owen-Smith, N. 1987. Pleistocene extinctions: the pivotal role of megaherbivores. *Paleobiology* 13: 351–62.

Özesmi, U. and S. L. Özesmi. 2004. Ecological models based on people's knowledge: a multi-step fuzzy cognitive mapping approach. *Ecological Modelling* 176: 43–64.

Padilla, E. and G. P. Kofinas. 2014. "Letting the leaders pass": barriers to using traditional ecological knowledge in comanagement as the basis of formal hunting regulations. *Ecology and Society* 19(2): 7. [online]: http://dx.doi.org/10.5751/ES-05999-190207

Painemilla, K. W., A. B. Rylands, A. Woofter, and C. Hughes (eds). 2010. *Indigenous Peoples and Conservation: From Rights to Resource Management*. Arlington, VA: Conservation International.

Palsson, G. 1982. Territoriality among Icelandic fishermen. *Acta Sociologica* 25(supplement): 5–12.

Pandey, D. N. 1998. *Ethnoforestry: Local Knowledge for Sustainable Forestry and Livelihood Security*. Udaipur and New Delhi: Himanshu Publications.

Papayannis, T. and J.-M. Mallarach (eds). 2009. *The Sacred Dimension of Protected Areas*. Gland, Switzerland: IUCN.

Parlee, B. and K. Caine (eds). 2017. *When the Caribou Do Not Come: Indigenous Knowledge and Adaptive Management in the Western Arctic*. Vancouver: University of British Columbia Press.

Parlee, B., M. Manseau, and Lutsel K'e Dene First Nation. 2005a. Using traditional knowledge to adapt to ecological change: Denesoline monitoring of caribou movements. *Arctic* 58: 26–37.

Parlee, B., F. Berkes, and the Teetl'it Gwich'in Renewable Resources Council 2005b. Health of the land, health of the people: a case study on Gwich'in berry harvesting from northern Canada. *EcoHealth* 2: 127–37.

Parlee, B., F. Berkes, and Teetl'it Gwich'in Renewable Resources Council 2006. Indigenous knowledge of ecological variability and commons management: a case study on berry harvesting from northern Canada. *Human Ecology* 34: 515–28.

Parlee, B. L., K. Geertsema, and A. Willier. 2012. Social-ecological thresholds in a changing boreal landscape: insights from Cree knowledge of the Lesser Slave Lake region of Alberta, Canada. *Ecology and Society* 17(2): 20. [online]: http://dx.doi.org/10.5751/ES-04410-170220

Parlee, B. L., E. Goddard, M. Basil, and M. Smith. 2014. Tracking change: traditional knowledge and monitoring wildlife health in northern Canada. *Human Dimensions of Wildlife* 19: 1–15.

Parrotta, J. A. and R. L. Trosper (eds). 2012. *Traditional Forest-Related Knowledge: Sustaining Communities, Ecosystems and Biocultural Diversity*. New York: Springer.

Parry, L. and C. A. Peres. 2015. Evaluating the use of local ecological knowledge to monitor hunted tropical-forest wildlife over large spatial scales. *Ecology and Society* 20(3): 15. [online]: http://dx.doi.org/10.5751/ES-07601-200315

Pawluk, R. R., J. A. Sandor, and J. A. Tabor. 1992. The role of indigenous soil knowledge in agricultural development. *Journal of Soil and Water Conservation* 47: 298–302.

Pearce, F. 1993. Living in harmony with forests. *New Scientist* 23 September: 11–12.

Pearce, T., J. D. Ford, G. J. Laidler *et al.* 2009. Community collaboration and climate change research in the Canadian Arctic. *Polar Research* 28: 10–27.

Pearce, T., J. Ford, A. Cunsolo Willox, and B. Smit. 2015. Inuit traditional ecological knowledge (TEK), subsistence hunting and adaptation to climate change in the Canadian Arctic. *Arctic* 68: 233–45.

Peloquin, C. 2007. Variability, change and continuity in social-ecological systems: insights from James Bay Cree cultural ecology. Winnipeg, MB: Master's thesis, University of Manitoba.

Peloquin, C. and F. Berkes. 2009. Local knowledge, subsistence harvests, and social-ecological complexity in James Bay. *Human Ecology* 37: 533–45.

Peluso, N. L. 1995. Whose woods are these? Counter-mapping forest territories in Kalimantan, Indonesia. *Antipode* 27 (4): 383–406.

Pena, M. H., H. A. Oxenford, C. Parker, and A. Johnson. 2010. Biology and fishery management of the white sea urchin, *Tripneustes ventricosus*, in the eastern Caribbean. FAO Fisheries and Aquaculture Circular No. 1056. Rome: FAO.

Pena, M., P. McConney, R. Forde, S. Sealy, and J. Wood. 2016. Sea eggs again: an account and evaluation of the 2015 Barbados sea egg fishing season (1–31 October 2015). Centre for Resource Management and Environmental Studies, The University of the West Indies, Cave Hill Campus, Barbados. CERMES Technical Report No. 79.

Pengally, R. and I. Davidson-Hunt. 2012. Partnership towards NTFP development: perspectives from Pikangikum First Nation. *Journal of Enterprising Communities* 6: 230–50.

Pepper, D. M. 1984. *The Roots of Modern Environmentalism*. London: Croom Helm.

Peroni, N., A. Begosi, and N. Hanazaki. 2008. Artisanal fishers' ethnobotany: from plant diversity use to agrobiodiversity management. *Environment, Development and Sustainability* 10: 623–37.

Pesek, T., M. Abramiuk, N. Fini *et al.* 2010. Q'eqchi' Maya healers' traditional knowledge in prioritizing conservation of medicinal plants: culturally relative conservation in sustaining traditional holistic health promotion. *Biodiversity Conservation* 19: 1–20.

Petersen, T. A., S. M. Brum, F. Rossoni, G. F. V. Silveira, and L. Castello. 2016. Recovery of Arapaima spp. populations by community-based management in floodplains of the Purus River, Amazon. *Journal of Fish Biology* 89: 241–48.

Pieroni, A. and L. L. Price (eds). 2006. *Eating and Healing. Traditional Food as Medicine*. New York: Haworth Press.

Pierotti, R. 2011. *Indigenous Knowledge, Ecology and Evolutionary Biology*. New York: Routledge.

Pilgrim, S. and J. Pretty (eds). 2010. *Nature and Culture. Rebuilding Lost Connections*. London: Earthscan.

Pimbert, M. P. and J. N. Pretty. 1995. Parks, people and professionals. Geneva: United Nations Research Institute for Social Development (UNRISD) Discussion Paper No. 57.

Pimbert, M. P. and B. Gujja. 1997. Village voices challenging wetland management policies. *Nature and Resources* 33: 34–42.

Poffenberger, M., B. McGean, and A. Khare. 1996. Communities sustaining India's forests in the twenty-first century. In *Village Voices, Forest Choices* (M. Poffenberger and B. McGean, eds). Delhi: Oxford University Press, 17–55.

Polanyi, K. 1964. *The Great Transformation*. Boston, MA: Beacon Press. (Original edn 1944.)

Polfus, J. L., K. Heinemeyer, M. Hebblewhite, and Taku River Tlingit First Nation. 2014. Comparing traditional ecological knowledge and western science in woodland caribou habitat models. *Journal of Wildlife Management* 78: 112–21.

Polunin, N. V. C. 1984. Do traditional marine "reserves" conserve? A view of Indonesian and New Guinean evidence. *Senri Ethnological Studies* 17: 267–83.

Posey, D. A. 1985. Indigenous management of tropical forest ecosystems: the case of the Kayapo Indians of the Brazilian Amazon. *Agroforestry Systems* 3: 139–58.

Posey, D. A. 1998. Diachronic ecotones and anthropogenic landscapes in Amazonia: contesting the consciousness of conservation. In *Advances in Historical Ecology* (W. Balée, ed.). New York: Columbia University Press, 104–17.

Posey, D. A. (ed.). 1999. *Cultural and Spiritual Values of Biodiversity*. Nairobi: UNEP and Intermediate Technology Publications.

Posey, D. A. (edited by K. Plenderleith) 2004. *Indigenous Knowledge and Ethics: A Darrell Posey Reader*. New York and London: Routledge.

Posey, D. A. and W. L. Balée (eds). 1989. *Resource Management in Amazonia: Indigenous and Folk Strategies*. New York: New York Botanical Garden.

Posey, D. A. and G. Dutfield. 1996. *Beyond Intellectual Property: Toward Traditional Resource Rights for Indigenous Peoples and Local Communities*. Ottawa: International Development Research Centre.

Posey, D. A. and G. Dutfield (principal writers). 1997. *Indigenous Peoples and Sustainability: Cases and Actions*. Utrecht: International Books/IUCN (International Conservation Union).

Posey, D. A. and M. J. Balick (eds). 2006. *Human Impacts on Amazonia. The Role of Traditional Ecological Knowledge in Conservation and Development*. New York: Columbia University Press.

Power, G. 1978. Fish population structure in Arctic lakes. *Journal of the Fisheries Research Board of Canada* 35: 53–9.

Premauer, J. and F. Berkes. 2012. Colombia: Makuira, the cosmological centre of origin for the Wayúu people. In *Protected Landscapes and Wild Biodiversity* (N. Dudley and S. Stolton, eds). Gland, Switzerland: International Conservation Union and GTZ, 53–60.

Premauer, J. M. and F. Berkes 2015. A pluralistic approach to protected area governance: indigenous peoples and Makuira National Park, Colombia. *Ethnobiology and Conservation* 4: 4. [online]: http://ethnobioconservation.com/index.php/ebc/article/view/64/pdf

Preston, R. J. 1975. *Cree Narrative: Expressing the Personal Meanings of Events*. Ottawa: National Museum of Man Mercury Series, Canadian Ethnology Service Paper No. 30, National Museum of Canada.

Preston, R. J. 1979. The development and self control in the eastern Cree life cycle. In *Childhood and Adolescence in Canada* (K. Ishwaran, ed.). Toronto: McGraw-Hill, 83–96.

Preston, R. J. 2002. *Cree Narrative. Expressing the Personal Meanings of Events*, 2nd edn. Montreal and Kingston: McGill-Queen's University Press.

Preston, R. J., F. Berkes, and P. J. George. 1995. Perspectives on sustainable development in the Moose River Basin. Papers of the 26th Algonquian Conference, pp. 378–93.

Pretty, J. 2007. *The Earth Only Endures: On Connecting with Nature and Our Place in it*. London: Earthscan.

Pretty, J., W. Adams, F. Berkes *et al.* 2009. The intersections of biological diversity and cultural diversity: towards integration. *Conservation & Society* 7(2): 100–12.

Pruitt, W. O. 1960. Animals in the snow. *Scientific American* 202(1): 60–8.

Pruitt, W. O. 1978. *Boreal Ecology*. London: Edward Arnold.

Pruitt, W. O. 1984. Snow and living things. In *Northern Ecology and Resource Management* (R. Olson, F. Geddes, and R. Hastings, eds). Edmonton: University of Alberta Press, 51–77.

Pullum, G. 1991. *The Eskimo Vocabulary Hoax and Other Irreverent Essays on the Study of Language*. Chicago, IL: University of Chicago Press.

Pungetti, G., G. Oviedo, and D. Hooke (eds). 2012. *Sacred Species and Sites. Advances in Biocultural Conservation*. Cambridge, UK: Cambridge University Press.

Putney, A. D. 1989. Getting the balance right. *World Wildlife Fund Reports* June/July: 19–21.

Raffles, H. 2002. Intimate knowledge. *International Social Science Journal* 173: 325–35.

Raj, R. 2006. Harmonizing traditional and scientific knowledge systems in rainfall prediction and utilization. In *Bridging Scales and Knowledge Systems* (W. V. Reid, F. Berkes, T. Wilbanks, and D. Capistrano, eds). Washington, DC: Island Press, 225–39. [online]: http://www.maweb.org/documents/bridging/bridging.12.pdf

Ramakrishnan, P. S. 1992. *Shifting Agriculture and Sustainable Development: An Interdisciplinary Study from North-Eastern India*. Paris: UNESCO/Parthenon.

Ramakrishnan, P. S. 2007. Traditional forest knowledge and sustainable forestry: a north-east India

perspective. *Forest Ecology and Management* 249: 91–9.

Ramakrishnan, P. S., K. G. Saxena, and U. M. Chandrashekara (eds). 1998. *Conserving the Sacred for Biodiversity Management*. New Delhi: Oxford and IBH Publishing.

Ramakrishnan, P. S., K. G. Saxena, and K. S. Rao (eds). 2006. *Shifting Agriculture and Sustainable Development of North-Eastern India: Tradition in Transition*. New Delhi: Oxford and IBH Publishing.

Ramos, A. 1994. From Eden to limbo: the construction of indigenism in Brazil. In *Social Construction of the Past: Representation as Power* (G. C. Bond and A. Gillam, eds). London: Routledge, 74–88.

Rappaport, R. A. 1979. *Ecology, Meaning and Religion*. Richmond, CA: North Atlantic Books.

Rappaport, R. A. 1984. *Pigs for the Ancestors: Ritual in the Ecology of a New Guinea People*, 2nd edn. New Haven and London: Yale University Press.

Rathwell, K. J. and D. Armitage. 2016. Art and artistic processes bridge knowledge systems about social-ecological change: an empirical examination with Inuit artists from Nunavut, Canada. *Ecology and Society* 21(2): 21. [online]: http://dx.doi.org/10.5751/ES-08369-210221

Rathwell, K. J., D. Armitage, and F. Berkes. 2015. Bridging knowledge systems to enhance governance of the environmental commons. *International Journal of the Commons* 9: 851–80.

Ravuvu, A. D. 1987. *The Fijian Ethos*. Suva, Fiji: Institute of Pacific Studies, University of the South Pacific.

Ray, A. J. 1975. Some conservation schemes of the Hudson's Bay Company, 1821–50. *Journal of Historical Geography* 1: 49–68.

Redford, K. H. 1992. The empty forest. *BioScience* 42: 412–22.

Redford, K. H. and C. Padoch (eds). 1992. *Conservation of Neotropical Forests: Working from Traditional Resource Use*. New York: Columbia University Press.

Redford, K. H. and A. M. Stearman. 1993. Forest-dwelling native Amazonians and the conservation of biodiversity. *Conservation Biology* 7: 248–55.

Redford, K. H. and J. A. Mansour (eds). 1996. *Traditional Peoples and Biodiversity Conservation in Large Tropical Landscapes*. Arlington, VA: America Verde/The Nature Conservancy.

Redman, C. 1999. *Human Impacts on Ancient Environments*. Tucson, AZ: University of Arizona Press.

Reed, R. and K. M. Norgaard. 2010. Salmon feeds our people: challenging dams on the Klamath River. In *Indigenous Peoples and Conservation: From Rights to Resource Management* (K. Walker Painemilla, A. B. Rylands, A. Woofter, and C. Hughes, eds). Arlington, VA: Conservation International, 7–16.

Regier, H. A. 1978. *A Balanced Science of Renewable Resources with Particular Reference to Fisheries*. Seattle, WA and London: Washington Sea Grant and University of Washington Press.

Regier, H. A. and G. L. Baskerville. 1986. Sustainable redevelopment of regional ecosystems degraded by exploitive development. In *Sustainable Development of the Biosphere* (W. C. Clark and R. E. Munn, eds). Cambridge: Cambridge University Press, 75–103.

Reichel-Dolmatoff, G. 1976. Cosmology as ecological analysis: a view from the rain forest. *Man* 11(NS): 307–18.

Reid, R. S. and J. E. Ellis. 1995. Impacts of pastoralists in South Turkana, Kenya: livestock-mediated tree recruitment. *Ecological Applications* 5: 978–92.

Reid, W. V., F. Berkes, T. Wilbanks, and D. Capistrano (eds). 2006. *Bridging Scales and Knowledge Systems: Linking Global Science and Local Knowledge in Assessments*. Washington DC: Millennium Ecosystem Assessment and Island Press. [online]: http://www.maweb.org/en/Bridging.aspx

Reij, C., I. Scoones, and C. Toulmin (eds). 1996. *Sustaining the Soil: Indigenous Soil and Water Conservation in Africa*. London: Earthscan.

Renard, Y. 1994. *Community Participation in St. Lucia*. Washington, DC: Panes Institute, and Vieux Fort, St. Lucia: Caribbean Natural Resources Institute.

Reo, N. J. and K. P. Whyte. 2012. Hunting and morality as elements of traditional ecological knowledge. *Human Ecology* 40: 15–27.

Reyes-García, V., V. Valdez, T. Huanca, W. R. Leonard, and T. McDade. 2007. Economic development

and local ecological knowledge: a deadlock? Quantitative research from a native Amazonian society. *Human Ecology* 35: 371–7.

Reyes-García, V., M. Guèze, A. C. Luz *et al.* 2013. Evidence of traditional knowledge loss among a contemporary indigenous society. *Evolution and Human Behavior* 34: 249–57.

Reyes-García, V., J. L. Molina, L. Calvet-Mir *et al.* 2013. "Tertius gaudens": germplasm exchange networks and agroecological knowledge among home gardeners in the Iberian Peninsula. *Journal of Ethnobiology and Ethnomedicine* 9: 53. [online]: http://www.ethnobiomed.com/content/9/1/53

Reyes-García, V., L. Aceituno-Mata, L. Calvet-Mir *et al.* 2014. Resilience of traditional knowledge systems: the case of agricultural knowledge in home gardens of the Iberian Peninsula. *Global Environmental Change* 24: 223–31.

Richards, P. 1985. *Indigenous Agricultural Revolution: Ecology and Food Production in West Africa.* London: Hutchinson.

Richardson, A. 1982. The control of productive resources on the Northwest coast of North America. In *Resource Managers: North American and Australian Hunter-Gatherers* (N. M. Williams and E. S. Hunn, eds). Washington, DC: American Association for the Advancement of Science, 93–112.

Richmond, C. 2015. The relatedness of people, land and health. Stories from Anishinabe elders. In *Determinants of Indigenous Peoples' Health in Canada* (M. Greenwood, S. de Leeuw, N. M. Lindsay, and C. Reading, eds). Toronto: Canadian Scholars' Press, 47–63.

Riedlinger, D. and F. Berkes. 2001. Contributions of traditional knowledge to understanding climate change in the Canadian Arctic. *Polar Record* 37: 315–28.

Riewe, R. 1991. Inuit use of the sea ice. *Arctic and Alpine Research* 23: 3–10.

Riewe, R. (ed.). 1992. *Nunavut Atlas.* Edmonton: Canadian Circumpolar Institute and the Tungavik Federation of Nunavut.

Riseth, J. Å., H. Tømmervik, E. Helander-Renvall *et al.* 2011. Sámi traditional ecological knowledge as a guide to science: snow, ice and reindeer pasture facing climate change. *Polar Record* 47: 201–17.

Rist, S. and F. Dahdouh-Guebas. 2006. Ethnosciences—a step towards the integration of scientific and indigenous forms of knowledge in the management of natural resources for the future. *Environment, Development and Sustainability* 8: 467–93.

Rist, L., C. Shackleton, L. Gadamus *et al.* 2016. Ecological knowledge among communities, managers and scientists: bridging divergent perspectives to improve forest management outcomes. *Environmental Management* 57: 798–813.

Robbins, P. 2004. *Political Ecology: A Critical Introduction.* Oxford: Blackwell.

Robbins, P. 2006. The politics of barstool biology: environmental knowledge and power in greater Northern Yellowstone. *Geoforum* 37: 185–99.

Roberts, M., W. Norman, N. Minhinnick, D. Wihongi, and C. Kirkwood. 1995. *Kaitiakitanga*: Maori perspectives on conservation. *Pacific Conservation Biology* 2: 7–20.

Robertson, H. A. and T. K. McGee. 2003. Applying local knowledge: the contribution of oral history to wetland rehabilitation at Kanyapella Basin, Australia. *Journal of Environmental Management* 69: 275–87.

Robinson, L. W. and F. Berkes. 2010. Applying resilience thinking to questions of policy for pastoralist systems: lessons from the Gabra of northern Kenya. *Human Ecology* 38: 335–50.

Robson, J. P. and F. Berkes. 2010. Sacred nature and community conserved areas. In *Nature and Culture: Rebuilding Lost Connections* (S. Pilgrim and J. Pretty, eds). London: Earthscan, 197–216.

Robson, J. P. and F. Berkes. 2011. Exploring some myths of land use change: can rural to urban migration drive declines in biodiversity? *Global Environmental Change* 21: 844–54.

Robson, J. P., A. M. Miller, C. J. Idrobo *et al.* 2009. Building communities of learning: indigenous ways of knowing in contemporary natural resources and environmental management. *Journal of the Royal Society of New Zealand* 39: 173–7.

Rocheleau, D. E. 1991. Gender, ecology, and the science of survival: stories and lessons from Kenya. *Agriculture and Human Values* 8: 156–65.

Rocheleau, D. 1995. Maps, numbers, text and context: mixing methods in feminist political ecology.

Professional Geographer 47: 458–66.

Roncoli, C. and K. Ingram. 2002. Reading the rains: local knowledge and rainfall forecasting in Burkina Faso. *Society and Natural Resources* 15: 409–27.

Rose, D. B. 2004. *Reports from a Wild Country: Ethics for Decolonization*. Sydney: University of New South Wales.

Rose, D. 2005. An indigenous philosophical ecology: situating the human. *Australian Journal of Anthropology* 16: 294–305.

Rosenberg, D. M., F. Berkes, R. A. Bodaly, R. E. Hecky, C. A. Kelly, and J. W. M. Rudd. 1997. Large-scale impacts of hydroelectric development. *Environmental Reviews* 5: 27–54.

Ross, A. and K. Pickering. 2002. The politics of reintegrating Australian aboriginal and American Indian indigenous knowledge into resource management: the dynamics of resource appropriation and cultural revival. *Human Ecology* 30: 87–214.

Ross A., K. Pickering, J. Snodgrass, H. D. Delcore, and R. Sherman. 2010. *Indigenous Peoples and the Collaborative Stewardship of Nature: Knowledge Binds and Institutional Conflicts*. Walnut Cree, CA: Left Coast Press.

Ross, H. and F. Berkes 2014. Research approaches for understanding, enhancing and monitoring community resilience. *Society and Natural Resources* 27: 787–804.

Ross, H., C. Grant, C. J. Robinson, A. Izurieta, D. Smyth, and P. Rist. 2009. Co-management and indigenous protected areas in Australia: achievements and ways forward. *Australasian Journal of Environmental Management* 16: 242–52.

Ross, H., S. Shaw, D. Rissik *et al.* 2015. A participatory systems approach to understanding climate adaptation needs. *Climatic Change* 129: 27–42.

Rössler, M. 2006. World heritage cultural landscapes: a UNESCO flagship programme 1992–2006. *Landscape Research* 31: 333–53.

Roszak, T. 1972. *Where the Wasteland Ends*. Garden City, NY: Doubleday.

Roth, R. 2004. Spatial organization of environmental knowledge: conservation conflicts in the inhabited forest of northern Thailand. *Ecology and Society* 9(3): 5. [online]: http://www.ecologyandsociety.org/vol9/iss3/art5

Roth, D. 2014. Environmental sustainability and legal plurality in irrigation: the Balinese subak. *Current Opinion in Environmental Sustainability* 11: 1–9.

Ruddle, K. 1994a. Local knowledge in the folk management of fisheries and coastal marine environments. In *Folk Management in the World's Fisheries: Lessons for Modern Fisheries Management* (C. L. Dyer and J. R. McGoodwin, eds). Niwot: University Press of Colorado, 161–206.

Ruddle, K. 1994b. A guide to the literature on traditional community-based fishery management in the Asia-Pacific tropics. Rome: FAO Fisheries Circular No. 869.

Ruddle, K. and T. Akimichi (eds). 1984. *Maritime Institutions in the Western Pacific*. Senri Ethnological Studies 17. Osaka: National Museum of Ethnology.

Ruddle, K., and R. E. Johannes (eds). 1985. *The Traditional Knowledge and Management of Coastal Systems in Asia and the Pacific*. Jakarta: UNESCO.

Ruddle, K. and R. E. Johannes (eds). 1990. *Traditional Marine Resource Management in the Pacific Basin: An Anthology*. Jakarta: UNESCO.

Ruddle, K., E. Hviding, and R. E. Johannes. 1992. Marine resources management in the context of customary tenure. *Marine Resource Economics* 7: 249–73.

Rudiak-Gould, P. 2014. The influence of science communication on indigenous climate change perception: theoretical and practical implications. *Human Ecology* 42: 75–86.

Ruiz-Pérez, M., B. Belcher, R. Achdiawan *et al.* 2004. Markets drive the specialization strategies of forest peoples. *Ecology and Society* 9(2): 4. [online]: http://www.ecologyandsociety.org/vol9/iss2/art4

Russell, D. E., M. Y. Svoboda, J. Arokium, and D. Cooley. 2013. Arctic Borderlands Ecological Knowledge Cooperative: can local knowledge inform caribou management? *Rangifer* 33, Special Issue Number 21: 71–8.

Sable, T., G. Howell, D. Wilson, and P. Penashue. 2006. The Askhui Project: linking Western science and Innu environmental knowledge in creating a sustainable environment. In *Local Science vs. Global Science: Approaches to Indigenous Knowledge in International Development* (P. Sillitoe, ed.). New York: Berghahn Books, 109–18.

Sadler, B. and P. Boothroyd (eds). 1994. *Traditional Ecological Knowledge and Modern Environmental Assessment.* Vancouver: Centre for Human Settlements, University of British Columbia.

Said, E. 1994. *Culture and Imperialism.* New York: Vintage.

Salick, J. and N. Ross. 2009. Traditional peoples and climate change. *Global Environmental Change* 19: 137–9.

Salick, J. and R. K. Moseley. 2012. *Khawa Karpo: Tibetan Traditional Knowledge and Biodiversity Conservation.* St. Louis: Missouri Botanical Garden.

Salick, J., A. Amend, D. Anderson *et al.* 2007. Tibetan sacred sites conserve old growth trees and cover in the eastern Himalayas. *Biodiversity and Conservation* 16: 693–706.

Samakov, A. and F. Berkes 2016. Ysyk-Köl Lake, the planet's third eye: sacred sites in Ysyk-Köl Biosphere Reserve. In *Asian Sacred Natural Sites* (B. Verschuuren and N. Furuta, eds). New York and London: Routledge, 208–20.

Samakov, A. and F. Berkes. 2017. Spiritual commons: sacred sites as core of community-conserved areas in Kyrgyzstan. *International Journal of the Commons* 11: 422–44.

Samancioglu, A., I. G. Sat, E. Yildirim *et al.* 2016. Total phenolic and vitamin C content and antiradical activity evaluation of traditionally consumed wild edible vegetables from Turkey. *Indian Journal of Traditional Knowledge* 15: 208–13.

Sanford, R. L., J. Saldarriga, K. E. Clark, C. Uhl, and R. Herrera. 1985. Amazon rainforest fires. *Science* 227: 53–5.

Savo, V., D. Lepofsky, J. P. Benner, K. E. Kohfeld, J. Bailey, and K. Lertzman 2016. Observations of climate change among subsistence-oriented communities around the world. *Nature Climate Change* 6: 462–74.

Sayles, J. S. and M. E. Mulrennan. 2010. Securing a future: Cree hunters' resistance and flexibility to environmental changes, Wemindji, James Bay. *Ecology and Society* 15: 22. [online]: http://www.ecologyandsociety.org/articles/3828.html

Schaaf, T. and C. Lee (eds). 2006. *Conserving Cultural and Biological Diversity: The Role of Sacred Natural Sites and Cultural Landscapes.* Proceedings of the Tokyo Symposium. Paris: UNESCO.

Schindler, D. W. and J. P. Smol. 2006. Cumulative effects of climate warming and other human activities on freshwaters of arctic and subarctic North America. *Ambio* 35: 160–8.

Schmidt, J. J. and M. Dowsley. 2010. Hunting with polar bears: problems with passive properties of the commons. *Human Ecology* 38: 377–87.

Schultes, R. E. 1989. Reasons for ethnobotanical conservation. In *Traditional Ecological Knowledge: A Collection of Essays* (R. E. Johannes, ed.). Gland, Switzerland: International Conservation Union (IUCN).

Schultes, R. E. and S. Reis (eds). 1995. *Ethnobotany: Evolution of a Discipline.* Portland, OR: Timber Press.

Scoones, I. 1999. New ecology and the social sciences: what prospects for fruitful engagement? *Annual Review of Anthropology* 28: 479–507.

Scott, C. 1986. Hunting territories, hunting bosses and communal production among coastal James Bay Cree. *Anthropologica* 28: 163–73.

Scott, C. 1989. Knowledge construction among Cree hunters: metaphors and literal understanding. *Journal de la Société des Américanistes* 75: 193–208.

Scott, C. 2006. Spirit and practical knowledge in the person of the bear among Wemindji Cree Hunters. *Ethnos* 71: 51–66.

Scott, J. C. 1998. *Seeing Like a State: How Certain Schemes to Improve the Human Condition Have Failed.* New Haven, CT: Yale University Press.

Sears, R. R., C. Padoch, and M. Pinedo-Vasquez. 2007. Amazon forestry transformed: integrating knowledge for smallholder timber management in eastern Brazil. *Human Ecology* 35: 697–707.

Seixas, C. and F. Berkes. 2003. Dynamics of social-ecological changes in a lagoon fishery in southern Brazil. In *Navigating Social-Ecological Systems* (F. Berkes, J. Colding, and C. Folke, eds). Cambridge: Cambridge University Press, 271–98.

Selin, H. (ed.). 2003. *Nature across Cultures.* Dordrecht: Kluwer.

Sen, A. 1999. *Development as Freedom.* New York: Random House.

Senos, R., F. K. Lake, N. Turner, and D. Martinez. 2006. Traditional ecological knowledge and resto-

ration practice. In *Restoring the Pacific Northwest: The Art and Science of Ecological Restoration in Cascadia* (D. Apostol and M. Sinclair, eds). Washington, DC: Island Press, 393–426.

Shaw, S. and A. Francis (eds). 2008. *Deep Blue: Critical Reflections on Nature, Religion and Water.* London: Equinox.

Sheil, D. and A. Lawrence. 2004. Tropical biologists, local people and conservation: new opportunities for collaboration. *Trends in Ecology and Evolution* 19: 634–38.

Shepard, P. 1973. *The Tender Carnivore and the Sacred Game.* New York: Scribner.

Sheridan, M. J. 2009. The environmental and social history of African sacred groves: a Tanzanian case study. *African Studies Review* 52: 73–98.

Sheridan, M. J. and C. Nyamweru (eds). 2008. *African Sacred Groves.* Athens OH: Ohio University Press.

Shipek, F. 1993. Kumeeyay plant husbandry: fire, water, and erosion management systems. In *Before the Wilderness: Environmental Management by Native Californians* (T. C. Blackburn and K. Anderson, eds). Menlo Park, CA: Ballena Press, 379–88.

Shiva, V. 1988. *Staying Alive: Women, Ecology and Development.* London: Zed Press.

Shiva, V. and R. Holla-Bhar. 1993. Intellectual piracy and the neem tree. *The Ecologist* 23(6).

Shukla, S. R. and J. S. Gardner. 2006. Local knowledge in community-based approaches to medicinal plant conservation: lessons from India. *Journal of Ethnobiology and Ethnomedicine* 2: 20. [online]: http://www.ethnobiomed.com/content/2/1/20

Shukla, S. and A. J. Sinclair. 2009. Becoming a traditional medicinal plant healer: divergent views of practicing and young healers on traditional medicinal plant knowledge skills in India. *Ethnobotany Research and Applications* 7: 039–051.

Siahaya, M. E., T. R. Hutauruk, H. S. E. S. Aponno *et al.* 2016. Traditional ecological knowledge on shifting cultivation and forest management in East Borneo, Indonesia. *International Journal of Biodiversity Science, Ecosystem Services & Management* 12: 14–23.

Sileshi, G. W., P. Nyeko, P. O. Y. Nkunika, B. M. Sekematte *et al.* 2009. Integrating ethno-ecological and scientific knowledge of termites for sustainable terminate management and human welfare in Africa. *Ecology and Society* 14: 48. [online]: http://www.ecologyandsociety.org/vol14/iss1/art48

Sillitoe, P. 2002. Contested knowledge, contingent classification: animals in the highlands of Papua New Guinea. *American Anthropologist* 104(4): 1162–71.

Sillitoe, P. (ed.) 2006. *Local Science vs. Global Science: Approaches to Indigenous in International Development.* New York and Oxford: Berghahn.

Silvano, R. A. M. and A. Begossi. 2010. What can be learned from fishers? An integrated survey of fishers' local ecological knowledge and bluefish (*Pomatomus saltatrix*) biology on the Brazilian coast. *Hydrobiologia* 637: 3–18.

Silvano, R. A. M. and A. Begossi. 2016. From ethnobiology to ecotoxicology: fishers' knowledge on trophic levels as indicator of bioaccumulation in tropical marine and freshwater fishes. *Ecosystems* 19: 1310–24.

Simpson, L. R. 2001. Decolonizing our processes: indigenous knowledge and ways of knowing. *Canadian Journal of Native Studies* 21: 137–48.

Simpson, L. 2005. Traditional ecological knowledge among aboriginal peoples in Canada. In *Encyclopedia of Religion and Nature* (B. R. Taylor, ed.). London and New York: Thoemmes Continuum, 1649–51.

Sirait, M., S. Pasodjo, N. Podger, A. Flavelle, and J. Fox. 1994. Mapping customary land in East Kalimantan, Indonesia: a tool for forest management. *Ambio* 23: 411–17.

Siu, R. G. H. 1957. *The Tao of Science: An Essay on Western Knowledge and Eastern Wisdom.* Cambridge, MA: MIT Press.

Skolimowski, H. 1981. *Eco-Philosophy.* London: Boyars.

Smith, A. H. and F. Berkes. 1991. Solutions to the "tragedy of the commons": sea-urchin management in St. Lucia, West Indies. *Environmental Conservation* 18: 131–36.

Smith, A. H. and F. Berkes. 1993. Community-based use of mangrove resources in St. Lucia. *International Journal of Environmental Studies* 43: 123–31.

Smith, A. H., A. Jean, and K. Nichols. 1986. An investigation of the potential for the commercial mariculture of seamoss (*Gracilaria* spp. *Rhodophycophyta*) in St. Lucia. *Proceedings of the Gulf and Caribbean Fisheries Institute* 37: 4–11.

Smith, E. A. and M. Wishnie. 2000. Conservation and subsistence in small-scale societies. *Annual Review of Anthropology* 29: 493–524.

Smith, J. G. E. 1978. Economic uncertainty in an "original affluent society": caribou and caribou-eater Chipewyan adaptive strategies. *Arctic Anthropology* 15: 68–88.

Smith, L. Tuhiwai. 1999. *Decolonizing Methodologies: Research and Indigenous Peoples.* London: Zed Books.

Smithers, G. D. 2015. Beyond the "ecological Indian": environmental politics and traditional ecological knowledge in modern North America. *Environmental History* 20: 83–111.

Snodgrass, J. G. and K. Tiedje. 2008. Guest editors' introduction: indigenous nature reverence and conservation – seven ways of transcending an unnecessary dichotomy. *Journal for the Study of Religion, Nature and Culture* 2(1): 6–29.

Spak, S. 2005. The position of indigenous knowledge in Canadian co-management organizations. *Anthropologica* 47: 233–46.

Speck, F. G. 1915. The family hunting band as the basis of Algonkian social organization. *American Anthropologist* 17: 289–305.

Speck, F. G. 1935. *Naskapi: Savage Hunters of the Labrador Peninsula.* Norman, OK: University of Oklahoma Press.

Spencer, J. E. 1966. *Shifting Cultivation in Southeast Asia.* Berkeley and Los Angeles. CA: University of California Press.

Sponsel, L. 2012. *Spiritual Ecology: A Quiet Revolution.* Santa Barbara, CA: Praeger.

Spoon, J. 2014. Quantitative, qualitative, and collaborative methods: approaching indigenous ecological knowledge heterogeneity. *Ecology and Society* 19(3): 33. [online]: http://dx.doi.org/10.5751/ES-06549-190333

SRISTI. 2011. Society for Research and Initiatives for Sustainable Technologies and Institution. Honey Bee Network. [online]: http://www.sristi.org/hbnew/index.php

Steadman, D. W. 1995. Prehistoric extinctions of Pacific island birds: biodiversity meets zooarcheology. *Science* 267: 1123–31.

Steinmetz, R., W. Chutipong, and N. Seuaturien. 2006. Collaborating to conserve large mammals in southeast Asia. *Conservation Biology* 20: 1391–401.

Stephenson, J. and H. Moller. 2009. Cross-cultural environmental research and management: challenges and progress. *Journal of the Royal Society of New Zealand* 39: 139–49.

Stephenson, J., F. Berkes, N. J. Turner, and J. Dick. 2014. Biocultural conservation of marine ecosystems: examples from New Zealand and Canada. *Indian Journal of Traditional Knowledge* 13: 257–65.

Stevenson, M. G. 1996. Indigenous knowledge in environmental assessment. *Arctic* 49: 278–91.

Stevenson, M. G. 2006. The possibility of difference: rethinking co-management. *Human Organization* 65: 167–80.

Steward, J. H. 1936. The economic and social basis of primitive bands. In *Essays in Anthropology Presented to A. L. Kroeber.* Berkeley, CA: University of California Press, 331–50.

Steward, J. H. 1955. *Theory of Culture Change.* Urbana, IL: University of Illinois Press.

Strauss, S. 1992. Historical record be damned, they sell environmentalism by co-opting Chief Seattle. *Globe and Mail,* Toronto, February 8, 1992.

Sturtevant, W. C. 1964. Studies in ethnoscience. *American Anthropologist* 66: 99–131.

Subramanian, S. M. and B. Pisupati (eds). 2010. *Traditional Knowledge in Policy and Practice.* Tokyo: UN University Press.

Suchet-Pearson, S. and R. Howitt 2006. On teaching and learning resource and environmental management: reframing capacity-building in multicultural settings. *Australian Geographer* 37: 117–28.

Sullivan, B. L., C. L. Wood, M. J. Iliff *et al.* 2009. eBird: a citizen-based bird observation network in the biological sciences. *Biological Conservation* 142: 2282–92.

Sutton, I. 1975. *Indian Land Tenure.* New York: Clearwater.

Sutton, P. 1995. *Country: Aboriginal Boundaries and Land Ownership in Australia.* Canberra: Australian National University, Aboriginal History Monograph 3.

Suzuki, D. and A. McConnell. 1997. *The Sacred Balance: Rediscovering Our Place in Nature.* Vancouver: Greystone.

Swezey, S. L. and R. F. Heizer. 1993. Ritual management of salmonid fish resources in California. In *Before the Wilderness: Environmental Management by Native Californians* (T. C. Blackburn and K. Anderson, eds). Menlo Park, CA: Ballena Press, 299–327. (Originally published in *Journal of California Anthropology* 1977, 4: 6–29.)

Tadaki, M., J. Sinner, and K. M. A. Chan. 2017. Making sense of environmental values: a typology of concepts. *Ecology and Society* 22(1): 7. [online]: https://doi.org/10.5751/ES-08999-220107

Taiepa, T., P. Lyver, P. Horsley, J. Davis, M. Bragg, and H. Moller. 1997. Co-management of New Zealand's conservation estate by Maori and Pakeha: a review. *Environmental Conservation* 24: 236–50.

Tang, R. and M. C. Gavin. 2016. A classification of threats to traditional ecological knowledge and conservation responses. *Conservation and Society* 14: 57–70.

Tanner, A. 1979. *Bringing Home Animals: Religious Ideology and Mode of Production of the Mistassini Cree Hunter*. London: Hurst.

Taylor, B. R. (ed.). 2005. *Encyclopedia of Religion and Nature*. London and New York: Thoemmes Continuum.

Taylor, B. 2009. *Dark Green Religion. Nature Spirituality and the Planetary Future*. Berkeley: University of California Press.

Taylor, R. I. 1988. Deforestation and Indians in the Brazilian Amazonia. In *Biodiversity* (E. O. Wilson, ed.). Washington, DC: National Academy Press, 138–44.

Tengö, M., E. S. Brondizio, T. Elmqvist, P. Malmer, and M. Spierenburg. 2014. Connecting diverse knowledge systems for enhanced ecosystem governance: The multiple evidence base approach. *Ambio* 43: 579–91.

Thomas, W. H. 2003. One last chance: tapping indigenous knowledge to produce sustainable conservation policies. *Futures* 35: 989–98.

Thorley, A and C. M. Gunn. 2008. *Sacred Sites: An Overview. A Report for the Gaia Foundation*. London: The Gaia Foundation.

Thorpe, N., N. Hakongak, S. Eyegetok, and Kitikmeot Elders. 2001. *Thunder on the Tundra: Inuit Quajimajatuqangit of the Bathurst Caribou*. Vancouver: Generation Printing.

Tiki, W., G. Oba, and T. Tvedt. 2011. Human stewardship or ruining cultural landscapes of the ancient *Tula* wells, southern Ethiopia. *The Geographical Journal* 177: 62–78.

Tobias, T. 2000. *Chief Kerry's Moose: A Guidebook to Land Use and Occupancy Mapping, Research Design and Data Collection*. Vancouver: Union of British Columbia Indian Chiefs. [online]: http://www.ubcic.bc.ca/files/PDF/Tobias_whole.pdf

Tobias, T. N. 2010. *Living Proof: The Essential Data Collection Guide for Indigenous Use and Occupancy Map Surveys*. Vancouver: Ecotrust Canada and Union of BC Indian Chiefs.

Tobias, J. K. and C. A. M. Richmond. 2014. "That land means everything to us Anishinaabe. . .": environmental dispossession and resilience on the north shore of Lake Superior. *Health and Place* 29: 26–33.

Toledo, V. M. 1992. What is ethnoecology? Origins, scope and implications of a rising discipline. *Ethnoecológica* 1(1): 5–21.

Toledo, V. M. 2001. Biodiversity and indigenous peoples. *Encyclopedia of Biodiversity*, Vol. 5. San Diego, CA: Academic Press, 330–40.

Toledo, V. M., B. Ortiz-Espejel, L. Cortés, P. Moguel, and M. D. J. Ordoñez. 2003. The multiple use of tropical forests by indigenous peoples in Mexico: a case of adaptive management. *Conservation Ecology* 7(3): 9. [online]: http://www.consecol.org/vol7/iss3/art9

Trosper, R. L. 1995. Traditional American Indian economic policy. *American Indian Culture and Research Journal* 19: 65–95.

Trosper, R. L. 1998. Land tenure and ecosystem management in Indian country. In *Who Owns America? Social Conflict Over Property Rights* (H. M. Jacobs, ed.). Madison, WI: University of Wisconsin Press, 208–26.

Trosper, R. L. 2002. Northwest coast indigenous institutions that supported resilience and sustainability. *Ecological Economics* 41: 329–44.

Trosper, R. L. 2007. Indigenous influence on forest management on the Menominee Indian Reservation. *Forest Ecology and Management* 249: 134–9.

Trosper, R. 2009. *Resilience, Reciprocity and Ecological Economics. Northwest Coast Sustainability*.

London and New York: Routledge.

Trosper, R. and J. A. Parrotta. 2012. Introduction: the growing importance of traditional forest-related knowledge. In *Traditional Forest-Related Knowledge* (J. A. Parrotta and R. L. Trosper, eds). New York: Springer.

Tuan, Y. 1974. *Topophilia*. Englewood Cliffs, NJ: Prentice-Hall.

Tuan, Y.-E. 1977. *Space and Place: The Perspective of Experience*. Minneapolis, MN: University of Minnesota Press.

Turnbull, D. 1997. Reframing science and other local knowledge traditions. *Futures* 29: 551–62.

Turnbull, D. 2000. *Masons, Tricksters and Cartographers: Comparative Studies in the Sociology of Scientific and Indigenous Knowledge*. Reading: Harwood Academic Publishers.

Turnbull, D. (ed.). 2009. Futures of indigenous knowledges. *Futures* 41(1): 1–66.

Turner, B. L., W. C. Clark, R. W. Kates, J. F. Richards, J. T. Mathews, and W. B. Meyer (eds). 1990. *The Earth as Transformed by Human Action: Global and Regional Changes in the Biosphere Over the Past 300 Years*. Cambridge: Cambridge University Press.

Turner, N. J. 1994. Burning mountain sides for better crops: Aboriginal landscape burning in British Columbia. *International Journal of Ecoforestry* 10: 116–22. (Originally published in *Archaeology in Montana* 1992, 32: 57–73.)

Turner, N. J. 1999. "Time to burn." Traditional use of fire to enhance resource production by aboriginal peoples in British Columbia. In *Indians, Fire and the Land in the Pacific Northwest* (R. Boyd, ed.). Corvallis, OR: Oregon State University Press, 185–218.

Turner, N. J. 2003. "Passing on the news": women's work, traditional knowledge and plant resource management in indigenous societies in NW N America. In *Women and Plants: Case Studies on Gender Relations in Local Plant Genetic Resource Management* (P. Howard, ed.). London: Zed Books, 133–49.

Turner, N. J. 2004. *Plants of Haida Gwaii*. Winlaw, British Columbia: Sono Nis.

Turner, N. J. 2005. *The Earth's Blanket: Traditional Teachings for Sustainable Living*. Vancouver: Douglas & McIntyre, and Seattle, WA: University of Washington Press.

Turner, N. J. 2014. *Ancient Pathways, Ancestral Knowledge: Ethnobotany and Ecological Wisdom of Indigenous Peoples of Northwestern North America*. Montreal and Kingston: McGill-Queen's University Press.

Turner, N. J. and A. Davis. 1993. "When everything was scarce": the role of plants as famine foods in Northwestern North America. *Journal of Ethnobiology* 13: 171–201.

Turner, N. J. and F. Berkes. 2006. Coming to understanding: developing conservation through incremental learning in the Pacific Northwest. *Human Ecology* 34: 495–513.

Turner, N. J. and K. L. Turner. 2008. "Where our women used to get the food": cumulative effects and loss of ethnobotanical knowledge and practice; case study from coastal British Columbia. *Botany* 86: 103–15.

Turner, N. J. and H. Clifton 2009. "It's so different today": climate change and indigenous lifeways in British Colombia, Canada. *Global Environmental Change* 19: 180–90.

Turner, N. J. and P. Spalding. 2013. "We might go back to this": drawing on the past to meet the future in northwestern North American Indigenous communities. *Ecology and Society* 18(4): 29. [online]: http://www.ecologyandsociety.org/vol18/iss4/art29/

Turner, N. J., M. B. Ignace, and R. Ignace. 2000. Traditional ecological knowledge and wisdom of aboriginal peoples in British Columbia. *Ecological Applications* 10: 1275–87.

Turner, N. J., I. J. Davidson-Hunt, and M. O'Flaherty. 2003. Living on the edge: ecological and cultural edges as sources of diversity for social-ecological resilience. *Human Ecology* 31: 439–58.

Turner, N. J., Y. Ari, F. Berkes *et al.* 2009. Cultural management of living trees: an international perspective. *Journal of Ethnobiology* 29: 237–70.

Turner, N. J., D. Deur, and C. R. Mellott. 2011. "Up on the mountain": ethnobotanical importance of montane sites in Pacific coastal North America. *Journal of Ethnobiology* 31: 4–43.

Turner, N. J., F. Berkes, J. Stephenson, and J. Dick 2013. Blundering intruders: extraneous impacts on two Indigenous food systems. *Human Ecology* 41: 563–74.

Tyler, M. E. 1993. Spiritual stewardship in aboriginal resource management systems. *Environments* 22(1): 1–8.

Tyler, N. J. C., J. M. Turi, M. A. Sundset *et al.* 2007. Saami reindeer pastoralism under climate change: applying a generalized framework for vulnerability studies to a sub-arctic social-ecological system. *Global Environmental Change* 17: 191–206.

Uprety, Y., H. Asselin, Y. Bergeron, F. Doyon, and J.-F. Boucher. 2012. Contribution of traditional knowledge to ecological restoration: practices and applications, *Écoscience* 19: 225–37.

Usher, P. J. 2000. Traditional ecological knowledge in environmental assessment and management. *Arctic* 53: 183–93.

Valbo-Jorgensen, J. and A. F. Poulsen. 2001. Using local knowledge as a research tool in the study of river fish biology: experiences from the Mekong. *Environment, Development and Sustainability* 2: 253–76.

Valladolid, J. and F. Apffel-Marglin. 2001. Andean cosmovision and the nurturing of biodiversity. In *Indigenous Traditions and Ecology* (J. A. Grim, ed.). Cambridge, MA: Harvard University Press, 639–70.

Vandergeest, P. and N. L. Peluso. 1995. Territorialization and state power in Thailand. *Theory and Society* 35: 385–426.

Vaughan-Lee, L. (ed). 2016. *Spiritual Ecology: the Cry of the Earth*. New edn. Point Reyes Station, CA: The Golden Sufi Center.

Verschuuren, B. and N. Furuta (eds). 2016. *Asian Sacred Natural Sites. Philosophy and Practice in Protected Areas and Conservation*. New York and London: Routledge.

Verschuuren, B., R. Wild, J. A. McNeely, and G. Oviedo (eds). 2010. *Sacred Natural Sites: Conserving Nature and Culture*. London: Earthscan.

Vestergaard, T. A. 1991. Living with pound nets: diffusion, invention and implications of a technology. *Folk* 33: 149–67.

Vogt, N. D., M. Pinedo-Vasquez, E. S. Brondizio *et al.* 2016. Local ecological knowledge and incremental adaptation to changing flood patterns in the Amazon delta. *Sustainability Science* 11: 611–23.

Vors, L. S. and M. S. Boyce. 2009. Global declines in caribou and reindeer. *Global Change Biology* 15: 2626–33.

Wallace, A. F. C. 1956. Revitalization movements: some theoretical considerations for their comparative study. *American Anthropologist* 58(2): 265.

Walsh, S. 2010. A Trojan horse of a word? "Development" in Bolivia's southern highlands: monocropping people, plants and knowledge. *Anthropologica* 52: 241–57.

Walsh, S. 2014. *Trojan Horse Aid. Seeds of Resistance and Resilience in the Bolivian Highlands and Beyond*. Montreal and Kingston: McGill-Queen's University Press.

Walsh, F. J., P. V. Dobson, and J. C. Douglas. 2013. Anpernirrentye: a framework for enhanced application of indigenous ecological knowledge in natural resource management. *Ecology and Society* 18(3): 18. [online]: http://dx.doi.org/10.5751/ES-05501-180318

Warner, G. 1997. Participatory management, popular knowledge and community empowerment: the case of sea urchin harvesting in the Vieux-Fort area of St. Lucia. *Human Ecology* 25: 29–46.

Warren, D. M. 1991. Using indigenous knowledge in agricultural development. World Bank Discussion Papers No. 127. Washington DC: World Bank.

Warren, D. M. 1995. Comments on article by Arun Agrawal. *Indigenous Knowledge and Development Monitor* 4(1): 13.

Warren, D. M. and J. Pinkston. 1998. Indigenous African resource management of a tropical rain forest ecosystem: a case study of the Yoruba of Ara, Nigeria. In *Linking Social and Ecological Systems* (F. Berkes and C. Folke, eds). Cambridge: Cambridge University Press, 158–89.

Warren, D. M., L. J. Slikkerveer, and D. Brokensha (eds). 1995. *The Cultural Dimension of Development: Indigenous Knowledge Systems*. London: Intermediate Technology Publications.

Watanabe, H. 1973. *The Ainu Ecosystem, Environment and Group Structure*. Seattle, WA: University of Washington Press.

Wavey, R. 1993. International workshop on indigenous knowledge and community-based resource management: keynote address. In *Traditional Ecological Knowledge: Concepts and Cases* (J. T. Inglis, ed.). Ottawa: Canadian Museum of Nature/International Development Research Centre, 11–16.

WCED (World Commission on Environment and Development). 1987. *Our Common Future*. Oxford

and New York: Oxford University Press.

Wehi, P. M. 2009. Indigenous ancestral sayings contribute to modern conservation partnerships: examples using *Phormium texax. Ecological Applications* 19: 267–75.

Weinstein, M. S. 1993. Aboriginal land use and occupancy studies in Canada. Workshop on Spatial Aspects of Social Forestry Systems, Chiang Mai University, Thailand.

Weir, J. K. 2009. *Murray River Country: An Ecological Dialogue with Traditional Owners*. Canberra: Aboriginal Studies Press.

Wenzel, G. W. 2004. From TEK to IQ: Inuit Qaujimajatuqangit and Inuit cultural ecology. *Arctic Anthropology* 41: 238–50.

WFMC. 2011. Whitefeather forest initiative. Pikangikum, Ontario: Whitefeather Forest Management Corporation. [online]: http://www.whitefeatherforest.com

White, G. 2006. Cultures in collision: traditional knowledge and Euro-Canadian governance processes in northern land-claim boards. *Arctic* 59: 401–19.

White, L. 1967. The historical roots of our ecologic crisis. *Science* 155: 1203–7.

Whitehead, A. N. 1929. *Process and Reality: An Essay in Cosmology*. New York: Macmillan.

Whyte, K. P. 2013. On the role of traditional ecological knowledge as a collaborative concept: a philosophical study. *Ecological Processes* 2: 7.

Whyte, K. P., J. P. Brewer II, and J. T. Johnson. 2016. Weaving Indigenous science, protocols and sustainability science. *Sustainability Science* 11: 25–32.

Wild, R. and C. McLeod. 2008. *Sacred Natural Sites: Guidelines for Protected Area Managers*. Gland, Switzerland: International Conservation Union.

Wilkins, D. 1993. Linguistic evidence in support of a holistic approach to traditional ecological knowledge. In *Traditional Ecological Knowledge: Wisdom for Sustainable Development* (N. M. Williams and G. Baines, eds). Canberra: Centre for Resource and Environmental Studies, Australian National University, 71–93.

Williams, N. M. and E. S. Hunn (eds). 1982. *Resource Managers: North American and Australian Hunter-Gatherers*. Washington, DC: American Association for the Advancement of Science.

Williams, N. M. and G. Baines (eds). 1993. *Traditional Ecological Knowledge: Wisdom for Sustainable Development*. Canberra: Centre for Resource and Environmental Studies, Australian National University.

Willow, A. J. 2013. Doing sovereignty in Native North America: Anishinaabe counter-mapping and the struggle for land-based self-determination. *Human Ecology* 41: 871–84.

Wilson, D. C. 2003. Examining the two cultures theory of fisheries knowledge: the case of bluefish management. *Society and Natural Resources* 16: 491–508.

Wilson, J. A., J. M. Acheson, M. Metcalfe, and P. Kleban. 1994. Chaos, complexity and communal management of fisheries. *Marine Policy* 18: 291–305.

Wilson, P. 1992. What Chief Seattle said. *Lewis and Clark Law School, Natural Resources Law Institute News* 3(2): 1, 12–15.

Winter, K. B. 2012. Kalo [Hawaiian taro, Colocasia esculenta (L.) Schott] varieties: an assessment of nomenclatural synonymy and biodiversity. *Ethnobotany Research & Applications* 10: 423–47.

Winter, K. and W. McClatchley. 2009. The quantum co-evolution unit: an example of 'awa (kava—*Piper methysticum* G. Foster) in Hawaiian culture. *Economic Botany* 63: 353–62.

Winterhalder, B. 1983. The boreal forest, Cree-Ojibwa foraging and adaptive management. In *Resources and Dynamics of the Boreal Zone* (R. W. Wein, R. R. Riewe, and I. R. Methven, eds). Ottawa: Association of Canadian Universities for Northern Studies, 331–45.

Witt, N. and J. Hookimaw-Witt. 2003. Pinpinayhaytosowin [the way we do things]: a definition of traditional ecological knowledge (TEK) in the context of mining development on lands of the Attawapiskat First Nation and its effects on the design of research for a TEK study. *Canadian Journal of Native Studies* 23: 361–90.

Wolf, J., I. Allice, and T. Bell. 2013. Values, climate change, and implications for adaptation: evidence from two communities in Labrador, Canada. *Global Environmental Change* 23: 548–62.

Woo, M. K., P. Modeste, L. Martz *et al.* 2007. Science meets traditional knowledge: water and climate in the Sahtu (Great Bear Lake) region, Northwest Territories, Canada. *Arctic* 60: 37–46.

Worster, D. 1977. *Nature's Economy: A History of Ecological Ideas*. Cambridge: Cambridge University Press.

Worster, D. (ed.). 1988. *The Ends of the Earth: Perspectives on Modern Environmental History.* Cambridge: Cambridge University Press.

Wyndham, F. S. 2009. Spheres of relations, lines of interactions: subtle ecologies of the Raramuri landscape in northern Mexico. *Journal of Ethnobiology* 29: 271–95.

Wyndham, F. S. 2010. Environments of learning: Raramuri children's plant knowledge and experience of schooling, family, and landscapes in the Sierra Tarahumara, Mexico. *Human Ecology* 38: 87–99.

Xiang, W.-N. 2014. Doing real and permanent good in landscape and urban planning: ecological wisdom for urban sustainability. *Landscape and Urban Planning* 121: 65–9.

Xu, J., E. T. Ma, D. Tashi, Y. Fu, Z. Lu, and D. Melick. 2005. Integrating sacred knowledge for conservation: cultures and landscapes in southwest China. *Ecology and Society* 10(2): 7. [online]: http://www.ecologyandsociety.org/vol10/iss2/art7

Young, E. 1992. Aboriginal land rights in Australia: Expectations, achievements and implications. *Applied Geography* 12: 146–61.

Young, O. R., F. Berkhout, G. C. Gallopin, M. A. Janssen, E. Ostrom, and S. van der Leeuw. 2006. The globalization of socio-ecological systems: an agenda for scientific research. *Global Environmental Change* 16: 304–16.

Yuan, Z., F. Lun, L. He *et al.* 2014. Exploring the state of retention of traditional ecological knowledge (TEK) in a Hani rice terrace village, southwest China. *Sustainability* 6: 4497–513.

Zachariah, M. 1984. The Berger Commission Inquiry Report and the revitalization of indigenous cultures. *Canadian Journal of Development Studies* 5: 65–77.

Zadeh, L. A. 1965. Fuzzy sets. *Information and Control* 8: 338–53.

Zadeh, L. A. 1973. Outline of a new approach to the analysis of complex systems and decision process. *Transactions on Systems, Man and Cybernetics* SMC-3: 28–44.

Zerbe, N. 2004. Biodiversity, ownership, and indigenous knowledge: exploring legal frameworks for community, farmers, and intellectual property rights in Africa. *Ecological Economics* 53: 493–506.

Zurba, M. and F. Berkes. 2014. Caring for country through participatory art: creating a boundary object for communicating indigenous knowledge and values. *Local Environment* 19: 821–36.

網站資源與教學技巧

第一章　傳統生態知識的脈絡

本章提供知識系統各種概念、定義、不同命名法起源的背景，包含眾所周知的「傳統生態知識」（TEK）與「原住民知識」（IK）。

Traditional Ecological Knowledge（TEK）—Wikipedia

https://en.wikipedia.org/wiki/Traditional_ecological_knowledge
另見 **Traditional Knowledge（TK）**及以下內容（Ethnobiology 等）
https://en.wikipedia.org/wiki/Traditional_knowledge

What is Traditional Knowledge?

http://www.nativescience.org/html/traditional_knowledge.html
《耆老過世等於燒掉了一座圖書館》（*When an elder dies, a library burns*）。該網站略述傳統生態知識的原住民定義及根源，透過阿拉斯加原住民科學委員會（Alaska Native Science Commission）的說明，來探討西方（非傳統的）及傳統知識系統之間的差異。相關連結包含「阿拉斯加傳統知識及當地食物」（Alaska Traditional Knowledge and Native Food）資料庫。

Traditional Ecological Knowledge, US Fish & Wildlife Service

https://fws.gov/nativeamerican/pdf/tek-fact-sheet.pdf

What is Traditional Ecological Knowledge? Eugene Hunn

http://faculty.washington.edu/hunn/vitae/TEK_in_Baines.pdf

Convention on Biological Diversity, Auricle 8j

https://cbd.int/traditional
生物多樣性公約網站，明載締約國於保護及利用傳統知識、發明創新、原住民部落實踐的權利義務。

Conservation Magazine. Old Science, New Science

http://conservationmagazine.org/2008/07/old-science-new-science/

Traditional Knowledge in Policy and Practice—Introduction to UN University Press book by Subramania and Pisupati

http://i.unu.edu/media/unu.edu/publication/2386/traditionalknowledgepolicyandpractice.pdf

WWW Virtual Library. American Indians: Index of Indigenous Knowledge Resources on the Internet

http://www.hanksville.org/NAresources/indices/NAknowledge.html

Indigenous Peoples Literature—site with additional links to stories, art, music, and links to other cultural sites

http://www.indigenouspeople.net/

Coyote Stories/Poems

http://www.indigenouspeople.net/coyote.htm

Spiritual Ecology: A Quiet Revolution
http://spiritualecology.info/

Spiritual Ecology: The Cry of the Earth
http://spiritualecology.org/

Local Indigenous Knowledge System (UNESCO LINKS): What is Local Knowledge?
http://portal.unesco.org/science/en/ev.php-URL_ID=2034&URL_DO=DO_TOPIC&URL_SEC-TION=201.html
網站中可以找到許多在地或地方知識範疇的詞彙。

Best Practices on Indigenous Knowledge (UNESCO MOST)
http://www.vcn.bc.ca/citizens-handbook/unesco/most/bpindi.html
聯合國教科文組織管理社會轉型管理計畫建立的原住民知識「最佳實踐」資訊交流的資料庫：網頁裡有原住民知識定義的分析。

Indigenous Peoples and their Communities (UNEP)
http://web.unep.org/about/majorgroups/indigenous-peoples-and-their-communities
介紹說明聯合國環境規畫署參與原住民活動、工具運用與資源利用的聯合國環境規畫署的原住民族入口網站。

UN Permanent Forum on Indigenous Issues: UNPFII
http://www.un.org/development/desa/indigenouspeoples/unpfii-scssions-2.html

Indigenous Knowledge-maps and atlases related to IK
https://gcrc.carleton.ca/index.html?module.gcrcatlas_indigenousknowledge
加拿大卡爾頓大學空間資訊學與製圖學研究中心原住民知識團體執行的原住民知識製圖計畫。

Traditional Knowledge Bulletin
http://tkbulletin.wordpress.com/
TK 布告欄：聯合國大學傳統知識政策分析與資訊服務（Traditional Knowledge Policy Analysis and Information Service）。

Society for Research and Initiatives for Sustainable Technologies and Institutions (SRI-STI)
http://www.sristi.org/cms/en

Honey Bee Network and Newsletter
http://www.sristi.org/hbnew/

A Multiple Evidence Base Approach for Equity Across Knowledge Systems (SwedBio)
http://swed.bio/stories/a-multiple-evidence-base-approach-for-equity-across-knowledge-systems/

Connecting Diverse Knowledge Systems for Enhanced Ecosystem Governance—The Multiple Evidence Base Approach (Stockholm Resilience Center)
http://www.stockholmresilience.org/publications/artiklar/2014–05–22-connecting-diverse-knowledge-systems-for-enhanced-ecosystem-governance---the-multiple-evidence-base-approach.html

---

習作
針對以下觀點進行辯論：「在地 / 傳統 / 原住民知識掌握了各種不同的知識，因此詞彙與定義的多元性不可或缺。事實上，這些概念都不可能或不適合產生精確的定義。」

第二章　傳統知識發展成熟

本章回顧文獻，並延續第一章所談的概念，探討傳統知識領域的形成歷程，以及在各種天然資源規畫及管理例子中所看到，那些多到足以造成影響的傳統生態知識／原住民知識的價值及角色相關知識發展過程。

Lost Tribes, Lost Knowledge—Time Magazine
http://content.time.com/time/magazine/article/0,9171,973872-2,00.html
這篇一九九一年由林登（Eugene Linden）的文章，開頭即談到「傳統生態知識／原住民知識」的普及化（需訂閱）。

Indigenous Knowledge and Development Monitor
https://app.iss.nl/ikdm/ikdm/ikdm/
「原住民知識與開發監測」是與原住民知識資源中心共同發表於荷蘭的文章。

Raven Tale—Wikipedia
https://en.wikipedia.org/wiki/Raven_Tales

Richard Atleo: "Tsawalk: A Nuu-chah-nulth Worldview"—Indian Country Media Network
https://indiancountrymedianetwork.com/news/tsawalk-a-nuu-chan-nulth-worldview-by-dr-richard-atleo/

Interview with Gregory Cajete: Science from a Native Perspective
http://www.inmotionmagazine.com/global/cajete/gregory-cajete-int2015.html

Robin Wall Kimmerer—Center for Humans and Nature
http://www.humansandnature.org/robin-wall-kimmerer

Gary Nabhan's Website
http://www.garynabhan.com/

Gifts from the Elders: Honouring the Past for a Healthier Tomorrow
http://giftsfromtheelders.ca/
http://giftsfromtheelders.ca/documentary/play-film/

Aboriginal Arts and Cultural Centre, Alice Springs
http://aboriginalart.com.au/culture/dreamtime2.html
「原住民相信今天萬物眾生，無論是人類、動物、鳥類或魚類，都屬於傳命時代偉大的神靈祖先傳承下來的同一恆常不變的關係網絡。」

Gadi Mirrabooka: Australian Aboriginal Tales from the Dreaming
http://www.gadimirrabooka.com/

Australia: Dreamtime
http://school.discoveryeducation.com/teachiersguides/pdf/geography/ds/ml_australia_dreamingtime.pdf
神祕之地（Mystical Lands）系列當中一份與紀錄片〈澳洲：傳命〉（Australia: Dreamtime）有關的教材。

Aboriginal Culture
http://www.aboriginalculture.com.au/
網站中有澳洲新領地的黑白歷史照片。

Indigenous Peoples' and Community Conserved Area (ICCAs)
http://www.iccaconsortium.org/
網站裡有原住民族與部落傳統領域聯盟各方面各種豐富的內容

Wikipedia—Environmental History
https://en.wikipedia.org/wiki/Environmental_history

Environmental History Online
http://environmentalhistory.net/

COSMOS Project—People: Ecology: Place
http://www.culturalecology.info/
心智地圖（mind maps）與文化生態學。

Biocultural Diversity—Wikipedia
https://en.wikipedia.org/wiki/Biocultural_diversity

Biocultural Diversity: Threatened Species, Endangered Languages, WWF Global
http://wwf.panda.org/wwf_news/press_releases/?222890/Biocultural-Diversity-Threatened-Species-Endangered-Languages

Terralingua
http://terralingua.org/
Terralingua是關心世上語言及生物文化多樣性延續的民間組織，並架設了內容豐富的網站，其中特別有趣的，是二〇一〇年出版的《生物文化多樣性保育》（*Biocultural Diversity Conservation*）書中，依據四十五項生物文化多樣性計畫與倡議所建立的資料庫。

Biocultural Diversity Toolkit, Terralingua
http://terralingua.org/wp-content/uploads/2015/07/tk_1_Primer.pdf

Global Diversity Foundation
http://www.global-diversity.org/

People's Biodiversity Register
http://wgbis.ces.iisc.ernet.in/biodiversity/sahyadri_enews/newsletter/issue15/index.htm
鄉村地區執行的「人民生物多樣性申報」是非常完整，含括人與生物多樣性的計畫，並串起了知識、生計及生物多樣性之間的連結。

Managing People's Knowledge—Chapter by Gokhale et al. in the Millennium Assessment book, Bridging Scales and Knowledge Systems
http://www.millenniumassessment.org/documents/bridging/bridging.13.pdf

Biodiversity Institute, University of Oxford—contains resource material on conservation outside of formal protected areas
https://www.biodiversity.ox.ac.uk/

Kalo is More than a Native Hawaiian Plant—Indian Country Media Network
https://indiancountrymedianetwork.com/news/kalo-is-more-than-a-native-hawaiian-plant-its-an-ancestorto-hawaiian-culture/

Kupuna Kalo Hawaii
http://kupunakalo.com/
生活知識：Kupuna Kalo 是耆老對芋頭知識的線上資料來源，這個教育網站旨在重新使夏威夷原住民與祖先以前的主食芋頭產生連結。

第三章　傳統生態知識的智識根源

本章更進一步探討「傳統生態知識／原住民知識」的概念與運用，同時主要從民族科學，以及人類生態學這兩大領域追溯其智識根源。以下列出的是一些主要組織及期刊，以及相關教學及研究資源的連結。

Society of Ethnobiology

https://ethnobiology.org/

「民族生物學是各民族、生物相與環境之間動態關係的科學研究，民族生物學學會收集並廣傳民族生物學知識，同時促進人對於世界各地民族生物學豐富知識的理解。」

International Society of Ethnobiology

http://www.ethnobiology.net/

國際民族生物學學會（ISE）「希望能於文化知識研究發展時，發展出有意義的合作關係、建立互惠的責任義務關係，藉此形成倫理準則以及公平關係」。

People and Plants International (Ethnobotany)

http://www.peopleandplants.org/

「文化多樣性與生物多樣性原本就已密切相關，要有效善盡代管地球的責任，必然要有在地人的參與，我們也相信，傳統知識系統對於管理及保育受威脅的地景，以及適應全球變遷的能力極為重要。」

The Society for Human Ecology

https://societyforhumanecology.org/

「人類生態學學會（SHE）是專業的國際跨領域學會，鼓勵研究、教育及應用過程中，善用生態學的觀點。」

以下是一些有發表「傳統生態知識／原住民知識」相關領域的開放取用期刊：

- *Ecology and Society*
  http://www.ecologyandsociety.org/
- *International Journal of the Commons*
  https://www.thecommonsjournal.org/
- *Journal of Ethnobiology and Ethnomedicine*
  http://ethnobiomed.biomedcentral.com/
- *Indian Journal of Traditional Knowledge*
  https://journals4free.com/link.jsp?I=5200169
- *Conservation & Society*
  http://www.conservationandsociety.org/
- *IK: Other Ways of Knowing*
  https://journals.psu.edu/ik/

Native American and Indigenous Studies Association

http://www.naisa.org/

「致力於支持學者，以及學界中進行美洲土著及原住民研究相關人士的專業組織。」

Native American Science Curriculum
http://www.nativeamericanscience.org/

Northwest Indian College
http://www.nwic.edu/

First Nations University of Canada
http://fnuniv.ca/

Weaving Indigenous and Sustainability Sciences—Report to National Science Foundation (NSF)
http://ipsr.ku.edu/cfirst/wis2dom/WorkshopReport2013.pdf
Report of the project and workshop, Weaving Indigenous and Sustainability Sciences: Diversifying our Methods (WIS2DOM) prepared by Jay T. Johnson and colleagues.

Dennis Martinez—Indigenous Peoples' Restoration Network
https://www.youtube.com/watch?v=fV67T9uHv2E

Aboriginal Mapping Network
http://www.nativemaps.org/

Indigenous Geography
http://www.indigenousgeography.net/

Saami Snow Terminology
https://www.youtube.com/watch?v=3ryQDHHob4U

Smithsonian National Museum of Natural History, Arctic Studies Center
http://naturalhistory.si.edu/ARCTIC/html/resources.html

Working with Indigenous Knowledge: A Guide for Researchers-IDRC
https://www.idrc.ca/en/book/working-indigenous-knowledge-guide-researchers

> **習作**
> 事實上,「傳統生態知識/原住民知識」的智識根源不僅限於民族科學及人類生態學,
> 你認為還有哪些學科與次領域也相當重要?

第四章　實際運作的傳統知識系統

第四章介紹了各種生態系統中的一些原住民知識及資源管理系統,貫穿本章的兩大主題為:
一、「傳統生態知識/原住民知識」代數百年或甚至數千年來人類族群適應各種環境的總
和;二、「傳統生態知識/原住民知識」與現有某些生態學方法,尤其是適應性管理吻合。

Resilience Alliance
http://www.resalliance.org/
「韌性聯盟(RA)是跨領域研究團體,探究複合適應性系統的動態變化,並特別關注面
對變異及變遷時的韌性議題。」

- **Resilience Alliance: Adaptive Management**
  http://www.resalliance.org/adaptive-mgmt
- **Resilience Alliance: Social-ecological Systems**
  http://www.resalliance.org/concepts-social-ecological-systems

Stockholm Resilience Centre
http://www.stockholmresilience.org/
明白並理解社會生態系統韌性理論的重要網站

Shifting Cultivation—Wikipedia
https://en.wikipedia.org/wiki/Shifting_cultivation

Shifting Cultivation—Survival International
http://www.survivalinternational.org/about/swidden

Center for International Forestry Research (CIFOR), Indonesia
http://www.cifor.org/

World Agroforestry Centre
http://www.worldagroforestry.org/

Forest Peoples' Programme
http://www.forestpeoples.org/

Forests & Livelihoods: Assessment, Research, and Engagement (FLARE)—School of Natural Resources and Environment, University of Michigan
http://www.forestlivelihoods.org/

Traditional Water Harvesting
http://academic.evergreen.edu/g/grossmaz/palmbajp/

Zuni Water Harvesting—TreeHugger
http://www.treehugger.com/culture/zuni-water-harvesting-techniques.html

Qanat—Wikipedia
https://en.wikipedia.org/wiki/Qanat

International Livestock Research Institute, Kenya
https://www.ilri.org/

Pastoralism: An Untold Tale of Adaptation and Survival—Grain
https://www.grain.org/article/entries/4066-pastoralism-an-untold-tale-of-adaptation-and-survival

Niger: Pastoral Livelihoods—IIED
http://www.iied.org/niger-pastoral-livelihoods-climate-change-adaptation

Finland's Reindeer Herders—The Economist
http://www.economist.com/news/christmas-specials/21712045-rounding-up-reindeer-feels-com-inghome-finlands-reindeer-herders-get-lot

Nomads No More—The Guardian
https://www.theguardian.com/world/2017/jan/05/mongolian-herders-moving-to-city-climate-change

Native American Use of Fire—Wikipedia
https://en.wikipedia.org/wiki/Native_American_use_of_fire

Aboriginal Fire Management—Creative Spirits
https://www.creativespirits.info/aboriginalculture/land/aboriginal-fire-management

"Our Country Needs to Burn More"
http://www.sbs.com.au/news/insight/article/2016/02/15/our-country-needs-burn-more-indige-

nous-fire-manager

Developing Protocols for Indigenous Fire Management Partnerships, Australia
http://www.nespnorthern.edu.au/2016/10/11/developing-protocols-indigenous-fire-management-partnerships/

Fire and Conservation—The Nature Conservancy
http://www.nature.org/ourinitiatives/habitats/forests/howwework/integrated-fire-management.xml

Pacific Community, Coastal Fisheries Programme, Traditional Marine Resource Management and Knowledge Information Bulletin
http://www.spc.int/coastfish/en/component/content/article/470

Locally Managed Marine Area Network
http://lmmanetwork.org/
「海洋區在地管理網絡」是國際資源管理及亞洲與太平洋地區工作者網絡。

Fiji Locally Managed Marine Protected Area Network
http://fijimarinas.com/flmma-fii-locally-managed-marine-protected-area-network/
下列網站都與夏威夷 *ahupua'a* 及生物文化復振工作相關所實踐的傳統生態知識／原住民知識網站：

- **Ahupuaa—Wikipedia**
  https://en.wikipedia.org/wiki/Ahupuaa
- **Ahupua'a—HawaiiHistory.org**
  http://www.hawaiihistory.org/index.cfm?fuseaction=ig.page&Category%20ID=299
- **East Maui Watershed Partnership**
  http://eastmauiwatershed.org/
- **National Tropical Botanical Garden, Hawaii**
  http://ntbg.org/

Subak (Irrigation)-Wikipedia
https://en.wikipedia.org/wiki/Subak_(irrigation)

Direct Water Democracy in Bali—Everyone and No One
https://everybodyandnobody.wordpress.com/2009/12/05/direct-water-democracy-in-bali

Steeve Lansing: Bali's Water Temples—YouTube
https://youtu.be/h9ozS8BKUFI?si=eozGT0gR0RuCRVfd

習作
本章聚焦熱帶森林、半乾旱地區、火的用途以及島嶼生態系統這四種實踐中的傳統生態知識系統來談，上網研究看看，多瞭解其他不同生態系或主題的實踐中傳統生態知識系統。

第五章　「從內部瞭解」克里族的世界觀

本章呈現的是在地人所理解的詹姆士灣克里族世界觀，屬於主位（群體內部）敘述，大部分內容皆摘自由克里族耆老想出並寫出的一份文件（Bearskin *et al.* 1989），一切都如實按照他們所述，並引述他們的話。以下網址則是一些從不同族群角度出發的原住民觀點案例。

Educator's Guide to American Indian Perspectives in Natural Resources—Northwest Center for Sustainable Resources, Oregon
https://www.scribd.com/document/154299627/Edcators-Guide-to-American-Indian-Perspectives-in-Natural-Resources

Clayoquot Sound Scientific Panel—First Nations Perspectives Relating to Forest Practices Standard in Clayoquot Sound
https://www.for.gov.bc.ca/hfd/library/documents/bib12571.pdf
這份報告有些部分包含主位敘述，雖然年代稍久，卻是經典案例，格里夸灣（Clayoquot Sound）森林管理的爭議，有助於加拿大的原住民知識與價值議題的公共討論，並接受「傳統生態知識／原住民知識」於天然資源決策方面所扮演的角色。見以下相關著作：
Atleo, E. R. (Umeek). 2004. *Tsawalk: A Nuu-chahnulth Worldview.* Vancouver: University of British Columbia Press.

Staying the Course, Staying Alive. Coastal First Nations Fundamental Truths: Biodiversity, Stewardship and Sustainability
http://www.biodiversitybc.org/assets/Default/BBC_Staying_the_Course_Web.pdf

Redstone Statement, 1 May 2010
https://webarchive.library.unt.edu/unt/indigenousenvirosummit10/20120220212925/
http://indigenousenvirosummit10.unt.edu
〈原住民環境哲學國際高峰會聲明〉（Statement of the International Summit on Indigenous Environmental Philosophy），這是一份國際性的原住民環境哲學的主位敘述文件。

Hunting, Fishing and Trapping—CreeCulture.ca

http://www.creeculture.ca/content/index.php?q=node/31

James Bay Cree—Indian Country Media Network

https://indiancountrymedianetwork.com/news/james-bay-cree-hunting-as-way-of-life-and-death/

The Nation

http://www.nationnews.ca/about-us/

這是原住民雜誌，是安大略省魁北克的克里族及詹姆士灣相關資訊出版刊物。

An Introduction to Ojibwe Culture and History—Dream-Catchers.org

http://www.dream-catchers.org/ojibwe-history/

Dreaming Eagles' Eyrie

http://dreamingeagle.blogspot.ca/

Whitefeather Forest Initiative

http://www.whitefeatherforest.ca/

資源開發、原住民保育與文化保存，WFI 的網站提供（加拿大）安大略省西北地區阿尼什納比人（奧吉布瓦族）的相關資訊，請特別見：Our Land Use Strategy, Keeping the Land。

Gwich'in Social and Cultural Institute

http://www.gwichin.ca/

Pantheism—Wikipedia

https://en.wikipedia.org/wiki/Pantheism

Shamanism—Wikipedia

https://en.wikipedia.org/wiki/Shamanism

'Spirituality' among the Inuit and Innu of Labrador—Adrian Tanner and co-authors

http://www.vbnc.com/eis/chap20/chap20a.htm

Fair Wind's Drum—American Philosophical Society

https://amphilsoc.org/library/exhibit/indigeyes/ojibwe

Ojigkwanong: Encounter with an Algonquin Sage—National Film Board of Canada

http://www3.nfb.ca/enclasse/doclens/visau/index.php?mode=view&language=english&film-Id=50242

The Mentawai: Shamans of the Siberut Jungle—Native Planet

http://www.nativeplanet.org/indigenous/cultures/indonesia/mentawai/mentawai.shtml

Shamana: The Raven Lodge

http://www.shamana.co.uk/

第六章　北美馴鹿的故事與社會學習

第六章談到北方民族其中一種主要資源：北方馴鹿。因紐特人、甸尼族與克里族都會獵捕北美馴鹿。薩米人等歐亞大陸原住民，都會放牧（有些會捕獵）馴鹿，馴鹿與北美馴鹿是同一物種的不同亞種。本章檢視了保育倫理及保育傳統的問題。

Conservation (Ethic)—Wikipedia

https://en.wikipedia.org/wiki/Conservation_(ethic)

Aldo Leopold—Wilderness.net

http://www.wilderness.net/NWPS/Leopold

The Land Ethic—excerpt from Leopold's classic, A Sand County Almanac
http://home.btconnect.com/tipiglen/landethic.html

The Philosophical Foundations of Aldo Leopold's Land Ethic—The Online Gadfly
http://gadfly.igc.org/papers/leopold.htm

Indigenous People: Subarctic—The Canadian Encyclopedia
http://www.thecanadianencyclopedia.ca/en/article/aboriginal-people-subarctic/

Cree—Wikipedia
https://en.wikipedia.org/wiki/Cree

Grand Council of the Crees
http://www.gcc.ca/

Dene—Native peoples
http://www.canadahistoryproject.ca/1500/1500-11-dene.html

Yamozha Kue Society (Dene Cultural Institute)
http://www.yamozhakuesociety.org/

Landscape Ecology and Community Knowledge for Conservation
http://lecol-ck.ca/

Barren-ground Caribou—Northwest Territories
http://www.enr.gov.nt.ca/programs/barren-ground-caribou

Being Caribou—National Film Board of Canada
https://www.nfb.ca/film/being_caribou/

Caribou Migration Monitoring by Satellite Telemetry—MFFP Quebec
http://mffp.gouv.qc.ca/english/wildlife/maps-caribou/index.jsp

Caribou Crisis—Canadian Geographic
https://www.canadiangeographic.ca/article/caribou-crisis

Canada's Caribou Crisis Calls for Collaboration—David Suzuki Foundation
http://www.davidsuzuki.org/blogs/science-matters/2010/12/canadas-caribou-crisis-calls-for-collaboration/

Scandinavia's Sami Reindeer Herders—National Geographic
http://ngm.nationalgeographic.com/2011/11/sami-reindeer-herders/benko-text

Reindeer Herding—Sami Norway
http://reindeerherding.org/herders/sami-norway/

Reindeer Herding in Norway—Sami Culture
http://www.laits.utexas.edu/sami/diehtu/siida/herding/herding-nr.htm

Experiential Knowledge vs. Book/Classroom Knowledge—Sami Culture
http://www.laits.utexas.edu/sami/dieda/socio/exper-book.htm

Reindeer Portal EALÁT—International Polar Year
http://icr.arcticportal.org/index.php?option=com_content&view=frontpage&Itemid=78&lang=en

Saami Reindeer Pastoralism under Climate Change
http://www.uio.no/studier/emner/annet/sum/SUM4015/h08/Tyler.pdf

這篇是泰勒等人所寫的文章,發表於期刊《地球環境變化》(*Global Environmental Change*)。

> **習作**
> 有不少都是原住民組織或其文化協會的網站,可以一邊思考保育倫理,一邊針對這些(如你住處附近的地區),好好研究或瞭解一番。這些網站強調了哪些價值觀?

第七章 克里族漁業即為適應性管理

我們能夠如何探討在西方科學與原住民知識之間找到共同點這個議題?第七章以人類生態學的角度,詳細分析了其中一種資源系統:契沙西比克里族自己漁業。這是外部觀點,即所謂的客位觀點。

Fishers' Knowledge in Fisheries Science and Management—Introduction to the UNESCO book by Nigel Haggan and colleagues
http://publishing.unesco.org/chapters/978-92-3-104029-0.pdf

Indigenous Peoples' Food Systems and Well-being—H. Kuhnlein and colleagues
http://www.fao.org/docrep/018/i3144e/i3144e.pdf

Aboriginal Food Security in Northern Canada—Council of Canadian Academies
http://www.scienceadvice.ca/uploads/eng/assessments%20and%20publications%20and%20news%20releases/food%20security/foodsecurity_fullreporten.pdf

"Ten Commandments" Could Improve Fisheries Management—Oregon State U
http://oregonstate.edu/ua/ncs/archives/2007/feb/ten-commandments-could-improve-fisheries-management

Traditional Ecological Knowledge for Application by Service Scientists—US Fish and Wildlife Service
https://www.fws.gov/nativeamerican/pdf/tek-fact-sheet.pdf

Subsistence Fishing—Alaska Department of Fish and Game
http://www.adfg.alaska.gov/index.cfm?adfg=fishingsubsistence.main

Traditional Knowledge and Harvesting of Salmon by Huna and Hinyaa Tlingit—Report by Steve J. Langdon
http://www.seawead.org/images_documents/documents/KCF/LangTlinSalTEK06.pdf

Treaty Rights and Subsistence Fishing in the U.S. Waters of the Great Lakes—GLMRIS
http://glmris.anl.gov/documents/docs/Subsistence_Fishing_Report.pdf

Anishinabek/Ontario Fisheries Resource Centre
http://www.aofrc.org/aofrc/anishinabekontario-fisher.html

The Fisheries Joint Management Committee—Inuvialuit Region
http://jointsecretariat.ca/co-management-system/fisheries-joint-management-committee/

Gwich'in Traditional Knowledge: Rat River Dolly Varden Char
http://www.grrb.nt.ca/pdf/fisheries/Rat%20River%20DV%20Char%20TK%20Report%20FINAL.pdf

Words of the Lagoon—R. E. Johannes's classic 1981 book on a biologist's quest to discover, test, and record the knowledge of fishers of the Palau Islands, Micronesia.

https://books.google.cl/books?id=TloVDfV7QLoC&printsec=frontcover&dq=wo+rds+of+the+la-goon&source=bl&ots=WHMY2I2o71&hl=es-419&ei=ZHk_TbLSOcSblgermYWPAw&sa=X-&ct=result#v=onepage&q&f=false

Traditional Marine Resource Management in Vanuatu—F. R. Hickey
http://www.pacificdisaster.net/pdnadmin/data/original/VUT_2006_Traditional_marine_resources.pdf

Back to the Future: Using Traditional Knowledge to Strengthen Biodiversity Conservation in Pohnpei, Federated States of Micronesia—Bill Raynor and Mark Koska
http://hdl.handle.net/10125/131

Integrating Traditional and Evolutionary Knowledge in Biodiversity Conservation—D. J. Fraser and colleagues
http://www.ecologyandsociety.org/vol11/iss2/art4/

Mekong River Commission
http://www.mrcmekong.org/

The Use of Local Knowledge in River Fisheries Research—J. Valbo-Jorgensen
http://www.fao.org/docrep/013/y5878e/y5878e03.pdf

Using Local Knowledge as a Research Tool in the Study of River Fish Biology—J. Valbo-Jorgensen and A. F. Poulsen
http://www.unepscs.org/forum/attachment.php?attachmentid=30&d=1184767254

Instituto de Desenvolvimento Sustentável Mamirauá—Mamirauá Sustainable Development Reserve, Brazil (葡萄牙文)
http://www.mamiraua.org.br/pt-br

Mamirauá Sustainable Development Reserve, Brazil: Lessons Learnt in Integrating Conservation with Poverty Reduction—IIED
http://pubs.iied.org/pdfs/9168IIED.pdf

Community-based management induces rapid recovery of a high-value tropical freshwater fishery—Sci Rep. 2016; 6: 34745 doi: 10.1038/srep34745
https://www.ncbi.nlm.nih.gov/pmc/articles/PMC5059620/

The Clam Garden Network
https://clamgarden.com/media-education/

Clam Gardens Are Cultivating a New Look at Ancient Land Use—Hakai
https://www.hakai.org/blog/life-at-hakai/clam-gardens-are-cultivating-new-look-at-ancient-land-use

The 6,000-Year-Old Village: Traditional Knowledge meets Western Science on the Central Coast of British Columbia—Hakai
https://www.hakaimagazine.com/video/6000-year-old-village

Putting Fishermen's Knowledge to Work—Ted Ames
http://epub.sub.uni-hamburg.de/epub/volltexte/2011/12230/pdf/11_1b.pdf

---

習作
一般西方科學式漁業管理仰賴的是量化模型，是否有其他主要仰賴脈絡資訊、解讀環境徵兆以及質性資訊的資源管理方式呢？利用第七章提供的參考文獻與上述網站連結研究看看吧！

第八章　氣候變遷與原住民認識事物的方式

本章談的是與氣候變遷有關的原住民知識，但並非發展完整、代代相傳，認知層面上的氣候變遷「知識」，而是仍在發展過程中的知識，是敏銳察覺環境重要徵兆，理解環境徵兆背後含意，且可能因此需要適應調整的天氣相關知識。

Weathering Uncertainty—D. Nakashima and colleagues, UNESCO
http://unesdoc.unesco.org/images/0021/002166/216613e.pdf
這份執行摘要說明了原住民族與邊緣族群為何特別值得關注。

The Uniqueness of the Arctic—Arctic Times, UNEP/GRID, Arendal
http://gridarendal-website.s3.amazonaws.com/production/documents/:s_document/78/original/arctic_env_times-web.pdf?1483646229

The Politics of Bridging Scales and Epistemologies—Miller and Erickson chapter in the book,Bridging Scales and Knowledge Systems
http://www.millenniumassessment.org/documents/bridging/bridging.16.pdf

Listening to Our Past—Canadian Heritage
http://www.traditional-knowledge.ca/english/journey-into-inuit-traditional-knowledge-s149.html

Inuit Qaujimajatuqangit Adventure Website—Canadian Heritage
http://inuitq.ca/

Alaska Native Knowledge Network—University of Alaska Fairbanks
http://www.ankn.uaf.edu/

Decolonizing Methodologies—LibraryThing
http://www.librarything.com/work/7464491
內含琳達‧史密斯重要著作的關鍵字，以及其他相關書籍表

Sustainability Science Program—Harvard Kennedy School
https://www.hks.harvard.edu/centers/mrcbg/programs/sustsci/activities/field/documents

Weaving Indigenous and Sustainability Sciences to Diversify Our Methods—Special issue of Sustainability Science, volume 11 (2016)
http://link.springer.com/journal/11625/topicalCollection/AC_b233f53cecb2921d6e1b37161b-5744fe

Inuit Observations on Climate Change—IISD video
http://www.iisd.org/library/inuit-observations-climate-change-full-length-version-dvd

Inuit Knowledge and Climate Change—Isuma Video
http://www.isuma.tv/inuit-knowledge-and-climate-change
https://www.youtube.com/watch?v=IVDtbz0j7jE
這是庫努克（Zacharias Kunuk）與毛羅（Ian Mauro）製作的影片（2010），從主位角度出發來理解因紐特人的觀點以及氣候變遷，由得獎的因紐特電影製作人庫努克共同導演。

Arctic Climate Impact Assessment (ACIA) —Arctic Council
http://www.acia.uaf.edu/
這份是北極理事會（Arctic Council）最大國際科學計畫的報告，網站中可找到官方文件全文，也有簡短的綜合報告及政策報告。

The Key to Addressing Climate Change: Indigenous Knowledge—National Geographic
http://voices.nationalgeographic.com/2012/02/06/thclimate-change-indigenous-knowledge/

Arctic & Climate Change—Greenpeace
http://www.greenpeace.org/international/en/campaigns/climate-change/arctic-impacts/the-arctic-climate-change/

How to Build an Igloo—National Film Board of Canada Video
http://www3.onf.ca/enclasse/doclens/visau/index.php?mode=view&filmId=1134%200&language=english&sort=title
這網站有幾部電影與因紐特人北極地區的民族及其環境識覺有關。

If the Weather Permits—National Film Board of Canada Video
http://www3.onf.ca/enclasse/doclens/visau/index.php?mode=view&filmId=5125%206&language=english&sort=title

Impacts, Adaptation, and Vulnerability—IPCC, Climate Change 2014
https://www.ipcc.ch/pdf/assessment-report/ar5/wg2/WGIIAR5-FrontMatterA_FINAL.pdf

English: Impacts, Adaptation, and Vulnerability—IPCC, Climate Change 2014 video
https://www.youtube.com/watch?v=jMIFBJYpSgM

Adapting to Climate Change—EPA
https://www.epa.gov/climatechange/adapting-climate-change

Adaptation to Climate Change—European Commission
https://ec.europa.eu/clima/policies/adaptation_en

Helping Canadians Adapt to Climate Change—climatechange.gc.ca
http://www.climatechange.gc.ca/default.asp?lang=En&n=2B2A953E-1

Indigenous Peoples and Climate Change—Tyndall Centre
http://www.tyndall.ac.uk/sites/default/files/Indigenous%20Peoples%20and%20Climate%20Change_0.pdf

Indigenous Peoples and Climate Change—Cultural Survival
https://www.culturalsurvival.org/publications/cultural-survival-quarterly/indigenous-peoples-and-climate-change

Land Use, Climate Change Adaptation and Indigenous Peoples—Our World, UN University
https://ourworld.unu.edu/en/land-use-climate-change-adaptation-and-indigenous-peoples

Indigenous and Traditional Peoples and Climate Change—IUCN
https://cmsdata.iucn.org/downloads/indigenous_peoples_climate_change.pdf

The Impact of Climate Change on Minorities and Indigenous Peoples—Minority Rights Group International
http://www.ohchr.org/Documents/Issues/ClimateChange/Submissions/Minority_Rights_Group_International.pdf

Empowering Communities to Adapt to Climate Change—IIED
http://www.iied.org/empowering-communities-adapt-climate-change?gclid=CO75mLbpz9ECFdm2wAodA9UIXw

Introduction to Community-based Adaptation to Climate Change—IIED
http://www.iied.org/introduction-community-based-adaptation-climate-change

第九章　原住民知識的整全性、複雜系統與模糊邏輯

本章提出的問題是，持有「傳統生態知識／原住民知識」的人是如何發展出整全的方法，同時探討原住民如何監測與觀察那些證據，來瞭解原住民知識與實踐中複雜的適應性系統思維。「傳統生態知識／原住民知識」是否能被建構成模糊邏輯的專家系統？本章聚焦模糊邏輯的探討，瞭解模糊邏輯是否能建構集體環境心智模型，以解釋經驗法則其他簡單的訓示為何能用來處理複雜的情況。

Complex System─Wikipedia
https://en.wikipedia.org/wiki/Complex_system

Fritjof Capra─Wikipedia
https://en.wikiquote.org/wiki/Fritjof_Capra

Earth Talk: Fritjof Capra, The Systems View of Life─YouTube
https://www.youtube.com/watch?v=If2Fw0z6uxY

Healthy Country, Healthy People: The Relationship between Indigenous Health Status and "Caring For Country"─Country Needs People
http://www.countryneedspeople.org.au/healthy_country_healthy_people_research

Healthy Country, Healthy People─The Lowitja Institute
http://www.lowitja.org.au/healthy-country-healthy-people-policy-implications-links-between-indigenous-human-health-and

First Salmon Feast─Columbia River Inter-Tribal Fish Commission (CRITFC)
http://www.critfc.org/salmon-culture/tribal-salmon-culture/first-salmon-feast/

First-Salmon Ceremony─Northwest Council
https://www.nwcouncil.org/history/FirstSalmonCeremony

First Salmon Ceremony─Upper Columbia Salmon Recovery Board (Video)
https://vimeo.com/21653076

Community-Based Monitoring and Indigenous Knowledge in a Changing Arctic─Inuit Circumpolar Institute
http://www.inuitcircumpolar.com/uploads/3/0/5/4/30542564/cbm_final_report.pdf

Monachus Guardian─Network of Citizens' Groups and Scientists for Conservation of the Mediterranean Monk Seal
http://www.monachus-guardian.org/

Civic Science for Sustainability─Project Muse
http://sciencepolicy.colorado.edu/students/envs_5100/backstrand.pdf

eBird─The eBird Network Based on Observations of Citizen Scientists
http://ebird.org/content/ebird/

COASST─Coastal Observation and Seabird Survey Team, University of Washington
http://depts.washington.edu/coasst/

Keep It Simple and Be Relevant: The First Ten Years of the Arctic Borderlands Ecological Knowledge Co-op—Joan Eamer's chapter in Bridging Scales and Knowledge Systems
http://www.millenniumassessment.org/documents/bridging/bridging.10.pdf

Integration of Local Ecological Knowledge and Conventional Science: A Study of Seven Community-Based Forestry Organizations in the USA—Ballard and colleagues, Ecology & Society
http://www.ecologyandsociety.org/vol13/iss2/art37/

Expert Systems/Fuzzy Logic—Wikibooks
https://en.wikibooks.org/wiki/Expert_Systems/Fuzzy_Logic#About_Fuzzy_%20Logic

Fuzzy Logic Overview
http://www.austinlinks.com/Fuzzy/overview.html

Ecological Models Based on People's Knowledge: A Multi-step Fuzzy Cognitive Mapping Approach—Özesmi and Özesmi, Ecological Modelling
http://levis.sggw.pl/~rew/scenes/pdf/Ozesmi.pdf

習作
回到第四章與第五章網址連結處，你能找出一個以上展現出複雜系統思維要素的案例嗎（如第五章連結頁中的開放取用書籍）？

第十章　在地與傳統知識是如何發展出來的

本章重點在於探討在地與原住民知識發展的七大面向，包含新知識的出現及逐漸精鍊、演進過程、在地與傳統知識之間的差異，以及知識／實踐與規定資源權利與保障取用的共有地體制發展，兩者之間的關係。

Developing Resource Management and Conservation—special issue of *Human Ecology*, volume34, number 4
http://link.springer.com/journal/10745/34/4/page1　（需訂閱或付費）

習作
研究期刊《人類生態學》（*Human Ecology*）第 34 卷第 4 期中的論文（及其引述中的其他案例），並思考哪個案例或例子能支持哪種發展模型（增量學習法 vs. 危機處理學習法）。第十章加勒比海的例子呢？哪個案例能支持那個模型？

Inuit Women's Knowledge of Bird Skins—D. Nakashima, Material Culture Review
https://journals.lib.unb.ca/index.php/mcr/article/view/17936/22031

Birdskin Parka—Alaska Native Collections
http://alaska.si.edu/record.asp?id=213

How Yucatan Fishers Adopted GPS Technology—Kalman and Liceaga Correa, MAST 2009, 8(2): 9–34
http://www.marecentre.nl/mast/documents/Mast82_Kalman_Correa.pdf

Indicators as a Means of Communicating Knowledge—P. Degnbol, ICES Journal of Marine Science
https://academic.oup.com/icesjms/article/62/3/606/667041/Indicators-as-a-means-of-communicatingknowledge

Communicating Knowing Through Communities of Practice—Iverson and McPhee, Journal of Applied Communication Research
http://ici-bostonready-pd-2009-2010.wikispaces.umb.edu/file/view/Communicating+Knowing+Through+Communities+of+Practice.pdf

Mangroves: Nature's Defence against Tsunamis—Justice Foundation
http://ejfoundation.org/report/mangroves-natures-defence-against-tsunamis

Mangrove conservation and restoration—UNEP
http://web.unep.org/coastal-eba/content/mangrove-conservation-and-restoration

Draft Code of Conduct for the Sustainable Management of Mangrove Ecosystems—World Bank, ISME, centerAarhus
http://www.mangroverestoration.com/MBC_Code_AAA_WB070803_TN.pdf

Do We Need New Management Paradigms to Achieve Sustainability in Tropical Forests?—Special issue of the journal, Ecology and Society 14(2), 2009
http://www.ecologyandsociety.org/issues/view.php/feature/27

Coming Soon: Sustainable Saint Lucian Sea Moss—Hakai Magazine
https://www.hakaimagazine.com/article-short/coming-soon-sustainable-saint-lucian-sea-moss

Sea Moss Farmers to Be Certified in Sustainable Seamoss Production—St. Lucia News Online
https://www.stlucianewsonline.com/sea-moss-farmers-to-be-certified-in-sustainable-seamoss-production/

Seamoss Cultivation in Grenada—YouTube
https://www.youtube.com/watch?v=r-K7S48Qp2Q

Sea Urchin Fishery Opens Soon—St. Lucia News Online
https://www.stlucianewsonline.com/sea-urchin-fishery-opens-soon/

Research and Outreach—Centre for Resource Management and Environmental Studies(CERMES), University of the West Indies
http://www.cavehill.uwi.edu/cermes/projects.aspx

Global Socioeconomic Monitoring Initiative for Coastal Management (SOCMON)
http://www.socmon.org/

Knowledge Management for Development—Network of Development Specialists
http://www.km4dev.org/

第十一章　原住民文化的脈絡：神話、世界觀與當代應用

本章探討了一些非常流行的原住民族迷思，檢視了西方與原住民保育觀念的差異，並討論了傳統系統為適應現代生計需求的調適情形。

Noble Savage—Wikipedia
https://en.wikipedia.org/wiki/Noble_savage

Chief Seattle—Wikipedia
https://en.wikipedia.org/wiki/Chief_Seattle

Chief Seattle's 1854 Oration—halcyon.com
http://www.halcyon.com/arborhts/chiefsea.html

Quaternary Extinction Event—Wikipedia
https://en.wikipedia.org/wiki/Quaternary_extinction_event

Cultural Landscapes—UNESCO World Heritage Convention
http://whc.unesco.org/en/activities/477

About Cultural Landscapes—Cultural Landscape Foundation
http://tclf.org/places/about-cultural-landscapes

Battle for the Soul of Conservation Science—Issues in Science and Technology
http://issues.org/31-2/kloor/

How Peter Kareiva Changed the Trajectory of Conservation—Cool Green Science
http://blog.nature.org/science/2015/07/28/how-peter-kareiva-changed-conservation/

Conservation in the Anthropocene—The Breakthrough Institute
http://thebreakthrough.org/index.php/journal/past-issues/issue-2/%20conservation-in-the-anthropocene/

Half-Earth—E.O. Wilson Biodiversity Foundation
https://eowilsonfoundation.org/half-earth-our-planet-s-fight-for-life/

Working Together: A Call for Inclusive Conservation—Tallis and Lubchenko, Nature News, November 2014
http://www.nature.com/news/working-together-a-call-for-inclusive-conservation-1.16260

Sense of Place—Wikipedia
https://en.wikipedia.org/wiki/Sense_of_place

Developing a Sense of Place through Native Science Activities—Green Teacher
http://greenteacher.com/wp-content/uploads/2013/08/Developing-a-Sense-of-Place-Through-Native-Science-Activities.pdf

Sacred Sites: An Overview—The Gaia Foundation
http://www.sacredland.org/media/Sacred-Sites-an-Overview.pdf

Sacred Natural Sites: Conserving Nature and Culture—Verschuuren et al., Earthscan
https://www.researchgate.net/publication/248391786_Sacred_Natural_Sites_Conserving_Nature_and_Culture

Conservation and Human Rights: Key Issues and Contexts—IUCN
https://cmsdata.iucn.org/downloads/scoping_paper__final_22_jan_1_.pdf

Rights-based Approaches—CIFOR and IUCN
http://www.cifor.org/publications/pdf_files/Books/BSunderland0901.pdf

Rethinking Community-based Conservation—Berkes, Conservation Biology
http://onlinelibrary.wiley.com/doi/10.1111/j.1523-1739.2004.00077.x/abstract

Parque de la Papa (video)—ipcca.info
https://vimeo.com/17203020

ANDES—Asociación ANDES, a Peruvian NGO
http://www.andes.org.pe/en

Community-based Learning in the Peruvian Andes—Multiversity, United States Chapter
http://vlal.bol.ucla.edu/multiversity/Right_menu_items/jorgeIshiwaza.htm

Cosmovisions and Environmental Governance—Ishizawa's chapter in Bridging Scales and Knowledge Systems
http://www.millenniumassessment.org/documents/bridging/bridging.11.pdf

Pedanius Dioscorides—Wikipedia
https://en.wikipedia.org/wiki/Pedanius_Dioscorides

The Forest Keepers—Menominee Tribal Enterprises
http://www.mtewood.com/

Equator Initiative—UNDP
http://equatorinitiative.org/index.php?lang=en

Equator Initiative—UNDP (vimeo)
https://vimeo.com/equator

習作

1 多數人會相信各種不同的原住民族迷思（如：高貴野蠻人），請反思自己相信的迷思。

2 「荒野」是否只是個迷思？或是與迷思有關的概念？

3 找到地方性／區域性的例子來闡述或推測保育做法可能會有（或不會有的）演進過程。

第十二章　邁向心智與自然的合一

「傳統生態知識／原住民知識」可能會改變社會中及知識定義中的權力關係，因此屬於政治性議題。「傳統生態知識／原住民知識」是否能與西方科學一起運用？「傳統生態知識／原住民知識」啟發了有別於從上到下的資源管理方式，形塑出以社區為主的參與式的方法，在生態科學中注入一些倫理道德的成分。

Wikipedia—Political Ecology
http://en.wikipedia.org/wiki/Political_ecology

Journal of Political Ecology (open access)
http://jpe.library.arizona.edu/

Biodiversity & Intellectual Property Rights—WWF and CIEL
http://www.ciel.org/Publications/tripsmay01.PDF

Traditional Knowledge and Intellectual Property—World Intellectual Property Organization(WIPO)
http://www.wipo.int/pressroom/en/briefs/tk_ip.html

Neem (Azadirachta indica) in Context of Intellectual Property Rights (IPR)—O. Singh and Colleagues in Recent Research in Science and Technology
https://www.researchgate.net/publication/221935828_Neem_Azadirachta_indica_in_context_of_intellectual_property_rights_IPR

Learning and Knowing Collectively—R. B. Norgaard, Ecological Economics
http://citeseerx.ist.psu.edu/viewdoc/download?doi=10.1.1.611.6626&rep=rep1&type=pdf

Sustainable Development: A Co-evolutionary View—R. B. Norgaard, Futures
https://www.researchgate.net/publication/222632295_Sustainable_Development_A_Co-Evolutionary_View

Environmentalism as Adaptive Management—Bryan Norton, YouTube
https://www.youtube.com/watch?v=KwlQwILU1mg

Whitefeather Research Cooperative Agreement—Letter of Agreement between First Nations and Research Universities, Manitoba and Ontario
http://www.whitefeatherforest.ca/wp-content/uploads/2008/06/wfrc-cooperative-agreement.pdf

First Nations Research Protocol, Quebec and Labrador
https://www.cssspnql.com/docs/default-source/centre-de-documentation/anglais_web.pdf?s-fvrsn=2

Positivism—Wikipedia
https://en.wikipedia.org/wiki/Positivism

Social Constructivism—Wikipedia
https://en.wikipedia.org/wiki/Social_constructivism

Why Political Ecology Has to Let Go of Nature—Bruno Latour, Chapter 1 of Politics of Nature
http://complit.utoronto.ca/wp-content/uploads/COL1000H_Politics_of_Nature_How_to_Bring_the_Sciences_into_Democracy_1_Why_Political_Ecology_Has_to_Let_Go_of_Nature.pdf

Indigenous Geography—Mapping Related Resources
http://www.indigenousgeography.net/

Forests and Oceans for the Future—Educational and Other Resource Materials
http://www.ecoknow.ca/

Interinstitutional Center for Indigenous Knowledge (ICIK)—Penn State
https://icik.psu.edu/

Agroecology in Action—Scientific Society of Agroecology, Additional Resources in Related Links
https://agroeco.org/

AgriCultures—Network for Family Farming and Agroecology
http://www.agriculturesnetwork.org/

Convention on Biological Diversity—A Global Agreement, Search for IK and TEK
https://www.cbd.int/

How Do We Conserve and Empower Traditional Ecological Knowledge Before Its Disappearance?—New Zealand Ecological Society Conference
https://biodiversityvoice.wordpress.com/2010/09/27/topic4/

Nisqually Delta Restoration—Biological and Cultural Restoration, Nisqually Indian Tribe, Olympia, Washington State
http://nisquallydeltarestoration.org/

Gedakina, Inc.—Revitalizing Indigenous Cultural Knowledge in New England
http://gedakina.org/

Wampum—Wikipedia
https://en.wikipedia.org/wiki/Wampum

International Progress in Applying Local and Traditional Knowledge—F. Berkes, You-

Tube

https://www.youtube.com/watch?v=WKpgo-znUGk

習作

網站連結（如何在傳統生態知識消失前好好進行培力）中的悲觀主義，與第十二章一開始以及最後一項討論「傳統生態知識／原住民知識」國際發展網址中的樂觀主義相互矛盾。你對於「傳統生態知識／原住民知識」的未來有何想法？請說明理由。